Thorsten Möll

Messung und Wirkung von Markenemotionen

GABLER EDITION WISSENSCHAFT

Marken- und Produktmanagement

Die Schriftenreihe gibt Einblick in den aktuellen Stand der Forschung zum Marken- und Produktmanagement. Sie präsentiert richtungsweisende Erkenntnisse sowie wichtige empirische Untersuchungen und Methoden. Ein besonderer Wert wird auf Praxisrelevanz und Anwendungsbeispiele gelegt. Die Reihe will den Transfer von Forschungsergebnissen in die Praxis fördern und wendet sich daher nicht nur an Studierende und Wirtschaftswissenschaftler, sondern auch an Marketingpraktiker in Unternehmen, Agenturen, Beratungen und Verbänden.

Thorsten Möll

Messung und Wirkung von Markenemotionen

Neuromarketing als neuer verhaltenswissenschaftlicher Ansatz

Mit einem Geleitwort von Prof. Dr. Franz-Rudolf Esch

Deutscher Universitäts-Verlag

Bibliografische Information Der Deutschen Nationalbibliothek
Die Deutsche Nationalibliothek verzeichnet diese Publikation in der Deutschen Nationalbibliografie; detaillierte bibliografische Daten sind im Internet über <http://dnb.d-nb.de> abrufbar.

Dissertation Justus-Liebig-Universität Gießen, 2007

1. Auflage August 2007

Lektorat: Frauke Schindler / Sabine Schöller

Der Deutsche Universitäts-Verlag ist ein Unternehmen von Springer Science+Business Media.
www.duv.de

Umschlaggestaltung: Regine Zimmer, Dipl.-Designerin, Frankfurt/Main
Gedruckt auf säurefreiem und chlorfrei gebleichtem Papier
Printed in Germany

ISBN 978-3-8350-0897-7

Geleitwort

Emotionen galten lange Jahre in der Wissenschaft als verpönter Forschungsgegenstand, weil man dem Leitbild des „Homo Oeconomicus“ folgte. Zwischenzeitlich hat sich das Bild gewandelt. Es ist nicht zuletzt aufgrund neurowissenschaftlicher Erkenntnisse mittlerweile unbestritten, dass Emotionen in allen Lebensbereichen einen zentralen Einfluss auf das menschliche Verhalten nehmen. So werden praktisch keine Entscheidungen ohne Einfluss von Emotionen getroffen.

Auch für Marken spielen Emotionen eine zentrale Rolle. Es ist zu erwarten, dass starke Marken auch mit intensiven emotionalen Vorstellungen verknüpft sind, die letztendlich die Einstellung zur Marke, das Vertrauen in eine Marke und die Bindung an die Marke prägen.

Bislang beschäftigte sich die Marketingforschung zwar mit der Wirkung von Marken auf Menschen, der wichtige Aspekt emotionaler Wirkungen wurde bisher allerdings noch nicht hinreichend beleuchtet. Dies mag einerseits daran liegen, dass gerade Emotionen vielfach den Konsumenten nicht bewusst werden und zudem schwer messbar sind. Andererseits ist es von jeher einfacher gewesen, sich mit ‚hard facts' denn mit ‚soft facts' wissenschaftlich fundiert auseinander zu setzen.

Dies ist sehr verwunderlich, weil die Schubkraft von Emotionen in einer Fülle von Studien zu anderen Bereichen zweifelsfrei belegt wurde. In seiner Arbeit geht Möll der Wirkung von Markenemotionen mittels klassischer und neurowissenschaftlicher Messmethoden (funktionelle Magnetresonanztomographie) in drei aufeinander aufbauenden Studien nach und betritt damit wissenschaftliches Neuland. Erstmals wurden mithilfe der funktionellen Magnetresonanztomographie Markenemotionen „pur“ gemessen und zusätzlich ein Methodenvergleich zwischen klassischen und neurowissenschaftlichen Methoden angestellt. Zudem werden die oftmals überzogenen Erwartungen an eine neue und noch junge Methode relativiert und ins rechte Licht gerückt.

Durch die Analyse unbekannter Marken, bekannter, aber schwach emotionaler Marken sowie bekannter und stark emotionaler Marken simuliert Möll quasi den Aufbau starker Marken durch Lernprozesse. Die funktionelle Magnetresonanztomographie als Fenster zum Gehirn gibt dabei Einblicke in die dadurch ausgelösten Wirkungen in den Köpfen der Konsumenten. Er wartet mit neuen und interessanten Erkenntnissen auf. Unbekannte Marken stimulieren Bereiche im Gehirn, die dem erstmaligen Verarbeiten von Sprache dienen. Sie rufen zudem negative Emotionen hervor. Überraschenderweise rufen auch bekannte und schwach emotionale Marken negative Emotionen hervor. Gleichwohl erfolgt hier, ebenso wie bei stark emotionalen Marken, ein Abruf vorhandenen Wissens zu Marken. Lediglich stark emotionale Marken werden auch mit positiven Emotionen verknüpft. Dies spricht klar für Konditionierungsvorgänge bei Marken, die letztendlich die Stärke der Marken ausmachen, die sich in entsprechenden Wirkungsgrößen wie der Markeneinstellung, dem Markenvertrauen und der Markenbindung widerspiegeln.

Die vorliegende Arbeit ist deshalb ein Muss für alle Manager, die sich mit der Markenführung beschäftigen und einen Blick in die Zukunft der Markenforschung werfen wollen. Sie bietet zudem eine große Orientierungshilfe für Marketingstudenten und -wissenschaftler, die in diesem Bereich forschen bzw. lehren.

Gießen, im Juni 2007

Prof. Dr. Franz-Rudolf Esch
Direktor des Instituts für Marken- und Kommunikationsforschung
an der Justus-Liebig-Universität Gießen
www.imk.uni-giessen.de

Vorwort

Die vorliegende Arbeit entstand während meiner Tätigkeit als wissenschaftlicher Mitarbeiter am Institut für Marken- und Kommunikationsforschung an der Justus-Liebig-Universität Gießen. Sie wurde im Juni 2007 vom Fachbereich Wirtschaftswissenschaften als Dissertation angenommen.

Marken sind Vorstellungsbilder in den Köpfen der Konsumenten. Dieser Satz war im Jahr 2002 Ausgangspunkt der Überlegungen zu meiner Dissertation. Durch den Einsatz hirnbildgebender Verfahren wollte ich diese Vorstellungsbilder „sichtbar" machen. Zusätzlich ermöglichen diese neuen Untersuchungsmethoden, die mit den Marken verbundenen Emotionen direkt und ohne Umwege zu messen. Zum damaligen Zeitpunkt war mir noch nicht bewusst, dass diese Forschungsrichtung unter dem Begriff Neuromarketing gerade erst im Entstehen war. In meiner Dissertation habe ich mir die spannende und wichtige Frage gestellt, wie man Markenemotionen messen kann, welche Wirkungen sie bei Konsumenten entfalten und wie Marken im Kopf der Konsumenten repräsentiert werden.

Zum Gelingen meiner Dissertation haben zahlreiche Menschen beigetragen, denen ich für ihre Unterstützung und ihren Beitrag danken möchte:

Mein herzlicher Dank gebührt meinem Doktorvater Professor Dr. Franz-Rudolf Esch, dessen Markenverständnis diese Arbeit erheblich geprägt hat. Bereits während meines Studiums hat er mein Interesse an der verhaltenswissenschaftlichen Markenforschung geweckt. Während der Promotion konnte ich – neben dem wissenschaftlichen Input – bei verschiedenen gemeinsamen Projekten wichtige praxisrelevante Erfahrungen sammeln. Es war eine sehr lehrreiche Zeit, die mich gefordert und gefördert hat und die mir gleichzeitig wesentliche Impulse für meine berufliche Zukunft gegeben hat. Bedanken möchte ich mich auch bei Professor Dr. Rüdiger Kabst für die schnelle und unkomplizierte Erstellung des Zweitgutachtens. Professor Dr. Jürgen Meckl und Professor Dr. Martin Morlock danke ich für ihre Mitwirkung an meinem Prüfungsverfahren.

Mein Dank gebührt weiterhin verschiedenen Mitgliedern unseres interdisziplinären Forschungsteams. An erster Stelle möchte ich Professor Dr. Christian Erich Elger nennen, an dessen Institut „Life & Brain Center" in Bonn die Studien mit Hilfe der funktionellen Magnetresonanztomographie durchgeführt wurden. Auch Dr. Bernd Weber bin ich für die konstruktiven Diskussionen sehr verbunden. Insbesondere Dipl.-Kffr. Carolin Neuhaus gilt großer Dank, da sie sehr viel Zeit in die Vorbereitung, Durchführung und Auswertung der Studien investiert hat. Unsere in dieser Phase rege geführte E-Mail-Korrespondenz hat allein schon den Umfang einer Dissertation.

Dank gebührt auch meinen ehemaligen Kollegen Prof. Dr. Tobias Langner, Dipl.-Kfm. Jan Rutenberg sowie Dr. Jan Eric Rempel für intensive, aber unkomplizierte Diskussionen mit wertvollen fachlichen Anregungen.

Darüber hinaus danke ich von ganzem Herzen meiner Mutter Gisela Möll, meinem Vater Dieter Möll und seiner Frau Marlies Möll-Küthe. Sie haben mir mein Studium ermöglicht und anschließend die finanziellen Rahmenbedingungen für meine Promotion geschaffen. Meinem Vater und seiner Frau danke ich auch für die kritischen Anmerkungen zum Manuskript sowie für ihr großes Engagement beim Korrektorat.

Schließlich möchte ich meiner Lebensgefährtin Dr. Susanne Goertz danken, die weit mehr zu dieser Arbeit beigetragen hat als nur moralische Unterstützung. Als kritischer Diskussionspartner und erster Korrekturleser hat sie einen zentralen Beitrag zum Gelingen meiner Dissertation geleistet. Gemeinsam haben wir gleich zwei Mal die Höhen und Tiefen in den verschiedenen Phasen einer Promotion durchlebt. Ihr gilt mein ganz besonderer Dank.

Abschließend bedanke ich mich bei allen Verwandten und Freunden, die mich beim Gelingen dieser Arbeit in unterschiedlichster Art und Weise tatkräftig unterstützt haben.

Rödermark, im Juni 2007

Thorsten Möll

„Ausgelöst von einem kleinen Organ an der Basis meines Gehirns beginnen chemische Reize mein Nervensystem zu durchfließen. Herzfrequenz steigern. Atmung steigern. Hörschärfe steigern (...) Okay. Ein Versuch. Augen auf und ... nichts. Sehschärfe steigern (...). Versuchen wir eine Bewegung. Mehr chemische Reize, den Tastsinn verbessern, motorische Reaktionen erhöhen, Sehen und Hören verstärken. Versuchen, die Bewusstseinsebene genügend zu aktivieren, um etwas suchen zu können. Mein Arm schlängelt sich aus dem Schlafsack heraus zum Licht, meine Hand ist gesteuert von Informationen über eine Tasse, in der möglicherweise Tee ist. Der Grad meines Bewusstseins ist so, dass „Ich" davon wenig oder nichts weiß. Meine Hand erfüllt ihren Auftrag und beginnt, sich um die Plastikteetasse zu schließen. Sekundenbruchteile vorher hatten Temperatursensoren in meinen Fingern ihre Nachrichten zum Gehirn gesandt, beim ersten Kontakt meiner Finger schlagen die Temperaturdaten in mein Gehirn ein wie eine Bombe. Die Lufttemperatur ist niedrig, sehr niedrig, lebensbedrohend niedrig. Panik! Mehr chemische Reize. Konzentration auf periphere Blutzufuhr, Bewusstsein verstärken, alles verstärken. Etwas tun. Konfusion, mein Arm ist nicht mehr zu steuern, Tee läuft über mein Gesicht und in den Schlafsack, auf den Zeltboden, wo er sich mit anderem gefrorenen Dreck vermischt. Ich habe jetzt eine genügend hohe Bewusstseinsebene erreicht, um mich an die schwierige Aufgabe des Sprechens zu machen. „Scheiße", murmele ich. Nicht schlecht für einen ersten Versuch, nur waren die Lippen noch nicht ganz in der richtigen Position, die Zunge lag etwas daneben, und die ganze Anstrengung hatte etwas Mattes an sich. Noch mal. „Scheiße!" Besser, viel besser."

Andy Henderson am Mount Everest (Henderson, 2004, S. 144).

Inhaltsverzeichnis

Abkürzungsverzeichnis

ANOVA	Analysis of Variance (Varianzanalyse)
BA	Brodmann Areal
BOLD	Blood Oxygen Level Dependent
bzw.	beziehungsweise
ca.	circa
df	degrees of freedom (Freiheitsgrade)
d.h.	das heißt
EDR	Elektrodermale Reaktionsmessung
EEG	Elektroenzephalographie
EKG	Elektrokardiographie
EKP	Ereigniskorreliertes Potenzial
EmFACS	Emotional Facial Action Coding System
EMG	Elektromyographie
EPI	Echo Planar Imaging
et al.	et alii (und andere)
f.	folgende
F	Prüfgröße des Chi-Quadrat-Tests
FACS	Facial Action Coding System
FAST	Facial Affect Scoring Technique
FCB	Foote Cone & Belding
ff.	fortfolgende
fMRT	funktionelle Magnetresonanztomographie
Hrsg.	Herausgeber
km/h	Kilometer pro Stunde
KMO	Kaiser-Meyer-Olkin-Kriterium
L	links
MEG	Magnetenzephalographie
MNI	Montreal Neurological Institute
MR	Magnetresonanz
MRT	Magnetresonanztomographie

ms	Millisekunden
MSA	Measure of Sampling Adequacy
No.	Number
Nr.	Nummer
o.V.	ohne Verfasser
p	getestetes Signifikanzniveau
PET	Positronenemissionstomographie
POS	Point of Sale
PrEmo	Product Emotion Measurement Tool
r	Korrelationskoeffizient
R	rechts
r^2	Bestimmtheitsmaß (aufgeklärter Varianzanteil)
S.	Seite
SAM	Self-Assessment-Manikin
S-O-R	Stimulus-Organism-Response
SPM	Statistical Parametric Mapping
SPSS	Statistical Products and Service Solutions
S-R	Stimulus-Response
t	Prüfgröße der t-Verteilung (t-Wert)
TE	Echozeit (time to echo)
TR	Repetitionszeit (time to repetition)
U	Prüfgröße des Mann-Whitney-U-Tests
usw.	und so weiter
v.a.	vor allem
vgl.	vergleiche
Vol.	Volume
vs.	versus
Z	Prüfgröße des Vorzeichentests
z.B.	zum Beispiel

Abbildungsverzeichnis

Anhangsverzeichnis

A Einführung in die Problemstellung der Markenemotionen

1. Wachsende Bedeutung von Markenemotionen für die Markenführung unter heutigen Rahmenbedingungen

„Cogito, ergo sum!“ Der Satz „Ich denke, also bin ich“ gehört zu den vielleicht bekanntesten der Philosophiegeschichte.[1] Nach Descartes sind Denken und das Bewusstsein vom Denken die Substrate des Seins. Doch auch wenn ein neugeborener Mensch noch nicht ausgeprägt denken kann, so ist er schon fähig, Emotionen zu erleben. Diese galten aber über Jahrhunderte als nicht edel und wurden sogar regelrecht verachtet. Der griechische Philosoph Platon (427-347 v. Chr.) hielt Emotionen für eine Art Krankheit. Nur mit dem Verstand, so glaubte er, ließe sich der „Dämon der Gefühle“ zähmen.[2] Neuere Forschungen zeigen allerdings, dass Emotionen unverzichtbar für das Funktionieren des menschlichen Geistes und für viele Eigenschaften sind, die den Menschen ausmachen. Um das menschliche Denken zu verstehen, müssen Emotionen berücksichtigt werden. Es ist fast so unmöglich, Denken (Kognition) von Fühlen (Emotion) voneinander getrennt zu betrachten, wie Licht und Schatten voneinander zu trennen. Hätte Descartes die Möglichkeit gehabt, aktuelle wissenschaftliche Erkenntnisse in seine Überlegungen mit einzubeziehen, würde er heute wahrscheinlich sagen: „Sentio et cogito, ergo sum!“ (Ich fühle und denke, also bin ich). Der Mensch ist nun einmal eher ein emotionales denn ein rein rationales Wesen – genau das ist es ja, was einen Menschen zum Menschen macht.

Noch zu Beginn der 1990er Jahre herrschte in der Gehirnforschung die Meinung, dass das Großhirn das eigentliche Machtzentrum im menschlichen Kopf sei, der bewusst, vernünftig, computergleich und rational Entscheidungen trifft – ganz im Sinne des Menschenbildes des „Homo Oeconomicus“. Neben diesen rationalen und vernünftigen Entscheidungen sah man Emotionen als Störungen an, die das vernünftige Denken beeinflussen. Mitte der 1990er Jahre begann eine Gegenbewegung in der Gehirnforschung. Zwei bekannte Vertreter sind z.B. die beiden amerikanischen Neurobiologen Antonio Damasio und Joseph LeDoux. Damasio zeig-

---

1 Der Satz findet sich erstmals im vierten Abschnitt des *Discours de la Méthode* (1637) in französischer Sprache („Je pense, donc je suis“) (vgl. Descartes, 1637, Quatrième Partie) und dann im ersten Teil der *Prinzipien der Philosophie* (1644) auf lateinisch („Cogito, ergo sum“) (vgl. Des-Cartes, 1644, Pars Prima, S. 2).

2 Platon verglich den Menschen bzw. die menschliche Seele mit dem Lenker eines Streitwagens, der die beiden Pferde Leidenschaft und Vernunft im Zaum halten muss. Das eine kann ohne das andere nicht existieren.

te, dass Emotionen keinesfalls Störungen im Entscheidungsprozess sind, sondern dass ohne Emotionen überhaupt keine Entscheidungen zustande kommen (vgl. Damasio, 1994; Damasio, 1999; Damasio, 2003). Joseph LeDoux wies nach, dass emotionale Reaktionen ablaufen können, bevor Großhirn und Bewusstsein eingeschaltet werden (vgl. LeDoux, 1996; LeDoux, 1992; LeDoux, 2002; LeDoux/Armony, 1999). Handlungssteuernde Entscheidungen werden im limbischen System auf Basis emotionaler Kriterien gefällt, bevor der Mensch es bewusst registriert. Der Bewertungsvorgang, der letztendlich zur Entscheidung führt, ist uns dabei so gut wie nie bewusst.[3] Auch aus Sicht der Neurowissenschaften ist nicht mehr die Ratio die bestimmende Größe des menschlichen Verhaltens, sondern die Emotionen. Sie sind nicht nutzloses Nebenprodukt, sondern essentiell für rationales Denken und Verhalten.

Auch in der Marketingforschung ist man sich schon seit längerer Zeit bewusst, dass Emotionen einen außerordentlich großen und oft stark unterschätzten Einfluss auf das Konsumentenverhalten haben (vgl. O'Shaughnessy/O'Shaughnessy, 2003, S. 31 ff.; Trommsdorff, 2004, S. 37). Objekte, also auch Marken und Produkte, die keine Emotionen auslösen, sind für das Gehirn wertlos. Je mehr Emotionen mit einer Marke verknüpft sind und je positiver diese Emotionen sind, umso wertvoller ist die Marke für das Gehirn. So tritt auch in der Markenführung die Emotionalisierung von Marken immer mehr in den Vordergrund: Produkte werden oft nicht mehr über ihren Produktnutzen verkauft, sondern über ihren zusätzlichen emotionalen Erlebniswert. Erfolgreiche Marken sind oft emotionale Marken und verfügen über eine hohe Markenbekanntheit und ein emotional geprägtes Markenimage (vgl. Esch, 2005c, S. 69 ff.). Aus diesem Grund ist es auch nicht verwunderlich, dass in der Kommunikation vermehrt emotionale Ansprachen erfolgen.[4] Alleine die Basisemotion „Liebe" versprechen z.B. ProSieben (We love to entertain you), McDonald's (Ich liebe es), Mini (Is it love?), VW (Aus Liebe zum Automobil), Landliebe (Liebe ist, wenn es Landliebe ist), Pfanni (Liebe, die man

3 In beeindruckenden und häufig diskutierten Experimenten zeigte der Neurobiologe und Psychologe Benjamin Libet, dass der Entwurf zur Ausführung einer Handlung im Gehirn bereits vorhanden ist, bevor wir uns willentlich dazu entscheiden. Die Experimente wurden bereits in den achtziger Jahren veröffentlicht (vgl. Libet, 1985; Libet et al., 1983), sind aber zwischenzeitlich verschiedentlich wiederholt und verbessert worden (vgl. Haggard/Eimer, 1999; Keller/Heckhausen, 1990; Miller/Trevena, 2002; Trevena/Miller, 2002).

4 Den Erfolg einer emotionalen Ansprache belegt eindrucksvoll das Toilettenpapier Charmin von Procter & Gamble. In einem gesättigten Markt, in dem Konsumenten gern Billigware wählen, sollte Charmin als Premiumprodukt zum Premiumpreis positioniert werden. Durch eine Verknüpfung von Emotionen, Qualität, einer engen Verzahnung der einzelnen Werbekanäle (TV, Radio, Print, Point of Sale, Internet usw.) und dem nötigen Werbedruck hat es Charmin innerhalb von zwölf Monaten zu einer Bekanntheit von 62 Prozent und zur Nummer drei im Markt geschafft. Ein erfolgreicher Markenaufbau innerhalb kürzester Zeit durch vernetzte Kampagnen, die den Konsumenten emotional ansprechen.

schmeckt), Niederegger (Marzipan aus Liebe) und Sanella (Backen ist Liebe – Sanella ist Backen).

Insbesondere unter den heute herrschenden Rahmenbedingungen (Markt- und Kommunikationsbedingungen) sind die Markenemotionen von grundlegender Bedeutung (vgl. Esch, 2005c, S. 27 ff.; Esch et al., 2005, S. 13 ff.; Kroeber-Riel/Esch, 2004, S. 13 ff.): Durch die Inflation von Produkten und Marken muss eine Marke im Angebotsmeer sichtbar sein, braucht ein differenzierendes Profil und muss ein klares Markenimage wahren. Durch eine starke Zunahme an kommunikativen Maßnahmen wird es für Unternehmen immer schwieriger, eine Marke in Köpfen der Konsumenten zu verankern. Die Zunahme an kommunikativen Maßnahmen trifft zusätzlich auf wenig involvierte Konsumenten, die auf diese Informationsüberlastung mit flüchtigem Informationsverhalten reagieren. Konsumenten sind dieser wachsenden Komplexität kaum mehr gewachsen und der allgemeinen Desorientierung ist mit rationalen Argumenten kaum entgegenzuwirken. Wenn etwas das Individuum noch stabilisieren kann, dann sind es Emotionen. Durch austauschbare Produkte mit mehr oder weniger identischen Produkteigenschaften und -leistungen kommt es zu einem Qualitätspatt und zunehmender Markengleichheit. Marken gleichen sich im Hinblick auf ihre funktionale Beschaffenheit an und gelten somit in dieser Hinsicht als austauschbar.[5] Durch die Vermittlung eines emotionalen Zusatznutzens können sich Marken von funktional gleichwertigen Konkurrenzprodukten absetzen. Infolge einer zunehmenden Erlebnisorientierung der Konsumenten müssen Marken neben ihren funktionalen Eigenschaften vor allem Erlebnisse und Gefühle vermitteln.[6] Marken, die solche Erlebnisse wirksam belegt, zeichnen sich häufig durch eine hohe emotionale Bindung der Konsumenten an die Marke aus. Starke Marken schaffen es, der Handelsmacht und der Emanzipation des Handels entgegenzuwirken. Eine starke Marke kann Pull-Anreize ausüben, die eine Sogwirkung auf den Handel besitzen, da sie indirekt auf dem Weg über den Endverbraucher in Richtung Handel wirken (vgl. Tomczak et al., 2005, S. 1095). Der Handel kann es sich dann kaum erlauben, auf solche Marken zu verzichten.

Marken sind oft das einzige Differenzierungskriterium zwischen ansonsten austauschbaren Produkten. Häufig bezahlen Konsumenten für einen VW mehr als für einen objektiv gleich-

---

5 Diese Gleichheit zeigt sich nicht nur aus Konsumentensicht (vgl. BBDO Consulting, 2005), sondern auch bei zahlreichen Tests unabhängiger Testinstitute (z.B. Stiftung Warentest). Die Ergebnisse legen den Schluss nahe, dass es nicht die funktionalen Eigenschaften vieler Produkte sind, die über den Erfolg eines Produkts entscheiden, sondern vor allem die Marke.

6 Auch viele Sozialforscher sehen den grundlegenden Wertewandel der heutigen Gesellschaft vor allem in der zunehmenden Erlebnisorientierung (vgl. Schulze, 2000).

wertigen Ford und eine braune Limonade schmeckt ihnen besser als Pepsi, nur weil sie Coca-Cola heißt. Dieses Verhalten steht im klaren Widerspruch zu der klassischen Wirtschaftstheorie, die den Mensch als „Homo Oeconomicus" sieht. Dieser fällt seine rationalen Entscheidungen angeblich nach dem Prinzip der Kosten-Nutzen-Optimierung und entscheidet sich nach dieser Theorie für die Alternative, die das beste Kosten-Nutzen-Verhältnis bietet. Demnach müsste die Wahl auf Pepsi oder Ford fallen, was aber häufig nicht der Fall ist. Auch Erkenntnisse aus den Neurowissenschaften tragen immer mehr dazu bei, dass das Bild des Homo Oeconomicus nicht haltbar ist (vgl. Camerer, 2003; Camerer/Fehr, 2006). Der Homo Oeconomicus erweist sich als Fiktion der klassischen Wirtschaftstheorie. Es sind nicht immer die für rationales Denken zuständigen Gehirnbereiche, die bei Entscheidungen aktiv sind, sondern oft auch emotionale Strukturen.

Allerdings ist es nicht der Markenname oder das Markenlogo an sich, die den Unterschied ausmachen. Diese markentypischen Elemente fungieren in erster Linie als gedankliche Hinweisschilder (retrieval cue) auf das zur Marke gespeicherte Wissen (Markenwissen). Der Markenname bzw. das Markenlogo stehen stellvertretend für eine Vielzahl zu der Marke gespeicherter Eindrücke, Attribute und Einstellungen.[7] Verbraucher besitzen ausgeprägte Gedächtnisstrukturen zu starken Marken. Sie verbinden mit diesen zahlreiche Vorstellungen und angenehme Emotionen. Dieses Image bestimmt den Charakter und die Persönlichkeit einer Marke und kann wichtiger als die technischen Eigenschaften eines Produkts sein. Das Image umfasst sowohl das subjektive Wissen zu einem Gegenstand als auch gefühlsmäßige Wertungen (vgl. Kroeber-Riel/Weinberg, 2003, S. 197). Häufig sind diese Emotionen und Einstellungen der Grund, warum sich ein Konsument für das eine und nicht das andere Produkt entscheidet (vgl. Gardner/Levy, 1955, S. 35). Konsumenten sind nicht gewillt, für eine Kaufentscheidung langwierige Informationsbeschaffungsprozesse in Kauf zu nehmen. Die mit einer Marke verbundenen Emotionen und deren Auswirkungen (z.B. Markensympathie, Mar-

7 Die Marke stellt eine Schlüsselinformation dar, aus der die Konsumenten eine ganze Reihe von Informationen ableiten können. Man bezeichnet die Marke in diesem Zusammenhang auch als information chunk, unter dem die Einzelinformationen zur Marke gebündelt sind (vgl. Jacoby et al., 1977, S. 209). Informationen werden gebündelt und in bekannten Einheiten gruppiert (vgl. Miller, 1956, S. 93). Diese Einheiten (chunk) beinhalten eine Menge an Informationen, die psychologische Signifikanz haben (vgl. Maheswaran et al., 1992; Simon, 1974). Zahlreiche Studien haben gezeigt, dass Konsumenten nur eine kleine Anzahl von Produkteigenschaften bei einer Kaufentscheidung heranziehen (vgl. Jacoby et al., 1971; Jacoby et al., 1977). Markenname und Preis sind die beiden wichtigsten Informationen, die als erstes und am häufigsten ausgewählt werden (vgl. Dodds et al., 1991; Van Osselaer/Alba, 2000). Insbesondere die Marke aktiviert ein Netzwerk von spezifischen Assoziationen, die im Gedächtnis gespeichert sind und einen starken Einfluss auf die Markenemotionen haben.

kenbindung, Markeneinstellung und Markenvertrauen) ersetzen in einer Kaufsituation zeitraubende Entscheidungsprozesse.

Emotionen sind unser ständiger Begleiter und beeinflussen grundsätzlich unser Verhalten. Marken, die keine Emotionen auslösen, sind für das Gehirn wertlos.

2. Neuroökonomie und Neuromarketing als neuer verhaltenswissenschaftlicher Forschungsansatz

„Ich kann nicht an andere Ufer vordringen, wenn ich nicht den Mut aufbringe, die alten zu verlassen.“
André Gide (1869 - 1951)

Um das Konsumentenverhalten genauer zu erforschen, gilt es insbesondere, zwischen den beiden Forschungsrichtungen des Behaviorismus und Neobehaviorismus zu unterscheiden. Der Behaviorismus befasst sich mit der Messung des Reizes (Stimulus) und der darauf folgenden Reaktion des Konsumenten (S-R-Modelle). Bei diesem Ansatz wird versucht, das Konsumentenverhalten möglichst objektiv zu erforschen, weswegen nur Aussagen über beobachtbare Größen zugelassen sind. Darin liegt aber auch gleichzeitig die Problematik des Modells, da interne Prozesse im menschlichen Organismus keinerlei Berücksichtigung finden (vgl. Wiswede, 1995, S. 54). Deswegen verliert das behavioristische Modell immer mehr an Bedeutung (vgl. Weilbacher, 2003, S. 230). Die Lücke des behavioristischen Modells versucht der Neobehaviorismus zu schließen. Er befasst sich neben der Messung von Reizen und den darauf folgenden Reaktionen auch mit den durch den Reiz ausgelösten internen Prozessen des Organismus (S-O-R-Modelle).[8] Diese internen Prozesse sind deshalb von großer Bedeutung, da viele Konsumentenentscheidungen bereits im Unterbewusstsein getroffen werden, wo insbesondere Emotionen ihren Einfluss ausüben (vgl. Bechara/Damasio, 2005, S. 353). Die bisher gebräuchlichen Methoden innerhalb der Konsumentenforschung ermöglichen jedoch keinen abschließenden Einblick in die inneren Vorgänge des menschlichen Organismus.[9] Der Einsatz hirndiagnostischer Verfahren in den Forschungsansätzen Neuroökonomie und Neuromarketing erlaubt hingegen die Messung innerer Prozesse beim Konsumenten. Dadurch wird dem Organismus zu Recht eine große Aufmerksamkeit zu Teil.

---

8 Zu einer Weiterentwicklung der bestehenden SOR-Modelle vgl. Jacoby, 2002.

9 Neue Erkenntnisse der Hirnforschung zeigen, dass Befragungen nur an der Oberfläche bleiben, da ein Großteil des Denkens unbewusst geschieht. Trotzdem erfolgen in der Marktforschung schätzungsweise 80 bis 90 Prozent aller empirischen Untersuchungen mittels Befragungen oder anderen verbalen Messmethoden.

Die Berücksichtigung des Organismus war und ist mit gewissen Schwierigkeiten verbunden. Dennoch ist die jahrelange Vernachlässigung der inneren Prozesse kaum nachzuvollziehen, da bereits Alfred Marshall (1842-1924), einer der Begründer der neoklassischen Nationalökonomie, eine große Ähnlichkeit zwischen Ökonomie und Biologie sah: „(...) economics, like biology, deals with a matter, of which the inner nature and constitution, as well as the outer form, are constantly changing.“ (Marshall, 1920, Appendix C.6) und „The Mecca of the economist lies in economic biology rather than in economic dynamics (...)” (Marshall, 1920, Preface P. 19).

Sich durch andere Wissenschaftsdisziplinen befruchten zu lassen, ist für die Wirtschaftswissenschaften nicht neu. Seit Beginn des 19. Jahrhunderts, verstärkt jedoch erst in den letzten Jahrzehnten, etablierte sich z.B. das interdisziplinäre Forschungsfeld der ökonomischen Psychologie, in dem Wissenschaftler aus Psychologie, Volkswirtschaftslehre und Betriebswirtschaftslehre zusammenarbeiten. Erste Ansätze finden sich bei Thorstein Veblen „The Theory of the Leisure Class“ (vgl. Veblen, 1899) und Gabriel Tarde „La Psychologie Economique“ (vgl. Tarde, 1902). Dem Versuch einer Integration verhaltenswissenschaftlicher Zugänge in die Wirtschaftswissenschaften in den 1920er Jahren wurde insbesondere von Seiten der Ökonomie mit Skepsis begegnet. Erst in den 1930er und 1940er Jahren gelang es durch Arbeiten von George Katona, psychologische Aspekte in ökonomische Fragestellungen zu integrieren.[10] Neben der grundsätzlichen Unterscheidung zwischen der Fähigkeit und der Bereitschaft zu sparen oder zu konsumieren wies er auf die Wichtigkeit der subjektiven Einschätzung der wirtschaftlichen Lage und der Erwartungen hin. Dementsprechend ist das wirtschaftliche Verhalten nicht nur aus der objektiven wirtschaftlichen Konstellation zu erklären, sondern auch aus einer Analyse der vorherrschenden Stimmungen bei Konsumenten und Investoren. Die Relevanz des Forschungsgebiets der ökonomischen Psychologie wurde von Katona im Jahr 1951 wie folgt formuliert: „The basic need for psychology in economic research consists in the need to discover and analyze the forces behind economic processes, the forces responsible for economic actions, decisions and choices (...). Economic without psychology has not succeeded in explaining important economic processes and ‘psychology without economics’

---

10 Auf breiter Basis entwickelte sich die ökonomische Psychologie jedoch erst ab den 1950er Jahren. Zu dieser Entwicklung trugen insbesondere die Besetzung eines Lehrstuhls für Ökonomische Psychologie durch Karl-Erik Wärneryd im Jahr 1957 und die Lehrbücher von Reynaud (vgl. Reynaud, 1954) und Wärneryd (vgl. Wärneryd, 1959) bei. Zu erwähnen ist auch die Vergabe des Nobelpreises für Wirtschaftswissenschaft an den Psychologen Herbert Simon im Jahre 1978.

has no chance of explaining some of the most common aspects of human behavior." (Katona, 1951, S. 9 f.).

Die verhaltenswissenschaftliche Orientierung in den Wirtschaftswissenschaften und die Kritik an der klassischen Wirtschaftstheorie (deren zentrale Annahme das Prinzip des Homo Oeconomicus ist) haben mittlerweile zu der Entwicklung der so genannten Behavioral Economics[11] geführt (vgl. Camerer, 2003; Camerer et al., 2005; Camerer et al., 2004a; Kahneman/Tversky, 2000; The Royal Swedish Academy of Sciences, 2002). Diese Wirtschaftstheorie widmet sich der Erforschung und Modellierung psychologischer und neurologischer Prozesse, die wirtschaftliches Verhalten steuern und beeinflussen. Entscheidende Impulse für diesen Forschungsbereich setzten die Psychologen Daniel Kahneman und Amos Tversky, die in den 1970er Jahren zwei grundlegende Arbeiten zu diesem Thema veröffentlichten (vgl. Kahneman, 2004; Kahneman/Tversky, 1979; Tversky/Kahneman, 1974). Die Pionierarbeiten von Tversky und Kahneman verdienen große Anerkennung, weil sie die Einbeziehung psychologischer Erkenntnisse im Rahmen wirtschaftswissenschaftlicher Theorienbildung angeregt haben. Vernon L. Smith und Daniel Kahneman sind für ihre grundlegenden Arbeiten auf dem Gebiet der Wirtschaftsforschung und der Behavioral Economics im Jahr 2002 mit dem Nobelpreis für Ökonomie ausgezeichnet worden.[12]

Forschungsfelder wie die ökonomische Psychologie und die Behavioral Economics legten die Grundlagen für die Neuroökonomie und das Neuromarketing. Bei diesen Forschungsansätzen kommt es in erster Linie zu einer Zusammenarbeit der Neurologie (naturwissenschaftliche Perspektive) und der Ökonomie (geisteswissenschaftliche Perspektive). In beiden Disziplinen stehen Aktionen des Menschen im Mittelpunkt und durch eine Zusammenarbeit kommt es zu einer Vernetzung der Bereiche Ökonomie, Neurologie, Radiologie, Physik und Psychologie (Vernetzung von Geistes-, Natur- und Medizinwissenschaften). Untersuchungsgegenstand der Neuroökonomie ist die Analyse ökonomisch relevanten Verhaltens mittels neurowissenschaft-

---

11 Es existiert keine gängige Übersetzung für diesen Begriff, wobei Verhaltensökonomie zwar nahe liegt, den Kern der Sache aber nicht ganz trifft (vgl. Weimann, 2003, S. 10). Die Anfänge dieser Disziplin sind nicht ganz einfach auszumachen. Oft wird eine Publikation von Edward Chamberlin aus dem Jahre 1948 angegeben (vgl. Chamberlin, 1948). Weitere wichtige Vertreter sind z.B. Vernon L. Smith (vgl. Smith, 1981), John H. Kagel und Alvin E. Roth (vgl. Kagel/Roth, 1995), David M. Grether und Charles R. Plott (vgl. Grether/Plott, 1979), Garry Bolton und Axel Ockenfeld (vgl. Bolton/Ockenfels, 2000), Matthew Rabin (vgl. Rabin, 1993), Heinz Sauermann (vgl. Sauermann, 1967) und sein Schüler Reinhard Selten (vgl. Sauermann/Selten, 1959) sowie Ernst Fehr (vgl. Bernhard et al., 2006).

12 Zu Vernon L. Smith und der experimentellen Ökonomie vgl. Eckel, 2004 und The Royal Swedish Academy of Sciences, 2002.

licher Methoden. Neuromarketing umschreibt den Einsatz neurowissenschaftlicher Methoden in der Marketingforschung.

Das Neuromarketing ergänzt insbesondere die verhaltenswissenschaftliche Marketingforschung sehr gut, die in ihrem wissenschaftlichen Paradigma ohnehin den Konsumenten in den Mittelpunkt der Betrachtung stellt. Die kognitiven Neurowissenschaften haben sich in den letzten Jahren durch neue neurowissenschaftliche Untersuchungsmethoden enorm weiterentwickelt (vgl. Savoy, 2001). Dabei handelt es sich in erster Linie um die so genannten bildgebenden Verfahren (Neuroimaging). Dadurch können Gehirnareale identifiziert werden, die an motorischen, sensorischen, kognitiven oder emotionalen Aufgaben beteiligt sind. Die neueste Literatur zeigt, dass die Untersuchung von Gehirnprozessen nicht auf kognitive Prozesse limitiert ist, sondern auch affektive Prozesse und Emotionen damit untersucht werden können (vgl. Dolan, 2002; Lane/Nadel, 2000; LeDoux/Armony, 1999; Morris/Dolan, 2004).

Aus neurologischer Sicht lässt sich eine Marke vereinfacht wie folgt erklären. Unser Gehirn besteht aus etwa 100 Milliarden einzelner Nervenzellen (Neuronen), die jeweils mit Tausenden anderer Neuronen zu einem riesigen Netz verbunden sind. Wird eine Nervenzelle von einem ankommenden Reiz erregt, leitet sie einen elektrischen Impuls mit Hilfe von Botenstoffen an ihre Nachbarzellen weiter – die Nervenzelle feuert. Denken wir beispielsweise an eine bestimmte Marke, so ruft unser Gedächtnis die Informationen über diese Marke aus verschiedenen Bereichen des Gehirns ab. Das entspricht einer ganz speziellen Kombination von Nervenzellen, die in einem bestimmten Rhythmus feuern. Dadurch entsteht innerhalb von Sekundenbruchteilen das Bild der Marke vor unserem geistigen Auge. Aus dieser Sichtweise ist eine Marke nichts anderes als die Gesamtheit gespeicherter synaptischer Verbindungen zwischen einer Vielzahl von Neuronen.

Die Prozesse, die im menschlichen Gehirn ablaufen, interessieren Marketingforscher schon lange. Durch die funktionelle Bildgebung ist es mittlerweile möglich, die weitgehend unbewussten biologischen Abläufe im Gehirn zu erfassen. Zwar sind bildgebende Verfahren tatsächlich eine Art Fenster zum Gehirn, allerdings müssen die Ergebnisse sorgfältig interpretiert werden. Durch eine Kombination von bildgebenden Verfahren und Befragungen sowie eine gemeinsame Interpretation dieser Daten durch Neurologen, Ökonomen und Psychologen können wertvolle Erkenntnisse für jeden dieser Wissenschaftsbereiche gewonnen werden. Somit kann eine Zusammenarbeit für alle beteiligten Seiten fruchtbar sein und tiefere und zuverlässigere Einblicke in die Black Box Mensch eröffnen.

Neuromarketing und Neuroökonomie sind interdisziplinäre und zukunftsträchtige Forschungsgebiete, die Einblicke in die Black Box Mensch ermöglichen und für alle beteiligten Disziplinen fruchtbar sein können.

3. Zielsetzung, wissenschaftstheoretische Anmerkungen und Aufbau der Arbeit

„Du siehst Dinge und sagst ‚Warum?'. Aber ich träume von Dingen, die es nie gegeben hat, und sage ‚Warum nicht?'."

George Bernhard Shaw (1856 - 1950)

Zentrales Ziel der vorliegenden Arbeit ist es, auf Basis bestehender Erkenntnisse aus der Marken- und Emotionsforschung sowie verwandten Forschungsgebieten, eine theoriegeleitete Entwicklung sowie empirische Überprüfung von Wirkungshypothesen vorzunehmen, welche die Wirkungen von Marken und Markenemotionen erklären.

In zahlreichen Studien wurde die Messung von Emotionen z.B. in der Werbung oder bei Produkten durchgeführt. Untersuchungen dieser Art können allerdings kaum zwischen Markenemotionen und den Emotionen differenzieren, die z.B. durch ein zentrales Bildmotiv in einer Werbung ausgelöst werden. Gegenstand der vorliegenden Arbeit ist die emotionale Kraft, die von einer Marke (und nur von dieser) ausgeht. Diese Markenemotionen basieren auf allen direkten oder indirekten Erfahrungen mit der Marke (Markenwissen). Neben der (klassischen) Erhebung von Befragungsdaten sollen die Markenemotionen auch physiologisch mit Hilfe der funktionellen Magnetresonanztomographie (fMRT) gemessen und somit ihre Wirkung auf neuronale Prozesse untersucht werden. Dadurch sollen Erkenntnisse gewonnen werden, wie Marken verarbeitet werden, welche Auswirkungen unterschiedliche Markenemotionen haben und welchen Einfluss das Markenwissen auf die Markenemotionen und die Gehirnaktivitäten hat. Dadurch sollen grundlegende Erkenntnisse darüber gewonnen werden, welche Wirkungen Marken im Kopf der Konsumenten entfalten.

Der Untersuchungsbereich der vorliegenden Arbeit erstreckt sich auf die Marken von Unternehmen. Das Untersuchungsobjekt ist die Marke selbst und das mit ihr verbundene Markenwissen, welches wiederum die Grundlage für die mit der Marke verbundenen Emotionen darstellt. Das Untersuchungsziel lässt sich dahingehend differenzieren, welche Ziele aus theoretischer Sicht und welche aus praktischer Sicht verfolgt werden.[13] Theorieziele sind der Vergleich unterschiedlicher Messverfahren für Markenemotionen und die Wirkung der Markenemotionen auf Konsumenten. Insbesondere die Wirkung der Markenemotionen auf Gehirnaktivitäten soll durch die funktionelle Magnetresonanztomographie erfasst werden. Ein für die Unternehmenspraxis verwertbares Ergebnis oder Ziel liegt in der Darstellung der Rolle von Markenemotionen und deren Bedeutung für die Markenstrategie von Unternehmen.

Diese Arbeit ist in erster Linie den Bereichen Entdeckungs- und Begründungszusammenhang zuzuordnen. Der Entdeckungszusammenhang kommt darin zum Ausdruck, dass wesentliche Entdeckungsimpulse in der Konsumentenforschung durch interdisziplinäre Wissenschaftskommunikation, die Kritik am kognitiven Forschungsparadigma und die Entwicklung neuer Forschungsmethoden entstehen (vgl. Kroeber-Riel/Weinberg, 2003, S. 22). Die vorliegende Arbeit (Neuromarketing) setzt genau an diesen drei Punkten an und verfolgt den verhaltenswissenschaftlichen Forschungsansatz weiter. Dem Begründungszusammenhang wird dergestalt Rechung getragen, dass aus Theorien abgeleitete, präzise formulierte und logisch einwandfreie Hypothesen auf ihre Generalisierbarkeit hin überprüft werden (vgl. Kroeber-Riel/Weinberg, 2003, S. 26 ff.). Die Arbeit ist hingegen weniger in den Verwendungszusammenhang eingebettet, da das durch die empirischen Untersuchungen (insbesondere die fMRT-Untersuchung) gewonnene Erfahrungswissen nicht direkt in Handlungsanweisungen zur Gestaltung des relevanten Untersuchungsbereichs transformiert werden kann (vgl. Kroeber-Riel/Weinberg, 2003, S. 35 f.). Trotz der Schwierigkeiten bei der Übertragung der wissenschaftlichen Erkenntnisse in die Praxis können die gewonnenen Erkenntnisse jedoch im Rahmen des wissenschaftlichen Forschungsprozesses verwendet werden. Die Einschränkungen des Verwendungszusammenhangs bezüglich der Übertragung der Erkenntnisse in die Praxis liegen auch in dem Charakter einer Grundlagenforschung der vorliegenden Arbeit.[14] Die Untersuchung mit Hilfe der funktionellen Magnetresonanztomographie soll insbesondere Grund-

---

[13] Diese grundsätzliche Frage nach dem wissenschaftlich-theoretischen oder wissenschaftlich-pragmatischen Vorgehen zielt auf einen Konflikt ab, der häufig bei der Erkenntnisgewinnung im Zusammenhang mit dem wissenschaftlichen Arbeiten im Rahmen der Betriebswirtschaftslehre auftritt (vgl. Behrens, 1993, Sp. 4768). Da in der vorliegenden Arbeit die Kriterien der Wahrheit und der Gültigkeit von Theorien und Modellen in erster Linie nicht nach ihrem praktischen Erfolg bewertet werden, wird ein eher wissenschaftlich-theoretischer Standpunkt vertreten (vgl. Behrens, 1993, Sp. 4770).

[14] Im Gegensatz zur Anwendungsforschung oder zur Industrieforschung sollen bei der Grundlagenforschung insbesondere Erkenntnisse über die Struktur der Materie und die grundlegenden Zusammenhänge in der Natur gewonnen werden. Die vorliegende Arbeit stellt keine Auftragsforschung für ein Unternehmen dar und ist somit völlig frei von wirtschaftlichen Interessen.

lagen für weitergehende Forschung legen und hebt sich somit von der Anwendungsforschung ab.

In der vorliegenden Arbeit wird bezüglich der Entstehung von Erkenntnisinhalten eine vermittelnde bzw. verbindende Position zum fundamentalen Erkenntnisvermögen vertreten. Diese Position sieht sowohl die Erfahrung (Empirismus) als auch den Verstand (Rationalismus) als Quellen der Erkenntnis an. Die Erfahrung als Erkenntnisquelle ist häufig an naturwissenschaftlicher Theorie- und Erfahrungspraxis orientiert. Die Vertreter des Empirismus vertreten die Auffassung, dass man letztlich nur durch Erfahrung, d.h. Sinneswahrnehmung auf induktivem Wege, zu Wissen kommt. Sinneswahrnehmung durch Beobachtungen und Experimente bilden nach ihrer Ansicht daher die Basis des Wissens. Die Vertreter des Rationalismus sind demgegenüber der Ansicht, dass Wissen über die Welt letztlich durch klares, vernünftiges Denken und Schlussfolgerungen gewonnen wird. Vermittelnde bzw. verbindende Positionen erkennen sowohl die Erfahrung als auch den Verstand als Quellen der Erkenntnis an.[15]

Als methodologische Grundposition, also den Weg zum Erkenntnisgewinn, wird die Deduktion gewählt. Als Komplement zum Theoriemodell des deduktiven Ansatzes gehört die Ableitung des Einzelnen aus dem Allgemeinen kraft logischer Schlussregeln. Dieser Erfordernis wird durch die Zusammenfassung von Wirkungsbeziehungen in Hypothesen nachgekommen, die einer empirisch-experimentellen Validierung unterzogen werden. Dieses deduktiv-nomologische Verfahren ist jedoch auch durch induktive Elemente gekennzeichnet, indem z.B. aus bestätigten Aussagen durch einzelne Stichproben auf eine Gesamtpopulation geschlossen wird (vgl. Bortz/Döring, 2005, S. 300; Nierlich, 1988; Westermann, 2000, S. 91 f.). Zur Validierung der Hypothesen werden drei logisch aufeinander aufbauende Studien durchgeführt.

Die vorliegende Arbeit gliedert sich in fünf Teile. Nach der Einführung in Teil A werden in Teil B drei Themenbereiche in jeweils einzelnen Kapiteln bearbeitet: Zunächst wird in Kapitel I die Bedeutung des Markenwissens für Markenemotionen dargestellt. Hierbei wird auf die Repräsentation des Markenwissens im Gedächtnis der Konsumenten und die Operationalisierung und Messung des Markenwissens sowie abschließend auf die Konstrukte eingegangen,

15 „Keine dieser Eigenschaften ist der anderen vorzuziehen. Ohne Sinnlichkeit würde uns kein Gegenstand gegeben, und ohne Verstand keiner gedacht werden. Gedanken ohne Inhalt sind leer, Anschauungen ohne Begriffe sind blind. Daher ist es ebenso notwendig, seine Begriffe sinnlich zu machen (...)“ (Kant/Schmidt, 1976, S. 75).

auf die das Markenwissen und somit die Markenemotionen einen zentralen Einfluss ausüben. In Kapitel II wird zunächst eine Arbeitsdefinition für Emotionen festgelegt. Anschließend werden verschiedene Theorien zur Entstehung von Emotionen und Ordnungsstrategien vorgestellt, mit denen man Emotionen klassifizieren kann. Kapitel III stellt die unterschiedlichen Ansätze zur Messung von Emotionen dar. Da sich Emotionen insbesondere auf drei Ebenen (motorische Ebene, subjektive Erlebnisebene und physiologische Ebene) manifestieren, erfolgt die Darstellung der Messverfahren anhand dieser drei Ebenen. Abschließend wird in diesem Kapitel genauer auf die bildgebenden Verfahren (z.B. fMRT) als neues Messverfahren auf physiologischer Ebene eingegangen. Bevor die einzelnen Verfahren dargestellt werden, erfolgt ein kurzer Exkurs über Aufbaus und Funktionsweise des menschlichen Gehirns. Basierend auf den theoretischen Vorüberlegungen werden in Teil C Forschungshypothesen zur Wirkungsweise von Markenemotionen abgeleitet. Nach einem Einblick in den Stand der Forschung in den jungen Forschungsgebieten Neuroökonomie und Neuromarketing erfolgt die Ableitung der Forschungshypothesen in zwei getrennten Kapiteln. Im ersten Kapitel werden die Forschungshypothesen aufgestellt, die mit Befragungsdaten überprüft werden. Im zweiten Kapitel werden Forschungshypothesen zur Wirkung von Markenemotionen auf Gehirnaktivitäten getroffen, die mit Hilfe der funktionellen Magnetresonanztomographie überprüft werden. Im empirischen Teil D werden drei experimentelle Untersuchungen dargestellt: Nach einer Vorstudie zur Auswahl geeigneter Marken erfolgt die Darstellung der beiden Hauptstudien, in denen die Hypothesen einer empirischen Überprüfung unterzogen werden. Aus den Untersuchungsergebnissen werden im abschließenden Teil E Implikationen für die Forschung und Praxis gegeben.

B Theoretischer Teil – Markenwissen und Emotionen

I. Markenwissen als zentrale Grundlage für die Markenemotionen

1. Marken als Vorstellungsbilder in den Köpfen der Konsumenten

Marken stehen sowohl aus theoretischer als auch aus praktischer Sicht seit längerer Zeit im Mittelpunkt des Interesses. Über mehrere Jahrzehnte haben sich verschiedene Arbeiten mit Marken und deren Auswirkungen auf den Konsumenten beschäftigt (vgl. Aaker, 1991; Bekmeier-Feuerhahn, 1998; Berekoven, 1978; Domizlaff, 1939; Esch, 2005a; Esch, 2005c; Kapferer, 1992; Keller, 2003b; Leitherer, 1955; Meffert et al., 2002; Mellerowicz, 1963; Riedel, 1996). Die intensive Auseinandersetzung mit diesem Thema hat dazu geführt, dass die Bedeutung von Marken für den Unternehmenserfolg mittlerweile außer Frage steht. Dies zeigen Erfolgsgrößen, die die Überlegenheit starker gegenüber schwachen Marken belegen, sowie unterschiedliche Umfragen unter Praktikern und Wissenschaftlern (vgl. Esch, 2005c, S. 4 ff.; Hoeffler/Keller, 2003; Meffert/Bongartz, 2000; PriceWaterhouseCoopers et al., 2006). Der Erfolg starker Marken liegt in der durch sie verursachten positiven Verhaltensbeeinflussung, die sich auf alle Anspruchsgruppen[16] eines Unternehmens bzw. einer Marke bezieht. Die Beeinflussung durch starke Marken zeigt sich sowohl bei den externen Anspruchsgruppen eines Unternehmens (z.B. Kunden, Handel oder Finanzinvestoren) als auch den internen Anspruchsgruppen (z.B. Mitarbeitern).

In der Marketingwissenschaft hat sich angesichts der Kritik an der rechtlichen und merkmalsbezogenen Sichtweise eine konsumentenbezogene Sichtweise des Markenbegriffs weitgehend durchgesetzt.[17] Bereits Hans Domizlaff, der Begründer der Markentechnik, hat darauf hinge-

---

[16] Unter Anspruchsgruppen (Stakeholdern) werden alle Interessensgruppen eines Unternehmens verstanden, die Teilnehmer des Unternehmensprozesses sind. Davon abzugrenzen sind die Eigentümer eines Unternehmens (Shareholder). Anspruchsgruppen können die Ziele eines Unternehmens beeinflussen oder können von den Zielen eines Unternehmens betroffen sein (vgl. Freeman, 1984, S. 25). Zu den Stakeholdern gehören z. B. die Mitarbeiter, die Kunden, die Lieferanten, die Kapitalmärkte, der Staat, die Natur und die Öffentlichkeit.

[17] Die rechtliche Sicht der Marke ist im Deutschen Markengesetz (MarkenG) geregelt. Merkmalsbezogene Ansätze gehen bei der Bestimmung und Interpretation einer Marke davon aus, dass sie den Anforderungen eines vordefinierten Kriterienkatalogs entsprechen muss (z.B. gleich bleibende oder verbesserte Qualität, eine konstante Angebotsmenge, ein konstantes Preis-Leistungs-Verhältnis, eine einheitliche Aufmachung, Existenz eines Markenzeichens, intensive Verbraucherwerbung, hohe Bekanntheit und eine dichte Distribution bis hin zur Ubiquität des Markenartikels). Eine Definition der Marke auf Basis konstituierender Merkmale ist ähnlich wie die rechtliche Sicht nicht ausreichend. Insbesondere nach der merkmalsbezogenen Sicht dürfte Ferrari keine Marke sein, da sie keine dichte Distribution aufweist und Google dürfte ebenso wenig als Marke gelten, da das Unternehmen nicht einen Dollar in die Werbung gesteckt hat.

wiesen, dass die Marke ein Begriff im Kopf der Konsumenten ist: „Eine Marke ist nur ein Begriff im Gehirn der Masse (…). Die Marke selbst ist tatsächlich ein Produkt der Masse, in deren Gehirn sie sich als Bestandteil der Vorstellungswelt bilden muss." (Domizlaff, 1939). Nur in den Köpfen der Konsumenten wird entschieden, was, wann, wo und wie oft gekauft wird.

Folgt man der konsumentenbezogenen Sichtweise, so handelt es sich bei Marken um Vorstellungsbilder in den Köpfen der Konsumenten, die eine Identifikations- und Differenzierungsfunktion übernehmen und das Wahlverhalten prägen (vgl. Esch, 2005c, S. 23). Unter diese Vorstellungsbilder fallen nicht nur die funktionalen Eigenschaften eines Produkts, sondern das komplette Markenwissen. Dazu gehören Emotionen, Bilder, Vorstellungen, Sachinhalte, Eigenschaften, Verwendungszusammenhänge sowie andere zu einer Marke gespeicherte Inhalte (vgl. Esch et al., 2005, S. 11.).

Auch Ansätze zur Bestimmung des Markenwerts unterscheiden eine finanzwirtschaftliche Sichtweise (vgl. Doyle, 2001; Farquhar et al., 1991; Kapferer, 1997; Simon/Sullivan, 1993) und eine verhaltenswissenschaftliche Sichtweise (vgl. Chen, 2001; Esch, 1993; Keller, 1993; Shocker et al., 1994). Rein finanzorientierte Ansätze versuchen, den ökonomischen Wert einer Marke zu taxieren. Demnach ist der Markenwert z.B. der Barwert aller zukünftigen Einzahlungsüberschüsse, die der Eigentümer aus der Marke erwirtschaften kann (vgl. Kaas, 1990, S. 48). In eine Bewertung von Marken müssen allerdings vor allem die Bereiche mit einbezogen werden, in denen der Wert einer Marke entsteht: die Köpfe der Konsumenten. Vereinfacht kann man sagen, dass Marken einen finanziellen Wert haben, weil sie z.B. Markenwissen (Markenbekanntheit und Markenimage) – also einen verhaltenswissenschaftlichen Wert – aufgebaut haben (vgl. Kapferer, 2004, S. 10). Seit den 1980er Jahren sind zunehmend verhaltenswissenschaftliche Ansätze entstanden, die den psychologischen Wert bzw. die Stärke einer Marke beim Konsumenten erfassen wollen (vgl. Aaker, 1991; Esch, 1993; Esch/Andresen, 1994; Kapferer, 1992; Keller, 1993; Keller, 1999; Keller, 2001; Lassar et al., 1995; Pappu et al., 2005; Punj/Hillyer, 2004). David Ogilvy bezeichnete schon 1951 die Marke als „the consumer's idea of a product" (Ogilvy, 1951). Es ist der Konsument, der über die Entstehung von Marken entscheidet, weswegen Konsumentenbeurteilungen in den Mittelpunkt der Betrachtung gestellt werden müssen (vgl. Crimmins, 2000, S. 136 ff.).[18] Aus verhaltenswissenschaftlicher Sicht soll der Markenwert als Ergebnis unterschiedlicher Reaktionen von Konsumenten

---

18 Zur Bedeutung der Konsumentenorientierung im Marketing vgl. Brown, 2004.

auf Marketingmaßnahmen einer Marke im Vergleich zu denselben Maßnahmen bei einer unmarkierten Produktversion aufgrund spezifischer, im Gedächtnis gespeicherter Markenvorstellungen verstanden werden (vgl. Keller, 1993, S. 1). Marken entstehen bei den Konsumenten in der Denk- und Schaltzentrale – dem Gehirn (vgl. Esch/Möll, 2004, S. 69). Nur hier können die Vorstellungen zu Marken gespeichert werden, die dann zu entsprechenden Handlungen führen. Somit entsteht der Wert einer Marke in den Köpfen der Konsumenten und dementsprechend ist das Markenwissen der Schlüssel zum Markenerfolg (vgl. Esch, 2005c, S. 60 f.). Es ist durch Markenbekanntheit und Markenimage operationalisierbar (vgl. Keller, 1993; Esch, 1993). Diese beiden Größen schaffen Markenpräferenzen und sorgen so für den ökonomischen Erfolg einer Marke (vgl. Esch/Wicke, 2001, S. 44).

Nach heutigem Verständnis lassen sich Marken als Vorstellungsbilder in den Köpfen der Konsumenten verstehen, die eine Identifikations- und Differenzierungsfunktion übernehmen und so zu einer Bevorzugung eines Unternehmensangebots führen (vgl. Esch, 2005c, S. 23; Keller, 2003a; Keller, 2003b; Meffert et al., 2002, S. 6).

2. Repräsentation des Markenwissens im Gedächtnis der Konsumenten

2.1 Aufnahme, Verarbeitung und Speicherung von Markeninformationen

„Unser Gehirn lernt immer, es kann gar nicht anders und tut nichts lieber."

Manfred Spitzer (geb. 1958)

Die konsumentenbezogene Sichtweisen von Marken und verhaltenswissenschaftliche Ansätze zur Bestimmung des Markenwerts setzen an den Gedächtnisstrukturen der Konsumenten an (vgl. Esch, 1993; Esch, 2005c; Keller, 1993; Keller, 2003a). Dadurch erhält man Einblicke in das Markenwissen, welches die Triebfeder für einen starken oder schwachen Markenwert bildet (vgl. Esch, 2005c, S. 65).[19] Das Markenwissen umfasst alle Vorstellungen und Kenntnisse, die in den Köpfen der Konsumenten zu einer Marke gespeichert sind.[20]

Es kann nicht an jeder Stelle der Arbeit auf die neuesten neurowissenschaftlichen Erkenntnisse eingegangen werden, da dies den Rahmen dieser Arbeit sprengen würde. Das Gehirn ist so komplex, dass sich an jeder Schnittstelle eigene Forschungsbereiche auftun. Für ein allgemeines Verständnis, soll auf einige Modelle eingegangen werden, die aus neurowissenschaftlicher Sicht jedoch als stellenweise ungenau angesehen werden. Sie tragen aber dazu bei, einen besseren Einblick zu bekommen, wie Menschen (Marken-)Wissen aufnehmen, verarbeiten und speichern.

Gedächtnis und Erinnerung sind komplexe Prozesse. Psychologen unterteilen daher zur Vereinfachung das Gedächtnis nach unterschiedlichen Kriterien. Diese Einteilung kann auf Grundlage der Zeit (z.B. Kurzzeit- oder Langzeitgedächtnis), des Inhalts (z.B. episodisch, semantisch oder prozedural)[21] oder des Bewusstseins (z.B. implizit oder explizit) erfolgen. Allerdings wird häufig nicht beachtet, dass und wie diese Prozesse interagieren (vgl. Schacter, 1996). Verschiedene Kontakte mit einer Marke (z.B. Werbung) generieren zunächst episodisches Wissen dieser Erfahrung und semantische Assoziationen zu der Marke werden gebildet. Assoziationen werden zunächst im Kurzzeitgedächtnis gespeichert und können anschließend ins Langzeitgedächtnis transferiert werden. Dieses Wissen im Langzeitspeicher kann durch explizite Messverfahren (z.B. Recall-Test oder Recognition-Test) oder implizite Messverfahren (z.B. Reaktionszeitmessung oder indirekte Verfahren zur Erhebung von Assoziationen) erfasst werden (vgl. Braun-LaTour/LaTour, 2004, S. 50; Zaltman et al., 2001). Weiterhin kann eine Einteilung nach Stufen der Informationsverarbeitung der zu speichernden Informationen wie Einspeicherung, Konsolidierung, Ablagerung und Abruf vorgenommen werden.

---

19 Unter starken Marken (mit einem hohen Markenwert) versteht man Marken, die aufgrund ihrer bei den Zielgruppen aufgebauten prägnanten Wissensstrukturen z.B. ein hohes Preispremium realisieren. Schwache Marken hingegen realisieren wegen ihrer diffusen bzw. gering ausgeprägten Gedächtnisstrukturen z.B. ein geringes Preispremium (vgl. Esch, 2005c; Keller, 1993).

20 Die Auswirkungen des Markenwissens sind vielfältig. Das Markenwissen hat z.B. auch einen Einfluss auf Markenerweiterungen (vgl. del Rio et al., 2001; Gronhaug et al., 2002; Herr et al., 1996; Meyvis/Janiszewski, 2004; Van Osselaer/Alba, 2003) oder Markenallianzen (vgl. Redler, 2003; Washburn et al., 2004). Das Wissens der Konsumenten hat einen starken Einfluss auf Entscheidungen (vgl. Alba/Hutchinson, 1987; Alba/Hutchinson, 2000; Alba/Mamorstein, 1987). Werbung kann dieses Wissen bzw. das Gedächtnis beeinflussen (vgl. Braun, 1997; Braun, 1999; Braun et al., 2002). Das Konzept des rekonstruktiven Gedächtnisses zeigt, dass Werbung nach einer Erfahrung die Erinnerung an diese Erfahrung verändern kann (vgl. Braun-LaTour/LaTour, 2005, S. 19 ff.).

21 Bezüglich der inhaltlichen Gedächtnissysteme sind unterschiedliche Ansätze in der Literatur zu finden (vgl. Squire/Zola, 1996; Tulving, 1999; Tulving/Markowitsch, 1998).

Das klassische Mehrspeichermodell[22] von Atkinson und Shiffrin geht davon aus, dass Wissensspeicherung über mehrere funktional unterschiedliche Stufen erfolgt. Als Träger der Gedächtnisleistung werden drei Systeme angenommen, die seriell angeordnet sind (vgl. Atkinson/Shiffrin, 1968, S. 180; Tulving, 1985, S. 388) (vgl. Abbildung 1). Auch wenn die wissenschaftlichen Erkenntnisse heute schon viel weiter gehen, dient es doch als ein anschauliches vereinfachtes Modell.

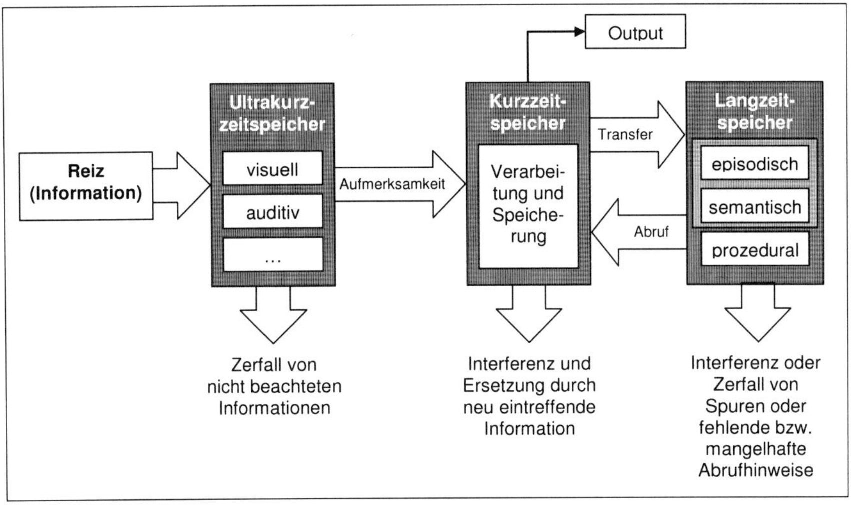

Abbildung 1: Struktur des Mehrspeichermodells des semantischen Gedächtnisses
Quelle: in Anlehnung an Shiffrin/Atkinson, 1969, S. 180 und Tulving, 1972, S. 388.

Zunächst werden physikalische Reizmuster in so genannten Ultrakurzzeitspeichern[23] registriert. Diese sind modalitätsspezifisch und die jeweiligen Sinneseindrücke werden nur für ganz kurze Zeit gespeichert. Die aufgenommenen Reize werden in bioelektrische Impulse umgewandelt und dann weiterverarbeitet. Durch Umweltreize ausgelöste Gedächtnisspuren zerfallen bereits nach wenigen Sekunden und sind sehr störanfällig (vgl. Anderson, 2000, S. 172; Groeger, 1997, S. 20).

22 Der Begriff Speicher darf nicht missverstanden werden. Es handelt sich um Gedächtniskomponenten, die nicht nur der Speicherung, sondern auch der Verarbeitung von Informationen dienen (vgl. Kroeber-Riel/Weinberg, 2003, S. 26).

23 Beim Ultrakurzzeitspeicher geht man von einer Speicherdauer von 250-500 Millisekunden und einer Kapazität von 4-5 Items aus. Das Vergessen von Informationen wird über den Spurenzerfall erklärt.

Bereits auf dem Übertragungsweg zum Kurzzeitspeicher[24] gehen Informationen verloren. Die Aufmerksamkeit[25] entscheidet darüber, welche Informationen in den Kurzzeitspeicher übertragen werden (vgl. Anderson, 2000, S. 74 ff.). Nur ein kleiner Teil der im Ultrakurzzeitspeicher aufgenommenen Informationen werden vom Kurzzeitspeicher übernommen und verarbeitet. Er ist so etwas wie der Arbeitsspeicher des Menschen und übernimmt zwei Funktionen: eine längere Speicherung von einigen Sekunden, um die Informationen für die Verarbeitung bereitzuhalten, sowie die aktive Verarbeitung der eingegangenen Informationen (vgl. Kroeber-Riel/Weinberg, 2003, S. 227). Auch der Kurzzeitspeicher ist ein Gedächtnissystem mit beschränkter Kapazität (vgl. Krause, 2000, S. 60 f.). Damit Informationen nicht vergessen werden, müssen sie memoriert werden. Man versteht darunter verschiedene Formen des inneren Wiederholens. In Folge dessen werden Informationen entweder im Kurzzeitspeicher aufrechterhalten oder in den Langzeitspeicher übernommen (vgl. Kroeber-Riel/Weinberg, 2003, S. 228).

Der Langzeitspeicher[26] ist mit dem Gedächtnis des Menschen gleichzusetzen und wird als System mit sehr großer Kapazität angesehen (vgl. Bredenkamp, 1998, S. 50). Ist eine Information über den Kurzzeitspeicher in den Langzeitspeicher gelangt, wird diese Information durch mehrfache Reizung einer neuronalen Bahn in biochemischen Substanzen gebunden und dort dauerhaft gespeichert (vgl. Kroeber-Riel/Weinberg, 2003, S. 228). Diese Informationen werden nicht mehr gelöscht. Werden sie aber doch nicht erinnert, dann liegt das daran, dass sie aufgrund der sehr großen Informationsmenge im Langzeitspeicher nicht aufgefunden und abgerufen werden können (vgl. Edelmann, 1996; Lindsay/Norman, 1977, S. 239). Dadurch lässt sich auch erklären, dass ein großer Teil des Wissens passiv erkannt, aber nicht aktiv erinnert werden kann. Für das aktive Erinnern von Informationen aus dem Langzeitspeicher ist es also wichtig, dass Menschen über Hinweise verfügen, in welchem Kontext die gesuchte Information zu finden ist (vgl. Bredenkamp, 1998, S. 50 f.).

Um das Vergessen zu erklären, werden vor allem drei konkurrierende Hypothesen herangezogen. Die Spurenzerfallshypothese besagt, dass eine Gedächtnisspur im Laufe der Zeit schwä-

---

24 Beim Kurzzeitspeicher geht man von einer Speicherdauer von 15-18 Sekunden und einer Kapazität von 7 +/-2 Chunks aus. Das Vergessen von Informationen wird über den zeitlichen Zerfall und den Interferenzzerfall erklärt.

25 Aufmerksamkeit ist ein Konstrukt, mit dem man die Bereitschaft eines Individuums beschreibt, Reize aus seiner Umwelt aufzunehmen (vgl. Kroeber-Riel/Weinberg, 2003, S. 60).

26 Beim Langzeitspeicher geht man von einer sehr langen Speicherdauer und einer nahezu unbegrenzten Kapazität aus. Ein Problem stellt hier der gezielte Abruf gespeicherter Informationen dar.

cher wird und letztendlich verschwindet. Dann müssten wir jedoch desto mehr vergessen, je mehr Zeit seit dem zu erinnernden Ereignis vergangen ist. Dies konnte bislang noch nicht bewiesen werden. Die Interferenzhypothese besagt, dass eine Gedächtnisspur von anderen Ereignissen überdeckt oder ausgelöscht wird. Verschiedene Gedächtnisspuren stören sich gegenseitig, weswegen wir schwer Zugang zu alten Informationen finden. Interferenzen treten sowohl beim Erlernen als auch beim Behalten auf.[27] Die Retrieval-Cue-Hypothese besagt, dass ein erschwerter Zugang zu einer Gedächtnisspur vorliegt.[28] Die Information ist im Langzeitspeicher vorhanden, kann aber nicht erinnert werden, da eine entsprechend Abrufhilfe fehlt. Dementsprechend werden Informationen vergessen, weil sie nicht abgerufen werden können. Die Erinnerung verbessert sich durch so genannte retrieval cues (vgl. Alba/Chattopadhyay, 1985, S. 341).

Auch für das Langzeitgedächtnis gibt es verschiedene Modelle, die es in verschiedene Strukturen aufteilen. Eine konzeptionelle Unterscheidung verschiedener Komponenten des Langzeitspeichers geht auf Tulving zurück (vgl. Tulving, 1972; Tulving, 1985; Tulving, 1989; Tulving, 1999). Tulving unterscheidet das episodische, semantische und prozedurale Gedächtnis. Das episodische und das semantische Gedächtnis sind sehr ähnlich und werden zusammen auch zum so genannten deklarativen Gedächtnis zusammengefasst.

Das episodische Gedächtnis enthält die autobiographischen Informationen eines Individuums. Es beinhaltet gespeicherte Erfahrungen und Ereignisse vornehmlich in bildlicher Form (z.B. Urlaubsreisen, Begegnungen oder Liebesaffären). Das semantische Gedächtnis enthält das Wissen über Sprache, Regeln und Konzepte (vgl. Tulving, 1972, S. 385 f.). Semantisches Wissen umfasst unser gesamtes Faktenwissen und kann sowohl verbal als auch bildlich repräsentiert sein (z.B. Vokabeln sowie geografische, literarische oder mathematische Kenntnisse). Das episodische und semantische Gedächtnis können zum deklarativen Gedächtnis zusam-

---

27 Eine retroaktive Interferenz ist rückwärtsgerichtet. Hierbei stört später Erlerntes das früher Erlernte. Eine proaktive Interferenz ist vorwärtsgerichtet: Früher Erlerntes stört später zu Lernendes.

28 Retrieval Cues sind gedankliche Hinweisschilder (Abrufhilfen), die helfen, gespeicherte Informationen zu finden bzw. auf sie zuzugreifen. Sie können entweder extern vorgegeben oder selbst generiert werden (vgl. Lynch/Srull, 1982, S. 20). So können z.B. der Markenname oder das Markenzeichen solche Aktivierungshinweise sein und dem Konsumenten helfen, ein Markenschema zu aktivieren (vgl. Park et al., 1991, S. 185). Die Retrieval Cues sind auch Bestandteil der Messverfahren des Wissens. Recognition ist das Wiedererkennen von Material. Hier ist das zu reproduzierende Item selbst die Abrufhilfe. Cued Recall ist das Erinnern mit Abrufhilfe und Free Recall das freie Erinnern ohne Abrufhilfe. Recognition ist normalerweise einfacher als Cued Recall und dieser normalerweise einfacher als Free Recall.

mengefasst werden.[29] Das prozedurale Gedächtnis umfasst das Wissen über Fähigkeiten, Fertigkeiten und Operationen, wie etwas zu erreichen ist (vgl. Bredenkamp, 1998, S. 58). Es enthält Wissen über Handlungsabläufe wie das Aufeinanderfolgen unterschiedlicher Bewegungsabläufe. Die entsprechenden Aktivitäten verlaufen zunehmend stärker automatisiert. Fahrradfahren, Autofahren oder Treppensteigen z.B. sind komplexe Fähigkeiten, die wir im Laufe des Lebens erwerben. Werden wir jedoch gebeten zu erklären, was genau diese Fähigkeiten ausmacht, können wir bestenfalls oberflächliche Erklärungen abgeben.

Ein weiteres Beispiel für eine Strukturaufteilung ist die Trennung in explizites und implizites Gedächtnis (vgl. Schacter, 1987). Dem expliziten Gedächtnis, d.h. dem bewusst verfügbaren Gedächtnis, können das semantische und das episodische Gedächtnis zugeordnet werden. Sie sind beide dem Bewusstsein zugänglich und können sprachlich mitgeteilt werden. Das implizite Gedächtnis dagegen enthält Inhalte, deren wir uns nicht unbedingt bewusst werden.[30] Das prozedurale Gedächtnis fungiert primär implizit und ist zum Teil nicht verbalisierbar. Allerdings stellen alle Teile ein eng miteinander verbundenes interaktives System dar.

Im Verlauf unseres Lebens haben wir viele Kontakte zu Marken. Sie werden als Reiz im Ultrakurzzeitspeicher modalitätsspezifisch registriert. Die häufigsten Modalitäten sind die visuelle und akustische Modalität. Werden Marken allerdings auch von den Konsumenten gekauft und verwendet, so können z.B. auch gustatorische, olfaktorische und haptische Reize verarbeitet werden. Diesen Reizen wird mal mehr und mal weniger Aufmerksamkeit gewidmet. Über Jahre hinweg werden zahlreiche Markeninformationen in den Kurzzeitspeicher übernommen und anschließend in den Langzeitspeicher transferiert.[31] Hier ist das Markenwissen hauptsächlich dem semantischen Gedächtnis zuzuordnen. Als Bestandteil des expliziten Gedächtnisses ist ein Großteil des Markenwissens dem Bewusstsein zugänglich und kann

---

29 Die beiden Gedächtnissysteme sind stark miteinander verflochten (vgl. Tulving, 1985, S. 388). Es kann z.B. sein, dass das gelernte Wissen zu einer Marke (z.B. Freude am Fahren) zu Beginn des Lernprozesses nur unter Rückgriff auf episodische Gedächtnisinhalte erinnert werden kann (z.B. Probefahrt oder Werbung). Zu einem späteren Zeitpunkt kommt dem episodischen Gedächtnis keine weitere Bedeutung mehr zu, da das Markenwissen im semantischen Gedächtnis aufgenommen wird.

30 Zum Einfluss des impliziten Gedächtnisses auf Entscheidungen vgl. Butler/Berry, 2001 und zur expliziten und impliziten Erinnerung an Markennamen in einer Werbung vgl. Krishnan/Shapiro, 1996. Zu den impliziten Einflüssen und Wirkungsvariablen auf das Konsumentenverhalten vgl. Zaltman et al., 2001. Aktuelle Studien gehen davon aus, dass der größte Teil der Informations- und Emotionsverarbeitung unbewusst abläuft (vgl. Bargh, 2002; Fitzsimons et al., 2002; Luczak, 2004; Woodside, 2004). Dazu zählen Erinnerungen, emotionale und kognitive Prozesse, die man nicht artikulieren kann (vgl. Zaltman, 2003, S. 9). Zum Unbewusstsein in der Konsumentenforschung vgl. Zaltman, 2000; Ziems, 2004.

31 Wie Marken- und Produktassoziationen gelernt werden, ist in zahlreichen Studien untersucht worden (vgl. Janiszewski/Van Osselaer, 2000; Van Osselaer/Alba, 2000; Van Osselaer/Janiszewski, 2001).

sprachlich mitgeteilt werden. Allerdings enthält das Markenwissen auch implizites Wissen, dessen wir uns nicht bewusst sind.

Die verschiedenen Formen des Gedächtnisses und die Prozesse der Informationsaufnahme, -verarbeitung und -speicherung sind auch Gegenstand neurowissenschaftlicher Untersuchungen (vgl. Cabeza/Kingstone, 2001; Cabeza/Nyberg, 1997; Cabeza/Nyberg, 2000; Cabeza/Nyberg, 2003).[32] Bereits 1988 wurde die erste PET-Studie zum semantischen Gedächtnis (vgl. Petersen et al., 1988) veröffentlicht. Studien zum episodischen und prozeduralen Gedächtnis folgten einige Jahre später (vgl. Grafton et al., 1992; Squire et al., 1992). Zwei Jahre später wurde die erste Studie zum Arbeitsgedächtnis veröffentlicht (vgl. Paulesu et al., 1993). Auch der Vergleich der verschiedenen Gedächtnissysteme ist Gegenstand von Studien (vgl. Cabeza et al., 2002; Dalla Barba et al., 1998). Eine konkrete Auseinandersetzung mit dieser Sichtweise würde allerdings den Rahmen dieser Arbeit sprengen. Vereinfacht ausgedrückt sind bei der Überführung ins Langzeitgedächtnis verschiedene Schritte nötig. Gelerntes durchläuft im Gehirn bestimmte Neuronenschleifen. Dabei handelt es sich um hintereinander geschaltete Neuronen, die aktiviert werden und in der Lage sind, sich selbst zu verstärken. Man spricht von einer Konsolidierung (Verfestigung).[33] Diese Konsolidierung findet hauptsächlich im limbischen System (z.B. Amygdala, Hippocampus und Strukturen des Papez-Kreises) statt. Dabei werden Informationen in ganz verschiedenen Arealen der Großhirnrinde, dem so genannten Assoziationscortex, abgelegt. Er ist bei uns Menschen differenzierter ausgebildet als bei allen anderen Lebewesen. In diesen Assoziativspeichern werden durch Lernprozesse Gruppen von Neuronen in immer neuen Konstellationen zusammengebunden. Deren gemeinsame Aktivierung stellt dann die Repräsentation für den jeweiligen Gedächtnisinhalt dar. Je wichtiger eine Information ist, desto öfter wird sie durch die Bildung neuer synaptischer Verschaltungen (synaptische Plastizität) abgelegt. Auf der Ebene der Neuronen ist Lernen also nichts anderes als die aktivitätsabhängigen Veränderungen von Verschaltungsmustern und Funktionsabläufen. Bevorzugt werden solche Erinnerungen im Langzeitgedächtnis gespeichert, die mit Emotionen verknüpft sind.

---

32 Zu den biochemischen Grundlagen des Lernens und des Gedächtnisses vgl. Eagleman/Montague, 2002.

33 Die daran beteiligten molekularen Mechanismen sind z.B. die präsynaptische Verstärkung, Langzeit-Potenzierung, posttetanische Potenzierung und synaptische Bahnung.

2.2 Amodale Repräsentation von Markenwissen

Grundlagen der Schematheorie

Ein grundlegendes Prinzip der menschlichen Informationsverarbeitung ist das Zusammenfassen von Informationen in hierarchischen Strukturen (vgl. Volpert, 1983, S. 40).[34] Die Schematheorie geht auf Arbeiten von Bartlett zurück (vgl. Bartlett, 1932). Er nahm an, dass vergangene Erinnerungen in Form großer, organisierter Strukturen vorhanden sind, in die neu wahrgenommene Informationen eingebunden werden (vgl. Bartlett, 1932, S. 199 ff.). Der von Bartlett noch relativ vage formulierte Begriff des Schemas wurde im Laufe der Zeit deutlich weiterentwickelt. Allerdings existiert bis heute keine einheitliche, allgemein gültige Definition eines Schemas und der Begriff wird in verschiedenen Wissenschaftsgebieten unterschiedlich interpretiert.[35] Einigkeit besteht lediglich darin, dass Schemata das zusammengefasste Wissen einer Person zu bestimmten Objekten und Sachverhalten repräsentieren (vgl. Anderson, 2000, S. 154 ff.; Rumelhart/Ortony, 1977 S. 111 ff.). Rumelhart spricht auch von zentralen kognitiven Bausteinen, auf denen alle menschlichen Informationsverarbeitungsprozesse basieren (vgl. Rumelhart, 1980, S. 34). Die Hauptfunktion von Schemata besteht in der Erstellung einer Interpretation eines Objekts oder eines Ereignisses (vgl. Rumelhart, 1980, S. 37). Schemata kann man dementsprechend als große komplexe Wisseneinheiten definieren, die die typischen Eigenschaften von Objekten, Personen oder Ereignissen in Form von standardisierten Vorstellungen repräsentieren (vgl. Alba/Hasher, 1983, S. 203; Anderson, 2000, S. 154 ff.; Esch, 2005c, S. 316; Esch/Andresen, 1994, S. 220; Kroeber-Riel/Weinberg, 2003, S. 233; Mandl et al., 1988, S. 125; Rumelhart/Ortony, 1977, S. 101).[36] Solche Schemata existieren auch für Marken und Unternehmen (vgl. Esch, 2005b, S. 718). So ist z.B. die Marke Milka bei den meisten Konsumenten mit der Farbe Lila, der lila Kuh und der Alpenwelt verbunden.

---

[34] Bestimmte Merkmale von Schemata können propositionalen Ursprungs sein. Propositionen sind elementare Wisseneinheiten, die eine unabhängige und sinnvoll als wahr oder falsch beurteilte Aussage darstellen können (vgl. Anderson, 2000, S. 147; Opwis, 1992, S. 52). Sie umfassen mindestens zwei Elemente - eine Relation (Verben, Adjektive, Adverbien, Konjunktionen) und ein oder mehrere Argumente (Subjekt, Objekt, Instrument, andere Propositionen) (vgl. Anderson/Bower, 1973; Norman/Rumelhart, 1975). Der Satz „Automobile dienen dem Menschen als Fortbewegungsmittel" enthält z.B. eine Proposition. „Dienen" ist die Relation und Argumente sind Automobil (Subjekt) und Menschen (Objekt).

[35] Schemata werden auch mit den Begriffen „Skript" (vgl. Abelson, 1976; Abelson, 1981; Schank/Abelson, 1977), „Frames" (vgl. Minsky, 1975) oder „Stereotypes" (vgl. Rey, 1983; Venkatraman/Villarreal, 1984) bezeichnet.

[36] Zum Einfluss der Schemata auf die Informationsaufnahme, -verarbeitung und -speicherung wird häufig zwischen schemarelevanten und schemairrelevanten Informationen (vgl. Mandl et al., 1988, S. 130; Marcus/Zajonc, 1985, S. 143) sowie schemakonsistenten und schemainkonsistenten Informationen (vgl. Alba/Hasher, 1983, S. 206; Cantor/Mischel, 1979; Fiske/Linville, 1980, S. 550) unterschieden. Eine schemakongruente Information wird besser erinnert als eine schemainkongruente oder für das Schema irrelevante Information (vgl. Misra/Beatty, 1990; Taylor/Crocker, 1981).

Alles, was im Kopf der Konsumenten mit einer Marke verbunden ist, wird als Markenwissen bezeichnet.

Schemata weisen charakteristische Eigenschaften auf, die sich wie folgt zusammenfassen lassen (vgl. Mandl et al., 1988, S. 125 ff.; Rumelhart/Ortony, 1977, S. 101 ff.):

- Schemata repräsentieren einen Realitätsbereich nicht vollständig, sondern weisen Leerstellen (Slots) für bestimmte Attribute auf (vgl. Anderson, 2000, S. 155 ff.). Diese Attribute gehören zwar zu dem Konzept, ihre Ausprägung kann aber variabel ausgefüllt werden. Bei dem Schema Automobile können z.B. die Wagenfarbe, die Motorisierung oder das Herstellungsland unterschiedliche Ausprägungen annehmen.
- Im menschlichen Gehirn stehen die einzelnen Konzepte mit ihren zugehörigen Ausprägungen nicht losgelöst nebeneinander. Schemata sind hierarchisch organisiert, d.h. ein Schema ist in ein System übergeordneter Superschemata und untergeordneter Subschemata eingebunden (vgl. Brewer/Tryens, 1981, S. 209; Mandl et al., 1988, S. 125). So ist z.B. das Sportwagenschema Bestandteil des übergeordneten Superschemas Automobil und das Markenwissen ist dem Wissen zur entsprechenden Produktkategorie untergeordnet (vgl. Esch, 2005c, S. 67; Hutchinson et al., 1994; Nedungadi, 1990).[37] Attribute eines Schemas können aber auch eigene Schemata repräsentieren (vgl. Anderson, 2000, S. 157; Schnotz, 1994, S. 66). So sind dem Schema Sportwagen die Subschemata Motoren oder Reifen untergeordnet. Eigenschaften der Schemata werden von unten nach oben immer allgemeiner. Man spricht von einer so genannten Generalisierungs- oder Abstraktionshierarchie (vgl. Schnotz, 1994, S. 66).
- Zwischen den unterschiedlichen Hierarchiestufen existieren Vererbungsmechanismen. Solange keine abweichenden Informationen vorliegen, werden Leerstellen (Slots) durch Attributausprägungen eines übergeordneten Schemas aufgefüllt. Für das Sportwagenschema folgt daraus, dass es von dem übergeordneten Superschema Automobil z.B. bei dem Attribut Reifen die Ausprägung „Vier" erbt. Aus diesem Grund wird auch das gespeicherte Wissen über eine Produktkategorie im Kopf des Konsumenten auf alle Marken aus dieser Kategorie übertragen – sofern den Konsumenten die Zugehörigkeit der Marke zu einer Produktkategorie bekannt ist.

[37] Zum Zusammenhang zwischen Wissen zur Produktkategorie, zu Markeninformationen und dem Abruf der Marken vgl. Cowley/Mitchell, 2003 sowie zum Einfluss der Produktkategoriestruktur auf den Marken-Recall und das Fällen einer Entscheidung vgl. Nedungadi et al., 2001.

Für die Markenforschung bedeutet die hierarchische Struktur sowie die Vererbungsmechanismen von Schemata, dass ein Markenschema stets auch allgemeine Attributausprägungen enthält, die von dem übergeordneten Produktkategorieschema vererbt werden (vgl. Esch/Möll, 2005, S. 66). Diese Produkteigenschaften ermöglichen keine Differenzierung von einer Konkurrenzmarke, da die Eigenschaften auch von dieser geerbt werden. In einem Markenschema können aber auch spezielle, eigenständige Attributausprägungen gespeichert sein, die eine Differenzierungsfunktion übernehmen. Dies kann z.B. der blau-weiße Propeller des BMW-Logos oder die „Freude am Fahren" sein, die nur in dem Markenschema von BMW gespeichert ist.

Graphische Darstellung von Schemata in semantischen Netzwerken

Das in Schemata organisierte Wissen lässt sich in Form semantischer Netzwerke darstellen (vgl. Henderson et al., 1998, S. 307 ff.).[38] Diese Darstellungsweise ist für Markenvorstellungen bestens geeignet, auch wenn die Theorie der semantischen Netzwerke keineswegs einheitlich ist. Unter diesem Begriff werden verschiedene Modellvorstellungen zusammengefasst. Die theoretischen Ansätze gehen auf die Arbeiten von Collins, Quillian und Loftus zurück. Von Quillian stammt die Überlegung, semantisches Wissen mittels gerichteter Graphen abzubilden (vgl. Collins/Quillian, 1969, S. 241; Quillian, 1968, S. 223). Das semantische Netzwerkmodell in seiner ursprünglichen Fassung (vgl. Collins/Quillian, 1972) wurde aufgrund unterschiedlicher Kritiken überarbeitet (vgl. Collins/Loftus, 1975a).[39] Ursprünglich wurde aus theoretischer Sicht davon ausgegangen, dass semantische Netzwerke nur das semantische Wissen wiedergeben. Mittlerweile hat sich jedoch die Erkenntnis durchgesetzt, dass sowohl semantisches als auch episodisches Wissen in Form entsprechender Netzwerke repräsentiert werden kann (vgl. Tulving, 1972). Ebenso wurde auch nonverbales Wissen in dieses Konzept integriert (vgl. Kieras, 1978).

Gedankliche Repräsentationen bzw. kognitive Strukturen[40] wie z.B. das Markenwissen lassen sich in Form eines graphischen Netzwerks darstellen. Während Schematheorien die größeren

---

[38] Zu weiteren Darstellungsweisen von Wissensstrukturen der Konsumenten vgl. Lawson, 2002, S. 451 ff..

[39] Collins und Loftus haben in ihrer Überarbeitung des Modells von Quillian das Prinzip der sich ausbreitenden Aktivierung („spreading activation model") eingeführt. Hiernach wird bei Abruf eines Sachverhalts nicht allein der entsprechende Knoten aktiviert, sondern die Aktivierung greift auch auf andere Knoten und damit auf begrifflich ähnliche Sachverhalte über (vgl. Anderson, 1983; Collins/Loftus, 1975a, S. 411; Opwis, 1992, S. 58; Ratcliff/McKoon, 1981, S. 461).

[40] Unter einer kognitiven Struktur versteht man alle Informationen über einen Gegenstandsbereich und dessen Organisation (vgl. Grunert, 1990, S. 1).

und komplexeren Gedächtnisstrukturen erklären, dienen semantische Netzwerke insbesondere der Repräsentation kleinerer Wissenseinheiten (vgl. Eysenck, 1984, S. 307; Fiske/Linville, 1980, S. 553). Das Wissen über einen Gegenstandsbereich wird in semantischen Netzwerken durch verschiedene Knoten und assoziative Verbindungen zwischen den Knoten (Kanten) dargestellt (vgl. Anderson, 1976; Collins/Loftus, 1975b; Grunert, 1990, S. 62; Rumelhart et al., 1986).[41] Die Knoten visualisieren, unter Rückgriff auf die Schemadefinition, einen betrachteten Sachverhalt (z.B. Objekte, Personen oder Ereignisse), während die Kanten die zunächst frei bestimmbaren Beziehungen zwischen den Sachverhalten repräsentieren (vgl. Wender, 1988, S. 60). Während die Knoten für die im Gedächtnis gespeicherten Konzepte stehen, geben die Kanten die Verbindungen (semantische Relationen) zwischen den einzelnen Vorstellungen wieder.

Marken sind in unserer Erinnerung in Form eines assoziativen Netzwerks vorhanden. Dies beinhaltet alle mit der Marke gespeicherten Vorstellungen, oberflächlichen Charakteristika (sensorische Darstellung), abstrakten Bedeutungen (Propositionen), Emotionen, Einstellungen und Verhaltenstendenzen (vgl. Franzen/Bouwman, 2001). Die Markenemotionen kommen auch in den mit einer Marke verbundenen Vorstellungen (Knoten) zum Ausdruck.[42] Eine Marke mit positiven Markenemotionen wird mehr positive und angenehme Assoziationen aufweisen als eine Marke mit neutralen oder negativen Markenemotionen.

2.3 Imagery-Theorien als additive Modelle der Gedächtnisstrukturen

„Die Seele denkt nie ohne Vorstellungsbilder. Diese sind für die Denkseele wie Wahrnehmungsbilder."
Aristoteles (384 - 322 v. Chr.)

Eine zentrale Rolle beim Markenwissen und dem Aufbau eines Markenwerts spielen Bilder im Gedächtnis der Konsumenten (vgl. Andresen, 1991; Bekmeier-Feuerhahn, 1998; Biel, 1992; Ruge, 1988). Dies kommt auch in der dieser Arbeit zugrunde liegenden Definition von Marken als (innere) Vorstellungsbilder in den Köpfen der Konsumenten zum Ausdruck. Ins-

41 Die Relationen sowie die Argumente einer Proposition werden durch die Knoten des semantischen Netzwerks dargestellt. Beispiel einer solchen Proposition wäre: BMW ist eine bayerische Marke. Propositionen dienen als Verbindung zwischen zwei Knoten, die sich gut eignen, um kleinere Informationseinheiten darzustellen. Die Verbindungslinien zwischen diesen Knoten sind durch Kanten des Netzwerks gekennzeichnet, die unterschiedlich stark ausgeprägt sein können.

42 Vergleiche zu semantischen Netzwerken und Emotionen Lang, 1979 und Lewis/Critchley, 2003. Auch bei Markenerweiterungen spielt das Markenwissen (Markenassoziationen) inklusive der Emotionen eine entscheidende Rolle. Die Markenassoziationen werden zusammen mit den Emotionen auf die neuen Produkte übertragen (vgl. Park et al., 1989, S. 726).

besondere das Markenimage steht in unmittelbarem Zusammenhang mit den inneren Markenbildern. Deswegen soll als Ergänzung zur amodalen Wissensrepräsentation im folgenden Kapitel eine modalitätsspezifische Wissensrepräsentation diskutiert werden.

Mit dem Konzept der inneren Bilder beschäftigt sich die Imagery-Forschung. Sie ist als eigenständiger Forschungszweig aus der Kognitionsforschung hervorgegangen (vgl. Lutz/Lutz, 1978).[43] Im Mittelpunkt der Imagery-Forschung steht die Repräsentation von Reizen im Gedächtnis und deren Rolle für gedankliche Prozesse (vgl. Kroeber-Riel, 1993, S. 25). Unter Imagery-Prozessen wird die Entstehung, Verarbeitung und Speicherung sowie die Verhaltenswirkung innerer Vorstellungsbilder verstanden (vgl. Kroeber-Riel, 1993, S. 25). Dementsprechend kann ein Individuum Wissen auch als visuelle Vorstellung, als so genanntes inneres Bild (mental image), speichern. Dabei handelt es sich um konkrete Vorstellungen, die Eindrücke unterschiedlicher Modalität, also akustische, visuelle, haptische, gustatorische und olfaktorische Eindrücke, umfassen können (vgl. Babin/Burns, 1997, S. 33; Kroeber-Riel, 1986b, S. 81; MacInnis/Price, 1987, S. 474). Zwischen den unterschiedlichen Modalitäten können auch Verbundwirkungen bestehen (vgl. Kroeber-Riel, 1993, S. 50). Dieses bildlich repräsentierte Wissen entwickelt eine besonders starke Verhaltensrelevanz (vgl. Kisielius/Sternthal, 1984, S. 61; Kroeber-Riel, 1993; Ruge, 1988).[44]

Innere Bilder lassen sich in Wahrnehmungs- und Gedächtnisbilder unterscheiden, die kognitive und emotionale Wirkungen entfalten. Wenn ein Reiz präsent ist und vom Betrachter direkt sinnlich aufgenommen wird (z.B. Betrachten eines Markenlogos), spricht man von einem Wahrnehmungsbild. Nur ein kleiner Teil der wahrgenommenen Reize wird jedoch zu Gedächtnisbildern, also zu inneren Bildern, die in Abwesenheit des Reizes aus dem Gedächtnis abgerufen werden können (vgl. Kroeber-Riel, 1986a, S. 50; Kroeber-Riel, 1993, S. 40). Gedächtnisbilder sind langfristig gespeicherte und erinnerte Bilder in Abwesenheit des Gegenstandes (z.B. entstehen Gedächtnisbilder spontan in den Köpfen interner und externer Anspruchsgruppen, wenn sie an ein Unternehmen oder eine Marke denken). Gedächtnisbilder sind somit das Ergebnis eines Lernprozesses (gelernte Wahrnehmungsbilder), die ungenauer als Wahrnehmungsbilder sind, da der Rezipient eher die konnotative Bedeutung eines Bildes

43 In der Literatur werden auch emotionale Imagery-Theorien behandelt, die das innere Bild als konzeptuelles Netzwerk verstehen, welches wiederum somatoviszerale Muster kontrolliert und einen Prototyp für offenes Verhalten erzeugt (vgl. Lang, 1979, S. 495).

44 Bezüglich der Operationalisierung des Markenimage gibt es verschiedene Ansätze. Das Markenimage kann als Bestandteil des Markenwissens, als Einstellung zu einer Marke und eben durch innere Bilder operationalisiert werden (vgl. Andresen, 1991; Bekmeier-Feuerhahn, 1998; Ruge, 1988).

erinnert, nicht aber dessen genaue Einzelheiten (vgl. Anderson, 2000, S. 106). Gedächtnisbildern wird ein stärkerer Einfluss auf das Verhalten zugesprochen, den sich das Marketing zunutze machen kann (vgl. Kroeber-Riel, 1993, S. 40; Mäßen, 1998, S. 66). Starke und klare innere Bilder tragen dazu bei, dass die Anspruchsgruppen ein Unternehmen einem anderen oder eine Marke einer anderen vorziehen.

Werden innere Bilder aktiviert, können sie auf unterschiedliche Weise die Informationsaufnahme, -verarbeitung und -speicherung beeinflussen.[45] In zahlreichen Experimenten wurden die kognitiven und affektiven Wirkungen innerer (Marken-)Bilder aus Sicht des Marketing und der Markenforschung untersucht (vgl. Babin/Burns, 1997, S. 34 ff.; Bone/Ellen, 1990, S. 449 f.; Kisielius/Sternthal, 1984, S. 56 ff.; Lutz/Lutz, 1977, S. 493 f.; McGill/Anand, 1989, S. 8 ff.; Mitchell, 1986, S. 14 f.; Rossiter/Percy, 1980, S. 11 ff.). Eine Wirkungsrichtung sind die kognitiven Prozesse und dort die Stärkung der Erinnerung (vgl. Kroeber-Riel/Esch, 2004, S. 156; Robertson, 1987, S. 9 ff.). Empirische Ergebnisse bestätigen, dass die Erinnerung an vorgegebenes Reizmaterial maßgeblich durch innere Bilder und vor allem durch die Lebendigkeit der inneren Bilder bestimmt wird (vgl. Ruge, 1988, S. 184). Innere Bilder können aber auch Informationsverarbeitungsprozesse der Rezipienten beeinflussen (vgl. Alesandrini, 1982, S. 126 ff.; Madigan, 1983, S. 69 f.). Die eigentliche Wirkungsdomäne innerer Bilder sind aber die emotionalen Prozesse (vgl. Kroeber-Riel, 1986b, S. 84; Kroeber-Riel, 1993, S. 42). Die durch emotionale Eindrücke erzeugten Gedächtnisbilder können als gespeicherte Emotionen aufgefasst werden. Emotionale Reize sind direkter und wirksamer in inneren Bildern repräsentiert als in sprachlichen Vorstellungen (vgl. Kroeber-Riel, 1993, S. 42). In Untersuchungen konnte auch nachgewiesen werden, dass innere (Marken-)Bilder die Einstellung der Rezipienten sowohl zur Werbung als auch zur Marke positiv beeinflussen können (vgl. MacInnis/Price, 1987, S. 475; Mitchell, 1986, S. 14 f.). Eine weitere wichtige Wirkungsrichtung innerer Bilder ist die Beeinflussung von Entscheidungen und Handlungen (Verhalten) (vgl. Bone/Ellen, 1990, S. 453 f.; Ruge, 1988, S. 160 ff.). Innere Gedächtnisbilder können ihre Wirksamkeit vor allem dadurch entfalten, dass sie anschaulicher und emotionaler belegt sind als abstraktes sprachliches Wissen (vgl. Kroeber-Riel, 1993, S. 42 f.).

---

45 Forschungsergebnisse im Bereich der kognitiven Psychologie haben gezeigt, dass Bilder einfacher erinnert und eingespeichert werden als Wörter. Darin begründet sich der so genannte Bildüberlegenheitseffekt (picture superiority effect) (vgl. Kaplan et al., 1968; Lieberman/Culpepper, 1965; Lutz/Lutz, 1978; Nelson, 1983; Nelson et al., 1977; Paivio, 1969; Paivio, 1979; Paivio et al., 1968; Sampson, 1970; Scott, 1967).

Innere Bilder können auf unterschiedliche Weise ihre Wirkung entfalten. Empirische Studien belegen, dass dafür einzelne Dimensionen von inneren Bildern entscheidend sind (vgl. Mayerhofer, 1995, S. 14; Ruge, 1988, S. 127 ff.):

Lebendigkeit des inneren Bildes

Die Lebendigkeit eines inneren Bildes gilt als eine Art Superdimension. Es wird davon ausgegangen, dass sie die Existenz des inneren Bildes begründet (vgl. Bone/Ellen, 1992, S. 96; Ruge, 1988, S. 105). Die Lebendigkeit kann nicht nur mit der Präsenz der Marke im Kopf des Konsumenten verbunden werden, sondern auch mit der Vitalität, die sie ausstrahlt. Sie ist zugleich Ausdruck des Aktivierungspotenzials des inneren Bildes (Erregung). Die Lebendigkeit steht in mehr oder weniger starker Abhängigkeit mit allen anderen Dimensionen. Neben der Lebendigkeit umschreibt diese Dimension auch die Klarheit und Deutlichkeit, mit der man eine Marke vor seinem inneren Auge sieht (vgl. Esch/Geus, 2005, S. 1279). Im engen Zusammenhang mit der Lebendigkeit steht auch die Zugriffsfähigkeit auf ein inneres Bild (vgl. Ruge, 1988, S. 105 ff.). In mehreren Studien konnte ein positiver Einfluss der Lebendigkeit auf die Erinnerung an das Gedächtnisbild (vgl. Ruge, 1988, S. 184) sowie auf die Einstellung zur Marke nachgewiesen werden (vgl. Burns et al., 1993, S. 81). Je lebendiger innere Markenbilder sind, umso größer ist auch der zu erwartende Einfluss auf das Verhalten der Konsumenten (vgl. Bone/Ellen, 1992, S. 98 ff.; Kroeber-Riel, 1993, S. 326; Ruge, 1988, S. 184).

Anziehungskraft des inneren Bildes

Innere Bilder werden von einer mehr oder weniger starken positiven oder negativen Haltung begleitet. Dementsprechend werden innere Bilder als anziehend oder abstoßend empfunden (vgl. Kroeber-Riel, 1993, S. 43; Tondo/Cautela, 1974, S. 1277). Die Anziehungskraft ergibt sich aus dem Inhalt des inneren Bildes und seiner Bewertung durch die Konsumenten.[46] Sie drückt das Gefallen (Valenz) des inneren Bildes aus (vgl. Ruge, 1988, S. 109). Die Inhalte müssen die nötige emotionale Schubkraft entwickeln und angenehme Assoziationen wecken, um Wirkungen zu zeigen. Es kommt also auf die kognitive und emotionale Bedeutung an, die ein inneres Bild für die jeweilige Person hat.

---

46 Ob etwas als anziehend oder abstoßend empfunden wird, ist von grundlegender Bedeutung. Mit dieser Bewertung ist die Hinwendung (Abwendung) zu (von) einem Objekt oder Sachverhalt verbunden. Hinwendung und Abwendung sind Grundlagen von Emotionen.

Zugriffsfähigkeit auf das innere Bild

Die Zugriffsfähigkeit auf das innere Bild beschreibt, wie leicht es einer Person fällt, sich ein Bild von einem gewissen Objekt zu machen (vgl. Ellen/Bone, 1991, S. 807). Die Dimension Zugriffsfähigkeit wird stark durch die Klarheit und Deutlichkeit des inneren Bildes beeinflusst (vgl. Ruge, 1988, S. 100). Ist ein inneres Markenbild undeutlich, so kann nur schlecht darauf zugegriffen werden. Ist das innere Bild jedoch klar und deutlich, kann der Konsument gespeichertes Markenwissen schnell aktivieren und leicht darauf zugreifen. Die Leichtigkeit des Zugriffs kann Einstellungs- und Verhaltensgrößen positiv beeinflussen (vgl. Bone/Ellen, 1992, S. 98 f.).

Sowohl die Lebendigkeit als auch die Klarheit und Deutlichkeit von inneren Bildern werden durch Emotionen positiv beeinflusst (vgl. Bohannon, 1988; Brown/Kulik, 1977; Christianson/Loftus, 1990; Lang, 1979, S. 498). Durch Emotionen entstehen lebendige und klare innere Bilder. Die Emotionen, die das innere Bild in das Gedächtnis einbrennen, können sowohl positiv als auch negativ sein (z.B. Tag der Hochzeit oder 11. September 2001).[47] Durch die Lebendigkeit und Klarheit fällt der Zugriff auf emotional geprägte innere Bilder leichter.

Damit innere Bilder wirksam werden können, bedürfen sie eines Auslösereizes („Imagery Cue"). Die Reizauslösung kann bei Wahrnehmungsbildern verbal über Wörter, aber auch nonverbal über Bilder (z.B. Markenlogos) oder Töne erfolgen, die als externer Schlüssel für das Aktivieren der inneren Imagery-Prozesse dienen (vgl. Atwood, 1989, S. 587; Ste-

47 Dieses Phänomen so genannter Blitzlicht-Erinnerungen (flashbulb memories) bezeichnet die besondere Enkodierung der Kontextinformationen, innerhalb derer eine Person von einem emotional erregenden Ereignis erfährt (vgl. Brown/Kulik, 1977; Finkenauer et al., 1998). Neurobiologisch besteht die Annahme, dass der Mechanismus für diese Art der Enkodierung sich von dem für andere episodische sowie semantische Inhalte unterscheidet. Es wird angenommen, dass distinkte Systeme für einerseits affektiv-episodische Enkodierung und andererseits neutral-semantische Enkodierung für die Entstehung von Blitzlicht-Erinnerungen notwendig sind (vgl. LeDoux, 1996). Parallel zu dieser Unterscheidung nehmen Cahill und McGaugh (vgl. Cahill/McGaugh, 1998) und McGaugh et al. (vgl. McGaugh, 2000; McGaugh et al., 1993) an, dass bei der Entstehung von Blitzlicht-Erinnerungen ein Zusammenspiel von impliziten und expliziten Gedächtnisprozessen notwendig ist.

wart/Punj, 1998, S. 42).[48] Innere Suchvorgänge können ein Gedächtnisbild aktivieren (vgl. Richardson, 1983, S. 15).

3. Operationalisierung und Messung des Markenwissens

Da eine Marke durch den Konsumenten ihre Wertschätzung erfährt, muss dieser die Basis der Operationalisierung des Markenwerts sein. Daher setzen verhaltenswissenschaftliche Operationalisierungen des Markenwerts an den Gedächtnisstrukturen der Konsumenten an. Die bekanntesten Ansätze differenzieren die Gedächtnisstrukturen, das Markenwissen, in zwei wesentliche Konstrukte: die Markenbekanntheit und das Markenimage (vgl. Esch, 1993; Keller, 1993). Wie Abbildung 2 zu entnehmen ist, lassen sich sowohl die Markenbekanntheit als auch das Markenimage in einzelne Facetten zerlegen.

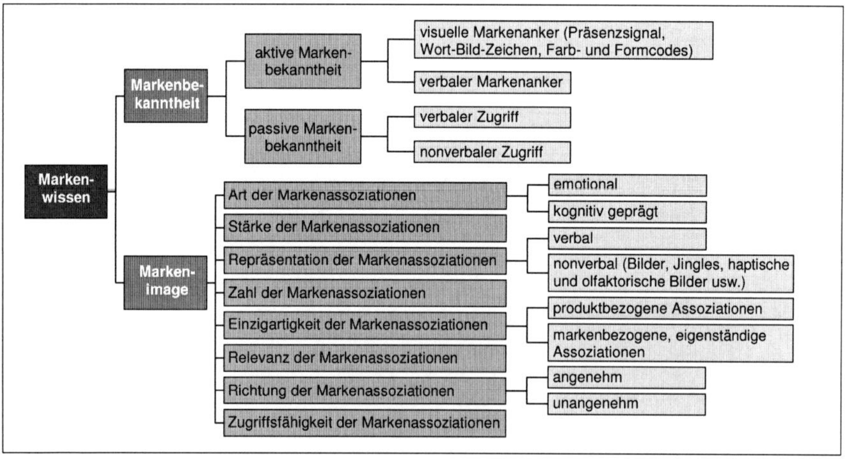

Abbildung 2: Operationalisierung des Markenwissens der Konsumenten
Quelle: Esch, 1993, S. 59 und Esch, 2005c, S. 68.

[48] Das schnell im Gedächtnis verfügbare Markenlogo befördert (als retrieval cue) vergleichbar mit einer Mnemotechnik den schlechter abrufbaren Markennamen und sonstige Markenassoziationen in das Bewusstsein der Konsumenten – das Markenlogo bildet den Schlüssel zum Markenimage (vgl. Esch/Langner, 2005, S. 605). Der Markenname bzw. das Markenlogo bilden den zentralen Knoten im semantischen Netzwerk des Markenwissens. Im Vergleich zum Markennamen ist das Markenlogo schneller im Gedächtnis verfügbar und bringt dadurch die mit der Marke assoziierten Inhalte effizienter in das Bewusstsein der Konsumenten (vgl. Esch/Langner, 2005, S. 605; Keller, 2003b, S. 195 ff.). Eine Studie unterstreicht den mnemotechnischen Charakter von Markenlogos (vgl. Schechter, 1993). Zur Bildüberlegenheit im Allgemeinen vgl. Nelson, 1983; Nelson et al., 1977; Paivio, 1969; Paivio, 1979; Paivio et al., 1968.

3.1 Markenbekanntheit als notwendige Bedingung

Operationalisierung der Markenbekanntheit

Die Markenbekanntheit beschreibt die Fähigkeit eines Konsumenten zu erkennen oder zu erinnern, dass eine Marke zu einer bestimmten Produktkategorie gehört (vgl. Aaker, 1992, S. 83). Die Bekanntheit ist die notwendige Bedingung dafür, dass sich Konsumenten ein klares Image von einer Marke bilden können.[49] Erst durch eine vorhandene Bekanntheit können mit einer Marke überhaupt spezifische Assoziationen und Bilder verknüpft werden (vgl. Esch, 2005c, S. 69). Erst durch eine entsprechende Markenbekanntheit wird eine Marke bei einer Kaufentscheidung berücksichtigt, ein Anker für die Befestigung markenspezifischer Assoziationen hergestellt und Vertrauen und Zuneigung bei den Konsumenten geschaffen (vgl. Aaker, 1992, S. 85; Campbell/Keller, 2003, S. 293).[50] Markenbekanntheit entscheidet unter anderem auch darüber, ob eine Marke ins Consideration-Set[51] der Konsumenten miteinbezogen wird und bei einer Kaufentscheidung Berücksichtigung findet.

Die Markenbekanntheit kennzeichnet die Fähigkeit des Verbrauchers, die Marke unter verschiedenen Bedingungen zu erinnern oder wieder zu erkennen (vgl. Keller, 2003b). Grundsätzlich wird zwischen einer aktiven (ungestützten) Markenbekanntheit und einer passiven (gestützten) Markenbekanntheit unterschieden. Die Unterscheidung ist für die Markenführung von großer Bedeutung, da eine Marke mit einer aktiven Bekanntheit schon in der Vorkaufphase berücksichtigt werden kann. Bei der passiven Markenbekanntheit jedoch erfolgt eine Berücksichtigung der Marke in der Vorkaufphase eher durch Zufall über Prospektwerbung oder sogar erst am Point of Sale (POS).[52]

Eine weitere Differenzierung der Markenbekanntheit erfolgt mit den Kriterien „Breite“ und „Tiefe“. Die Tiefe der Markenbekanntheit bezeichnet die Wahrscheinlichkeit, dass ein Markenelement in das Gedächtnis kommt und die Leichtigkeit, mit der sich ein Konsument an die

---

[49] In vielen Produktkategorien ist die Markenbekanntheit oft schon ausreichend, um eine Präferenzbildung für verschiedene Marken zu bewirken. In Produktkategorien, in denen Marken über klare und unverwechselbare Images verfügen, ist sie nur eine notwendige Bedingung, um Markenwert aufzubauen (vgl. Esch, 2000b, S. 944). Entscheidend für die Markenbekanntheit ist die Verbindung zwischen Produktkategorie und Marke (vgl. Aaker, 1992, S. 83).

[50] In verschiedenen Studien konnte eine Korrelation zwischen Markenbekanntheit und Markenwahl festgestellt werden (vgl. Axelrod, 1968; Baker et al., 1986; Haley/Case, 1979; Hoyer/Brown, 1990).

[51] Das Consideration-Set (Evoked-Set), als eine Teilmenge des Awareness-Sets, enthält alle Marken, die für einen Kauf subjektiv grundsätzlich in Frage kommen. Das Awareness-Set enthält alle zu einem bestimmten Zeitpunkt wahrgenommenen Markenalternativen einer Produktkategorie (vgl. Baker et al., 1986, S. 637; Howard, 1977; Howard/Sheth, 1969).

[52] Nachweislich fallen viele Kaufentscheidungen erst am Point of Sale (vgl. Cobb/Hoyer, 1986; Iyer, 1989).

Marke erinnert (vgl. Keller, 2003b, S. 77). Demnach kann die Tiefe der Markenbekanntheit in folgenden Intensitätsstufen im Zusammenhang mit einer Produkt-, Dienstleistungs- oder Verwendungssituation auftreten (vgl. Aaker, 1991, S. 62; Keller, 2003b, S. 67): Zunächst können Marken einer bestimmten Kategorie unbekannt sein. Bei passiver Markenbekanntheit (Marken-Recognition) ist die Verbindung zwischen Kategorie und Marke in den Wissensstrukturen der Konsumenten zwar vorhanden, aber nicht besonders stark ausgeprägt. Die Marken werden nur mit Hilfe einer Unterstützung von den Konsumenten wieder erkannt. Liegt aktive Markenbekanntheit (Marken-Recall) vor, fällt dem Konsumenten die Marke ein, wenn er an eine Kategorie denkt Der Konsument erinnert sich auch ohne Unterstützung an die Marke. In der Gruppe aktiv bekannter Marken gibt es solche, die eine besonders starke Verbindung zur Kategorie aufweisen. Marken, die Top-of-Mind sind, kommen typischerweise als erstes ins Gedächtnis, wenn an eine bestimmte Kategorie gedacht wird. Letztlich gibt es Marken, die eine Kategorie dominieren (dominante Markenbekanntheit). Eine Person hat in der betreffenden Kategorie keine andere Marke im Awareness-Set.[53] So wird anstatt der Produktbeschreibung Papiertaschentuch häufig der Markenname Tempo verwendet.[54]

Neben der Tiefe stellt die Breite der Markenbekanntheit die zweite wesentliche Dimension der Markenbekanntheit dar. Während die Tiefe der Markenbekanntheit etwas darüber aussagt, wie leicht sich der Konsument an eine spezifische Marke erinnert, steht die Breite der Markenbekanntheit im Zusammenhang mit der Frage, in welchen Kauf- und Verwendungssituationen der Konsument die spezifische Marke als relevant erachtet (vgl. Keller, 2003b, S. 77). Die Breite der Markenbekanntheit hängt eng mit der Organisation des Marken- und Produktwissens im Gedächtnis der Konsumenten zusammen und determiniert, auf welcher Ebene der Hierarchie die Marke in die Entscheidung des Konsumenten einbezogen wird. So ist bei einem Konsumenten, der allgemein bei nichtalkoholischen Getränken an die Marke Coca-Cola denkt, die Marke durch eine größere Breite gekennzeichnet als bei einem Konsumenten, für den Coca-Cola lediglich in der Kategorie Softdrinks relevant ist. Je größer die Breite der

53 Im Vergleich zu allen verfügbaren Angeboten bzw. Marken (Total-Set) sind im Awareness-Set nur die Marken enthalten, die dem Konsumenten bekannt sind, unabhängig davon, ob die Marken akzeptiert oder abgelehnt werden..

54 Mit einer dominierenden Markenbekanntheit sind allerdings auch Gefahren verbunden. Wenn eine Firma ihre Trademark nicht aktiv verteidigt, kann sie das Recht auf die Marke verlieren, weil der einstige Markenname mit der Zeit zum allgemein verwendeten Begriff wird. Bekannte Beispiele sind der „Fön" von AEG und der „Walkman" von Sony. Aktuelles Beispiel ist die Marke Google. Die Marke ist inzwischen so populär, dass das Verb „googeln" für das Suchen im Internet schlechthin verwendet wird und Eingang in den deutschen Duden gefunden hat. Anders als den Namen ihrer Suchmaschine kann sich das Unternehmen das Verb nicht schützen lassen. Google fordert nun einige Medien auf, das Wort korrekt zu verwenden, damit die Rechte an der Marke Google nicht verloren gehen.

Marke, desto größer die Anzahl unterschiedlicher Verwendungssituationen, in denen die Marke potentiell gekauft werden kann und desto größer die Markenstärke.[55]

Messung der Markenbekanntheit

Die Tiefe der Markenbekanntheit determiniert die Art des gewählten Messverfahrens. Üblicherweise werden Verfahren zur Messung der passiven Markenbekanntheit (Recognition-Tests) und Verfahren zur Messung der aktiven Markenbekanntheit (Recall-Tests) unterschieden.[56] Die Breite der Markenbekanntheit besitzt dagegen einen Einfluss auf die Ausgestaltung der Messverfahren.

Zur Messung der passiven Markenbekanntheit werden Recognition-Tests herangezogen (vgl. Keller, 1998, S. 326 ff.). Marken-Recognition ist theoretisch betrachtet ein Wiedererkennungsprozess, der erfordert, dass Konsumenten in der Lage sind, verschiedene Stimuli einer Marke, beispielsweise in Form eines Markennamens, eines Markenlogos, eines Slogans oder einer Verpackung, als etwas bereits Wahrgenommenes bzw. Bekanntes zu identifizieren. Bei einer typischen Versuchsanordnung erhält der Versuchsteilnehmer eine Liste von Markennamen der zu betrachtenden Produktkategorie. Zur Kontrolle der Antworten können hierbei neben tatsächlich existierenden Marken auch fiktive Marken aufgeführt werden. Anhand dieser Liste wird ihm die Frage nach den ihm bekannten Marken gestellt („Kennen Sie die Marke X?"). Die passive Markenbekanntheit setzt ein gestütztes Erinnern bzw. Erkennen der Marke voraus (vgl. Aaker, 1992, S. 83). Die Konsumenten müssen in der Lage sein, die Marke mit der Produktkategorie in Verbindung zu bringen.

Die Messung der aktiven Markenbekanntheit erfolgt auf der Grundlage von Recall-Tests (vgl. Keller, 1998, S. 329 ff.). Marken-Recall bezieht sich auf die Fähigkeit der Konsumenten, eine Marke aus ihrem Gedächtnis ungestützt zu erinnern, wenn z.B. eine Verbindung zur Produktkategorie hergestellt werden kann. Im Gegensatz zu den Verfahren zur Messung der passiven Markenbekanntheit wird den Versuchsteilnehmern die Marke nicht vorgelegt. Die Erinnerung muss ohne eine Unterstützung erfolgen und erfordert somit höhere Gedächtnisleistungen als Marken-Recognition. Differenziertere Messungen erfassen nicht nur die reine Nennung, sondern auch die Reihenfolge der Nennungen. Dadurch ist es möglich, zwischen verschiedenen

---

[55] Zur Kategorisierung von Produkten im Gedächtnis von Konsumenten vergleiche grundlegend Sujan/Dekleva, 1987 und zum Einfluss des Wissens auf Bewertungen vgl. Sujan, 1985.

[56] Zu den Begriffen Recall und Recognition in der Werbeforschung vgl. du Plessis, 1994, S. 75 ff., Krugman, 1986, S. 83 ff. und Zinkhan et al., 1986.

Abstufungen der aktiven Erinnerung zu unterscheiden. Bei der Messung der aktiven Markenbekanntheit ist die Dimension der Breite der Markenbekanntheit zu beachten. Die Wahl des geeigneten „retrieval cues" spielt auch in empirischen Untersuchungen der Markenbekanntheit eine wichtige Rolle. So kann beispielsweise den Konsumenten die Frage nach den von ihnen erinnerten Marken im Automobilbereich gestellt werden („Denken Sie jetzt bitte an die Produktkategorie Automobile. Welche Marken fallen Ihnen dazu ein?"). Alternativ könnten aber auch engere Produktkategorien wie Sportwagen oder sogar italienische Sportwagen vorgegeben werden. Je enger die Produktkategorie, desto leichter ist es für den Versuchsteilnehmer, sich an eine spezifische Marke aktiv zu erinnern.

Die Markenbekanntheit gilt als notwendige Bedingung für den Markenerfolg. Ohne Bekanntheit können sich Konsumenten kein klares Image von der Marke bilden. Mit einer unbekannten Marke können auch keine Emotionen verbunden sein.

Die Markenbekanntheit ist ein grundlegender und entscheidender Bestandteil des Markenwerts. Grundsätzlich ist eine Marke, die niemand kennt, nichts wert. Doch der Markenwert hat eine noch viel wichtigere Komponente. Würde man nämlich nur die Bekanntheit dem Markenwert zugrunde legen, dann dürften sich z.B. Marken wie BMW und Opel kaum unterscheiden. Opel ist zwar genauso bekannt wie BMW, aber die Marke Opel ist nur einen Bruchteil der Marke BMW wert. Die weitaus wichtigere Komponente des Markenwerts ist daher das Markenimage als zweiter Teil des Markenwissens. Insbesondere hier ist auch die emotionale Assoziationskraft von Marken verankert, die bei BMW positiver ist als bei Opel.

3.2 Markenimage als hinreichende Bedingung

„Die Menschen werden weniger von den Dingen selbst beeinflusst als von dem Bild, das sie sich von diesen Dingen machen."

Michel Eyquem de Montaigne (1533 - 1592)

Dieses Zitat belegt, dass bereits vor langer Zeit der hohe Stellenwert und der Einfluss eines Image erkannt wurden. Gilt die Markenbekanntheit als notwendige Bedingung für einen Markenerfolg, so handelt es sich beim Markenimage um eine hinreichende Bedingung.[57] Das Markenimage ist seit den 1950er Jahren ein wichtiges Konzept in der Konsumentenverhaltensforschung. Allerdings wurde der Begriff noch zu Beginn der 1990er Jahren nicht einheitlich verwendet und es existierte kein Konsens, wie man Markenimage operationalisieren könnte (vgl. Dobni/Zinkhan, 1990, S. 110). Aus Sicht der Theorie herrscht heute weitgehend Einigkeit über die Bedeutung des Markenimage für den Aufbau des Markenwerts. Das Markenimage kann als Wahrnehmung einer Marke aufgrund verschiedener im Gedächtnis der Konsumenten gespeicherter Markenassoziationen definiert werden (vgl. Aaker, 1992, S. 135; Keller, 1993, S. 3; Keller, 2005, S. 1309).[58] Das Markenimage beschreibt das Gesamtbild, das sich eine Person von einer Marke macht, und umfasst subjektive, ganzheitliche und mentale Repräsentationen einer Marke (vgl. Keller, 1993; Keller, 2003b, S. 66). Das Markenimage lässt sich als eine Vielzahl miteinander verknüpfter Assoziationen zu einer Marke verstehen, die durch ein semantisches Netzwerk miteinander verbunden sind.[59] Unter Markenassoziationen kann alles verstanden werden, was im Gedächtnis mit der Marke verknüpft ist (vgl. Aaker, 1991, S. 109).[60] Die Kenntnis des Markenimage und die mit der Marke verbundenen Markenassoziationen sind wesentliche Kriterien für die Tiefe des Markenwissens der Konsumenten (vgl. Keller, 2003b, S. 64). Gerade die Markenassoziationen verleihen den Marken ihre Bedeutungen und sind entscheidend für ihren Erfolg.[61] Unterscheiden sich diese von den Assoziationen der Konkurrenz, dann ist auch mit unterschiedlichen Reaktionen der Konsumenten auf die Marken zu rechnen. Nur eine Marke, die sich über Assoziationen differenzieren kann, wird auch langfristig erfolgreich sein (vgl. Keller, 2003b, S. 67).

---

57 Das Markenimage darf nicht mit der Markenidentität verwechselt werden. Die Markenidentität stellt das Selbstbild der Marke aus Sicht des Unternehmens dar, wohingegen das Markenimage für das Fremdbild einer Marke aus Sicht der Anspruchsgruppen steht (vgl. Aaker, 1996, S. 68; Esch, 2005c, S. 82). Die Markenidentität ist der Ausgangspunkt für die Markenpositionierung. Die Positionierung soll die Identität unter Berücksichtigung relevanter Markt- und Kommunikationsbedingungen durch eine klare Fokussierung auf für Anspruchsgruppen wichtige und von der Konkurrenz differenzierende Eigenschaften wirksam umsetzen. Das Markenimage ist die Maßgröße für den mehr oder weniger erfolgreichen Transfer der Markenidentität durch die Positionierung der Marke im Markt (vgl. Esch, 2005c, S. 90).

58 Ähnlich lautet auch die Definition von Aaker: „A brand image is a *set* of associations, usually organized in some meaningful way." (Aaker, 1991, S. 109).

59 Semantische Netzwerke stellen das aktuell vorherrschende Konzept zur Abbildung der Organisation von Informationen im Gedächtnis dar (vgl. Biel, 1992; Quillian, 1968; Rumelhart et al., 1972).

60 Zu den Auswirkungen der Markenassoziationen auf die Reaktionen von Konsumenten vgl. del Rio et al., 2001 und auf die Bewertung von Markenallianzen vgl. James, 2005.

61 Einen ausführlichen Überblick über die Bedeutung von Assoziationen, deren Einschätzung sowie Auswahl, Pflege und Erzeugung gibt Aaker, 1992, S. 135 ff..

Operationalisierung des Markenimage

Beim Markenimage handelt es sich um ein mehrdimensionales Konstrukt, das alle Assoziationen, die Konsumenten mit der Marke verbinden, beinhaltet. Die Assoziationen können inhaltlich in verschiedene Arten von Assoziationen unterteilt werden (vgl. Aaker, 1991, S. 114 ff.; Esch, 1993; Keller, 1993; Low/Lamb, 2000, S. 351 ff.). Zur Operationalisierung des Markenimage wird in dieser Arbeit auf den Ansatz von Esch (1993) zurückgegriffen (vgl. Abbildung 2, S. 30) (vgl. im Folgenden Esch, 1993; Esch, 2005c, S. 67 ff.; Keller, 1993).[62]

Art der Assoziationen (emotional oder kognitiv)

Markenassoziationen können kognitiv oder emotional geprägt sein. Kennzeichen starker Marken sind vor allem die emotionalen Inhalte, die man mit diesen verknüpft (vgl. Esch, 2005c, S. 71; Esch et al., 2005, S. 48; Weinberg, 1992, S. 35; Weinberg/Diehl, 2005, S. 265). Es ist wichtig, dass auf die emotionalen Assoziationen zugegriffen werden kann und diese in den Kopf kommen, wenn man an die Marke denkt (vgl. Keller, 2003b, S. 90). Gerade auf gesättigten Märkten sind emotionale Imagekomponenten zur Profilbildung einer Marke besonders geeignet, da sachliche Eigenschaften von vielen Produkten einer Kategorie gleichermaßen erfüllt werden (vgl. Esch/Andresen, 1994, S. 222).

Stärke der Markenassoziationen

Eine Markenassoziation ist desto stärker, je enger die Assoziation mit einer Marke verbunden ist. Die Stärke der Assoziation bezieht sich auf die Verknüpfung zwischen dem Markenknoten und der Assoziation im Gedächtnis. Je enger Assoziationen mit der Marke verbunden sind (z.B. Frosch-Reinigungsmittel = umweltfreundlich), desto stärker beeinflussen sie die Beurteilung einer Marke (vgl. Esch, 2005c, S. 71; Esch/Geus, 2005, S. 1272 f.). Die Stärke von Markenassoziationen wird sowohl durch die Quantität der Verarbeitung (wie oft wird daran gedacht) als auch die Qualität der Informationsverarbeitungsprozesse (wie gut wird es erinnert) beeinflusst (vgl. Keller, 1993, S. 5). Je öfter und intensiver sich ein Konsument mit einer Information bzw. einer Marke beschäftigt, desto stärker entwickeln sich die damit verbundenen Assoziationen. Persönliche Relevanz der Information sowie die Konsistenz bei der Dar-

62 Keller operationalisiert das Markenimage in „Types of Brand Associations", „Favorability of Brand Associations", "Strength of Brand Associations" und "Uniqueness of Brand Associations". Die "Types of Brand Associations" unterteilt Keller weiter in "Attributes" (non-product-related, product-related), "Benefits" (functional, experiential, symbolic) und "Attitudes" (vgl. Keller, 1993, S. 7). Im Vergleich zu dem Ansatz von Esch lässt Keller aber z.B. nonverbale Vorstellungen zur Marke außer Acht. Dabei steuern gerade nonverbale Reize im besonderen Maße das Verhalten (vgl. Kroeber-Riel, 1986b; Kroeber-Riel/Weinberg, 2003, S. 526 ff.; Ruge, 1988).

bietung der Information im Zeitablauf (z.B. integrierte Kommunikation) wirken positiv auf die Stärke der Markenassoziation (vgl. Keller, 2003b, S. 71).[63]

Repräsentation der Markenassoziationen (verbal oder nonverbal)

Mit einer Marke können sowohl verbale als auch nonverbale Assoziationen verbunden sein. Mit starken Marken werden zumeist viele nonverbale Inhalte verbunden (z.B. das Bild der lila Kuh bei Milka), die zu einem klaren und lebendigen inneren Bild führen (vgl. Esch, 2005c, S. 72; Esch et al., 2005, S. 48). Diese Vividness des inneren Bildes hat eine stärkere Erklärungskraft für das Verhalten der Konsumenten als die verbale Einstellung (vgl. Kroeber-Riel, 1986b; Ruge, 1988, S. 184 f.). Auf nonverbale Inhalte von Marken kann man leichter und schneller zurückgreifen und sich besser daran erinnern (vgl. Kroeber-Riel, 1993; Weinberg, 1986). Nonverbale Gedächtnisstrukturen umfassen dabei nicht nur bildliche Eindrücke, sondern alle Sinnesmodalitäten.

Zahl der Markenassoziationen

Es ist wichtig für Marken, eine große Anzahl von Assoziationen zu haben (vgl. Krishnan, 1996, S. 392). Starke Marken verfügen in der Regel über mehr Assoziationen als schwache Marken (vgl. Krishnan, 1996, S. 399 f.). Wichtig ist jedoch hierbei, dass die Vorstellungen stark miteinander vernetzt sind. Durch Assoziationsmuster wird der Zugriff von verschiedenen Assoziationen auf die Marke erleichtert. Eine hohe Anzahl von mit der Marke verbundenen Assoziationen ermöglicht eine schnelle Aufnahme weiterer Gedächtnisinhalte zur Marke und erleichtert den Zugriff auf eine Marke (vgl. Esch, 2005c, S. 72). Es gilt allerdings nicht immer „mehr ist besser". Werden widersprüchliche Eigenschaften von einer Marke belegt, entstehen Widersprüche in den Wissensstrukturen (vgl. Esch/Andresen, 1994, S. 223).

Einzigartigkeit der Markenassoziationen

Je einzigartiger die Markenassoziationen sind, d.h. unterscheidbar von Assoziationen zur Produktkategorie und zu Konkurrenzmarken, desto klarer ist das Markenimage (vgl. Esch/Geus, 2005, S. 1273; Keller, 1993, S. 5 f.). Starke Marken sollten über viele einzigartige Assoziatio-

[63] Vergleiche zu den positiven Auswirkungen der integrierten Kommunikation (hier konsistente Werbekampagnen) auf das Markenschema Braun-LaTour/LaTour, 2004, S. 49 ff..

nen verfügen (vgl. Dillard/Anderson, 2004, S. 428; Krishnan, 1996, S. 393 f.).[64] Dadurch können sie sich von anderen Marken differenzieren und abgrenzen und der Marke zu einem Preispremium verhelfen (vgl. Esch, 2005c, S. 72; Keller, 2003b, S. 73). Die Existenz von starken und vorteilhaft bewerteten Assoziationen, die einzigartig für die Marke sind, führt zu einer Überlegenheit gegenüber anderen Marken und ist erfolgskritisch (vgl. Esch, 2005c, S. 72; Keller, 1993, S. 6; Keller, 2005, S. 1310). Die Einzigartigkeit gegenüber dem Wettbewerb kann bzw. muss sich allerdings nicht auf alle Produkteigenschaften erstrecken. Für bestimmte Assoziationen genügt es, wenn sie als gleichwertig gegenüber konkurrierenden Marken empfunden werden. Ebenso müssen zu einer Marke auch eine gewisse Anzahl von produktgruppentypischen Assoziationen vorliegen, damit die Marke der entsprechenden Produktkategorie leicht zugeordnet werden kann (vgl. Krishnan, 1996, S. 393 f.).

Relevanz der Markenassoziationen

Die Markenassoziationen müssen Wünsche und Bedürfnisse der Zielgruppen treffen und für diese wichtig sein (vgl. Esch, 2005c, S. 73). Diese Vorteilhaftigkeit der Assoziationen ist bei starken Marken ausgeprägter als bei schwachen Marken (vgl. Krishnan, 1996, S. 397). Die Relevanz von Markenassoziationen beruht darauf, dass die Assoziation zum einen von den Konsumenten erwünscht ist und zum anderen von dem Unternehmen objektiv erfüllt werden kann. Dabei sind allerdings individuelle Unterschiede zu berücksichtigen. So kann z.B. die Assoziation „Freude" bei einem PKW für einen Konsumenten eine relevante Assoziation darstellen, während sie für einen anderen Konsumenten vernachlässigbar ist.

Richtung der Markenassoziationen (angenehm oder unangenehm)

Markenassoziationen können angenehme (positive) oder unangenehme (negative) Gefühle hervorrufen. Starke Marken müssen positive Gefühle wecken (vgl. Krishnan, 1996, S. 393). Dieser Aspekt betrifft somit die Markenakzeptanz bzw. die Sympathie, die man einer Marke entgegenbringt (vgl. Esch, 2005c, S. 72).

---

[64] Auch die „unique selling proposition" einer Marke würde sich in der Einzigartigkeit der Markenassoziationen niederschlagen. Der englische Ausdruck „unique selling proposition" (USP) wurde 1940 von Rosser Reeves in die Marketingtheorie und -praxis als ein „einzigartiges Verkaufsversprechen" im Rahmen der Werbung für ein Produkt (oder eine Dienstleistung) eingeführt (vgl. Reeves, 1961, S. 46 ff.). Als Alleinstellungsmerkmal wird im Marketing und in der Verkaufspsychologie das Leistungsmerkmal bezeichnet, mit dem sich ein Angebot deutlich vom Wettbewerb abhebt (z.B. Preis, Qualität, Design, technologische Eigenart oder Service).

Zugriffsfähigkeit der Markenassoziationen

Marken müssen leicht mit bestimmten Eigenschaften und Vorstellungen verknüpft werden können und diese wiederum auch leicht mit der Marke (vgl. Esch, 2005c, S. 73). Die Zugriffsfähigkeit beschreibt den Rückschluss von einer mit einer Marke assoziierten Eigenschaft auf die Marke selbst.

Besonders wichtig für die emotionale Bewertung von Marken sind die Richtung und die Art der Assoziationen. Bezüglich der Richtung sollten die Assoziationen angenehm sein und positive Gefühle auslösen. Die Art der Assoziationen kann entweder emotional oder kognitiv geprägt sein, wobei starke Marken insbesondere über emotionale Gedächtnisinhalte verfügen (vgl. Esch, 2004, S. 73 f.; Esch et al., 2005, S. 48).

Messung des Markenimage

Als Verfahren zur Messung des Markenimage lassen sich quantitative und qualitative Messverfahren unterscheiden. Bei den quantitativen Messverfahren (vgl. Aaker, 1991, S. 147 ff.; Keller, 1998, S. 334 ff.) werden die Antwortmöglichkeiten auf einem skalierten Niveau erfasst. Numerische Auswertungen sowie zeitliche Vergleiche sind damit möglich. Zu den quantitativen Messverfahren zählen z.B. die klassischen Imagemessungen mittels Imageprofilen. Diese stellen die bekannteste Methode zur Messung des Markenimage dar. Konsumenten werden gebeten, Marken einer bestimmten Kategorie anhand einer vorgegebenen Liste von Assoziationen zu beurteilen.[65] Diese klassischen Imagemessungen sind zwar einfach und kostengünstig, haben allerdings den Nachteil, dass oft zentrale imageprägende Merkmale nicht klar genug erfasst werden. Deswegen verlaufen bei vielen Imageuntersuchungen die Profile von Konkurrenzmarken parallel zueinander (vgl. Esch, 2005c, S. 506).

Qualitative Messverfahren sind durch einen geringen Strukturierungsgrad und eine Vielzahl von Antwortmöglichkeiten der Versuchteilnehmer gekennzeichnet (vgl. Aaker, 1991, S. 136 ff.; Chen, 2001, S. 439 ff.; Keller, 1998, S. 311 ff.). Hierzu zählen die Imagemessungen durch Assoziationstests und durch die Messung innerer Bilder.[66]

---

[65] Diese Imageprofile weisen eine hohe Ähnlichkeit mit den Polaritätsprofilen des Semantischen Differentials auf. Auch die verschiedenen Imageeigenschaften können einer Faktorenanalyse unterzogen werden. So können z.B. gute Beschleunigung, hohe Höchstgeschwindigkeit und sportliches Fahrwerk zum Faktor Sportlichkeit verdichtet werden (vgl. Esch, 2005c, S. 501 ff.).

[66] Des Weiteren ist es möglich, das Markenimage auch über Protokolle lauten Denkens oder Projektionsverfahren (Ergänzungsverfahren, Interpretationsverfahren oder Vergleichsaufgaben) zu messen.

Zielsetzung der freien Assoziationstests ist es in erster Linie, die Bandbreite möglicher Assoziationen der Marke zu identifizieren. Probanden werden durch entsprechende Instruktionen dazu aufgefordert, alles zur Marke zu äußern, was ihnen in den Sinn kommt (z.B. „Was fällt Ihnen zu der Marke X ein?"). Ergebnis sind im Wesentlichen verbale Beschreibungen der Markenwahrnehmung durch die Versuchsteilnehmer. Durch eine anschließende Auswertung lassen sich alle Dimensionen des Markenimage messen. Mit Hilfe einer Inhaltsanalyse[67] können die geäußerten Assoziationen bezüglich ihrer Art, Repräsentation, Zahl und Einzigartigkeit klassifiziert werden. Dazu bedient man sich der Kodierung, also der Überführung der Assoziationen in numerische Daten. Zur Konkretisierung der Ermittlung der Stärke, Relevanz und Richtung der Markenassoziationen kann das qualitative Verfahren durch quantitative Messverfahren ergänzt werden.[68] Die geäußerten Assoziationen können von den Befragten selbst im Hinblick auf ihre Stärke (z.B. „Wie stark ist die Markenassoziation X mit der Marke Y verbunden?"), ihre Relevanz (z.B. „Wie relevant ist die Markenassoziation X für die Marke Y?") und ihre Richtung (z.B. „Wie angenehm empfinden Sie die Markenassoziation X bei der Marke Y?") bewertet werden. Die Einstufung kann z.B. anhand einer siebenstufigen Skala vorgenommen werden.[69]

Das Markenimage kann auch als inneres Bild einer Marke angesehen werden. Die geäußerten Markenassoziationen sind letztendlich nichts anderes, als die verbale Beschreibung des inneren Markenbildes. Imagemessungen können somit auch mit Hilfe der Messung innerer Bilder durchgeführt werden (vgl. Kapitel BI.2.3, S. 25 ff.).

Das Markenimage gilt als hinreichende Bedingung für den Markenerfolg. Die einzelnen Imagefaktoren prägen das Markenwissen und sind die Voraussetzung zum Aufbau eines hohen Markenwerts (vgl. Esch, 2005c, S. 73).

[67] Gegenstand einer Inhaltsanalyse ist die Analyse von Kommunikationsinhalten, die z.B. in Form von Texten (im vorliegenden Fall als Markenassoziationen) vorliegen. Unter inhaltsanalytischen Techniken versteht man im Allgemeinen die quantitative Auswertung von Kommunikationsinhalten, die alleine oder in Verbindung mit so genannten qualitativen Methoden eingesetzt werden können.

[68] Da von einer hohen Interkorrelation zwischen Stärke der Markenassoziationen und Zugriffsfähigkeit der Markenassoziationen ausgegangen werden kann, kann auf eine explizite Messung der Zugriffsfähigkeit der Markenassoziationen verzichtet werden.

[69] Zu den Vorteilen einer siebenstufigen Skala im Vergleich zu anderen Skalierungsarten vgl. Unterreitmeier, 2003.

4. Komplexe Wechselwirkungen zwischen Markenwissen und weiteren verhaltenswissenschaftlichen Markenwirkungen

Die Markenemotionen sind im hohen Maße im Markenwissen verankert. Wie im vorangegangenen Kapitel dargelegt wurde, lässt sich das Markenwissen durch die Konstrukte Markenbekanntheit und Markenimage operationalisieren. Die im Markenimage verankerten Markenemotionen können einen starken Einfluss auf verhaltenswissenschaftliche Größen haben. In Wissenschaft und Praxis werden viele unterschiedliche verhaltenswissenschaftliche Größen mit Relevanz für die Markenführung diskutiert (vgl. Andresen/Esch, 2001; Esch, 2005c, S. 75 ff.; Esch/Geus, 2005; Esch et al., 2002). Diese verhaltenswissenschaftlichen Wirkungsgrößen lassen sich grob gesprochen einteilen in

- wahrnehmungsbezogene Wirkungsgrößen und
- verhaltensintentionale Wirkungsgrößen.

Es ist nicht immer möglich, verschiedene Konstrukte klar und überschneidungsfrei einer dieser beiden Gruppen zuzuordnen. Grundsätzlich beziehen sich wahrnehmungsbezogene Wirkungsgrößen aber auf die Wahrnehmung einer Marke durch die Konsumenten. Dementsprechend kann das Markenwissen (Markenbekanntheit und Markenimage) als wahrnehmungsbezogen Wirkungsgröße angesehen werden. Zusätzlich beziehen sich diese Größen auch auf die intern bei Konsumenten ablaufenden psychischen Prozesse, wie z.B. die Bildung von Markenzufriedenheit und Markenvertrauen. Auch wenn die Markeneinstellung in engem Zusammenhang zum Verhalten steht, soll sie hier als aktueller psychischer Vorgang unter den wahrnehmungsbezogenen Wirkungsgrößen aufgeführt werden.[70]

Verhaltensintentionale Wirkungsgrößen beziehen sich auf die Verhaltensabsichten der Konsumenten gegenüber Marken (z.B. die Bereitschaft, eine Marke zu kaufen oder einen höheren Preis für eine Marke zu zahlen). Wichtige verhaltensintentionale Größen sind z.B. Markenloyalität, Markenbindung (als Einstellungsdimension der Markenloyalität), Kaufwahrscheinlichkeit und Markenbegehrlichkeit.

---

70 Nach der Drei-Komponenten-Theorie umfassen Einstellungen neben den affektiven und kognitiven Wirkungen noch eine Verhaltenskomponente. So folgt z.B. aus einer positiven Einstellung gegenüber einem Gegenstand im Allgemeinen die entsprechende Bereitschaft, sich dem Gegenstand gegenüber in einer bestimmten Weise zu verhalten (z.B. ein Produkt zu kaufen) (vgl. Kroeber-Riel/Weinberg, 2003, S. 170). Zum Zusammenhang zwischen Einstellung und Verhalten vgl. Allen et al., 1992, Kroeber-Riel/Weinberg, 2003, S. 171 ff. und Six, 1992.

Wahrnehmungsbezogene Wirkungsgrößen

Die Markenzufriedenheit reflektiert die Beurteilung des funktionalen bzw. emotionalen Nutzens der Marke durch den Konsumenten. Sie resultiert aus einem psychischen Soll-Ist-Vergleich der gewonnenen Markenerfahrungen (wahrgenommenen Leistung) mit den subjektiven Erwartungen der Marke (vgl. Homburg et al., 2005, S. 1396).[71]

Rüschen unterstreicht 1986 durch seine Aussage „Der Markenartikel lebt vom Vertrauen des Verbrauchers" die existenzielle Bedeutung des Markenvertrauens (vgl. Rüschen, 1986, S. 212). Das Markenvertrauen gibt an, in welchem Umfang sich ein Konsument auf eine Marke verlassen kann und wie vertrauenswürdig ein Konsument eine Marke empfindet (vgl. Ambler, 1997; Ganesan, 1994; Kumar, 1996; Moorman et al., 1993). Ein hohes Markenvertrauen reduziert die wahrgenommenen Kaufrisiken, da die Konsumenten wissen, dass sie sich auf die Marke verlassen können (vgl. Chaudhuri/Holbrook, 2001, S. 82). Das Markenvertrauen steht in enger Wechselwirkung mit den Markenemotionen, da es langfristig für eine positive Stimmung bei den Konsumenten sorgt und sich somit auch positiv auf die Markenloyalität auswirkt.

Die Markeneinstellung bezieht sich weniger auf einzelne Produktmerkmale, sondern stellt vielmehr eine gesamthafte Einschätzung des Markenprodukts bzw. der Marke dar. Unter einer Einstellung wird die subjektiv wahrgenommene Eignung eines Gegenstands zur Befriedigung einer Motivation verstanden (vgl. Kroeber-Riel/Weinberg, 2003, S. 169).[72] Die Einstellung ist ein mehrdimensionales Konstrukt und kann in drei Komponenten unterteilt werden: (1) die emotionale Komponente, (2) die kognitive Komponente und (3) die intentionale Komponente (vgl. Aaker et al., 2001, S. 273 f.; Kroeber-Riel/Weinberg, 2003, S. 190; Sheth et al., 1999, S.

---

71 Damit wird zur Definition und Beschreibung des Konstrukts Markenzufriedenheit auf das Disconfirmation-Paradigma zurückgegriffen. Allgemein handelt es bei Zufriedenheit um das bewertete Ergebnis eines Soll-Ist-Vergleichs (vgl. Kaas/Runow, 1984, S. 452) und gleicht damit bis auf das Bezugsobjekt dem Konstrukt Kundenzufriedenheit (vgl. Stauss, 1999).

72 Die Begriffe Emotion, Motivation und Einstellung lassen sich unter die aktivierenden Prozesse subsumieren. Emotionen gelten als innere Erregungsvorgänge, die angenehm oder unangenehm empfunden und mehr oder weniger bewusst erlebt werden (vgl. Kroeber-Riel/Weinberg, 2003, S. 53 ff.). Motivation sind Emotionen, die mit einer Zielorientierung in Bezug auf das Verhalten verbunden sind. Einstellung ist Motivation, die mit einer kognitiven Gegenstandsbeurteilung verknüpft ist. Daraus ergibt sich, dass Emotionen nach innen – auf das eigene Erleben – gerichtet sind, Motivationen auf ein Handeln und Einstellungen auf Objekte (vgl. Kroeber-Riel/Weinberg, 2003, S. 55). Da die drei Begriffe aufeinander aufbauen (Motivation umfasst Emotion und Einstellung wiederum umfasst Motivation), spielen Emotionen in allen drei Bereichen eine wichtige Rolle. Löst eine bestimmte Marke eine positive Emotion aus (Marke X ist angenehm), zeigt sich dies auch in einer dementsprechenden Motivation (Ich möchte Marke X besitzen) und Einstellung (Marke X ist besser als Marke Y). Vergleiche zum Zusammenhang von Emotion und Motivation auch Bradley et al., 2001a; Bradley et al., 2001b.

389 ff.; Solomon et al., 2001, S. 155; Trommsdorff, 2004, S. 164 ff.).[73] Der Overall-Markeneinstellung kommt insofern eine Sonderstellung zu, als dass sie als eine sehr wichtige Markenassoziation gesehen werden kann (vgl. Aaker/Keller, 1990, S. 29). Eine Einstellung bildet sich gegenüber einer Person oder einer Sache (also auch einer Marke) als Funktion aus den hervorstechenden Eigenschaften und den Bewertungen dieser Eigenschaften (vgl. Ajzen/Fishbein, 1980, S. 153). Die Bewertung einer Marke erfolgt also unter Berücksichtigung aller Erfahrungen, die mit ihr gemacht wurden (vgl. Franzen et al., 1999, S. 62), wobei nicht notwendigerweise ein direkter Kontakt (z.B. Nutzung der Marke) zustande gekommen sein muss. Die Konsumenten entwickeln eine Einstellung gegenüber einer Marke auf Basis der Markenbekanntheit[74], dem Markenimage und den Werten, die sie einer Marke beimessen, also auf Basis des Markenwissens. Einstellungen spiegeln letztendlich die positive oder negative Haltung des Konsumenten gegenüber einer Marke wider. Einstellungen sind von Bedeutung, da sie besonders eng mit dem Verhalten der Konsumenten verknüpft sind (vgl. Ajzen/Fishbein, 2005, S. 173 ff.; Calder/Ross, 1973).

Verhaltensintentionale Wirkungsgrößen

Bei der Markenloyalität kann man eine Einstellungs- und eine Verhaltensdimension unterscheiden (vgl. Chaudhuri/Holbrook, 2001, S. 82): die Sichtweise der klassischen Markenloyalität bezieht sich auf die Verhaltensdimension und setzt eine Nutzung der Marke voraus. Diese Markennutzer betrachtet man im Sinne markentreuer Konsumenten, die immer die gleiche Marke kaufen, gegenüber anderen Marken weniger aufgeschlossen sind, häufiger andere Produkte der gleichen Marke kaufen und Mund-zu-Mund-Propaganda betreiben (vgl. Aaker, 1992, S. 57 f.). Die Markenbindung als emotionales Konstrukt repräsentiert die Einstellungsdimension der Markenloyalität und konzentriert sich auf die gefühlsmäßige Bindung des Konsumenten an die Marke unabhängig von der Markennutzung (vgl. Chaudhuri/Holbrook, 2001, S. 82; Thomson et al., 2005).[75] Das Markenwissen und die daraus resultierende Markenbindung können auch über die reale oder mediale Umwelt entstehen, ohne dass man eine Marke jemals genutzt und damit direkt erfahren hat. So können Personen z.B. eine relativ hohe Mar-

[73] Diese Komponenten spiegeln sich auch in Ansätzen wider, bei denen die Einstellung z.B. in eine hedonische (eher emotional) und utilitaristische (eher kognitiv) Komponente unterteilt wird (vgl. Ahtola, 1985, S. 7 ff.; Voss et al., 2003).

[74] Zum Einfluss des Recalls auf die Einstellung vgl. Chattopadhyay/Alba, 1988, S. 1 ff..

[75] Vergleiche zur Markenbindung auch Schouten/McAlexander, 1995 und Thomson et al., 2005.

kenbindung zu Ferrari als einer der emotionalsten Marken der Welt aufbauen, ohne die Marke jemals selbst genutzt bzw. gefahren zu haben.

Die Erfassung der Wirkung von Markenemotionen auf die Kaufwahrscheinlichkeit ist mit gewissen Schwierigkeiten verbunden. Es sind insbesondere Marken aus dem Bereich der Luxusgüter, die oft mit starken Emotionen verbunden sind. Aber gerade eine Luxus-Produktkategorie wie z.B. „Sportwagen“ unterliegt durch den Preis, den der Käufer für ein Auto dieser Produktkategorie zahlen muss, einer starken monetären Einschränkung. Es ist davon auszugehen, dass die Kaufwahrscheinlichkeit ein eher ungeeignetes Konstrukt ist, um die Wirkungen von Markenemotionen zu erfassen.[76]

Aus diesem Grund kann zusätzlich die Markenbegehrlichkeit betrachtet werden, die in hohem Maße mit dem Markenimage verbunden ist. Der Begriff Markenbegehrlichkeit hat bisher kaum Eingang in das Marketingvokabular gefunden. Es wird mit Begriffen wie Markenakzeptanz und Markenpräferenz operiert, die wesentlich allgemeiner sind als die Markenbegehrlichkeit. Diese bringt die emotionale Attraktivität einer Marke am konkretesten und deutlichsten zum Ausdruck. Insbesondere in der Produktkategorie „Automobile“ gilt der emotionale Aspekt als entscheidender Erfolgsfaktor (vgl. Kamburow, 2006, S. 30). Bei der Markenbegehrlichkeit rücken die monetären Einschränkungen aufgrund des hohen Kaufpreises einiger Marken in den Hintergrund. Durch die Markenbegehrlichkeit wird eher die emotionale Attraktivität einer Marke erfasst.

Ein Großteil emotionaler Marken stammt aus dem Bereich der Luxusgüter. Bei diesen Marken ist wegen finanzieller Restriktionen häufig nicht mit einer Änderung von Verhaltensabsichten zu rechnen (z.B. Kauf oder Wiederkauf einer Marke, Markenloyalität, Preisbereitschaft oder Markentreue). Da z.B. Markenzufriedenheit und Markenloyalität die Nutzung einer Marke voraussetzen, werden in der vorliegenden Arbeit lediglich die Auswirkungen der Markenemotionen auf das Markenvertrauen, die Markeneinstellung die Markenbindung und die Markenbegehrlichkeit betrachtet.

---

[76] Trotz der beschriebenen Schwierigkeiten wurde die Kaufwahrscheinlichkeit im empirischen Teil dieser Arbeit erhoben.

II. Entstehung und Klassifikation von Emotionen

1. Arbeitsdefinition von Emotionen

Beschäftigt man sich mit Markenemotionen, so muss man sich zunächst auf eine Emotionsdefinition festlegen.[77] Dies ist gar nicht so einfach, da es „fast so viele Definitionen wie Forscher gibt“ (Kroeber-Riel/Weinberg, 2003, S. 101). Aufgrund der Komplexität von Emotionen ist die Emotionsforschung[78] von einer konsensfähigen Definition noch weit entfernt. Wie bei anderen psychologischen Konstrukten konkurrieren verschiedene Beschreibungs- und Erklärungsansätze, die mit unterschiedlichen Definitionen arbeiten. Da es keine allgemein akzeptierte Definition von Emotionen gibt, erscheint somit auch eine Arbeitsdefinition recht willkürlich. Man muss sich allerdings dem Emotionsbegriff annähern und für den konkreten Untersuchungsgegenstand eine Definition festlegen, um somit überhaupt einen Zugang zu dem Thema zu finden. Eine Arbeitsdefinition dient der Phänomenbeschreibung und der groben Abgrenzung des Forschungsgebiets. Der vorliegenden Arbeit liegt folgende Arbeitsdefinition zugrunde, die aus zwei Teilen besteht:

Erstens: Emotionen sind Vorkommnisse wie z.B. Freude, Traurigkeit, Ärger, Angst, Mitleid, Enttäuschung, Erleichterung, Stolz, Scham, Schuld, Neid sowie von weiteren Arten von Zuständen, die den genannten genügend ähnlich sind (vgl. Meyer et al., 1993, S. 23). Zweitens: Diesen Phänomenen sind folgende Merkmale gemeinsam: Emotionen sind aktuelle Zustände von Personen, die sich nach Art oder Qualität und Intensität unterscheiden und in der Regel objektgerichtet sind. Emotionen gehen mit einem charakteristischen Erleben (Erlebensaspekt von Emotionen), mit bestimmten physiologischen Veränderungen (physiologischer Aspekt von Emotionen) und bestimmten Verhaltensweisen (Verhaltensaspekt von Emotionen) einher (vgl. Meyer et al., 1993, S. 23 f.).

In dieser Arbeitsdefinition sind vier wichtige Merkmale von Emotionen enthalten. Bei Emotionen handelt es sich um aktuelle Zustände von Personen und nicht um Dispositionen (Anlagen oder grundlegende Einstellungen eines Individuums, wie z.B. Optimismus/Pessimismus). Auch wenn Dispositionen häufig affektiv sind, handelt es sich bei ihnen nicht um Emotionen

---

[77] Der Fachterminus Emotion entstammt dem lateinischen emovere (hinaus-, wegschaffen, in Bewegung setzen, erschüttern) und motio (Bewegung, Erregung). Diese ganz allgemein beschriebene Bewegung kann sich auf eine innere Gemütsbewegung beziehen oder Tendenzen zu Handlungen ausdrücken (z.B. Flucht bei Angst).

[78] Mit Emotionen beschäftigen sich zahlreiche Wissenschaftsbereiche, wie z.B. die Psychologie, Psychiatrie, Philosophie, Neurologie und Hirnforschung, Physiologie und Biologie, Soziologie und Verhaltensforschung.

(Angst als Emotion und Ängstlichkeit als Disposition). Emotionen unterscheiden sich nach Qualität und Intensität. Dieses Merkmal bezieht sich auf die Art der Emotion (z.B. Freude oder Wut) und ihre starke oder schwache Ausprägung. Diesbezüglich können Emotionen nur ordinal (das hat mich mehr geärgert als...) und nicht metrisch (das hat mich vier Mal mehr geärgert als...) angeordnet werden. Emotionen sind in der Regel objektgerichtet, d.h. man freut oder ärgert sich über etwas. Diese „Etwas" muss nicht konkret existieren, sondern kann auch nur in der Vorstellung leben (z.B. zukünftige Prüfung). Personen in einem emotionalen Zustand haben normalerweise ein charakteristisches Erleben, oft treten auch bestimmte physiologische Veränderungen und Verhaltensweisen auf.

Die gewählte Definition fällt in den Bereich der Syndromdefinitionen, d.h. eine Emotion wird als Gesamtereignis aus mentalem Erleben, physiologischen Veränderungen und Verhalten verstanden. In diesem Zusammenhang wird auch von einem Reaktionstrias der Emotionen gesprochen, da sie zu einer Veränderung in den drei Bereichen Erlebnisaspekt, physiologischer Aspekt und Verhaltensaspekt (Ausdruck) führen.

2. Bedeutende Emotionstheorien zur Erklärung der Entstehung von Emotionen

„There is nothing either good or bad but thinking makes it so."
William Shakespeare aus Hamlet (1546 - 1616)

Aufgrund der hohen Komplexität emotionaler Vorgänge gibt es eine Fülle wissenschaftlicher Arbeiten und eine Vielzahl unterschiedlicher Emotionstheorien, die sich mit der Entstehung von Emotionen beschäftigen. In Anlehnung an diverse Autoren und in Hinblick auf den jeweiligen wissenschaftlichen Fokus werden die verschiedenen Ansätze im Folgenden in verschiedene Kategorien eingeteilt, die zum Teil nicht überschneidungsfrei sind. Es handelt sich lediglich um eine Klassifikation verschiedener theoretischer Ansätze, für die keine einheitliche Definition existiert. Es vereinen sich lediglich verschiedene Grundannahmen in den zusammengefassten Ansätzen. In der vorliegenden Arbeit soll nur ein kurzer Überblick über die wichtigsten Emotionstheorien gegeben werden. Die Vielfalt der Ansätze kann hier nicht im Einzelnen zur Debatte gestellt werden, weswegen auch kein Anspruch auf Vollständigkeit erhoben wird.

Die Klassifikation der Emotionstheorien erfolgt in evolutionsbiologische, behavioristisch-lernpsychologische, psychophysiologische und kognitiv-physiologische Emotionstheorien. Die unterschiedlichen Ansätze können auch mit der Genese von Emotionen in Verbindung gebracht werden. Genese bedeutet allgemein Ursprung, Entstehung oder Entwicklung von Erscheinungen und Strukturen. Diese Ansätze können sich auf die Entwicklung der Art oder des Stammes (Phylogenese), der Einzelwesen (Ontogenese) oder des psychischen Aktes (Aktualgenese) beziehen. Die Ontogenese bezieht sich auf die Entwicklungsgeschichte des Einzelnen (Lernen), die Phylogenese betrifft die Stammesgeschichte von Lebewesen (Evolution) und die Aktualgenese bezieht sich auf die im aktuellen Lebensvollzug eines Individuums in Erscheinung tretende stufenweise Entwicklung einer Gegebenheit (Denken).

Evolutionsbiologische Emotionstheorien (Phylogenese)

Die evolutionsbiologischen Theorien stellen einen Gegenentwurf zu den behavioristisch-lerntheoretischen Theorien dar und gehen von einer phylogenetischen (stammesgeschichtlichen) Betrachtungsweise der Entwicklung von Emotionen aus. Emotionen sind demnach biologisch festgelegte, genetisch gesteuerte, aktivierbare Reaktionsmuster. Diese haben sich im Laufe der menschlichen Evolution (Phylogenese) entwickelt und sichern somit die Anpassung des Verhaltens an Umweltgegebenheiten und das Überleben der Art.

Die Theorie von Charles Darwin (1809-1882) kann dem Bereich der Phylogenese zugeordnet werden – er gilt als Begründer der modernen Evolutionslehre. Nach Darwin sind Emotionen bewusste mentale Zustände, die durch eine Situationseinschätzung hervorgerufen werden (z.B. Furcht, Wut oder Traurigkeit) (vgl. Darwin, 1872). Die Emotionen und ihr spezifischer Ausdruck haben einen phylogenetischen Ursprung – anders ausgedrückt, sie sind evolutionär entstanden. Die Emotionen an sich sind nicht erblich oder genetisch verankert. Genetisch verankert sind lediglich die Dispositionen, bestimmte emotionale Muster zu zeigen. Evolutionspsychologische Emotionstheorien nehmen an, dass die verschiedenen Emotionen eine genetisch und evolutionär entstandene Grundlage haben. Bestimmte Formen des emotionsspezifischen Ausdrucksverhaltens sind ein angeborenes Überbleibsel der menschlichen Entwicklungsgeschichte. Zur Stützung dieser Auffassung werden öfters Vergleiche zwischen Menschen und Tieren in Ausdruck, Verhalten und physiologischen Mustern und kulturvergleichende Studien herangezogen. Darwin liefert in seinem Buch viele Beispiele zum Vergleich zwischen menschlichen und tierischen Ausdrucksweisen. Dabei handelt es sich um intrakulturelle Beurteilungen des Emotionsausdrucks (Photographien zeigten Gesichter mit spontanem oder künstlichem Emotionsausdruck und die Probanden sollten die dazugehörigen

Emotionen benennen), interkulturelle Vergleiche des Emotionsausdrucks[79] (zeigen unterschiedliche Kulturen identische Ausdrucksformen für identische Emotionen, ist der Emotionsausdruck angeboren) und Beobachtungen des Emotionsausdrucks von Kindern (Kinder können ihre Emotionen nicht kontrollieren und der Emotionsausdruck ist deshalb nicht durch kulturspezifische Lernerfahrungen beeinflusst). Des Weiteren beobachtete Darwin den Emotionsausdruck bei Blindgeborenen[80] (blindgeborenes und taubgeborenes Kind kann keine Emotionsausdrücke nachahmen), den Emotionsausdruck von Geisteskranken (Geisteskranke haben starke Emotionen und können diese nicht unterdrücken) und verglich den Emotionsausdruck von Menschen und Tieren (zeigen Menschen und Tiere gleichen Ausdruck für gleiche Emotion, darf eine phylogenetische Grundlage dieses Verhaltens angenommen werden). Aufgrund seiner Beobachtungen stellt Darwin eine hohe Übereinstimmung und damit Universalität des Emotionsausdrucks fest.

Paul Ekman ist einer der bedeutendsten Nachfolger Darwins. Seine Theorie ist bekannt als „neuro-kulturelle" Theorie des mimischen Ausdrucks von Emotionen (vgl. Ekman, 1972). Nach Ekman gibt es eine begrenzte Anzahl evolutionär entstandener Basisemotionen. Jede Basisemotion ist durch eine spezifische Kombination aus Gefühl, Ausdruck und physiologischer Erregung gekennzeichnet. Bei der Aktivierung einer Basisemotion wird automatisch das dazugehörige Mimikmuster aktiviert. Eine willentliche Kontrolle der Mimik ist jedoch auch möglich (kulturell bedingte Darstellungsregeln, display rules) (vgl. Ekman, 1972). Damit beschränkt sich seine Theorie nicht auf evolutionäre, kulturübergreifende Gesichtspunkte, sondern sie untersucht auch den Einfluss sozialer Lernprozesse auf den Ausdruck universaler Emotionen. Zur Überprüfung seiner Theorie führte Ekman einige interkulturelle Studien durch (vgl. Ekman/Friesen, 1969; Ekman/Friesen, 1971). In absolut unterschiedlichen Kulturen mit nahezu keinem Kontakt zueinander zeigte sich eine hohe Universalität des emotionalen Ausdrucks, die auf eine genetische Basis mindestens einiger typischer mimischer Ausdrücke hindeutet.

---

79 Insbesondere die interkulturellen Daten (Fragebögen) können nur wenig überzeugen. Dies liegt hauptsächlich an den suggestiv formulierten Fragen (z.B. „Wird Erstaunen dadurch ausgedrückt, dass die Augen und der Mund weit geöffnet und die Augenbrauen in die Höhe gezogen werden?").

80 Taub- und blindgeborene Kinder haben nicht die Möglichkeit zu lernen, wie ein bestimmter Gesichtsausdruck „aussieht" oder welche Emotion er signalisiert. In einer Studie von Eibl-Eibesfeld zeigen blindgeborene Kinder dieselbe emotionale Mimik wie sehendgeborene Kinder (vgl. Eibl-Eibesfeldt, 1973). Einige Ausdrücke werden von diesen Kindern spontan gezeigt, die Mimik verflacht allerdings mit zunehmendem Alter.

In engem Zusammenhang mit den evolutionsbiologischen Emotionstheorien steht das Konzept der Basisemotionen. Die menschlichen Basisemotionen scheinen kulturell universal zu sein, haben physiologische Auswirkungen und stehen mit der Evolution in Verbindung, da sie einen Wert für das Überleben haben. Es wird davon ausgegangen, dass die grundlegenden (Basis-)Emotionen im Laufe der Evolution als Anpassungsverhalten von Mensch und Tier an die Umweltbedingungen entstanden sind. Da es sich bei den Basisemotionen um eine Klassifikation von Emotionen handelt, werden diese in Kapitel BII.3 (S. 57 ff.) behandelt.

Behavioristisch-lernpsychologische Emotionstheorien (Ontogenese)

Der frühe Behaviorismus trat als Gegenreaktion zu den evolutionsbiologischen Ansätzen auf. Emotionen gehören zu den mentalistischen Phänomenen, die nach behavioristischer Ansicht nicht Gegenstand wirklich wissenschaftlicher Analyse sein können (vgl. Skinner, 1953, S. 160). Das Interesse der lerntheoretischen (behavioristischen) Forschung beschränkt sich dementsprechend hauptsächlich auf die Bedingungen des Erlernens und Verlernens von emotionalen Reaktionen.

Die klassisch-behavioristische Theorie von John Broadus Watson[81] unterscheidet nur Reflexe sowie angeborene emotionale Reaktionen (vgl. Watson, 1919). Alle anderen menschlichen Verhaltensweisen sind gelernt. Emotionale Dispositionen sind somit nicht vollständig genetisch festgelegt, sondern werden in der Ontogenese erlernt. Die Vielfalt der Emotionen wird demnach durch Lernprozesse (mittels klassischer Konditionierung) im Laufe der Sozialisation erklärt.

Nach Watson sind Emotionen erbliche Reaktionsmuster, die tief greifende Veränderungen des körperlichen Mechanismus als Ganzem beinhalten, insbesondere aber der viszeralen und der Drüsensysteme. Unter Reaktionsmuster versteht er, dass die einzelnen Details der Reaktion immer dann mit einiger Konstanz, mit einiger Regelmäßigkeit und in ungefähr derselben Abfolge auftreten, wenn der auslösende Reiz dargeboten wird (vgl. Watson, 1919, S. 165). Es handelt sich bei Emotionen also um eine Reiz-Reaktions-Beziehung. Die psychischen Zustände sind für das Verhalten unbedeutend, da sie nicht analysierbar und objektiv nicht verifizierbar sind. Demnach ist der Erlebensaspekt von Emotionen für Watson vollkommen unerheblich – einer der Hauptkritikpunkte an seiner Theorie.

81 Seine Schrift „Psychology as the behaviorist views it" gilt als der Anfang des Behaviorismus (vgl. Watson, 1913).

Auch Watson unterscheidet eine Art Basisemotion und Sekundäremotion. Zu den Basisemotionen zählt er die drei stereotypen angeborenen Reaktionsmuster (unkonditionierte Stimuli – UCS): Furcht, Wut und Liebe.[82] In ihrer Reinform treten diese jedoch nur kurz nach der Geburt auf und führen zu unkonditionierten emotionalen Reaktionen (UCR). Das emotionale Verhalten von Erwachsenen ist durch die jeweilige individuelle Überformung durch Lernprozesse geprägt, durch welche Sekundäremotionen entstehen. Dieser Vorgang des Lernens wird auch klassische Konditionierung genannt. Durch diese Reizsubstitution erwirbt ein Individuum seine charakteristischen emotionalen Reaktionsweisen in Bezug auf Reize seiner Umwelt (konditionierte Reaktionen – CR), ausgelöst durch konditionierte Stimuli (CS). Anstelle des ursprünglichen (angeborenen) Auslösereizes treten andere (konditionierte) Reize, die mit dem angeborenen Reiz zeitlich und / oder räumlich benachbart aufgetreten sind. Es wurde davon ausgegangen, dass die erlernten Reaktionen das ganze Leben über bestehen bleiben und die Persönlichkeit dauerhaft verändern. Die empirische Basis für solche weit reichenden Schlüsse war jedoch mehr als dünn (vgl. Watson/Rayner, 1920).

Marken können insgesamt als konditionierte Stimuli betrachtet werden. Viele Marken existieren länger auf dieser Welt als ihre Konsumenten. Mit diesen Marken können teilweise über einen (lebens-)langen Zeitraum bestimmte Inhalte verknüpft, also Markenwissen generiert werden.[83] Mit der Konditionierung werden nicht nur das Markenwissen, sondern auch die damit verbundenen Markenemotionen aufgebaut.

Psychophysiologische Emotionstheorien

Untersuchungsgegenstand sind hier körperliche Veränderungen, die im peripheren und zentralen Nervensystem, aber auch in bestimmten Organen stattfinden, während eine Person Emotionen erlebt. Strittig ist u. a., ob diese körperlichen Prozesse Emotionen auslösen oder nur be-

---

[82] Diese Basisemotionen hätten besser als X, Y und Z bezeichnet werden sollen. Die Bezeichnung Furcht, Wut und Liebe verwendet Watson nur aus Gründen der leichteren Darstellbarkeit. Weiterhin lässt er offen, ob es noch andere Reaktionsmuster und auslösende Reize gibt. Die drei genannten Basisemotionen und die aufgeführten Auslösereize bilden für Watson jedoch den Kern des emotionalen Verhaltens.

[83] Nach einer Studie erkennen bereits 68 Prozent der Drei- bis Vierjährigen das Markenlogo von Milka, bei Coca-Cola sind es 64 Prozent, bei McDonald's 56 Prozent und bei kinder Schokolade 54 Prozent (vgl. Melzer-Lena/Barlovic, 1999, S. 28). Bereits in diesem jungen Alter wird Markenwissen zu Marken aufgebaut – ein Prozess, der sich ein Leben lang fortsetzen wird. Im Alter zwischen acht und zehn Jahren können Kinder sehr feine Unterschiede zwischen einzelnen Marken feststellen und diesen sehr treffsichere Attribute verleihen (vgl. Melzer-Lena, 1995, S. 13). Anstatt mit einem Ford würden Kinder lieber mit einem Porsche von der Schule abgeholt werden. Diese Marke verleiht dem Besitzer Glanz und Respekt (vgl. Melzer-Lena, 1995, S. 13). Dieses Markenwissen wiederum kann unterschiedliche Gehirnreaktionen auslösen.

gleiten. Im Gegensatz zu den kognitiven Emotionstheorien (nächster Abschnitt), die eine kognitive Interpretation für das Entstehen einer Emotion voraussetzen, gehen psychophysiologische Emotionstheorien davon aus, dass Emotionen generell nur aufgrund der Rückmeldung körperlicher Veränderungen zustande kommen.

Im Jahre 1884 stellte William James eine Theorie über den Zusammenhang zwischen physiologischen Veränderungen und subjektivem Gefühlsaspekt auf. Die Grundidee dieser Emotionstheorie fand sich bereits bei verschiedenen älteren Autoren (z.B. René Descartes oder Aristoteles). Allerdings wurde sie erst durch William James' Arbeit „What is an Emotion?" populär (vgl. James, 1884). Die Wahrnehmung bestimmter Stimulussituationen führt zu körperlichen Reaktionen und das Empfinden dieser körperlichen Veränderungen stellt die Emotion dar (vgl. James, 1884). Diese Veränderungen beziehen sich eher auf „gröbere Emotionen" mit offensichtlich physiologischen Komponenten (z.B. Zorn, Furcht, Liebe, Hass, Freude, Kummer oder Scham). Diese gröberen Emotionen entsprechen wiederum den klassischen Basisemotionen. „Feinere Emotionen" bleiben bei James unberücksichtigt (z.B. Dankbarkeit, Genugtuung oder ästhetische Gefühle). Emotionen sind demnach keine Reaktion auf eine Wahrnehmung, sondern Perzeptionen körperlicher Reaktionen. Die Theorie von James wird häufig durch folgenden Satz paraphrasiert: „Wir weinen nicht, weil wir traurig sind, sondern wir sind traurig, weil wir weinen". Im Gegensatz zu dem behavioristischen bzw. lernpsychologischen Ansatz von Watson berücksichtigt diese Theorie explizit den subjektiven Gefühlsaspekt. Es sind vor allem die nicht willkürlich beeinflussbaren Reaktionen der inneren Organe (Viszera) und der Muskulatur, die uns Emotionen vermitteln (vgl. James, 1920).

Fast zeitgleich, aber unabhängig von James veröffentlichte auch der dänische Physiologe Carl Gustav Lange sein Buch, das auf ähnliche Art und Weise Emotionen betrachtete (vgl. Lange, 1887). Nach Lange sind Emotionen vasomotorische Veränderungen (Erweiterung oder Verengung der Blutgefäße). Aufgrund der Ähnlichkeit der beiden Ansätze wurden die beiden Emotionstheorien zur James-Lange-Theorie zusammengefasst.[84]

Das grundlegende Prinzip, dem zufolge Emotionen nichts anderes als Körperzustandsveränderungen sind, lässt sich – als Definition aufgefasst – inhaltlich kaum kritisieren. Allerdings ist die Formulierung „Veränderung des Körperzustands“ etwas unklar und müsste wie folgt präzisiert werden (vgl. Lenzen, 2004): Es gibt einen annähernd konstanten „Normalzustand“ des Körpers und Emotionen sind deutliche Abweichungen von diesem Normalzustand. Andernfalls wäre eine Veränderung, die darin besteht, dass ein durch eine vorausgegangene Emotion erregter Körperzustand allmählich wieder in den Normalzustand zurückkehrt, selbst als Emotion zu bewerten. In diesem Fall spricht man eher davon, dass eine frühere Emotion abflaut, und nicht davon, dass eine Emotion eintritt.

Für Kritiker wird die James-Lange-Theorie allerdings der Vielfalt und Vielschichtigkeit des Phänomens „Emotion“ wenig gerecht. Diese Kritik wurde zum Ausgangspunkt einer fast endlosen Kontroverse (vgl. Ekman, 1992b; Lazarus, 1984; Mandler, 1984; Zajonc, 1984). Für viele Kritiker ist die Auffassung von James und Lange nicht deshalb so problematisch, weil sie das Gefühl auf einen Prozess reduzieren, an dem der Körper beteiligt ist, sondern weil sie die intellektuelle Bewertung der Situation, durch die das Gefühl verursacht wird, fast gar nicht berücksichtigen. So wurde kritisiert, dass Reize nicht reflexartig (die gleichen) Emotionen auslösen. Zentral ist die Bewertung der Reize in der Situation. Das Zusammentreffen mit einem Bär in freier Wildbahn kann Angst auslösen (Bewertung: potentieller Schaden), das Zusammentreffen in einem Zoo aber Freude auslösen (Bewertung: potentieller Nutzen) (vgl. Worcester, 1893, S. 287). Darüber hinaus gibt es viszerale Veränderungen, die keine Emotion darstellen (z.B. bei Schluckauf) (vgl. Stumpf, 1899). Einer der schärfsten Kritiker der James-Lange-Theorie war Walter B. Cannon (vgl. Cannon, 1927). Er führte unter anderem an, dass selbst die totale Trennung der inneren Organe (Viszera) vom zentralen Nervensystem keine

[84] Der Neurowissenschaftler Antonio Damasio hat seine klinischen Erfahrungen und empirischen Befunde mit neurologischen Patienten zu einer Emotionstheorie zusammengefügt. Ähnlich wie bei James sind Emotionen für Damasio zuallererst körperliche Veränderungen, die zu typischen Erregungszuständen führen. Aufgrund dieser Ähnlichkeit wird die Theorie von Damasio manchmal kritisiert – sie ist nicht original und falsch. Jeder, der sich mit dem Bereich der Emotionen etwas auskennt, stellt fest, dass die Theorie von Damasio nichts anderes als die James-Lange-Theorie der Emotionen ist (vgl. McGinn, 2003, S. 11). Damasio bezeichnet seine Emotionstheorie als „Somatic Marker Theory“ oder Theorie der somatischen Marker (vgl. Damasio, 1994; Damasio, 2004; Leland/Grafman, 2005). Da die Empfindung den Körper betrifft, hat Damasio dem Phänomen den Namen somatischer Zustand gegeben (soma griechisch für Körper). Da die Empfindung ein Vorstellungsbild kennzeichnet oder markiert, bezeichnet er diese als Marker (vgl. Damasio, 2004, S. 237).

Veränderung des emotionalen Verhaltens hervorruft. Dies wurde bei Tierexperimenten an Hunden (vgl. Sherrington, 1900) und Katzen (vgl. Cannon, 1927) sowie in Untersuchungen von Patienten mit Querschnittslähmung nachgewiesen. Des Weiteren treten die gleichen viszeralen Reaktionen bei sehr unterschiedlichen emotionalen Zuständen auf (vgl. Cannon, 1927). In weiteren Veröffentlichungen kritisierte er auch, dass die Eingeweide relativ unempfindliche Organe sind, die zu undifferenziert und zu langsam reagieren, um als Ursache des Gefühlserlebens in Frage zu kommen. Auch eine künstliche Herbeiführung der für starke Emotionen typischen viszeralen Veränderungen führt nicht zum Auftreten dieser Emotionen (vgl. Cannon, 1929).

In der ursprünglichen Fassung der Theorie von James löst die bloße Wahrnehmung eines emotionalen Reizes reflexartig physiologische Reaktionen (v.a. viszerale, aber auch motorische) aus. Diese Veränderungen sind emotionsspezifisch und wahrnehmbar. Die bewusste Empfindung der physiologischen Veränderungen ist die Emotion. Aufgrund der zahlreichen Kritik an seiner ursprünglichen Fassung legte James ein paar Jahre später eine präzisierte Fassung seiner Emotionstheorie vor. Bei dieser werden Emotionen typischerweise nicht mehr durch die bloße Wahrnehmung eines Reizes ausgelöst, sondern von der Wahrnehmung der Gesamtsituation (vgl. James, 1894). Diese Annahme impliziert, dass die emotionalen Reaktionen durch eine über die bloße Wahrnehmung hinausgehende Bewertung des Sachverhalts im Kontext der Gesamtsituation verursacht werden. Mit der präzisierten Fassung der Emotionstheorie näherte sich James bereits den kognitiv-physiologischen Theorien der Emotion an.

Kognitiv-physiologische Emotionstheorien (Aktualgenese)

Bereits in der präzisierten Fassung der Emotionstheorie von William James werden Emotionen typischerweise nicht mehr durch die bloße Wahrnehmung eines Reizes ausgelöst. Es ist vielmehr die Wahrnehmung der Gesamtsituation und eine über die bloße Wahrnehmung hinausgehende (kognitive) Bewertung. Insbesondere zur Erklärung der Entstehung von Markenemotionen sind kognitive Emotionstheorien gut geeignet. Die Markenemotionen sind im Markenwissen verankert. Erst durch den Abruf des Markenwissens (Kognition) entstehen Markenemotionen.

Kognitionstheoretische Ansätze schreiben den kognitiven Prozessen eine zentrale Rolle bei der Entstehung von Emotionen zu. Diese Theorien postulieren, dass emotionale Prozesse erst eine Konsequenz der Informationsverarbeitung anlässlich der jeweiligen Situation darstellen.

Emotionen sind also das Ergebnis kognitiver Bewertungen der Transaktionen des Individuums mit der Umwelt allgemein (vgl. Lazarus, 1991b; Lazarus, 1991a) oder speziell im Zusammenhang mit unterbrochenen Handlungssequenzen (vgl. Fischer et al., 2002, S. 20; Mandl, 1983; Mandler, 1980). Nicht der Reiz an sich löst emotionale Reaktionen aus, sondern erst die kognitive Auseinandersetzung lässt Emotionen entstehen. Zu den kognitionstheoretischen Ansätzen gehören auch die attributionstheoretische Ansätze. Diese haben eine besonders zentrale Position in der Emotionstheorie eingenommen, da sie zentrale Elemente in nahezu allen komplexeren Modellen der Emotionsforschung darstellen. Von zentraler Bedeutung ist die Emotionstheorie von Schachter und Singer, nach der die spezifische emotionale Qualität des Erlebens einer Situation bei einem erhöhten Erregungsniveau aus den externen Bedingungen abgeleitet wird (vgl. Fischer et al., 2002, S. 20; Schachter/Singer, 1962) zu einer Übersicht (vgl. Meyer, 1983).

Bereits 1924 hatte Marañon demonstriert, das eine Injektion von Adrenalin alleine nicht ausreichend ist, um über die Erregung hinaus emotionale Erfahrung zu produzieren (vgl. Marañon, 1924). 70 Prozent der Versuchspersonen beschrieben die physiologischen Veränderungen mit „als-ob"-Gefühlen (Ich fühle mich, als ob ich Angst hätte). Eine künstliche physiologische Erregung führte also nicht automatisch zu echten Gefühlen. Marañon schlussfolgerte, dass entgegen der Theorie von James physiologische Erregung notwendig, aber nicht hinreichend für die Entstehung von Emotionen ist und entwickelte eine Zwei-Komponenten-Theorie mit der Annahme, dass das Entstehen einer Emotion neben der physiologischen Erregung auch einer Kognition über die Ereignisse, die zur Erregung führten, bedarf (vgl. Marañon, 1924). Auch andere Ergebnisse wiesen darauf hin, dass man subjektive emotionale Erfahrungen nur dann verstehen kann, wenn neben rein körperlichen Prozessen auch Kognitionen über die Situation herangezogen werden.

Diese Gedanken hat Stanley Schachter in seiner kognitiv-physiologischen Theorie der Emotionen aufgegriffen und weiter expliziert (vgl. Schachter, 1964). Grob gesprochen betrachtet Schachter den emotionalen Zustand als Funktion physiologischer Erregung und einer dazu passenden Kognition. Nach dieser Zwei-Faktoren-Theorie ist die physiologische Erregung zwar notwendig, aber nicht hinreichend für die Ausbildung von Emotionen. Die physiologische Erregung ist unspezifisch und bestimmt nur die Intensität einer Emotion. Die Qualität der Emotion hängt von den emotionsrelevanten Kognitionen ab. Diese Kognition übt quasi ein Lenkfunktion aus: Die sich unmittelbar aus der Situation ergebenden Kognitionen stellen den Rahmen dar, innerhalb dessen die Empfindungen verstanden und gekennzeichnet werden (vgl. Schachter, 1964). Somit sind sowohl die Erregung als auch die emotionsrelevante Kognition gemeinsam für das Entstehen von Emotionen notwendig (vgl. Schachter/Singer, 1962).

In ihrem klassischen Experiment überprüften Schachter und Singer die so genannte emotionale Plastizität (vgl. Schachter/Singer, 1962, S. 379 ff.). Diese besagt, dass subjektiv unerklärte Erregung durch adäquate Situationsreize in beliebige Emotionen transformiert werden kann.[85] Die Autoren verabreichten ihren Probanden eine Adrenalinspritze, welche eine Steigerung der autonomen Erregung bewirkte. Die Probanden wurden jedoch dahingehend in die Irre geleitet, dass es sich bei der Injektion lediglich um eine folgenlose Vitaminspritze handele. Nach der Injektion sollte die Hälfte der Probanden mit jemandem im Zimmer warten, der so tat, als ob er wütend sei (Vertrauter des Versuchsleiters). Die andere Hälfte der Probanden wartete zusammen mit jemandem, der sich glücklich aufführte. Die Probanden berichteten jeweils, dass sie sich genauso fühlten, wie die Personen, mit denen sie warteten. Sie schrieben ihre Erregung fälschlicherweise der Situation zu und erlebten ihrer Situationsbewertung entsprechende Emotionen. Bei Verabreichung von Placebo- anstelle von Adrenalininjektionen traten diese Effekt nicht auf (vgl. Schachter/Singer, 1962, S. 379 ff.).

Die Hypothesen konnten nur teilweise bestätigt werden und die Ergebnisse der Studie sind insgesamt wenig überzeugend. Sie sind zwar tendenziell mit Schachters Theorie kompatibel, der Nachweis der „emotionalen Plastizität“ physiologischer Erregung ist jedoch nicht überzeugend gelungen. Replikationsstudien ließen lange auf sich warten und konnten kein einziges die Schachter-Theorie stützendes Ergebnis nachweisen (vgl. Marshall/Zimbardo, 1979; Maslach, 1979). Trotz dieser Kritikpunkte ist der heuristische Wert der Theorie groß, da sie viel Forschung im Bereich der Emotionen angeregt hat und den Blick auf die Rolle von Kognitionen im emotionalen Geschehen gelenkt hat.

Das zentrale Thema der kognitiven Emotionstheorien, also ob Kognitionen für Emotionen notwendig sind, ist ein endloses Thema unter Forschern. Diese Kontroverse zeigt sich exemplarisch bei den beiden Forschern Zajonc und Lazarus, die sich über Jahre in der Zeitschrift American Psychologist hingezogen hat. Beide Autoren stimmen zwar darin überein, dass Emotionen eine Bewertung der Person-Umwelt-Beziehung sind, allerdings unterscheiden sich die beiden Ansätze beim Anteil kognitiver Prozesse bei der Bildung von Emotionen. Für Za-

---

85 „It is the cognition which determines whether the state of physiological arousal will be labeled as 'anger', 'joy', 'fear' or whatever.“ (Schachter/Singer, 1962, S. 380).

jonc sind Kognitionen nicht notwenig für Emotionen (vgl. Zajonc, 1968; Zajonc, 1980; Zajonc, 1984) und nach Lazarus beeinflussen Kognitionen zweifelsfrei Emotionen (vgl. Lazarus, 1982; Lazarus, 1984). In diese Diskussion haben sich auch eine Vielzahl anderer Autoren eingeschaltet (vgl. Ellis, 1985; Kleinginna/Kleinginna, 1985; O'Malley, 1981; Scheff, 1985). Ein Hauptproblem dieser fruchtlosen Kontroverse sehen sie in der Tatsache, dass weder Lazarus noch Zajonc genau definieren, was sie unter den Begriffen „Emotion“ und „Kognition“ verstehen. Beide untersuchen noch dazu leicht unterschiedliche Dinge: Zajonc konzentriert sich auf positive und negative Präferenzen und Lazarus untersucht spezifische Emotionen.

Der einflussreichen Ansicht von Zajonc, dass Kognitionen für Emotionen nicht notwendig sind (vgl. Zajonc, 1980; Zajonc et al., 1989), kommt zwar eine wichtige Funktion als Korrektiv gegen ein zu einseitiges Abdriften der Emotionspsychologie in kognitive Prozesse zu (vgl. Bischof, 1989; Dörner, 1989; Scheele, 1990). Nach überwiegender Meinung der Emotionspsychologen schießt Zajonc mit dieser Extremposition allerdings auch über das Ziel hinaus. Auch bei nicht bewussten Urteilsprozessen kann zumindest eine minimale kognitive Beteiligung nachgewiesen werden.

Abschließend bleibt festzuhalten, dass die in diesem Kapitel dargestellten Emotionstheorien in erster Linie die Entstehung von intensiv erlebten Emotionen erklären (z.B. Angst, Wut oder Ekel). Da durch Marken solche intensiven Emotionen nicht ausgelöst werden, kann man auch die Emotionstheorien nicht eins zu eins auf Markenemotionen übertragen. Markenemotionen werden durch das mit der Marke verbundene Markenwissen ausgelöst. Die Intensität dieser Emotionen ist nicht mit Basisemotionen, wie z.B. Angst oder Wut, zu vergleichen. Aus diesem Grund wird sich für die Entstehung von Markenemotionen der Sichtweise der kognitiv-physiologischen Emotionstheorien angeschlossen. Auch wenn diese in der allgemeinen Emotionsforschung diskutiert und manchmal kritisiert werden, sind sie doch geeignet, um die Entstehung von Markenemotionen zu erklären.

Zur Entstehung von Markenemotionen können in erster Linie kognitive Emotionstheorien herangezogen werden. Markenemotionen werden durch das Markenwissen ausgelöst (Kognition). Demnach wird sich für die Entstehung von Markenemotionen der Sichtweise von Lazarus angeschlossen, wonach Kognitionen notwendig für Markenemotionen sind.

3. Ordnungsstrategien zur Klassifikation von Emotionen

In der emotionspsychologischen Literatur finden sich zahlreiche Ansätze zur Klassifizierung von Emotionen. Dabei wird häufig eine Unterscheidung in differentielle (kategoriale) und dimensionale Ansätze getroffen (vgl. Batra/Ray, 1986, S. 236; Nickel, 1997, S. 101; Schmidt-Atzert, 1981, S. 37 ff.). Die differentiellen Ansätze teilen Emotionen in Kategorien (Klassen) ein, in welche die emotionalen Zustände eingeordnet werden können (vgl. Izard, 1999, S. 66; Plutchik, 1991, S. 108 ff.). Demnach lassen sich alle Emotionen auf wenige Basisemotionen zurückführen (z.B. Furcht, Freude oder Überraschung) (vgl. Ortony/Turner, 1990). Die dimensionalen Ansätze streben nach allgemeinen Beschreibungsdimensionen, anhand derer jede beliebige Emotion charakterisiert und von anderen differenziert werden kann (vgl. Woll, 1997, S. 42).

3.1 Differentielle Ansätze – Basisemotionen und heuristische Klassifikationssysteme

Die differentiellen Ansätze sind eng mit den evolutionsbiologischen Emotionstheorien verbunden. Im Rahmen der differentiellen Ansätze kam die Frage auf, welche Emotionen als fundamental anzusehen sind, die also zur vollständigen Erfassung eines emotionalen Zustandes ausreichen müssten. Eine Liste von Basisemotionen enthält immer Angst, Wut, Trauer und Freude. Darüber hinaus werden öfters Überraschung, Ekel, Neugierde, Erwartung, Scham und Schuld genannt. Einige Autoren gehen von entwicklungspsychologisch bzw. phylogenetisch abgeleiteten Basisemotionen (vgl. Izard, 1977; Plutchik, 1980), andere Autoren hingegen von ontogenetisch abgeleiteten Basisemotionen aus (vgl. Watson, 1968, S. 167 f.). Zwei wichtige Vertreter der ersten Kategorie sind Robert Plutchik und Carroll Ellis Izard.

Sowohl Plutchik als auch Izard betonen die biologischen Grundlagen emotionaler Prozesse und gehen davon aus, dass die grundlegenden Emotionen im Laufe der Evolution als Anpassungsverhalten von Mensch und Tier an die Umweltbedingungen entstanden sind (vgl. Izard, 1981; Plutchik, 1980). Die Basisemotionen sind in den Erbanlagen des Menschen verankert und nicht in andere Emotionen zerlegbar. Nach Izard gibt es zehn primäre (angeborene) Emotionen (vgl. Izard, 1999, S. 66) und nach Plutchik acht (vgl. Plutchik, 1980):

Basisemotionen nach Izard	Basisemotionen nach Plutchik
▪ Interesse	▪ Erwartung
▪ Freude	▪ Freude
▪ Überraschung	▪ Überraschung
▪ Kummer	▪ Trauer
▪ Wut	▪ Wut
▪ Ekel	▪ Ekel
▪ Geringschätzung	▪ Akzeptanz
▪ Angst	▪ Angst
▪ Scham	
▪ Schuldgefühl	

Abbildung 3: Basisemotionen nach Izard und Plutchik
Quelle: vgl. Izard, 1999; Plutchik, 1980

Wie Abbildung 3 zu entnehmen ist, decken sich die acht Basisemotionen nach Plutchik weitgehend mit den ersten acht der insgesamt zehn Basisemotionen nach Izard. Lediglich die E-motion „Akzeptanz" von Plutchik ist nicht in der Liste von Izard zu finden. Allerdings scheint dieser bei Izard die gegenpolige Emotion „Geringschätzung" zu entsprechen, so dass die beiden Systeme einigermaßen konsistent sind.

Ähnlich wie durch die Mischung der Grundfarben immer wieder neue Farben entstehen, lassen sich alle weiteren Emotionen als Gemisch oder Derivat dieser Basisemotionen verstehen (vgl. Izard, 1999, S. 55, 115 ff. und 126; Kroeber-Riel/Weinberg, 2003, S. 104; Plutchik, 1991, S. 115 ff.). So entsteht z.B. die Emotion Freundschaft durch eine Mischung von Freude und Akzeptanz, Verachtung durch eine Mischung von Ekel und Wut oder Vergnügen durch eine Mischung von Freude und Überraschung. Diese Entstehung weiterer Emotionen ist auch der Grund für die Abweichung in der oben dargestellten Liste. Die von Izard als Basisemotionen aufgeführten Emotionen Scham und Schuldgefühl/Reue werden von Plutchik zu den gemischten Emotionen gezählt (vgl. Plutchik, 1991, S. 115).[86]

Ein Vorteil dieser differentiellen Ordnungsstrategie von Emotionen ist ihr enger Zusammenhang zum menschlichen Ausdrucksverhalten. Jede Gesellschaft drückt sich auf andere Weise aus. Nur die Basisemotionen im Rahmen der differentiellen Ordnungsstrategie werden auf der ganzen Welt mit Hilfe derselben Mimik gezeigt und sind daher universal verständlich. Es ist unbestritten, dass es sich bei diesen Emotionen um sehr wichtige und grundlegende Emotio-

[86] Zu dem Einsatz der Basisemotionen von Izard und Plutchik, dem dimensionalen Ansatz von Mehrabian und Russell sowie den Vor- und Nachteilen der einzelnen Verfahren vgl. Machleit/Eroglu, 2000 und allgemein zu Primär- und Sekundäremotionen vgl. Rodriguez-Torres et al., 2005.

nen von Menschen handelt. Allerdings wird das Konzept der Basisemotionen auch häufig kritisiert. Einen zentralen Kritikpunkt stellt die Heterogenität der Listen dar. Es gibt keine Übereinstimmung bezüglich der Anzahl und Intensität der Basisemotionen sowie den Kriterien, die eine Emotion erfüllen muss, um eine Basisemotion zu sein. Für Watson ist das Kriterium „ontogenetisch früh auftretend". Da er bei Säuglingen Furcht, Wut und Liebe zu erkennen glaubte, postulierte er diese drei zu Basisemotionen. Für Plutchik und Izard ist das Kriterium „großer evolutionärer Anpassungswert". Darüber hinaus können identische Emotionen unterschiedlich beschrieben werden (Kummer und Traurigkeit). Es existiert kein überzeugender empirischer Beleg für die Existenz von Basisemotionen und dafür, dass diese durch die postulierten emotionsspezifischen Aspekte gekennzeichnet sind. Letztendlich wird auch die Mischung der sekundären Emotionen nicht detailliert beschrieben und es existieren auch keine empirischen Belege, dass Basisemotionen die Grundlage für sekundäre Emotionen sind. Eine weitere Schwierigkeit der differentiellen Ansätze ist, dass die Grenzen zwischen Emotionen und Nicht-Emotionen in der Sprache fließend sind. Probanden mussten z.B. in einer Studie Wörter daraufhin beurteilen, wie sicher sie zum Wortfeld der Emotionen gehören. Es zeigt sich, dass es einige wenige sehr prototypische Emotionsbegriffe wie Freude, Wut, Trauer oder Liebe gibt, die fast immer als Emotion identifiziert werden. Bei anderen Begriffen hingegen fiel den Versuchspersonen die Entscheidung deutlich schwerer. Die Autoren interpretierten dies als Bestätigung ihrer Annahme, dass die Entscheidung über die Emotionshaftigkeit eines Wortes keine kategoriale, sondern eine dimensionale Angelegenheit sei (vgl. Fehr/Russell, 1984).

3.2 Dimensionale Ansätze – Klassifikation aufgrund unabhängiger Dimensionen

Eine Möglichkeit, den genannten Ungenauigkeiten der differentiellen Ansätze aus dem Weg zu gehen, bilden dimensionale Ansätze. Diese basieren auf der Bildung von unabhängigen Dimensionen, die die gemeinsamen Merkmale der Emotionen umfassen und in die eine Einordnung der zu beurteilenden Zustände erfolgt (vgl. Buck, 1997, S. 431 ff.; Ekman, 1955; Ertel, 1964; Gehm/Scherer, 1988, S. 106; Nickel, 1997, S. 101; Schlosberg, 1954; Schmidt-Atzert, 1981, S. 37; Strongman, 1973, S. 157 f.). Dadurch besteht die Möglichkeit, jeden emotionalen Zustand über verschiedene Dimensionen zu erfassen und ihn dadurch zu beschreiben. Emotionen sind in diesen Ansätzen nicht unabhängig voneinander und die Abstufungen sind nicht hart wie bei den differentiellen Ansätzen. In zahlreichen Studien konnte eine solche dimensionale Struktur nachgewiesen werden. Vergleichbare Basisdimensionen emotionalen Erlebens werden auch bei der Kategorisierung visueller Stimuli angenommen (vgl. Hamm/Vaitl, 1989; Hamm/Vaitl, 1993). Der dimensionale Ansatz der Emotionsanalyse hat sich inzwischen grundsätzlich durchgesetzt, da insbesondere im Kontext der Konsumentenforschung die Überlegenheit des dimensionalen Ansatzes anerkannt ist (vgl. Havlena/Holbrook, 1986, S. 402; Morris, 1995, S. 64; Traxel, 1983, S. 19; Woll, 1997, S. 42).

Allerdings besteht unter den Forschern Uneinigkeit über die Anzahl der Dimensionen, deren Benennungen, ihre Ausgestaltung und die Zusammenhänge, die zu einer präzisen Emotionsbeschreibung nötig sind. Die Diskussion wird seit den 1950er Jahre geführt (vgl. Russell/Carroll, 1999b; Russell/Carroll, 1999a) und ein Ende ist noch nicht abzusehen.[87] Von einigen Autoren liegen sowohl Vorschläge für zwei als auch für drei Dimensionen vor. An dieser Stelle sind z.B. Schlosberg und Russell zu nennen, mit dem zentralen Unterschied, dass sich Schlosberg von zwei (vgl. Schlosberg, 1952) zu drei Dimensionen (vgl. Schlosberg, 1954) bewegte und Russell von drei (vgl. Russell/Mehrabian, 1977) zu zwei Dimensionen (vgl. Russell, 1979; Russell, 1980). Auch wenn die Mehrzahl der Wissenschaftler von drei Emotionsdimensionen ausgeht, lassen sich eindimensionale, zweidimensionale und dreidimensionale Ansätze unterscheiden.

Die eindimensionalen Ansätze sind z.B. durch Duffy und Thayer bekannt. Duffy ging davon aus, dass Emotionen nur in ihrer Intensität variieren, was seiner Ansicht nach durch ein Erregungsniveau beschrieben werden kann. Über den Grad der Erregung können Emotionen in einer Reihe aufgelistet werden (vgl. Duffy, 1957). Thayer verfolgte diesen Weg noch weiter und untersuchte, inwieweit Probanden mit Hilfe einer eindimensionalen Skala (extreme Erregung bis tiefer Schlaf) ihren eigenen Gefühlszustand zuverlässig beschreiben können. Mit Hilfe von Apparaturen zur Messung des Hautwiderstands und der Herzschlagfrequenz stellte er fest, dass in der Selbstbeschreibung zwischen vier Stufen der Erregung zu unterscheiden ist: hohe Aktivierung, allgemeine Aktivierung, allgemeine Deaktivierung und Deaktivierung/Schlaf (vgl. Thayer, 1967).

Die eindimensionalen Ansätze setzen an der durchaus wichtigen Erregungsdimension der Emotionen an, greifen aber aus heutiger Sicht zu kurz. Berücksichtigt man aber lediglich die-

---

[87] Die Diskussion um Emotionsdimensionen wird z.B. im Journal of Personality and Social Psychology (vgl. Diener, 1999; Green et al., 1999; Russell/Feldman Barrett, 1999; Watson et al., 1999), Psychological Bulletin (vgl. Russell/Carroll, 1999b; Russell/Carroll, 1999a; Watson/Tellegen, 1999) und Psychological Science (vgl. Green/Salovey, 1999; Tellegen et al., 1999b; Tellegen et al., 1999a) und als Übersicht (vgl. Huelsman et al., 2003) weitergeführt.

se Dimension, befindet man sich eher in der Aktivierungsmessung als in der Emotionsmessung. Emotionale Erregungen sind als spezifische Aktivierungsvorgänge zu sehen, die sich stets in messbarer Aktivierung niederschlagen (vgl. Boucsein, 1995). Man kann zwar sagen, dass eine Emotion immer mit Aktivierung einhergeht, aber es gibt auch Aktivierung ohne Emotion (vgl. Kroeber-Riel/Weinberg, 2003, S. 107). Eindimensionale Ansätze sind also weniger in der Lage, Emotionen zu erfassen als eher die damit einhergehende Aktivierung.

Ein Artikel von Schlosberg aus dem Jahre 1952 stellt den Beginn einer konzeptionell neuen Einschätzung von Emotionen, dem zweidimensionalen Ansatz, dar (vgl. Schlosberg, 1952). In ihm stellte Schlosberg die Annahme auf, dass sich Emotionen mit Hilfe zweier Achsen beschreiben lassen und benennt diese mit „pleasantness-unpleasantness (angenehm-unangenehm)" und „attention-rejection (Hinwendung-Abwendung)". Ein Vergleich mit anderen Studien zeigt, dass „Pleasure" (Valenz) die beste Dimension der Emotionsbeschreibung darstellt. In einer Studie zeigte sich auch eine hohe positive Korrelation zwischen den Dimensionen „attention-rejection" von Schlosberg und „tension-sleep" (vgl. Abelson/Sermat, 1962). Dies kann man als Hinweis interpretieren, dass die zweite wichtige Dimension der Emotionen mit Erregung in Zusammenhang steht.

Emotionen lassen sich den zweidimensionalen Ansätze zufolge über die zwei grundlegenden Dimensionen Valenz und Erregung erfassen (vgl. Bradley et al., 1992; Lang et al., 1992; Russell, 1980). Diese haben sich z.B. bei der Analyse des Ausdrucksverhaltens (fazial und vokal) (vgl. Abelson/Sermat, 1962; Cliff/Young, 1968; Dittman, 1972; Green/Cliff, 1975; Royal/Hays, 1959; Schlosberg, 1952), der eingeschätzten Gleichheit von emotionalen Wörtern (vgl. Bush, 1973; Russell, 1980; Russell, 1983) und Bewertungen von Emotionen mit Hilfe des Semantischen Differentials (vgl. Averill, 1975; Block, 1957) gezeigt. Aus diesem Grund werden sie als Hauptdimensionen der Emotionen (und Stimmung) angesehen, haben aber trotzdem nicht einen gleich starken Einfluss auf Entscheidungsprozesse. Der Einfluss der Valenz ist stabiler und langfristiger als der Einfluss der Erregung (vgl. Mano, 1990, S. 581). Auch in anderen Studien hat sich herausgestellt, dass die Valenz die beste Dimension der Emotionsbeschreibung darstellt (vgl. Abelson/Sermat, 1962).

Die Entwicklung hin zu dreidimensionalen Ansätzen wurde auch durch Erkenntnisse aus Studien mit zweidimensionalen Ansätzen geprägt. Bei diesen zeigte sich immer wieder das Problem, dass Emotionen, die sich im alltäglichen Leben deutlich unterscheiden (z.B. Angst und Wut), im zweidimensionalen Modell sehr nahe beieinander lagen und kaum differenziert werden können (vgl. Russell, 1980; Shaver et al., 1987). Diese Ergebnisse ließen Forscher wiederholt eine dritte Dimension für das Modell fordern, um die scheinbare Nähe unterscheidbarer Emotionen im Raum aufzulösen.

Somit erfuhr auch der Vorschlag von Schlosberg, eine dritte Dimension einzuführen, in der Fachliteratur weitgehende Resonanz (vgl. Schlosberg, 1954). Zu seinen im Jahr 1952 (vgl. Schlosberg, 1952) entwickelten Dimensionen „pleasantness-unpleasantness (angenehm-unangenehm)" und „attention-rejection (Hinwendung-Abwendung)" fügte er die Dimension „arousal (Erregung)" hinzu. Wie bereits oben dargestellt wurde, konnte man bereits hinter der attention-rejection-Dimension einen Zusammenhang zu der Erregungsdimension vermuten. Da Schlosberg 1954 sein Datenmaterial nicht mit veröffentlichte, lässt sich nicht nachvollziehen, inwieweit seine dritte Dimension „arousal" mit einer der beiden anderen Dimensionen (insbesondere „attention-rejection") korreliert. Dies war auch der Hauptkritikpunkt, den man in Forscherkreisen an Schlosberg's Erkenntnissen übte.

Bereits im Jahr 1896 hatte Wundt ein dreidimensionales System zur Beschreibung der Emotionen veröffentlicht. Als Dimensionen nannte er „lust-nonlust (Lust-Unlust)", „tension-relaxation (Spannung-Lösung)" und „excitation-calm (Erregung-Beruhigung)" (vgl. Wundt, 1896). Die kontinuierliche Erfassung dieser drei Emotionsdimensionen sah Wundt als Hauptaufgabe bei der Analyse der Emotionen an. Er selbst führte allerdings in Studien seines dreidimensionalen Systems nur kontinuierliche Messungen auf physiologischer Ebene (Puls und Atmung) durch, die kontinuierliche Erfassung der subjektiven Erlebnisebene wurde von ihm nicht vorgenommen. Vergleicht man die Dimensionen von Wundt mit den später festgelegten Dimensionen von Schlosberg, zeigt sich auch hier wieder eine Übereinstimmung bei Valenz (Gefallen) und Erregung. Die jeweils dritte Dimension von Schlosberg und Wundt unterschieden sich weniger in ihrem Inhalt als eher in ihrer Benennung. Schlosberg kam zu der Auffassung, dass eine zentrale Dimension der Emotionen als „attention-rejection" zu beschreiben ist. Wie Wundt für die Dimension „tension-relaxation", gab Schlosberg für diese Dimension als Beispiel die Basisemotion „Überraschung" an – ein weiterer Hinweis auf die Uneinigkeit der Forscher bezüglich der dritten Dimension.

Auch Osgood ermittelte in einem Experiment 1966 drei Dimensionen, mit denen Emotionen genau beschrieben werden können. Diese nannte er „degree of lust", „degree of control" und „degree of activation", die sehr ähnlich zu den drei Dimensionen seines Semantischen Differentials „evaluation", „potency" und „activity" waren (vgl. Osgood, 1966; Osgood et al.,

1957).[88] Er verwendete in der Studie keinerlei Skalen, weswegen die durch Faktorenanalyse ermittelten Dimensionen gänzlich unbenannt waren. Allerdings waren die Korrelationen zu den drei Dimensionen von Schlosberg (vgl. Schlosberg, 1954) durchgehend hoch. Osgood stimmte mit der Benennung der Dimensionen mit „pleasantness-unpleasantness (angenehm-unangenehm)" und „arousal (Erregung)" überein. Die dritte Dimension, die Schlosberg „attention-rejection (Hinwendung-Abwendung)" nannte, interpretierte Osgood als Control-Dimension. Diese Meinung Osgoods hat die methodische und theoretische Entwicklung der Emotionspsychologie bis heute maßgeblich beeinflusst.

Mehrabian und Russell entwickelten Skalen zur Beschreibung des emotionalen Erlebens mit dem Ziel, die Dimensionen des Semantischen Differentials abzubilden, die sie „pleasure" (evaluation), „arousal" (activity) und „dominance" (potency) nannten (vgl. Mehrabian, 1996; Mehrabian/Russell, 1974; Russell/Mehrabian, 1974; Russell/Mehrabian, 1976; Russell/Mehrabian, 1977).

Zahlreiche empirische Arbeiten haben gezeigt, dass Unterschiede in der emotionalen Bedeutung von Stimuli (Wörter, Objekte, Ereignisse) über drei Basisdimensionen beschrieben werden können (vgl. Lang et al., 1990; Mehrabian, 1970; Russell, 1980): Valenz/Gefallen (positiv/angenehm bis negativ/unangenehm), Erregung (ruhig/geringe Erregung bis erregt/hohe Erregung) und Dominanz/Kontrolle (kontrolliert werden bis Kontrolle haben). Valenz und Erregung sind die beiden wichtigsten Dimensionen, da sie normalerweise die meiste Varianz bei emotionalen Bewertungen ausmachen (vgl. Bradley/Lang, 1994).[89] Deswegen stimmen die meisten Forscher bei den beiden Dimensionen Valenz und Erregung überein, sind allerdings unterschiedlicher Auffassung, was die dritte Dimension betrifft.

Insbesondere die dritte Dimension, welche die Forscher als Dominanz, Potenz oder Aggression bezeichnet haben (vgl. Bush, 1973; Russell/Mehrabian, 1977; Schlosberg, 1952), ist eher von untergeordneter Bedeutung. Im Gegensatz zu Valenz und Erregung ist sie in interkulturellen Studien auch nicht replizierbar (vgl. Russell, 1978; Russell, 1983). Die Emotionsdimension Dominanz soll zum Ausdruck bringen, dass zahlreiche Emotionen mit einer Wahrnehmung

---

88 Diese drei Dimensionen werden häufig mit dem Begriff EPA-Dimensionen abgekürzt.

89 Interessant ist aber auch die Wechselwirkung zwischen den beiden Dimensionen Valenz und Erregung. So kann eine negative Emotion (z.B. Angst bei Horrorfilm, in der Geisterbahn oder Achterbahn) eine positive Emotion auslösen (z.B. Freude). Ebenso kann ein positiver Stimulus (z.B. schöne Musik) eine negative Emotion auslösen (z.B. Ärger, wenn man Lernen möchte) (vgl. Krishnan/Olshavsky, 1995, S. 454 ff.; Robinson et al., 2004).

des Individuums verbunden sind, im Verhalten frei und unabhängig (dominant/überlegen) oder aber kontrolliert (submissiv/unterlegen) zu sein. Allerdings hat sich die Bestimmung dieser Dimension in empirischen Untersuchungen wenig bewährt, da es sich wahrscheinlich eher um ein Attribut kognitiver Vorgänge handelt (vgl. Kroeber-Riel/Weinberg, 2003, S. 430). Die Dimension Dominanz wurde deswegen auch bei späteren Anwendungen des Modells aufgegeben (vgl. Russell/Pratt, 1980, S. 313).

Sowohl die differentiellen als auch die dimensionalen Ansätze existieren heute nebeneinander und es wird versucht, die beiden Ansätze durch Clustermodelle zu vereinen (vgl. Osgood, 1966; Shaver et al., 1987). Insgesamt weisen die dimensionalen Ansätze einige Vorteile gegenüber den differentiellen Ansätzen auf. Havlena und Holbrook haben zwei Ansätze – den differentiellen Ansatz von Plutchik (vgl. Plutchik, 1980) und den dimensionalen Ansatz von Mehrabian und Russell (vgl. Mehrabian/Russell, 1974) – im Rahmen der Konsumentenforschung miteinander verglichen. Die drei Dimensionen von Mehrabian und Russell waren besser geeignet, den emotionalen Charakter eines Konsumerlebnisses zu beschreiben als die acht Basisemotionen von Plutchik (vgl. Havlena/Holbrook, 1986).

Das Ziel der vorliegenden Arbeit ist die Erfassung von Markenemotionen. Hier muss man sich nicht als Ziel setzen, einen Ansatz für Emotionen zu wählen, der alle emotionalen Zustände der Menschen beschreiben kann. Bei der Diskussion geeigneter Emotionstheorien zur Erklärung der Entstehung von Markenemotionen wurde bereits dargelegt, dass Marken nicht intensive Emotionen, wie z.B. Angst, Wut oder Ekel, auslösen. Grundsätzlich scheint daher ein dimensionaler Ansatz für Markenemotionen besser geeignet zu sein als ein differentieller Ansatz. Zur Messung der Markenemotionen kommen daher dreidimensionale Ansätze zum Einsatz. Der Fokus liegt allerdings, aufgrund der beschriebenen Schwierigkeiten mit der dritten Dimension, auf den beiden Dimensionen Valenz und Erregung.

Markenemotionen sollen in der vorliegenden Arbeit über die drei Basisdimensionen Valenz, Erregung und Dominanz gemessen werden, wobei die Valenz und Erregung die zentralen Dimensionen darstellen.

III. Unterschiedliche Ansätze zur Messung von Emotionen

1. Herkömmliche Messverfahren für Emotionen auf verschiedenen Ebenen

Emotionen sind nicht direkt, sondern lediglich anhand bestimmter Indikatoren zu erfassen. Es gibt drei klassische Verhaltensebenen, um Emotionen zu beschreiben (vgl. Izard, 1999; Plutchik, 1994, S. 107 ff.; Plutchik, 2003). Da sich Emotionen stets auf diesen drei Ebenen manifestieren, werden auch Messungen von Emotionen auf diesen Ebenen durchgeführt.[90] Auf der motorischen Ebene können Emotionen durch das beobachtbare Ausdrucksverhalten gemessen werden (z.B. Gesichtsausdruck). Die subjektiven (introspektiven) Verfahren setzen an der subjektiven Erlebnisebene an. Menschen haben Zugang zu ihren Emotionen und können sie dementsprechend anhand der eigenen Wahrnehmung beschreiben (z.B. Fragebögen). Hier können sowohl verbale als auch nonverbale Messverfahren eingesetzt werden. Ein weiteres Messverfahren setzt auf physiologischer Ebene an, da ein Zusammenhang zwischen bestimmten Biosignalen[91] bzw. physiologischen Merkmalen und emotionalem Erleben besteht (z.B. Herzrate).[92]

1.1 Messung auf motorischer Ebene

„Das Gesicht ist die Seele des Körpers."

Ludwig Wittgenstein (1889 - 1951)

Dieses Kapitel behandelt die Messung und Erfassung der expressiven Komponente von Emotionen. Es wird versucht, über äußere Merkmale auf innere Zustände zu schließen. Die äußeren Merkmale, also das emotionale Ausdrucksverhalten, umfassen die gesamte Köpersprache des Menschen (z.B. Körperhaltung und Gestik), in erster Linie aber seine Gesichtssprache (Mimik) (vgl. Ekman/Friesen, 1975; Kroeber-Riel/Weinberg, 2003, S. 111). Das Erleben ei-

90 Empfehlenswert wäre es, bei jeder Emotionsmessung alle drei Emotionskomponenten (Ausdrucksverhalten, subjektives Empfinden und physiologische Reaktion) zu berücksichtigen, um zu einer möglichst differenzierten Messung zu gelangen (Triangulation). Dies ist aus forschungsökonomischen Gründen aber nicht immer möglich und darüber hinaus auch nicht immer nötig.

91 Ein Biosignal ist die zeitliche Veränderung einer physikalischen Größe, die Informationen über biologische Prozesse enthält.

92 Alle drei Messebenen wurden z.B. bereits auf die Werbeforschung übertragen: Messung auf motorischer Ebene (vgl. Bolls et al., 2001; Derbraix, 1995; Hazlett/Hazlett, 1999), verbale Messung auf subjektiver Erlebnisebene (vgl. Allen et al., 1988; Batra/Ray, 1986; Edell/Burke, 1987; Hazlett/Hazlett, 1999; Holbrook/Batra, 1987b; La Barbera/Tucciarone, 1995; Mano, 1996; Olney et al., 1991; Pieters/de Klerk-Warmerdam, 1996; Stout/Leckenby, 1986; Stout/Leckenby, 1988; Zeitlin/Westwood, 1986), nonverbale Messung auf subjektiver Erlebnisebene (vgl. Morris, 1995; Morris/McMullen, 1994; Morris et al., 2002; Piefke et al., 2005) und Messung auf physiologischer Ebene (vgl. La Barbera/Tucciarone, 1995; Lang, 1990).

niger Basisemotionen, wie z.B. Freude, Ärger oder Ekel, wird sichtbar im Gesichtausdruck reflektiert und ist bei allen Menschen auf der Welt ähnlich (vgl. Adelmann/Zajonc, 1989; Dimberg et al., 2002; Ekman, 1992a; Ekman, 1993; Ekman/Oster, 1979; Izard, 1990). Die neuronalen Grundlagen der expressiven Funktion sind von Geburt an vorhanden (vgl. Dornes, 1993; Izard, 1994).

Der Detmolder Arzt Theodor Piderit schrieb im Jahr 1858 eine wissenschaftliche Abhandlung mit dem Titel „Wissenschaftliches System der Mimik und Physiognomik". In ihr behauptete er, dass zwar die Sprache zwischen den Völkern verschieden sei, dass aber das Mienenspiel bei allen Menschen dasselbe wäre. In den Gesichtszügen des „Wilden" wie des europäischen Kulturmenschen, beim Kind wie beim Greis äußern sich Gefühle und Stimmungen, Begierden und Leidenschaften auf gleiche Weise (vgl. Piderit, 1858).

Auch Charles Darwin untersuchte den Gesichtsausdruck als Indikator emotionaler Zustände und als Kommunikator emotionaler Informationen (vgl. Darwin, 1872). Es versuchte die sichtbaren mimischen Veränderungen mit der Aktivität bestimmter Gesichtsmuskeln zu erklären. Er erweiterte die Beobachtung auch auf die Gestik. Darwin zufolge offenbaren sich Emotionen nämlich nicht nur in der Mimik, sondern auch in typischen Verhaltensweisen wie Herumwälzen und Schreien bei Wut und körperlichen Veränderungen wie z. B. durch schnellere Atmung (vgl. Darwin, 1872).

Erkenntnisse aus den Neurowissenschaften belegen mittlerweile, dass Gesichter und der Ausdruck von Emotionen in einem bestimmten Bereich des Gehirns (fusiform face area) verarbeitet werden (vgl. Ganel et al., 2005; Kanwisher et al., 1997; Pessoa et al., 2002; Vuilleumier, 2005; Vuilleumier et al., 2001). Trotz der Einzigartigkeit von Gesichtern können Menschen besser als jeder Computer Gesichter relativ schnell lernen und erkennen. Dem Gesichtsausdruck kommt auch beim nonverbalen Messverfahren auf subjektiver Erlebnisebene (SAM) eine wichtige Bedeutung zu. Die Tatsache, dass es im Gehirn spezialisierte Areale für die Verarbeitung von Gesichtern gibt, kann auch die Überlegenheit eines nonverbalen Verfahrens (SAM) erklären.

Insbesondere zwei von Ekman et al. entwickelte Verfahren haben es zu einer gewissen Popularität gebracht. Dabei handelt es sich um die FAST-Technik (Facial Affect Scoring Technique) und die ein paar Jahre später entwickelte FACS-Technik (Facial Action Coding System). Der Ablauf bei beiden Techniken ist ähnlich: Bei den Probanden werden Emotionen ausgelöst und die Mimik der Probanden wird z.B. auf Videoband aufgenommen. Anschließend wird mit Hilfe von Experteneinschätzungen oder durch objektive Verfahren (z.B. einen Computer) die zum Ausdruck gebrachte Emotion bestimmt. Die beiden oben genannten Techniken unterscheiden sich darin, auf welcher Grundlage diese Einschätzungen beruhen.[93]

Der Vorteil der Verfahren auf motorischer Ebene liegt allerdings klar darin, dass es sich um eine nicht reaktive Messung handelt. Neben der Beobachtung durch das menschliche Auge weisen insbesondere Computeranalysen in letzter Zeit große Fortschritte auf (vgl. Cohn et al., 1999; Lien et al., 2000). Dadurch kommt es zu einer Kombination der Messverfahren auf motorischer und physiologischer Ebene. So können die Veränderungen des Gesichtsausdrucks auch mit Hilfe der Elektromyographie (EMG) gemessen werden (vgl. Hazlett/Hazlett, 1999) (vgl. Kapitel BIII.1.3, S. 75 ff.). Allerdings ist es Menschen möglich den Ausdruck ihrer Emotionen mal mehr und mal weniger zu unterdrücken. Dadurch können Emotionen verschleiert oder maskiert werden, was als großer Nachteil dieser Verfahren zu sehen ist. Die Messungen auf motorischer Ebene sind zusätzlich mit einer relativ aufwendigen Auswertung, einer zeitaufwendigen Schulung der Beobachter verbunden, weswegen sie auch in der praktischen Marktforschung eher vernachlässigt werden. Zusätzlich wird von einigen Autoren vermutet, dass Emotionen in der Marketingforschung zu subtil sind, um sie auf motorischer Ebene zu messen (vgl. Bolls et al., 2001; Derbraix, 1995; Hazlett/Hazlett, 1999; Ravaja, 2004). Aus diesem Grund wurde in der vorliegenden Arbeit auf die Messung von Emotionen auf motorischer Ebene verzichtet und lediglich die subjektive Erlebnisebene und die physiologische Ebene herangezogen.

1.2 Messung auf subjektiver Erlebnisebene

Der Messung von Emotionen auf subjektiver Erlebnisebene liegt die Annahme zugrunde, dass Menschen Zugang zu ihren (im Körper ablaufenden) Emotionen haben und sie dementspre-

[93] Bei der FAST-Technik vergleichen unabhängige Beurteiler das tatsächliche Ausdrucksverhalten eines ganz bestimmten Gesichtsteils, z.B. Augenlider, Augen oder Mund (vgl. Ekman et al., 1971). Die FACS-Technik erfasst die sichtbaren Veränderungen von Muskelbewegungen im Gesicht und schließt von diesen Muskelaktivitäten, alleine und in Kombination mit anderen Muskeln, auf die Emotionen (vgl. Ekman/Friesen, 1975; Ekman/Friesen, 1978b; Ekman/Friesen, 1978a). Als Einheiten werden aber nicht einzelne Muskel herangezogen, sondern so genannte „action units". Hierbei handelt es sich um Einheiten, die eine oder mehrere Muskelbewegungen zusammenfassen. Die Forschungsgruppe hat mit dem EmFACS auch eine reduzierte Version des Facial Action Coding System entwickelt. Dieses enthält nur jene Action Units, die zur Enkodierung von häufig gebrauchten emotionalen Gesichtsausdrücken nötig ist. (vgl. Ekman, 1997, S. 480). Action Units, die nachweislich nicht am mimischen Ausdruck einer Emotion beteiligt sind, werden nicht kodiert.

chend anhand der eigenen Wahrnehmung beschreiben können. Es gibt zahlreiche Ansätze, wie z.B. verbale Umschreibungen von Emotionen, Rating-Skalen, Checklisten, Fragebögen, semantische und graphische Differentiale oder projektive Verfahren. Grundsätzlich lassen sich auf dieser Ebene differentielle und dimensionale Emotionsanalysen unterscheiden, die wiederum verbal und nonverbal erfolgen können. Wie in Kapitel BII.3 (S. 57 ff.) dargelegt wurde, liegt der Unterschied der beiden Ansätze in der Klassifikation der Emotionen. Da bereits auf die Überlegenheit der dimensionalen Ansätze hingewiesen wurde, soll im folgenden Kapitel nur noch kurz auf die differentiellen Ansätze eingegangen werden. Abbildung 4 zeigt die wichtigsten Verfahren der Emotionsmessung auf subjektiver Erlebnisebene (die in der vorliegenden Arbeit eingesetzten Verfahren sind grau hinterlegt).

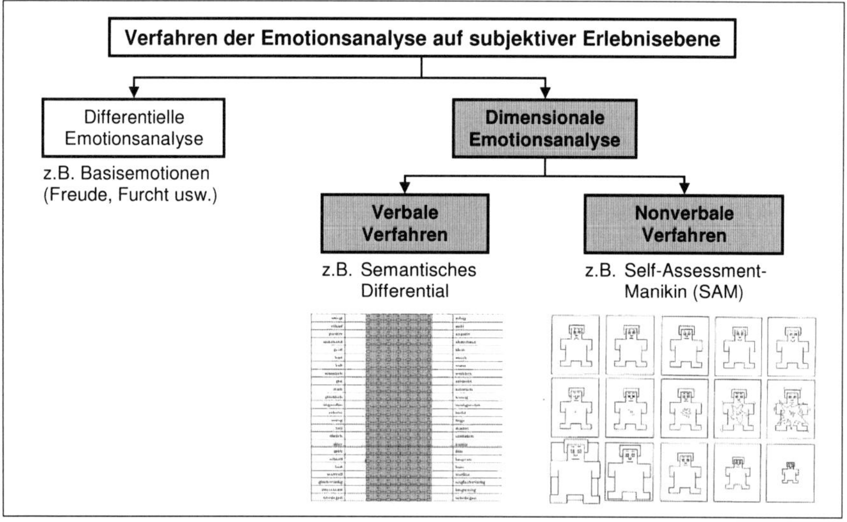

Abbildung 4: Verfahren der Emotionsanalyse auf subjektiver Erlebnisebene

1.2.1 Differentielle Emotionsanalysen

Die differentiellen Ansätze versuchen das gesamte Spektrum der Emotionen über eine limitierte Anzahl von Basisemotionen (z.B. Freude, Trauer, Angst oder Ekel) zu beschreiben (vgl. Ekman, 1992a). Als Messinstrument wurden verbale Messverfahren entwickelt, die aus Basisemotionen bestehen und mit Skalen versehen sind. Die bekanntesten standardisierten Skalen sind der „Emotion Profile Index“ von Plutchik (vgl. Plutchik, 1980; Plutchik, 1989) und die „Differential Emotion Scale“ von Izard (vgl. Izard, 1977; Izard, 1991; Izard, 1999). Beide

Skalen wurden zahlreich in der psychologischen Forschung (vgl. Kozmar et al., 2003; Susman et al., 1998), aber auch in der Marketingforschung eingesetzt (vgl. Allen et al., 1988; Zeitlin/Westwood, 1986).[94]

Allerdings gibt es einige Einschränkungen bezüglich der Reliabilität und Validität der verbalen Messmethoden. Häufig setzen sich die verbalen Emotionsskalen aus einer langen Liste emotionaler Adjektive zusammen. Das Ausfüllen dieser Skalen kann als lästig empfunden werden und zu Ermüdungserscheinungen bei den Probanden führen. Bezüglich der Validität ist vor allem der Anteil kognitiver Prozesse, der bei verbalen Messungen nahezu unumgänglich ist. Diese Kognitionen können die ursprünglichen emotionalen Reaktionen stören. Die Probanden haben oftmals Schwierigkeiten, ihre Emotionen mitzuteilen, weil sie sich manchmal gar nicht bewusst sind, wie sie sich genau fühlen. Es kann auch sein, das Probanden ihre (wahren) Emotionen aufgrund sozial erwünschter Antworten nicht miteilen wollen.

Im Rahmen der differentiellen Emotionsanalyse können auch nonverbale Messverfahren zum Einsatz kommen. Anstatt auf Verbalisierung oder eine Liste von Emotionswörtern angewiesen zu sein, werden die Antwortmöglichkeiten bei nonverbalen Messmethoden häufig durch comicähnliche Figuren dargestellt, die unterschiedliche emotionale Zustände repräsentieren. Ein nonverbales Messverfahren der differentiellen Emotionsanalyse ist z.B. das von Desmet entwickelte „Product Emotion Measurement Tool (PrEmo)" (vgl. Desmet, 2002; Desmet, 2004; Desmet et al., 2000). Anstatt statischer Abbildungen enthält PrEmo 14 Animationen mit einer Länge zwischen ein und zwei Sekunden. Jede Animation repräsentiert eine spezifische Basisemotion (sieben positive und sieben negative Emotionen) (vgl. Abbildung 5).

94 Zu anderen Typologien von Emotionen in der Werbung vgl. Batra/Ray, 1986, Burke/Edell, 1989, Edell/Burke, 1987, Holbrook/Batra, 1987a, Mano, 1996 und Pieters/de Klerk-Warmerdam, 1996.

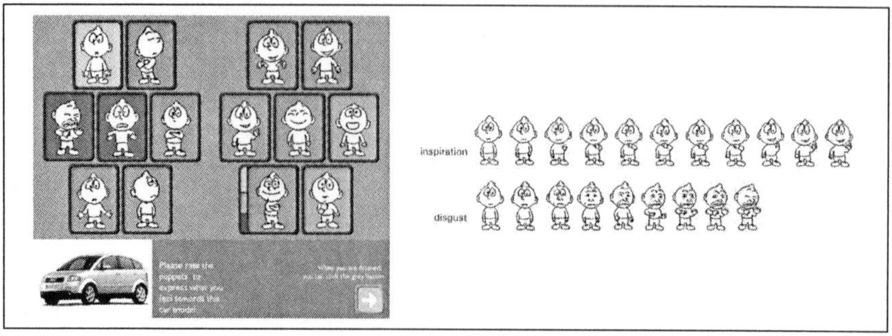

Abbildung 5: Der PrEmo und zwei Sequenzen (eine positive und eine negative Emotion)
Quelle: (vgl. Desmet, 2002; Desmet, 2004, S. 115 ff.).

1.2.2 Dimensionale Emotionsanalysen

Die dimensionalen Ansätze gehen davon aus, dass das gesamte Spektrum an Emotionen z.B. über drei unabhängige, bipolare Dimensionen beschrieben werden kann: Valenz, Erregung und Dominanz (vgl. Mehrabian/Russell, 1974; Olney et al., 1991). Als verbales Messinstrument für diese Dimensionen entwickelten Mehrabian und Russell die standardisierte Pleasure-Arousal-Dominance-Skala mit unterschiedlichen Emotionsadjektiven, die die drei Dimensionen abdecken (vgl. Mehrabian/Russell, 1974) und auf den Arbeiten von Osgood et al. aufbauen (vgl. Osgood et al., 1957).

Messungen von Emotionen auf verbaler Ebene durch das Semantische Differential

Bei dem Semantischen Differential handelt es sich um ein von Charles E. Osgood in der Einstellungsforschung entwickeltes und von Peter Hofstätter in Form des Polaritätenprofils leicht variiertes Verfahren (vgl. Hofstätter, 1957; Osgood et al., 1957). Es dient der quantitativen Analyse der subjektiven Bedeutung von Begriffen oder Vorstellungen. Ursprünglich sollten mit dem Semantischen Differential im Rahmen von psychologischen Experimenten die konnotative Bedeutung von Wörtern gemessen werden (vgl. Osgood, 1953; Osgood et al., 1957; Snider/Osgood, 1969). Das Ziel einer sprachvergleichenden Studie von Osgood et al. bestand darin, faktoranalytisch jene Dimensionen zu identifizieren, auf die sich der semantische Urteilsraum reduzieren lässt (vgl. Osgood et al., 1957). Nach mehreren Studien konnten drei grundlegende Dimensionen identifiziert werden, bezüglich derer Osgood et al. zeigen konnten, dass sie universell auftreten: Valenz (z.B. angenehm - unangenehm), Erregung (z.B. erregend – beruhigend) und Dominanz (z.B. stark – schwach).

Das Semantische Differential ist demnach eher eine Datenerhebungsmethode, die die konnotative Bedeutung[95] von Begriffen oder Objekten erfasst und gilt mittlerweile als eine allgemein akzeptierte Methode, um Emotionen in verschiedenen Kontexten zu quantifizieren (vgl. Hamm/Vaitl, 1993; Russell/Mehrabian, 1977). Grundsätzlich werden Probanden gebeten, Meinungsgegenstände jeglicher Art anhand 7-stufiger bipolarer Rating-Skalen mit adjektivistischen Gegensatzpaaren einzuschätzen (z.B. laut-leise oder männlich-weiblich).[96] Hierbei hat sich als vorteilhaft erwiesen, die Untersuchungsteilnehmer zu instruieren. Erfahrungsgemäß stößt das Semantische Differential bei unvorbereiteten Untersuchungsteilnehmern auf Akzeptanzprobleme, weil die geforderten Urteile häufig sehr ungewohnt sind (z.B. ob BMW eher mutig oder feige ist). Trägt man die Mittelwerte auf den verschiedenen Rating-Skalen ab, so erhält man ein Polaritätsprofil, das den Vergleich unterschiedlicher Meinungsgegenstände (z.B. Marken oder Produkte) oder Befragungsgruppen ermöglicht. Die Beurteilungen können aber auch durch faktoranalytische Berechnungen häufig auf die drei dominanten Basisfaktoren Valenz, Erregung und Dominanz reduziert werden. Die Dimension „Valenz" entspricht dem Faktor der Bewertung (z. B. „gut – schlecht"), „Erregung" repräsentiert den Faktor der Wirkkraft (z. B. „stark – schwach") und „Dominanz" stellt den Faktor der Wirkweise dar (z. B. „laut – leise") (vgl. Nickel, 1997, S. 105). Diese drei Dimensionen des semantischen Raums ermöglichen eine adäquate Beschreibung emotionaler Reaktionen auf alle Arten von Stimuli (vgl. Fischer et al., 2002, S. 54 ff.) und sind somit auch für die Erfassung des emotionalen Gehalts von Marken gut geeignet.

Emotionen können grundsätzlich durch verbale Verfahren (z.B. Befragungen) auf der subjektiven Erlebnisebene gemessen werden, da man relativ verlässlich erfassen kann, ob eine Emotion angenehm oder unangenehm ist. Allerdings bestehen auch Einwände gegen die verbale Messung von Emotionen. Emotionen sind häufig nur schwach ausgeprägt und wenig bewusst. Durch die kognitive Kontrolle bei der Beantwortung entsprechender verbaler Fragen werden

---

95 Der Begriff Konnotation bezeichnet die Nebenbedeutung eines Wortes. Häufig handelt es sich hierbei um die individuelle, emotionale Bedeutungskomponente eines sprachlichen Ausdrucks. Im Gegensatz dazu umschreibt der Begriff Denotation die Grundbedeutung eines sprachlichen. So weichen bei Hofstätter z.B. die Polaritätsprofile von „männlich" und „weiblich" erheblich voneinander ab. Dies gilt z.B. auch für das Gegensatzpaar „laut-leise". „Männlich" und „weiblich" sind denotativ weder laut noch leise werden aber konotativ unterschiedlich mit dem Begriffspaar assoziiert.

96 Die Reihenfolge, in der die Objekte beurteilt werden, sowie die Polung der Skalen (z.B. „hart-weich" oder „weich-hart") sind für die Ergebnisse unerheblich (vgl. Kanb, 1971).

eher Kognitionen als Emotionen erfasst. Die Komplexität von Emotionen überfordert viele Befragte, wenn sie die erlebte Emotion sprachlich beschreiben sollen. Emotionen unterliegen starken sozialen Einflüssen. Dadurch werden bei verbalen Messverfahren häufig soziale erwünschte Antworten gegeben.

Aufgrund dieser Schwierigkeiten ist die zusätzlich Erhebung durch andere Verfahren der subjektiven Erlebnismessung sinnvoll, die den Probanden helfen, ihre Emotionen mehr ins Bewusstsein zu bringen (vgl. Kroeber-Riel/Weinberg, 2003, S. 110). Hierfür bedient man sich nonverbaler Verfahren der subjektiven Erlebnismessung (z.B. Bilderskalen, Farbskalen oder Programmanalysatoren[97]). Auch der Self-Assessment-Manikin (SAM) ist ein nonverbales Verfahren auf subjektiver Erlebnisebene, bei dem sich Emotionen direkt auf den drei Dimensionen darstellen lassen. Dieses Verfahren wird im nächsten Kapitel vorgestellt.

Messungen von Emotionen auf nonverbaler Ebene durch den Self-Assessment-Manikin (SAM)

Der von Peter Lang entwickelte Self-Assessment-Manikin (SAM) ist ein nonverbales (visuelles) Messverfahren für Emotionen und basiert auf den Arbeiten von Osgood sowie von Mehrabian und Russell (vgl. Lang, 1980; Mehrabian/Russell, 1974; Osgood et al., 1957; Russell/Mehrabian, 1977). Der SAM stellt somit eine Alternative zur verbalen Messung von Emotionen dar (vgl. Morris, 1995, S. 64). Anstatt die drei Dimensionen Valenz, Erregung und Dominanz jeweils mit verschiedenen Adjektivpaaren zu beschreiben, entwickelte Lang für jede Dimension fünf Figuren (vgl. Bradley/Lang, 1994, S. 49f.; Morris, 1995, S. 64) (vgl. Abbildung 6). Probanden können darauf angeben, welche Figur ihren emotionalen Zustand am besten beschreibt (z.B. nach dem Betrachten einer Marke oder eines Bildes).[98] Wie bereits in Kapitel BII.3.2 (S. 59 ff.) dargestellt, konnte diese dreidimensionale Ordnung emotionalen subjektiven Erlebens anhand verschiedener Studien immer wieder bestätigt werden (vgl. Bradley et al., 1992; Bradley/Lang, 1994; Hamm/Vaitl, 1993; Mehrabian/Russell, 1974; Osgood et al., 1957).

---

97 Durch den Einsatz von Programmanalysatoren ist es möglich, spontane emotionale Eindrücke (z.B. beim Betrachten einer TV-Werbung) festzuhalten und diese einer Verlaufsanalyse zu unterziehen.

98 Die Antwortmöglichkeiten beim SAM variieren, je nachdem wie er ausgestaltet ist. Werden nur die fünf Bilder zum Ankreuzen vorgegeben, ergibt sich pro Dimension eine fünfstufige Skala. Wird den Probanden die Möglichkeit gegeben zusätzlich zwischen den Bildern anzukreuzen, ergibt sich eine neunstufige Skala. In seltenen Fällen wird der SAM mit einer 20-stufigen Skala versehen.

Abbildung 6: Der Self-Assessment-Manikin
Quelle: Morris, 1995, S. 64.

SAM ist ein grafischer Charakter, der jede Dimension auf einer kontinuierlichen Skala repräsentiert (vgl. Morris, 1995, S. 64; Morris/McMullen, 1994, S. 176). Pro Dimension zeigt SAM fünf verschiedene Ausdrücke. Die Dimension „Valenz" wird dadurch repräsentiert, dass SAM seinen Gesichtsausdruck von einem unglücklichen Ausdruck („unangenehm") zu einem glücklichen Ausdruck („angenehm") verändert. Bei der Darstellung der Dimension „Erregung" ist die Bauchregion mit Punkten und Zacken versehen, die an Zahl und Größe zunehmen, je mehr Erregung ausgedrückt werden soll. Gleichzeitig verändert sich die Darstellung der Augen von geschlossenen Augen („ruhig") bis hin zu weit geöffneten Augen („erregt"). Die Dimension „Dominanz" wird durch die Zunahme („überlegen") bzw. Abnahme („unterlegen") der Größe der Figur dargestellt. Aufgrund fehlender Auswirkungen wurde die Dominanzdimension in späteren Messungen mit dem SAM oft weggelassen und sich auf die Messung der ersten beiden Dimensionen beschränkt (vgl. Olney et al., 1991; Russell, 1980).

Der SAM wurde sehr oft zur Validierung des „International Affective Picture System" (IAPS) eingesetzt (vgl. Lang et al., 1998). Dabei hat sich gezeigt, dass der SAM sehr gut geeignet ist, visuelle Stimuli anhand der drei Dimensionen emotional zu bewerten (auch Markenlogos sind visuelle Stimuli). Der SAM wurde vielfach in der Forschung zur Erhebung des momentanen Stimmungsbildes verwandt und von Morris und seinen Kollegen auf die Werbeforschung übertragen (vgl. Morris, 1995; Morris/Boone, 1998; Morris/McMullen, 1994; Morris/Pai,

1997; Morris et al., 1999; Morris et al., 1996; Morris et al., 2003; Morris/Reilly, 1987).[99] Allerdings ist der Einsatz des SAM nicht nur auf die Werbeforschung beschränkt, sondern kann auf breiter Ebene in der Marketingkommunikation eingesetzt werden, um emotionale Reaktionen zu messen. Somit ist der SAM auch geeignet, um die Emotionen einer Marke zu messen.

Ein Vergleich der Emotionsmessung mit dem (verbalen) Semantischen Differential und dem (nonverbalen) Self-Assessment-Manikin ergibt, dass beide Messinstrumente eine hohe Reliabilität und Validität für die Erfassung von Emotionen aufweisen. Die Messergebnisse sind insgesamt sehr ähnlich und geeignet, Emotionen zu quantifizieren. In verschiedenen Studien haben sich beeindruckende Zusammenhänge zwischen den einzelnen Dimensionen des SAM und des Semantischen Differentials gezeigt. Die Korrelationen bei der Bewertung emotionaler Bilder auf der Valenzdimension betragen 0,96, für die Erregungsdimension 0,95 und für die Dominanzdimension 0,23 (vgl. Bradley/Lang, 1994, S. 54). In einer anderen Studie variierten die Korrelationen je nach Dimension zwischen 0,84 und 0,97 (vgl. Hamm/Vaitl, 1993, S. 147). Die Erfassung affektiver Reaktionen ist durch das direkte Verfahren SAM ebenso gut möglich wie mit dem umfangreicheren Semantischen Differential. Sowohl beim SAM als auch beim Semantischen Differential erklären die Valenz und die Erregung die Varianz bei emotionalen Bewertungen am besten. Es scheint sich bei diesen beiden Dimensionen um dic beiden wichtigsten Emotionsdimensionen zu handeln (vgl. Bradley/Lang, 1994, S. 55).

Die visuellen Messungen auf subjektiver Erlebnisebene (z.B. SAM) sind anwenderfreundliche Messverfahren, um die emotionalen Reaktionen von Probanden in verschiedenen Kontexten zu erfassen (vgl. Bradley/Lang, 1994, S. 49). Diese Verfahren sind schneller und weniger langweilig als die verbalen Messeverfahren.[100] Ein sehr großer Vorteil liegt in der Anwendung bei Studien zwischen verschiedenen Kulturen und mit Kindern (vgl. Morris, 1995; Morris et al., 1996; Morris et al., 2002). Man kann zwar nicht davon ausgehen, dass die kogniti-

[99] Von Morris et al. wurde später der AdSAM entwickelt (vgl. Morris et al., 2002). Dafür wurden 232 emotionale Wörter mit dem SAM bewertet. Diese Wörter können in dem zweidimensionalen Raum (Valenz und Erregung) dargestellt werden. Emotionale Reaktionen auf Meinungsgegenstände können auch mit dem SAM bewertet und mit den Wörtern im semantischen Raum verglichen werden. Dies ermöglicht es den Forschern, die über die beiden Emotionsdimensionen Valenz und Erregung eingeteilten Stimuli mit spezifischen Emotionen zu vergleichen.

[100] Insbesondere der zeitliche Aspekt wird häufig als Vorteil hervorgehoben. Bei verbalen Messverfahren (z.B. Semantisches Differential) werden Emotionen über bis zu 30 Skalen erfasst. Es stellt sich die berechtigte Frage, ob über diesen Zeitraum überhaupt noch Emotionen zu erfassen sind. Der SAM lässt sich in wenigen Sekunden mit drei Kreuzen ausfüllen und es treten keine Irritationen wie bei der verbalen Umschreibung auf.

ven Prozesse beim Ausfüllen des SAM völlig ausgeschaltet werden (vgl. Morris et al., 2002), allerdings dürften sie im Vergleich zu verbalen Messverfahren deutlich schwächer ausfallen.

Zusammenfassend sind die Verfahren auf der subjektiven Erlebnisebene anwenderfreundlich, mit einem relativ geringen Aufwand verbunden und vergleichsweise reliabel. Sie erlauben eine relativ schnelle Messung von Emotionen, da keine komplexen Instrumente oder Programme nötig sind. Darüber hinaus ist es möglich, die emotionale Reaktion auf eine Vielzahl von Stimuli zu erfassen. Die ausschließliche Messung von Emotionen auf subjektiver Erlebnisebene ist allerdings auch mit einigen Nachteilen behaftet.[101] Es können lediglich solche Emotionen erfasst werden, die den Probanden bewusst werden und noch dazu mitgeteilt werden können. Insbesondere kognitive Verzerrungen treten dadurch auf, dass Menschen sich vieler Dinge nicht immer bewusst sind, Informationen eher automatisch verarbeiten und sich gelegentlich spontan verhalten (vgl. Bargh/Chartrand, 1999; Chartrand, 2005; Zaltman, 2003). Studien haben auch gezeigt, dass Emotionen das Verhalten unbewusst beeinflussen können (vgl. Winkielman et al., 2005). Verzerrungen der Messungen ergeben sich aber auch aus Antworttendenzen, Einflüssen von dritter Seite sowie der grundsätzlichen Auskunftsbereitschaft und Ehrlichkeit der Probanden. Auch sozial erwünschte Antworten können die Ergebnisse auf subjektiver Erlebnisebene verzerren (vgl. King/Bruner, 2000).[102] Häufig sind die Messungen auf subjektiver Ebene retrospektiv, d.h. die emotionalen Reaktionen werden gemessen, nachdem der Stimulus gezeigt wurde und nicht, während er gezeigt wurde. Zur Überwindung dieser Schwierigkeiten können Messungen auf der physiologischen Ebene vorgenommen werden.

1.3 Messung auf physiologischer Ebene

Bestimmte emotionale Zustände zeigen charakteristische Muster bei physiologischen Signalen (vgl. Ekman et al., 1983). Bisherige Messungen auf der physiologischen Ebene haben vor allem die emotionale Erregung (Aktivierung) erfasst. In einigen Studien konnten auch Korre-

---

101 Mit einer Befragung sind drei grundsätzliche Schwächen verbunden: das Verbalisierungsproblem (die interessierende Ausprägung muss in Sprache explizierbar sein), das Bewusstseinsproblem (die interessierende Ausprägung muss bewusst wahrgenommen werden) und das Reaktivitätsproblem (der Proband muss die interessierende Ausprägung wahrheitsgemäß explizieren wollen). Gerade bei der Erfassung von Emotionen zeigen sich diese Schwächen sehr deutlich – emotionale Aspekte sind schwer fassbar. Diese sind oft nicht bewusst und, falls doch, sind sie schwer verbalisierbar (vgl. Esch, 2005c, S. 524).

102 Diese sozialen Verzerrungen treten insbesondere bei sensiblen Themen wie z.B. Erotik oder Wohltätigkeit sowie bei Rassen-, Geschlechts- oder Altersfragen auf. Um diesen Schwierigkeiten zu begegnen, wurden Messeverfahren wie der „implicit association test" entwickelt (vgl. Brunel et al., 2004).

lationen zwischen physiologischen Variablen und den Dimensionen Valenz und Erregung festgestellt werden (vgl. Gomez/Danuser, 2002; Lang et al., 1993). Zu den wichtigsten Indikatoren dieser Verfahren zählen Biosignale, wie z.B. Herzfrequenz, elektrodermale Reaktionen und Muskelpotenziale. Die dadurch erfasste Erregungsbeurteilung an Endorganen stellt einen indirekten Zugang zur zerebralen Emotionsverarbeitung dar, da die Reaktionen des autonomen Nervensystems auf erregungsbezogene Vorgänge im Gehirn beobachtet und gemessen werden. Einen direkten Zugang liefern gehirndiagnostische Verfahren (z.B. EEG, MEG, PET oder fMRT).

Herzfrequenz (EKG)

Der Herzschlag gilt als Indikator für verschiedene Phänomene: Aufmerksamkeit, Erregung sowie kognitive und physische Anstrengung. In der Psychophysiologie wird die Herzfrequenz meistens über die Dauer in Millisekunden zwischen zwei Herzschlägen operationalisiert (vgl. Lang, 1990; Lang, 1994). Sowohl die (kurzfristige) Aufmerksamkeit (phasische Aktivierung) als auch die (langfristige) Erregung (tonische Aktivierung) können mit der Herzfrequenz z.B. mit Hilfe der Elektrokardiographie (EGK) gemessen werden (vgl. Lang, 1990).[103] Da die Herzfrequenz von vielen Faktoren beeinflusst wird, ist bei der Interpretation der Ergebnisse Vorsicht geboten. Am besten eignet sich die Messung der Herzfrequenz als zusätzliches psychophysiologisches Verfahren, um z.B. eine Aussage über die Valenz eines Stimulus zu erhalten, wenn die Erregung über die Hautleitfähigkeit gemessen wird (vgl. Hopkins/Fletcher, 1994). Die Herzfrequenz wird meistens nicht direkt am Herz gemessen, sondern über ein Hilfsmittel, das an einem Finger angebracht wird. Dadurch kommt es zu einer geringeren Beeinträchtigung der Probanden. Auch die Messung der Herzfrequenz ist ein einfaches und günstiges Messverfahren, um psychophysiologische Reaktionen zu erfassen (vgl. Lang, 1994).

Hautwiderstand/Hautleitfähigkeit (EDR)

Die elektrodermale Reaktion (EDR) ist ein häufig verwendeter Indikator zur Messung von Aktivierungen des autonomen Nervensystems (vgl. Boucsein, 1988; Boucsein, 1992; Boucsein, 1995; Boucsein, 2001; Dawson et al., 2000). Bei diesem Verfahren werden die mit Akti-

[103] Die tonische Aktivierung beschreibt das Aktivierungsniveau, also die länger anhaltende Bewusstseinslage (Wachheit) und die allgemeine Leistungsfähigkeit des Individuums und verändert sich nur langsam. Mit phasischer Aktivierung werden kurzfristige Aktivierungsschwankungen bezeichnet, welche die jeweilige Aufmerksamkeit und Leistungsfähigkeit des Individuums in bestimmten Reizsituationen steuern (vgl. Kroeber-Riel/Weinberg, 2003, S. 60).

vierungsschwankungen verbundenen Veränderungen des elektrischen Hautwiderstands gemessen. Die Hautleitfähigkeit wird durch die Menge an Schweiß in den Schweißdrüsen beeinflusst. Diese Schweißdrüsen sind an emotionsbedingtem Schwitzen beteiligt und sind über den ganzen Körper verteilt. Am dichtesten sind sie jedoch an den Handflächen und Fußsohlen. Wird das autonome Nervensystem aktiviert, dann führt dies zu einer stärkeren Absonderung von Schweiß und somit zu einer besseren Hautleitfähigkeit. Zur Messung werden Elektroden an den schweißsensiblen Stellen der Handinnenflächen angebracht, die die Leitfähigkeit (oder gegenteilig den Widerstand) eines leichten elektrischen Stroms messen. Da ein Anstieg der Aktivierung im autonomen Nervensystem ein Indikator von Erregung ist, kann die Hautleitfähigkeit insbesondere zur Messung von Erregung eingesetzt werden (vgl. Ravaja, 2004).

Die Hautleitfähigkeit ist neben der Messung der Gehirnströme (EEG) das wichtigste Verfahren zur Feststellung der Erregung (Aktivierung). Der größte Nachteil der Messung der elektrodermalen Reaktion liegt darin, dass keine Aussage über die Valenz, also die Richtung der emotionalen Reaktion, getroffen werden kann. Es wird lediglich die Aktivierung gemessen, die sowohl durch positive als auch negative Valenz ausgelöst werden kann (vgl. Hopkins/Fletcher, 1994). Ob ein Reiz als positiv oder negativ empfunden wird und warum, dafür bedarf es immer noch weiterer Interpretationshilfen. Vorteil dieses Verfahren ist, dass es unabhängig von der willentlichen Beteiligung der Probanden ist und es keiner Verbalisierung der Messwerte bedarf. Im Vergleich zu Messverfahren wie der fMRT ist ein weiterer Vorteil die Mobilität der Messgeräte. EDR-Messungen werden nicht nur in klassischen Laboruntersuchungen, sondern zunehmend auch in Felduntersuchungen eingesetzt (vgl. Groeppel-Klein, 2005; Groeppel-Klein/Baun, 2001).[104]

Elektromyographie (EMG)

Mit Hilfe der Elektromyographie lässt sich die Muskelspannung (Muskeltonus) messen. Dadurch lassen sich auch Auswirkungen von Emotionen erfassen (vgl. Larsen et al., 2003; Russell et al., 2003). Jeder Muskel besteht aus Millionen fadenartiger Muskelfasern. Im ruhenden Muskel sind in der Regel einige Fasern kontrahiert und erhalten so einen allgemeinen Spannungszustand aufrecht. Wenn viele Muskelfasern gleichzeitig kontrahieren, kommt es zu einer Bewegung. Die Muskelspannung ist ein häufig verwendeter Indikator für den Erregungszustand des Menschen. Dazu wird die EMG-Aktivität mit Hilfe von Elektroden abgeleitet, die

104 Allerdings sind diese mobilen EDR-Messungen zum gegenwärtigen Zeitpunkt noch mit Problemen behaftet (z.B. Einflüsse durch Lufttemperatur, körperliche Aktivität der Probanden) (vgl. Boucsein, 1995).

auf der Hautoberfläche angebracht werden. Die Amplitude des Signals nimmt bei zunehmender Muskelspannung zu und spiegelt für jeden Zeitpunkt der Messung die Anzahl kontrahierender Fasern wider (vgl. Pinel, 2001, S. 119). Die Elektroden können auch an bestimmten Muskeln im Gesicht angebracht werden (vgl. Cacioppo et al., 1992b; Cacioppo et al., 1986; Dimberg et al., 2002). Dadurch können Veränderungen des Gesichtsausdrucks (Messverfahren auf motorischer Ebene) präziser als mit dem bloßen Auge erfasst werden (vgl. Kapitel BIII.1.1, S. 65 ff.).

Insbesondere die Gesichts-EMG hat sich als valides Messverfahren der Valenz erwiesen. Zu Nachteilen des Verfahrens zählen die geringe externe Validität (Laboruntersuchung), Elektroden im Gesicht können zu einer (mehr bewussten) Kontrolle des Gesichtsausdrucks führen, EMG ist sehr störanfällig (bei Bewegungen der Probanden) und geht zu Lasten der Reliabilität (vgl. Bolls et al., 2001).

Messungen auf physiologischer Ebene haben den Vorteil, dass sie emotionale Reaktionen in Echtzeit und ohne kognitive Verzerrungen messen können. Sie stellen damit ein sehr valides Messverfahren für die Valenz und Erregung dar. Die konkrete Anwendung und Interpretation der Ergebnisse dieser Messverfahren ist manchmal trotzdem eher ungeeignet. Einige autonome Reaktionen können ein Indikator verschiedener Aspekte einer Emotion oder eines mit Emotionen verbundenen Aspekts (z.B. Aufmerksamkeit) sein. Daher ist es in einigen Fällen schwierig, klar zwischen emotionalen Reaktionen und autonomen Reaktionen zu unterscheiden. Aus diesem Grund sollten für genauere Interpretationen mehrere autonome Messverfahren bei ein und demselben Probanden zur selben Zeit angewendet werden (vgl. Bagozzi, 1991; Plutchik, 2003). Trotz dieser Einschränkungen und der (bisher eher) seltenen Anwendung in der Marketingforschung scheinen die physiologischen Messverfahren am leistungsstärksten zu sein (vgl. Hazlett/Hazlett, 1999; La Barbera/Tucciarone, 1995).[105]

---

[105] Die Vorteile von physiologischen Messungen für die Marketingforschung sind ebenfalls seit langem bekannt (vgl. Weinstein et al., 1984). Seitdem es diese Gedanken gibt, haben sich natürlich auch Stimmen aus Forscherkreisen kritisch über die Möglichkeiten physiologischer Verfahren im Marketing geäußert (vgl. Stewart, 1984; Stewart, 1985).

2. Hirnbildgebende Verfahren als neue und ergänzende Messverfahren für Emotionen auf physiologischer Ebene

Zahlreiche Marketingforscher haben bereits auf die Wichtigkeit hingewiesen, mit den neusten Entwicklungen der Neurowissenschaften in Kontakt zu bleiben (vgl. du Plessis, 2005b; du Plessis, 2005a; Hall, 2002; Vakratsas/Ambler, 1999). Ein viel versprechender Weg in der Emotionsforschung im Marketing liegt darin, den Menschen direkt ins Gehirn zu sehen. Auch in der Vergangenheit wurden bereits verschiedene Gehirnmessverfahren angewendet (vgl. Rossiter et al., 2001b; Rothschild/Hyun, 1990; Rothschild et al., 1988; Rothschild et al., 1986). Allerdings haben diese Studien eher Gedächtnisprozesse im Gehirn untersucht und nicht emotionale Reaktionen. Ambler und Ioannides haben als erstes die MEG (Magnetenzephalographie) angewendet, um Unterschiede zwischen kognitiven und affektiven Werbestimuli zu untersuchen. Trotz des explorativen Charakters der Studien konnten signifikant unterschiedliche Gehirnaktivitäten zwischen kognitiven und affektiven Werbesegmenten bei allen drei Probanden gemessen werden (vgl. Ambler et al., 2000; Ioannides et al., 2000).

Wie in Kapitel BIII.1 (S. 65 ff.) gezeigt wurde, erfolgt die Messung von Emotionen häufig durch Befragung der Probanden, durch physiologische Verfahren wie das Messen der Hautleitfähigkeit (EDR) oder von Bewegungen der Gesichtsmuskulatur. Diese Methoden sind zwar nützlich, aber unvollkommen. So zeigt z.B. bei der Messung auf motorischer Ebene nicht jede Bewegung der Augenbrauenmuskulatur eine Emotion an. Viele emotionale Vorgänge sind uns wahrscheinlich gar nicht bewusst und können deswegen auf subjektiver Erlebnisebene bei Befragungen nicht angegeben werden. Aus diesem Grund stellen die bildgebenden Verfahren der Neurowissenschaften eine sinnvolle und wichtige Ergänzung auf physiologischer Ebene dar. Sie sind eine viel versprechende Methode und verfügen über das Potenzial, Aufschluss darüber zu geben, wie Marken verarbeitet werden und welche emotionalen und kognitiven Prozesse sie auslösen. Bevor auf die diagnostischen Verfahren in der Gehirnforschung eingegangen wird, soll der Aufbau und die Funktionsweise des menschlichen Gehirns kurz beschrieben werden.

2.1 Aufbau und Funktionsweise des menschlichen Gehirns

„Der Computer arbeitet deshalb so schnell, weil er nicht denkt.“

Gabriel Laub (1928 - 1998)

Das Gehirn des Menschen ist wahrscheinlich die komplexeste Materie, die bisher im Kosmos entdeckt wurde (vgl. Abbildung 7). Rein äußerlich ist das Gehirn nicht besonders eindrucksvoll. Eine etwa 1500 Gramm schwere, langsam vor sich hinsterbende Zellmasse aus Proteinen, Fetten, Wasser und einigen anderen Substanzen. Jeden Tag sterben ca. 10.000 Zellen, was aber das Zellvolumen nur unwesentlich vermindert. Legt man eine relativ konservativ geschätzte Anzahl von insgesamt 20 Milliarden Neuronen zugrunde, so sind nach 70 Jahren nicht einmal 1,3 Prozent der Zellen abgestorben. Die zwei Prozent Masse, die das Gehirn in unserem Körper ausmacht, verbrauchen 20 Prozent der Energie. Sauerstoffmangel wird schon nach wenigen Minuten für das Gehirn zu einem Problem.

Detaillierte Kenntnisse der Gehirngeographie in verschiedenen Größendimensionen sind nötig, um die vielen Ebenen der Gehirnfunktionen zu verstehen. Grundlegende Disziplin der Neurowissenschaften ist die Neuroanatomie, die sich auf der makroskopischen Ebene mit den Systemen, die das ganze Gehirn umfassen, und auf der mikroskopischen Ebene mit den einzelnen Neuronen (Nervenzellen) beschäftigt.

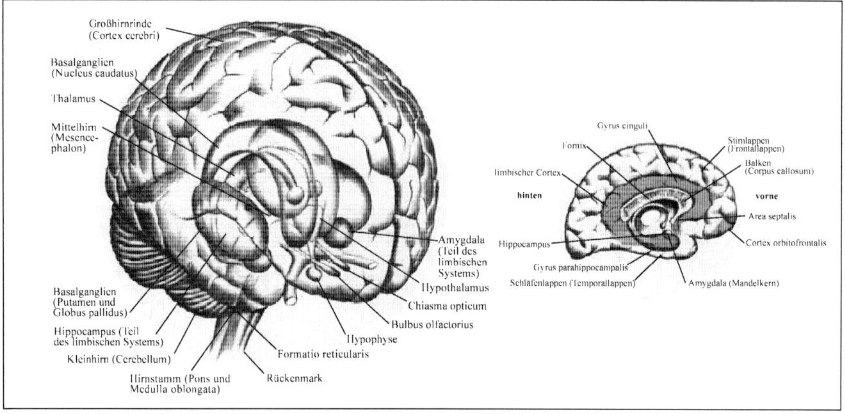

Abbildung 7: Das menschliche Gehirn (links) und das limbische System (rechts)
Quelle: (vgl. Thompson, 1994, S. 23 und S. 31)

Das menschliche Gehirn auf makroskopischer Ebene

Auf makroskopischer Ebene kann das komplette Nervensystem in einen zentralen und einen peripheren Bereich unterteilt werden. Zum zentralen Nervensystem gehören das Rückenmark und das Gehirn. Dieses lässt sich grob in mehrere Bestandteile zerlegen: das Großhirn (Cerebrum), das sich in die linke und rechte Großhirnhemisphäre unterteilt, der Balken (Corpus Callosum), der die linke und rechte Hälfte in beide Richtungen verbindet, das Zwischenhirn (Diencephalon), eine unter den Hemisphären gelegene Häufung von Kernen, zu denen auch der Thalamus und Hypothalamus zählen, das Mittelhirn (Mesencephalon), der Hirnstamm (Truncus Cerebri) und das Kleinhirn (Cerebellum). Dieses zentrale Nervensystem ist mit fast jedem Bereich unseres Köpers „neuronal" verbunden. Diese Verknüpfung erfolgt durch Nerven, die in ihrer Gesamtheit das periphere Nervensystem bilden. Diese Nerven übertragen Impulse vom Gehirn an den Körper und vom Körper an das Gehirn.[106] Allerdings dienen nur 0,1 Prozent der Verbindungsfasern im Gehirn dem Input und Output mit dem übrigen Köper. Der Rest dient der „Kommunikation" innerhalb des Gehirns.

Das menschliche Gehirn enthält in seinem Aufbau die ganze Evolutionsgeschichte von den einfachsten Tierarten bis zum Menschen. Es besteht im Wesentlichen aus folgenden Teilen (von den entwicklungsgeschichtlich älteren zu den jüngeren Teilen): in den tieferen Bereichen liegen das Rückenmark (zentrales Nervenbündel zur Signalübermittlung zwischen Gehirn und Körper), der Hirnstamm (Steuerungs- und Regulationszentren für die wichtigsten Lebensfunktionen, wie z.B. Herzschlag, Blutdruck, Atmung oder Magen-Darm-Funktionen) und das Kleinhirn (sorgt für die räumliche und zeitliche Koordination motorischer Handlungsabläufe und der Körperhaltung). Neben diesen tieferen Bereichen gibt es das Mittelhirn (Blick- und Kopforientierung und wichtige Zentren für die Bewegungs- und Handlungskontrolle), das Zwischenhirn (besteht aus dem Thalamus (Weitergabe von Informationen), Hypothalamus (reguliert Antriebe und Handlungen) und Hypophyse) und das Großhirn (jüngster und größter Teil des Gehirns, in dem insbesondere höhere kognitive Funktionen ablaufen).

Im Verlauf der menschlichen Evolution hat das Großhirn die darunter liegenden Gehirnteile überwuchert und macht beim Menschen etwa 90 Prozent des Gehirngewichts aus. Es hat sich zu der bei den Menschen typischen linken und rechten Hemisphäre entwickelt, die stark an den Aufbau einer Walnuss erinnern. Alle höheren Denkfunktionen wie Erinnerung, Kreativi-

[106] Körper und Gehirn sind darüber hinaus auch chemisch durch Stoffe wie Hormone oder Peptide miteinander verbunden.

tät, Kommunikation und kognitives Begreifen sind hier beheimatet. Die Großhirnrinde stellt die äußere Schicht des Großhirns dar. Die stark von Furchen durchzogene Oberfläche der Hemisphären – der Cortex – ist etwa zwei bis drei Millimeter dick und hat eine Oberfläche von etwas 1,5 Quadratmetern. Die meisten komplizierten Funktionen des Verstands laufen hier ab. Ein paar Regionen sind hoch spezialisiert (vgl. auch Abbildung 8, S. 84):

Die Frontallappen kann man ganz grob in einen motorischen, prämotorischen und präfrontalen Bereich (präfrontalen Cortex) unterteilen. Der motorische Cortex steuert die Ausführung von Bewegungen (wobei der in der linken Gehirnhälfte sitzende Teil des Frontallappens die rechte Körperhälfte steuert und umgekehrt), der prämotorische Cortex wählt die notwendigen Bewegungen aus und der präfrontale Cortex reguliert kognitive Prozesse.

Die Parietallappen sind vereinfachend für das Fühlen von Körperempfindungen (Somatosensorik), Lesen, Rechnen und Objekterkennung verantwortlich. Dabei ist der vordere Bereich des Parietallappens an den somatosensorischen Funktionen beteiligt, der obere Bereich an der visuellen Steuerung von Bewegungen, Ortung von Reizen im betrachterbezogenen Raum und an räumlicher Aufmerksamkeit und der untere Bereich an räumlichem Denken und „quasiräumlichen“ Prozessen (Rechnen, Lesen).

Die Temporallappen enthalten grob gesprochen den primären auditorischen Cortex, das Wernicke-Sprachzentrum und wichtige Strukturen für das Gedächtnis. Wesentlichste Aufgabe ist die Verarbeitung von akustischen Informationen sowie das Erkennen und Verstehen von Sprache. Darüber hinaus hat der Temporallappen einige wichtige Gedächtnis- und Emotionsfunktionen.

Die Occipitallappen gliedern sich in das primäre und das sekundäre Sehzentrum (visueller Cortex) und haben somit das Sehen als wesentliche Aufgabe. Dabei verarbeitet der in der rechten Hemisphäre sitzende Occipitallappen nur Informationen von den Augen, die aus der linken Hälfte des Raums stammen, und umgekehrt.

Es besteht eine annähernde Symmetrie zwischen der linken und der rechten Hemisphäre. Es gibt zwei Occipitallappen, zwei Parietallappen und zwei Frontallappen. Diese Symmetrie ist nicht exakt. So gibt es z.B. das Gebiet, welches für Sprache zuständig ist, nur in der linken Hemisphäre.

Auch in der Marketingforschung wird häufig die Hemisphärentheorie herangezogen (vgl. Appel et al., 1979; Weinstein et al., 1980; Zaidel, 2000). Basis dieser Theorie sind Arbeiten von Roger Wolcott Sperry, der für seine Entdeckungen über die funktionelle Spezialisierung der Gehirnhemisphären 1981 mit dem Nobelpreis für Medizin ausgezeichnet wurde (vgl. Gazzaniga/Sperry, 1967; Sperry, 1961; Sperry, 1974; Sperry et al., 1969). In den 1960er Jahren durchtrennte Sperry bei Epilepsiepatienten den Corpus Callosum[107], den Verbindungsstrang zwischen den beiden Hemisphären. Er kam zu dem Ergebnis, dass die beiden Gehirnhälften für die Verarbeitung unterschiedlicher Stimuli zuständig sind. Der linken Hemisphäre wird z.B. eine Dominanz in den Bereichen Sprache, Logik, Analyse und Zahlen zugeordnet, der rechten Hemisphäre die Verarbeitung von Bildern, Farben, Gesamtheiten, Rhythmen und Emotionen. Neuere Erkenntnisse der Neurowissenschaften zeigen eine deutliche Weiterentwicklung der simplen Rechts-/Links-Aufteilung. Allerdings gilt auch heute die Hemisphärentheorie in bestimmten Bereichen immer noch. Bei Rechtshändern steuert die linke Gehirnhälfte normalerweise die Motorik der rechten Körperhälfte und umgekehrt. Auch die Lokalisierung der Sprachareale lässt sich mit der Hemisphärentheorie belegen. In der Regel gibt es in der linken Hemisphäre zwei wichtige Sprachregionen: die motorische Broca-Region und die verstehende Wernicke-Region. Die linkshemisphärische Dominanz für Sprache ist bereits direkt nach der Geburt ausgeprägt (vgl. Pena et al., 2003, S. 11705). Die Bedeutung der Hemisphärentheorie für das Marketing ist in erster Linie darauf zurückzuführen, dass Emotionen explizit berücksichtigt werden. Stark vereinfacht wird davon ausgegangen, dass Emotionen in der rechten Hemisphäre lokalisiert sind. Starke Marken sollten daher die rechte Gehirnhälfte aktivieren. Diese auch in populärwissenschaftlichen Veröffentlichungen häufig vertretene Meinung, dass vorwiegend die rechte Gehirnhälfte an der Entstehung von Gefühlen beteiligt ist, wurde in einer Studie widerlegt (vgl. Vingerhoets et al., 2003). In der neurowissenschaftlichen Forschung ist noch relativ unklar, wo Emotionen im menschlichen Gehirn genau lokalisiert sind.[108] Insbesondere die Entstehung von Emotionen muss immer als Zusammenspiel vieler Gehirnareale gesehen werden und kann nicht einzelnen Bereichen zugesprochen werden. Eine wichtige Rolle scheinen aber eher subkortikale, tiefer liegende Gehirnareale zu übernehmen (z.B. Amygdala, Hypothalamus und Hirnstamm) (vgl. Damasio, 2001, S. 781). Aufgrund ihrer relativ groben und ungenauen Angaben scheint die Hemisphä-

---

[107] Zur Bedeutung des Corpus Callosum vgl. Gazzaniga, 2000.

[108] In der neurowissenschaftlichen Forschung wird z.B. manchmal auch von einer Valenzabhängigkeit der Hemisphärendominanz ausgegangen (Dominanz der rechten Hemisphäre für negative Emotionen und der linken Hemisphäre für positive Emotionen (vgl. Hartje, 2001).

rentheorie sowohl für die Gehirnforschung als auch für die Marketingforschung an Bedeutung zu verlieren.[109]

1909 publizierte Brodmann seine Ergebnisse zur Zellarchitektur der Großhirnrinde. Er teilte die Großhirnrinde nach histologischen Kriterien in 52 Areale (nach ihm heute als Brodmann-Areale benannt) ein (vgl. Brodmann, 1909).[110] Abbildung 8 zeigt die linke Hemisphäre von innen und von außen. Zusätzlich sind die einzelnen Brodmann-Areale mit verschiedenen Farben hinterlegt, die eine Unterscheidung des Frontallappens (gelb), Parietallappens (grün), Temporallappens (pink) und Occipitallappens (blau) ermöglichen.

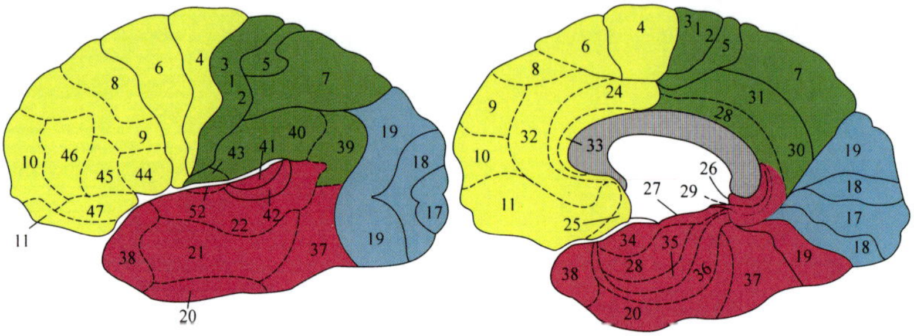

Abbildung 8: Brodmann-Karte (linke Hemisphäre von außen und von innen)

Den anatomisch zu unterscheidenden Gehirnbereichen werden unterschiedliche Funktionen zugeordnet. Areal 4 bezeichnet z.B. den motorischen Cortex, in dem die für Motorik wesentlichen Funktionen ablaufen. Areal 17 kennzeichnet den visuellen Cortex, der Funktionen wie das Erkennen von Mustern und Bildern erfüllt. Die Areale 3, 1 und 2 bilden zusammen den primären sensorischen Cortex, der mit der Wahrnehmung von Körperempfindungen assoziiert wird. Die Areale 8, 9 und 10 werden dem präfrontalen Cortex zugerechnet, der für Entscheidungsfindung und Emotionsregulation von Bedeutung ist.

109 Dennoch liegen Studienergebnisse vor, die mit der Hemisphärentheorie übereinstimmen. Textelemente auf einer Verpackung wurden besser erinnert, wenn sie sich auf der rechten Seite der Packung befanden und Bilder wurden besser erinnert, wenn sie auf der linken Seite der Verpackung abgebildet waren. Das Nervensystem ist kreuzweise mit dem Gehirn verbunden. Die linke Gehirnhälfte ist zum einen mit der rechten Körperhälfte verbunden und zum anderen bei der Verarbeitung von Sprache dominant. Dadurch ist die Überlegenheit der Texterinnerung zu erklären, wenn der Text auf der rechten Seite abgebildet ist und somit eher von der linken Hemisphäre verarbeitet wird, in der auch die Sprachzentren sitzen (vgl. Rettie/Brewer, 2000, S. 64 ff.).

110 Es handelt sich bei der Brodmann-Karte weder um eine phrenologische Karte noch um eine Karte der Gehirnfunktionen. Sie dient eher als anatomisches Bezugssystem.

Für die funktionelle Bildgebung ist eine solche Einteilung zu grob und erfasst außerdem nur die Großhirnrinde. Für die Auswertung von fMRT-Studien sind der Talairach-Atlas (vgl. Talairach/Szikla, 1967; Talairach/Tournoux, 1988) und der MNI-Atlas (vgl. Evans et al., 1993) die beiden am häufigsten eingesetzten standardisierten Gehirn-Atlanten. Talairach und Tournoux haben einen Atlas entwickelt, der die Aufteilung des Gehirns in ein dreidimensionales Koordinatensystem erlaubt und auch subkortikale Strukturen (z.B. Hirnstamm oder Kleinhirn) umfasst. Im Gegensatz zum MNI-Atlas basiert diese Einteilung auf nur einem individuellen Gehirn. Jede Stelle im Gehirn kann so eindeutigen x,y,z-Koordinaten zugeordnet werden. Dies ermöglicht eine eindeutige räumliche Definition von Aktivierungsunterschieden und den interindividuellen Vergleich der Probandendaten.

Ein dritter Atlas, der alternativ in fMRT-Studien verwendet wird, wurde vom Montreal Neurological Institute (MNI) entwickelt. Die Koordinatenangaben in der vorliegenden Arbeit beziehen sich auf das standardisierte Gehirn des MNI-Atlas, da das angewendete Auswertungsprogramm SPM2 auf Grundlage des MNI305-Gehirns arbeitet. Dieses entstand, indem bei 241 MRT-Untersuchungen von Menschen manuelle Marken gesetzt wurden, um diese mit dem Talairach-Atlas in Einklang zu bringen. Dann wurden weitere 305 MRT-Untersuchungen auf das bereits erhaltene Gehirn registriert. Aus dem Mittel dieser 305 Untersuchungen entstand das so genannte MNI305-Gehirn.

Das menschliche Gehirn auf mikroskopischer Ebene

Das Nervengewebe (neuronale Gewebe) besteht aus Nervenzellen (Neuronen). Die Neuronen sind die entscheidenden Zellen für die Gehirnaktivität (vgl. Abbildung 9). Im menschlichen Gehirn gibt es vermutlich etwa 100 Milliarden solcher Neuronen, die zu lokalen Schaltkreisen organisiert sind. Jedes Neuron kann wiederum bis zu 10.000 Synapsen aufweisen, was zu einer Gesamtzahl von etwa einer Billiarde Kontaktstellen (1.000.000.000.000.000) führt.[111] Dieses Netzwerk aus Nervenzellen (neuronales Netz) ist etwa 100 km lang. Viele Neuronen wenden sich nur an Neuronen in ihrer Nähe, andere Neuronen wiederum schicken ihre Axone mehrere Millimeter oder sogar Zentimeter durchs Gehirn. Die Kontaktstellen sind extrem ver-

[111] Noch ein paar weitere beeindruckende Zahlen zum Gehirn: eine einzelne Nervenzelle kann 500 Impulse pro Sekunde aussenden. Die Übertragungsgeschwindigkeit von Informationen zwischen zwei Nervenzellen beträgt etwa 360 km/h. Die Übertragungsrate im gesamten Zentralnervensystem beträgt etwa 11.000 kbit/s (entspricht über 150-facher ISDN-Geschwindigkeit).

änderbar und diese Veränderungen an den Kontakten sind die neuronale Basis für unser Gedächtnis.

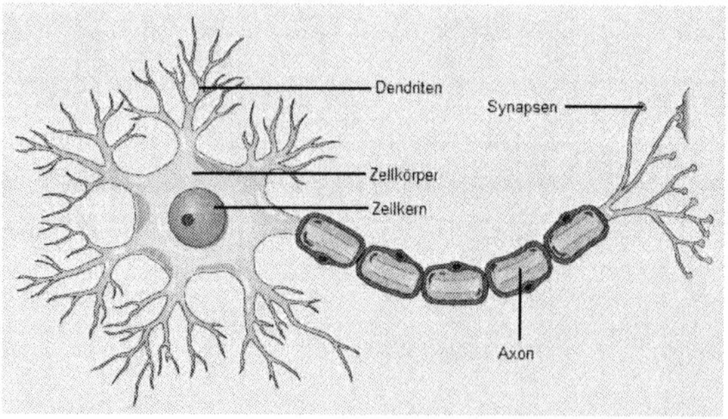

Abbildung 9: Darstellung eines Neurons mit den Hauptbestandteilen Zellkörper, Axon und Dendriten

Neuronen kommen in unterschiedlichen Formen vor, ähneln aber in ihrer allgemeinen Organisation und ihrem biochemischen System anderen Zellen im Körper. Sie weisen allerdings auch einzigartige Eigenschaften auf, die für das Funktionieren des zentralen Nervensystems unerlässlich sind. Im Wesentlichen kann ein Neuron sowohl Signale in Form elektrischer Impulse von benachbarten Neuronen empfangen als auch welche an diese senden. Ein Neuron besteht insgesamt aus drei Teilen:

- Zellkörper: Der Zellkörper enthält den Zellkern und beinhaltet die biochemischen Transformationen, die nötig sind, um Enzyme und andere Moleküle zu synthetisieren, und somit überlebensnotwendig für das Neuron sind.
- Dendriten: Jedes Neuron hat eine haarähnliche Struktur, die es umgibt, die so genannten Dendriten. Sie verzweigen sich wie ein Baum um den Zellkörper. Die Dendriten ähneln elektrischen Kabeln, die eingehende Signale an die Zelle leiten.
- Axon: Das Axon ist die Ausgangsverbindung für elektrische Signale, die vom Neuron ausgesendet werden. Die Kontaktstelle zwischen dem Axon einer Zelle und einem Dendrit einer anderen Zelle wird Synapse genannt. Hier werden von der einen Zelle Neurotransmitter ausgeschüttet, die auf der anderen Seite eines dünnen synaptischen Spalts von der Zielzelle aufgefangen werden.

Ein Neuron verarbeitet den elektrischen Strom weiter, der an seinen Dendriten ankommt. Allerdings „feuert“ das Empfängerneuron erst ab einem bestimmten Schwellenwert an der Synapse. Wenn die Zelle feuert, bewegt sich das elektrische Signal mit einer Geschwindigkeit von mehr als 300 km/h das Axon entlang. Am Ende des Axons verursacht der elektrische Impuls eine Freisetzung von Chemikalien – den so genannten Neurotransmittern. Diese werden von den Rezeptoren an den Enden der Dendriten eines Nachbarneurons aufgenommen, was wiederum den elektrischen Zustand der neuen Zelle ändert. Dieser Prozess wiederholt sich und die elektrischen Impulse breiten sich im Gehirn aus. Unterschiedliche Arten von Gehirnaktivität führen zu unterschiedlichen Mustern des Feuerns. Wenn Neuronen aktiviert werden, nimmt der lokale Sauerstoffgehalt des Blutes zu. Dabei wird mehr sauerstoffreiches Hämoglobin in die Region transportiert, als dort verbraucht wird. Die unterschiedlichen elektromagnetischen Eigenschaften des Hämoglobins bilden die Grundlage für die Messung der Gehirnaktivität mit Hilfe der fMRT (BOLD-Effekt).

2.2 Diagnostische Verfahren in der Gehirnforschung

Kein anderer Wissenschaftsbereich hat in den letzten Jahren einen solch enormen Aufschwung erlebt wie die Gehirnforschung. Dadurch haben Wissenschaftler in den letzten 20 Jahren mehr Erkenntnisse über das menschliche Gehirn und das Denken und Handeln gewonnen, als in der gesamten Geschichte der Menschheit davor. Dies ist auch darauf zurückzuführen, dass sich die neurowissenschaftlichen Untersuchungsmethoden in den letzten Jahren enorm weiterentwickelt haben. Dabei lassen sich eine Vielzahl von technischen Geräten unterscheiden, die direkt oder indirekt Rückschlüsse auf die Aktivität des Gehirns erlauben. Zudem lassen sich verschiedene Verfahren gemeinsam anwenden und kombinieren. Im Rahmen dieses Kapitels sollen lediglich die wichtigsten Verfahren kurz dargestellt werden. Die verkürzte Darstellung geht an einigen Stellen zu Lasten der biologischen und physikalischen Genauigkeit, verbessert dafür aber die Verständlichkeit und die Lesbarkeit dieser Arbeit. Abbildung 10 zeigt eine Übersicht der wichtigsten diagnostischen Verfahren in der Gehirnforschung. Die in der vorliegenden Arbeit eingesetzte fMRT ist ein funktionelles Verfahren (grau hinterlegt).

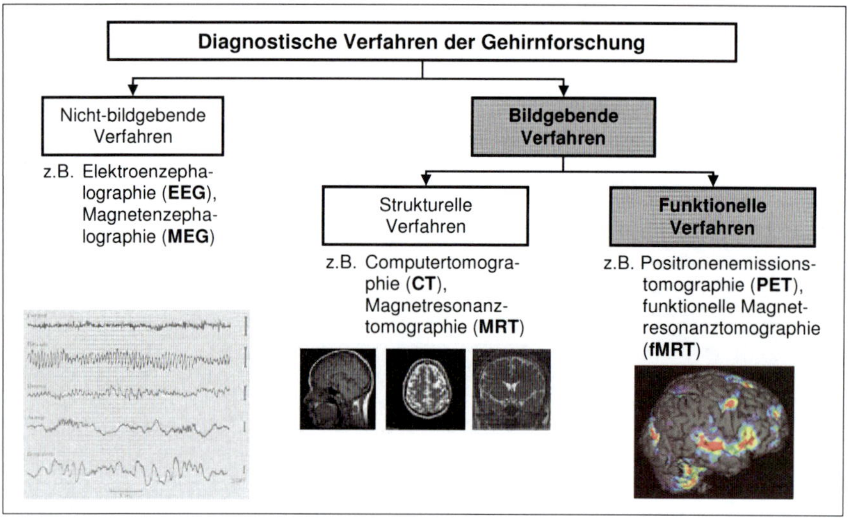

Abbildung 10: Diagnostische Verfahren der Gehirnforschung

Nicht-bildgebende Verfahren stellen z.B. die elektrische Aktivität des Gehirns nicht als Bild, sondern in Form von Kurven bzw. Wellen dar. Das Grundprinzip bildgebender Verfahren ist die Aufzeichnung mehrerer Projektionen in Form digitaler Datensätze des zu untersuchenden Organs. Aus diesen Datensätzen können dann durch geeignete Rechenverfahren mit Hilfe eines Computers überlagerungsfreie Schnittbilder (Tomogramme) konstruiert werden (vgl. Herholz/Heindel, 1996, S. 635).

Nicht-bildgebende Verfahren

Die EEG (Elektroenzephalographie) ist eine Methode zur Registrierung von Potenzialschwankungen des Gehirns.[112] Die Aktivität von Nervenzellen erzeugt ein elektrisches Signal. Die Entladungen vieler einzelner Neuronen summieren sich zu Feldpotenzialen. Diese Spannungsunterschiede können mit Hilfe der EEG durch Elektroden an der Kopfoberfläche gemessen werden. Diese Oberflächenelektroden zeichnen Spannungen im Mikrovolt-Bereich auf (1 Mikrovolt = 1 Millionstel Volt). Dafür werden heutzutage Elektrodenhauben mit 32, 64 oder 128 Elektroden eingesetzt. Die Gesamtheit einer solchen Aufzeichnung wird als Elektroenzephalogramm bezeichnet. Die Frequenzen und Amplituden der mit der EEG gemessenen

---

112 Die EEG wurde bereits in verschiedenen Studien in der Marketingforschung eingesetzt (vgl. Mittal, 1987; Rothschild/Hyun, 1990; Rothschild et al., 1988; Schupp et al., 2003; Young, 2002). Auch eine Variante des EEG-Verfahrens, das so genannte SSPT-Verfahren (steady-state probe topography) wurde bereits eingesetzt (vgl. Rossiter et al., 2001b).

Gehirnwellen liefern Aufschluss über die im Gehirn ablaufenden Prozesse. Mit der EEG können sowohl Hintergrundsignale als auch solche Wellen aufgezeichnet werden, die aufgrund bestimmter psychophysiologischer Ereignisse entstehen (ereigniskorrelierte Potenziale oder EKP)[113]. Über die Messung ereigniskorrelierter Potenziale erhält man Aufschlüsse über den zeitlichen Ablauf der Informationsverarbeitung zwischen dem Stimulus und der menschlichen Reaktion.

Zu jedem elektrischen Feld breitet sich orthogonal ein Magnetfeld aus. Die MEG (Magnetoenzephalographie) misst diese magnetischen Felder, die bei den elektrischen Prozessen der Gehirnaktivität entstehen.[114] Die MEG ist vom Konzept her ähnlich wie die EEG, jedoch müssen keine Elektroden am Körper angebracht werden. Im Vergleich zur EEG können auch Signale aus tieferen Gehirnregionen erfasst werden. Sowohl die EEG als auch die MEG ermöglichen es, die Aktivitäten von großen Zellverbänden in hoher zeitlicher Auflösung zu messen.[115] Damit können sie vor allem Aufschluss über die Reihenfolge von Verarbeitungsschritten geben. Dem steht eine relativ begrenzte räumliche Auflösung entgegen, d.h. es ist nicht mit Sicherheit zu bestimmen, aus welcher Region des Gehirns Potenziale stammen.

Im Vergleich zur EEG und zur MEG ermöglichen bildgebende Verfahren eine bessere Lokalisation elektrophysiologischer Gehirnaktivitäten und gewinnen deswegen zunehmend an Bedeutung. Bildgebende Verfahren können dahingehend unterteilt werden, ob es sich um „strukturelle" (anatomische) oder „funktionelle" (neurochemische) Untersuchungsmethoden handelt (vgl. Andreasen, 2002). Strukturelle Verfahren ermöglichen im Vergleich zur funktionellen Bildgebung lediglich die Darstellung der anatomischen Gehirnstruktur.

Strukturelle bildgebende Verfahren

Die CT (Computertomographie) ist aus der klassischen Röntgentechnik hervorgegangen. Beim Röntgen wird der Körper mit energiereichen Röntgenstrahlen durchleuchtet und das entstandene Schattenbild des Körperinneren auf einen Film projiziert. Die CT fertigt Querschnittbilder des Körpers an, indem die Röntgenröhre während der Aufnahme um den Körper

---

113 Unter einem ereigniskorreliertem Potenzial versteht man die elektrokortikale Reaktion auf ein sensorisches, motorisches oder psychologisches Ereignis.

114 Ebenso wie die EEG wurde auch die MEG bereits in der Marketingforschung eingesetzt (vgl. Ambler et al., 2000; Braeutigam et al., 2004; Braeutigam et al., 2001; Ioannides et al., 2000).

115 Die zeitliche Auflösung beschreibt den Zeitraum, über den die Gehirnaktivität gemessen wird. Die räumliche Auflösung bezieht sich auf die kleinste Gehirnregion, in der die Gehirnaktivität gemessen werden kann.

rotiert. Solche Querschnittbilder sind viel präziser, weil die einzelnen Organe sich nicht wie bei der Röntgenprojektion überlagern und so die jeweiligen Strukturen klarer zu erkennen sind. Die Computersteuerung macht es zudem möglich, Schnittbilder (Tomogramme) des Körpers in feinsten Schichten aufzunehmen. Auf diesen Schichtaufnahmen lassen sich Details von wenigen Millimetern Größe erkennen. Allerdings können mit der CT nur horizontale Schnittbilder erstellt werden.

Die im Rahmen dieser Arbeit angewendete fMRT als funktionelles bildgebendes Verfahren basiert auf der (strukturellen) MRT (Magnetresonanztomographie). Diese benutzt im Gegensatz zur CT keine Röntgenstrahlung, sondern stellt Strukturen mit Hilfe von Magnetfeldern und Radiowellen dar.[116] Dabei werden die Eigenschaften vieler Kernteilchen ausgenutzt. Die häufigste Substanz im menschlichen Körper ist das Wasser (über 90 Prozent). Für die MRT eignen sich daher die Wasserstoffkerne am besten, die normalerweise ungeordnet sind. Im MRT befindet sich ein sehr starkes Magnetfeld, das die Atomkerne in eine bestimmte Richtung zwingt. Dadurch ändert sich der natürliche Kernspin (Eigendrehimpuls). Mit Hilfe von Radiowellen können die Wasserstoffatome aus dieser Position ausgelenkt werden. Werden die Radiowellen ausgeschaltet, dann springen die Atome wieder in die Richtung zurück, die ihnen von dem starken Magnetfeld vorgegeben wird. Bei diesem Vorgang senden die Atome Signale aus, da Energie in Form von elektromagnetischen Wellen abgegeben wird. Aus diesen Signalen, die als Resonanz gemessen werden können, berechnet ein Computer Schnittbilder durch den Körper. Da jede Gewebeart des Körpers unterschiedlich viel Wasser, also unterschiedlich viele Wasserstoffatome, enthält, fällt auch die messbare Resonanz sehr variabel aus. Im Gegensatz zur CT liefert die Magnetresonanztomographie Bilder ganz beliebiger Schnittführungen, wie z.B. horizontale, vertikale oder diagonale Ansichten.

Mit der MRT können auf diese Weise zweidimensionale Bilder z.B. des ganzen menschlichen Körpers oder nur des Gehirns gemacht werden. Die Kontrasterzeugung der Magnetresonanztomographie ist wohl die variabelste aller bildgebenden Methoden und kann genau und zuverlässig das Gehirn und andere Organe im Bild darstellen. Dieses bildgebende Verfahren gehört

[116] Das Prinzip der Kernspinresonanz ist schon lange bekannt. Für seine Entdeckung wurden Felix Bloch und Edward M. Purcell bereits 1952 mit dem Nobelpreis für Physik ausgezeichnet (vgl. Bloch, 1946; Purcell et al., 1946). Die hochauflösenden Bilder für die medizinische Diagnostik wurden jedoch erst durch die Arbeiten von Peter Mansfield und Paul Lauterbur möglich, weswegen die beiden Forscher im Jahr 2003 den Nobelpreis für Medizin erhielten (vgl. Garroway et al., 1974; Grannell/Mansfield, 1975; Lai/Lauterbur, 1981; Lauterbur, 1973; Lauterbur et al., 1975; Mansfield, 1977; Mansfield/Grannel, 1973; Mansfield et al., 1986; Mansfield/Maudsley, 1976; Mansfield/Maudsley, 1977; Mansfield et al., 1976).

mittlerweile zu den wichtigsten Diagnosemitteln in der Medizin und wird jährliche mehr als 60 Millionen mal angewandt. Das Verfahren ist anderen Abbildungstechniken häufig überlegen und birgt weniger Gesundheitsrisiken. So arbeiten z.B. die Computertomographie (CT) mit Röntgenstrahlung und die Positronenemissionstomographie (PET) mit radioaktiven Materialien.

Die CT und die MRT sind zwei strukturelle bildgebende Verfahren, mit denen feinste Strukturen im Inneren des Körpers sichtbar gemacht werden können. Die zeitliche Auflösung ist bei der CT besser als bei der MRT. Beide Methoden haben eine gute bis sehr gute räumliche Auflösung, erlauben aber keinerlei Rückschlüsse auf die Aktivität von Nervenzellen.

Funktionelle bildgebende Verfahren

Im Gegensatz zur strukturellen Bildgebung ermöglicht die funktionelle Bildgebung die Unterscheidung aktiver Gehirnregionen von jenen Regionen, die bei bestimmten Aufgaben weniger oder gar nicht aktiviert sind. Damit können die an einer bestimmten motorischen, sensorischen, kognitiven oder emotionalen Aufgabe beteiligten Gehirnareale identifiziert und abgebildet werden. Bei den Methoden der funktionellen Bildgebung kann man grob zwischen nuklearmedizinischen (z.B. Positronenemissionstomographie) und kernspintomographischen Verfahren (z.B. funktionelle Magnetresonanztomographie) unterscheiden. Bei diesen Verfahren wird die Veränderung der Signalstärke in Abhängigkeit von der Aktivität von Gehirnarealen gemessen.

Die Positronenemissionstomographie (PET) ist ein funktionelles bildgebendes Verfahren, bei dem radioaktiv markierte Biomoleküle (Radionukleide als so genannte Tracer) zum Einsatz kommen. Aus diesem Grund werden diese Verfahren auch als nuklearmedizinische Verfahren bezeichnet. Es handelt sich bei diesen Tracern nicht um Kontrastmittel, wie sie gegebenenfalls bei der Computertomographie den Patienten in den Organismus beeinträchtigenden Mengen verabreicht werden müssen. Stattdessen kommen die Tracer in winzigen Mengen (milliardstel Gramm) zum Einsatz und werden in den Stoffwechsel eingeschleust (z.B. intravenös gespritzt). Die Radionuklide senden beim Zerfall Positronen aus (β^+-Zerfall). Positronenstrahler haben im Gegensatz zu anderen radioaktiven Tracern eine besondere Eigenschaft, die man sich bei der PET zunutze macht. Bei ihrem Zerfall werden nicht nur ein, sondern zwei Energieteilchen (Photonen) mit viel Energie freigesetzt, die sich gleichzeitig mit Lichtgeschwindigkeit und exakt im Winkel von 180 Grad voneinander entfernen und den Körper bzw. Kopf verlassen. Diese Ereignisse werden von einer PET-Kamera mit Hilfe eines Scannerrings, in dem der Patient liegt, registriert. Die gleichzeitige Detektion der beiden Energieteilchen erlaubt es, die Linie, auf der der Zerfall stattgefunden hat, zu bestimmen. Aus der Überlagerung sehr vieler dieser Linien errechnet ein an die Kamera angeschlossener Computer schließlich ein komplexes Bild der Tracerverteilung im Körper des Patienten.

Die funktionelle Magnetresonanztomographie (fMRT) ist ein bildgebendes Verfahren zur Darstellung aktivierter Strukturen des Gehirns, das sich die unterschiedlichen magnetischen Eigenschaften von Blutkörperchen mit und ohne Sauerstoff zu Nutze macht. Neuronen verbrauchen Sauerstoff und bei einer neuronalen Erregung kommt es zu einer Erhöhung des Blutflusses. Der benötigte Sauerstoff wird im Körper durch den Blutfarbstoff Hämoglobin transportiert, dessen magnetische Eisenatome durch die Aufnahme von Sauerstoff „oxygeniert" und dadurch diamagnetisch[117] werden. Sauerstoff transportierendes Hämoglobin unterscheidet sich in seinen magnetischen Eigenschaften vom so genannten Deoxyhämoglobin.[118] Dieser Effekt wird in der Fachliteratur als BOLD-Effekt bezeichnet (Blood-Oxygen-Level-Dependent). Durch den Blutkreislauf wird der Sauerstoff allerdings in höherem Maße zur Verfügung gestellt, als er durch die betroffenen Zellen verbraucht werden kann. Dadurch kommt es zu einer Sauerstoffanreicherung im Blut und zu einem relativen Abfall der Deoxyhämoglobinkonzentration. Die relative Abnahme der Konzentration des Deoxyhämoglobins wird mit der Kernspintomographie gemessen, deren Signal auf wenige Millimeter genau lokalisiert werden kann.

Im Gegensatz zur PET handelt es sich bei der fMRT um ein nicht-invasives Verfahren.[119] Es kommen z.B. keine Kontrastmittel wie bei der PET zum Einsatz. Darüber hinaus sind die untersuchten Personen keiner Strahlenbelastung ausgesetzt. Nach heutigem Wissensstand haben Magnetfelder keine schädliche Wirkung und ihre Messung kann beliebig oft wiederholt werden. Sowohl die PET als auch die fMRT weisen eine gute zeitliche und räumliche Auflösung

---

[117] Diamagnetisches Material wird sowohl vom magnetischen Nordpol als auch vom magnetischen Südpol abgestoßen.

[118] In den Gefäßen gibt es eine Mischung aus sauerstoffarmem Deoxyhämoglobin (hat Sauerstoff abgegeben) und sauerstoffreichem Oxyhämoglobin (trägt Sauerstoff).

[119] Der Begriff invasiv wird in der Medizin verwendet, um diagnostische oder therapeutische Maßnahmen zu charakterisieren, die in den Körper *eindringen*, d.h. seine Integrität verletzen. Nicht-invasive Verfahren verletzten die Integrität des Körpers nicht.

auf, wobei die räumliche Auflösung bei der fMRT höher ist als bei der PET.[120] Durch die starken Magnetfelder entsteht aber der Nachteil, dass Personen mit Metallimplantaten oder Herzschrittmachern nicht untersucht werden können. Trotzdem ist die fMRT zu einem der besten und beliebtesten Verfahren für die psychologische Forschung avanciert (vgl. Cabeza/Kingstone, 2001; Savoy, 2001).

Durch den Einsatz radioaktiver Substanzen ist die PET für das Neuromarketing eher ungeeignet. Zur Erfassung der neuronalen Aktivität (Gehirnaktivität) kommt in der vorliegenden Arbeit die nicht-invasive fMRT zum Einsatz.

Abbildung 11 zeigt den in dieser Studie eingesetzten funktionellen Magnetresonanztomograph (Siemens Avanto 1.5 Tesla, Erlangen).

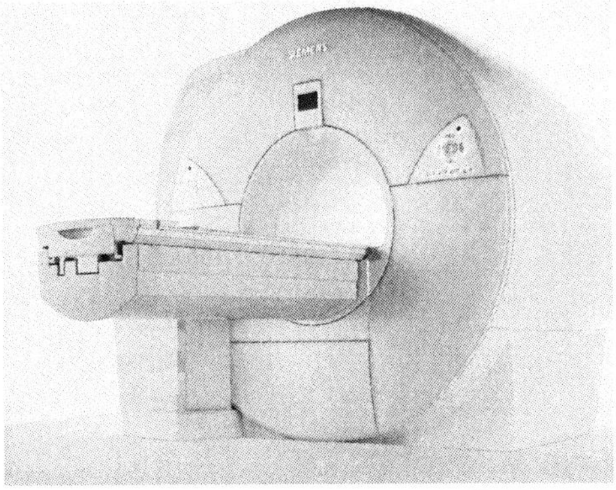

Abbildung 11: Der funktionelle Magnetresonanztomograph (fMRT)

[120] Im Vergleich zur zeitlichen Auflösung der EEG und der MEG ist die zeitliche Auflösung der PET und der fMRT als eher gering anzusehen. Allerdings haben technologische Weiterentwicklungen der fMRT, z.B. durch die Verwendung stärkerer magnetischer Felder und innovative event-related experimentelle Designs und Analysen, die zeitliche Auflösung der fMRT wesentlich verbessert. Vergleiche dazu einschlägige Publikationen zu den technischen und methodischen Grundlagen der fMRT und den zugrunde liegenden Mechanismen (BOLD-Effekt) (vgl. Kim/Ugurbil, 1997; Klose et al., 1999), zu den Modellen der Gehirnfunktionen beim Neuroimaging (vgl. Friston, 2005), zu den Grundlagen statistischer Verfahren und ihrer Anwendung bei der fMRT (vgl. Heun/Meyer-Lindenberg, 2001) und zum experimentellen Design und den allgemeinen Schwierigkeiten der fMRT (vgl. Savoy, 2005).

C Ableitung der Forschungshypothesen zur Wirkungsweise von Markenemotionen

1. Stand der Forschung zu Markenemotionen sowie zu Neuroökonomie und Neuromarketing

Stand der Forschung zu Markenemotionen

In den letzten Jahrzehnten sind die Emotionen im Marketing und in der Konsumentenforschung immer mehr in den Mittelpunkt des Interesses gerückt. An dieser Stelle soll nicht auf die generelle Untersuchung von Emotionen in der Marketingforschung eingegangen werden. Anhang 1 (S. 231) gibt einen Überblick über wichtige Studien, die sich mit Emotionen in verschiedenen Kontexten beschäftigt haben. Insbesondere in der Werbeforschung haben Emotionen schon immer eine wichtige Rolle gespielt. Wie der Abbildung zu entnehmen ist, haben allerdings Markenemotionen ein vergleichsweise geringes Maß an Aufmerksamkeit erfahren. Dies ist vor allem unter dem Aspekt erstaunlich, dass die Bedeutung von Emotionen bei Marken seit geraumer Zeit bekannt ist.

Nahezu alle vorliegenden Untersuchungen belegen einen positiven Effekt von Emotionen und unterstreichen somit die Bedeutung der Emotionen. Allerdings wurden weniger die Emotionen untersucht, die alleine durch Marken ausgelöst werden. So warf z.B. Erevelles folgende Forschungsfragen mit starkem Bezug zur vorliegenden Arbeit auf: Wie beeinflussen Emotionen den Aufbau eines Markenwerts, welches Ausmaß haben Emotionen als wichtiger Bestandteil des Markenwerts bei starken Marken und gibt es bezüglich der Emotionen Unterschiede zwischen Produktkategorien (vgl. Erevelles, 1998, S. 209)? Diesen Fragen ist bis jetzt nicht in zufrieden stellender Weise nachgegangen worden. An dieser Stelle soll die vorliegende Arbeit ansetzen und zu einem Erkenntnisgewinn beitragen. In der vorliegenden Arbeit stehen nicht Emotionen im Vordergrund, die z.B. durch eine Werbeanzeige einer bestimmten Marke ausgelöst werden, sondern die Emotionen, die alleine durch die Marke und das mit ihr verbundene Markenwissen ausgelöst werden. Es wird davon ausgegangen, dass die Marke als sensorischer Reiz das im Gehirn gespeicherte Markenwissen (Kognition) und die damit verbundenen Markenemotionen aktiviert. Zentrales Erkenntnisinteresse ist also die emotionale Kraft, die eine Marke ausstrahlt (markeninhärente emotionale Kraft). Neben der Untersuchung durch Befragungen (subjektive Erlebnisebene) sollen die Markenemotionen auch auf physiologischer Ebene gemessen werden. Hierzu wird sich den Ansätzen aus dem Neuromarketing bedient.

Stand der Forschung zu Neuroökonomie und Neuromarketing

Auch wenn Neuroökonomie und Neuromarketing noch sehr junge Forschungsgebiete sind, so liegen doch bereits einige Studien über bildgebende Verfahren in den Wirtschaftswissenschaften vor. Wie Abbildung 12 zu entnehmen ist, gibt es im Bereich Neuroökonomie mehr Studien als im Bereich Neuromarketing. Dies ist nicht weiter verwunderlich, wenn man bedenkt, dass das Neuromarketing der jüngere Forschungsansatz von beiden ist.

Untersuchungsobjekt	Autoren/Studie
Neuroökonomie	Bechara/Damasio, 2005; Benhabib/Bisin, 2005; Bhatt/Camerer, 2005; Braeutigam, 2005; Breiter et al., 2001; Camerer et al., 2004b; Camerer et al., 2005; Chorvat et al., 2004; Conover/Shizgal, 2005; de Quervain et al., 2004; Dickhaut et al., 2003; Fehr et al., 2005; Gallistel, 2005; Glimcher et al., 2005; Glimcher/Rustichini, 2004; Gonzales et al., 2005; Gutnik et al., 2006; Houser et al., 2005; Huettel, 2006; Huettel et al., 2005; Inukai/Takahashi, 2006; Kenning/Plassmann, 2005; Knutson/Peterson, 2005; Lee, 2005; Lee, 2006; Leland/Grafman, 2005; Mast/Zaltman, 2005; McCabe, 2003; Montague/Berns, 2002; Pelzmann et al., 2005; Peterson, 2005; Rustichini, 2005b; Rustichini et al., 2005; Sanfey et al., 2006; Singer/Fehr, 2005; Smith/Dickhaut, 2005; Smith et al., 2002; Smith, 2003a; Spinella et al., 2005; Spinella et al., 2006; Takahashi, 2005; Walter et al., 2005; Zak, 2004
Neuromarketing	Ambler et al., 2004; Ambler/Burne, 1999; Ambler et al., 2000; Braeutigam et al., 2004; Braeutigam et al., 2001; Deppe et al., 2005b; Deppe et al., 2005a; Dijksterhuis et al., 2006; du Plessis, 2005a; Erk et al., 2002; Gordon, 2002; Hall, 2004; Häusler/Rütschi, 2003; Kenning et al., 2002; Klucharev et al., 2005; Lee et al., 2006a; McClure et al., 2004; Plassmann et al., 2006b; Plassmann et al., 2006a; Rossiter et al., 2001b; Schaefer et al., 2006; Smidts, 2002; Yoon et al., 2006

Abbildung 12: Studien aus den Bereichen Neuroökonomie und Neuromarketing

Neben dieser Übersichtsdarstellung der Studien aus den beiden Bereichen sollen in der folgenden Abbildung 13 die wichtigsten Studien aus dem Bereich Neuromarketing dargestellt werden. Für jede Studie wird eine grobe Zuordnung zu dem Untersuchungsobjekt (wurden z.B. Werbungen oder Entscheidungen untersucht) vorgenommen und es werden das eingesetzte Verfahren (im Wesentlichen fMRT-Studien) und die zentralen Ergebnisse genannt.

Autoren/Studie	Untersu-chungsobjekt	Ver-fahren	Ergebnisse
Ambler et al., 2000	Werbung	MEG	Emotionale Werbung wird bessert erinnert. Affektive Werbung und kognitive Werbung lösen unterschiedliche Gehirnaktivitäten aus.
Ioannides et al., 2000	Werbung	MEG	Emotionale Werbung wird bessert erinnert. Affektive Werbung und kognitive Werbung lösen unterschiedliche Gehirnaktivitäten aus.
Rossiter et al., 2001b	Werbung	EEG	Szenen einer TV-Werbung, die eine schnelle Reaktion in der linken Gehirnhälfte auslösen, werden besser erinnert (Diskussion der Ergebnisse bei Crites/Aikman-Eckenrode, 2001; Rossiter et al., 2001a).
Braeutigam et al., 2001	Entscheidung	MEG	(Marken-)Wissen hat einen Einfluss auf Entscheidungen und löst unterschiedliche Gehirnaktivitäten aus.
Erk et al., 2002	Entscheidung	fMRT	Produkte, die Wohlstand und Status symbolisieren, führen zu einer erhöhten Aktivität in Gehirnbereichen, die für Belohungen zuständig sind.
Braeutigam et al., 2004	Entscheidung	MEG	Entscheidungen zwischen Produkten/Marken aktivieren bei Männern und Frauen unterschiedliche Gehirnbereiche.
McClure et al., 2004	Entscheidung	fMRT	Markenwissen hat einen entscheidenden Einfluss auf das Konsumentenverhalten und auf Gehirnaktivitäten.
Ambler et al., 2004	Entscheidung	MEG	Die Marke hat Einfluss auf Entscheidungsprozesse zwischen Marken. Aktivierung des Markenwissens führt zu unterschiedlichen Gehirnaktivitäten.
Deppe et al., 2005a	Entscheidung	fMRT	Lieblingsmarken entlasten Gehirnbereiche der analytischen Verarbeitungsprozesse und führen zu erhöhter Aktivität in Gehirnbereichen, die Belohnungen in Entscheidungen einbinden.
Deppe et al., 2005b	Entscheidung	fMRT	Markeninformation hat wichtigen Einfluss auf die Entscheidung. Erhöhte Aktivität in Gehirnbereichen, die Belohnungen in Entscheidungen einbinden.
Klucharev et al., 2005	Werbung	fMRT	Vermutetes Expertenwissen eines Prominenten führt zu einer erhöhten Aktivierung in Gehirnbereichen, die für Gedächtnis zuständig sind.
Plassmann et al., 2006b	Entscheidung	fMRT	Bei Entscheidungen unter Unsicherheit führt die Präsenz einer Lieblingsmarke zu erhöhter Aktivität in Gehirnbereichen, die Belohnungen in Entscheidungen einbinden.
Plassmann et al., 2006a	Kundenloyalität	fMRT	Für die Entstehung von Kundenloyalität sind Gehirnbereiche des Belohnungssystems von Bedeutung.
Yoon et al., 2006	Entscheidung	fMRT	Markenpersönlichkeiten und menschliche Persönlichkeiten werden in unterschiedlichen Gehirnbereichen verarbeitet.
Schaefer et al., 2006	Marken	fMRT	Die Gehirnaktivitäten bei bekannten und unbekannten Marken unterscheiden sich. Dieser Unterschied wird auf das Markenwissen zurückgeführt.

Abbildung 13: Studien aus dem Bereich Neuromarketing

Bei Studien, die sich mit dem Thema Werbewirkung beschäftigen, konnte die hohe Bedeutung von Emotionen für die Werbewirkung bestätigt werden (vgl. Ambler/Burne, 1999; Ambler et al., 2000; Klucharev et al., 2005). Aber auch die hohe Bedeutung der Emotionalisierung für den Markenerfolg hat sich bereits in verschiedenen Studien gezeigt (vgl. Deppe et al., 2005b; Deppe et al., 2005a; Erk et al., 2002; McClure et al., 2004; Plassmann et al., 2006b). Bis auf die letzte Studie in Abbildung 13 von Schaefer et al. wurden allerdings in den Studien nicht Marken und deren Markenwissen untersucht. Aus diesem Grund soll auch nicht weiter auf die Studien eingegangen werden, da eine tiefere Auseinandersetzung mit den Studien den Rahmen dieser Arbeit sprengen würde. So müssten für ein klares Verständnis der Studien das jeweilige Studiendesign und die aktivierten Gehirnbereiche dargestellt werden. Eine nachvollziehbare Interpretation der aktivierten Gehirnbereiche wäre zu umfangreich und stünde in keinem direkten Bezug zu dem Thema dieser Arbeit. Auch wenn diese Studien Hinweise auf grundlegende neurale Mechanismen geben können, so setzen sie nach Ansicht des Autors für erste Studien in diesem Bereich nicht grundlegend genug an. Insbesondere Gehirnaktivitäten unterscheiden sich grundsätzlich darin, ob als Aufgaben z.B. Entscheidungen zwischen zwei Marken getroffen werden müssen oder das Markenwissen aktiviert wird. Insbesondere durch Entscheidungsprozesse werden eventuell Gehirnbereiche aktiviert, die eher mit dem Treffen einer Entscheidung und weniger mit Marken zu tun haben. In der vorliegenden Arbeit soll untersucht werden, ob das Markenwissen an sich, also das reine Denken an eine Marke, bereits zu unterschiedlichen Gehirnaktivitäten führt.

Lediglich eine Studie beschäftigt sich bis jetzt mit der Marke an sich als Untersuchungsobjekt. Diese Studie von Schaefer et al. soll daher im Folgenden etwas genauer dargestellt werden (vgl. Schaefer et al., 2006). Ziel der Studie war die Untersuchung der neuronalen Korrelate von Automarken mit der fMRT. Den Probanden wurden die Logos von in Deutschland bekannten Marken (Ferrari, Volkswagen, Opel, Mercedes-Benz, Rolls-Royce, BMW und Porsche) und unbekannten Marken gezeigt (Buick, Saturn, Holden, Pontiac, Lincoln, Oldsmobile und Acura). Kritisch ist allerdings die Aufgabenstellung zu sehen, da die Probanden sich bei der Betrachtung des Markenlogos vorstellen sollten, das jeweilige Auto der Marke zu benutzen bzw. zu fahren. Bei einer unbekannten Marke sollten sie sich vorstellen, ein generisches Auto zu fahren. Diese Aufgabenstellung ist mit gewissen Schwierigkeiten verbunden. So dürfte die Vorstellung, einen Porsche oder einen Mercedes zu fahren, wesentlich leichter fallen als ein unbekanntes Auto zu fahren.

Über eine zusätzliche Befragung wurde lediglich die Markenbekanntheit auf einer sechsstufigen Skala erhoben (bekannte Marken 5,35 und unbekannte Marken 1,77). Die bekannten Marken lösten im Vergleich zu den unbekannten Marken eine Aktivierung im medialen präfrontalen Cortex aus. Die Autoren interpretieren diese Aktivität mit selbstbezogenen Gedanken. Viele der Automarken sind mit Reichtum und positiven sozialen Werten verbunden, was zu einem Gefühl von Stolz und einem verbessertem Selbstwertgefühl führen kann. Bereits an dieser Stelle bleibt unklar, ob die Ergebnisse der Studie auf andere Marken übertragen werden können oder auf Marken mit hohem sozialen Wert beschränkt sind. Auch wurde in dieser Studie keine subjektive Bewertung der Marken vorgenommen. Selbst wenn die bekannten Marken eine vergleichbare Bekanntheit aufweisen, so liegen bezüglich der subjektiven Bewertung wahrscheinlich doch größere Unterschiede vor (z.B. Opel und Porsche). Die Autoren werfen selbst die Forschungsfrage auf, ob z.B. Unterschiede der neuronalen Verarbeitung bezüglich des Markenwissens existieren, also z.B. für bekannte aber ungemochte Marken oder für bekannte Marken mit wenigen emotionalen Assoziationen (vgl. Schaefer et al., 2006, S. 864).

Auch auf diese Fragen kann die vorliegende Arbeit zu ersten Antworten beitragen. In der fMRT-Studie soll z.B. keine Entscheidung zwischen zwei Marken getroffen oder nur die Nutzung einer Marke vorgestellt werden. Als Aufgabenstellung wird in der vorliegenden Arbeit das komplette Markenwissen aktiviert. Neben der Unterscheidung zwischen bekannten und unbekannten Marken werden die bekannten Marken bezüglich ihrer Markenemotionen unterteilt.

Es steht außer Frage, dass man Emotionen experimentell erzeugen kann. Dafür bieten sich verschiedenen Methoden an, von Stimmungsinduktion über Konditionierung (z.B. Belohnung und Bestrafung) bis zur Präsentation „emotionaler Auslöser" (z.B. Bilder oder Töne). Solche Auslösereize sind z.B. im IAPS (International Affective Picture System) und IADS (International Affective Digital Sounds) zusammengestellt. Es beinhaltet bewertete (v.a. Valenz und Erregung) Bilder- und Geräuschsysteme. In zahlreichen Studien mit Hilfe des IAPS wurden durch die Präsentation unterschiedlicher Bilder Emotionen ausgelöst (vgl. Bradley/Lang, 1994; Dolcos et al., 2003; Dolcos et al., 2004b; Ito et al., 1998; Junghöfer et al., 2001; Keil et al., 2002; Lang et al., 1998; Mourao-Miranda et al., 2003; Schupp et al., 2004; Schupp et al., 2003; Stark et al., 2003). Häufig konnten unterschiedliche Gehirnaktivitäten bei positiven, negativen und neutralen Bildern gemessen werden. Das Gehirn verarbeitet emotionale Stimuli anders als neutrale und positive Emotionen aktivieren andere Gehirnbereiche als negative Emotionen (vgl. Lang et al., 1998, S. 208 f.).[121]

Ziel dieser Arbeit ist es zu überprüfen, ob durch Marken (als emotionaler Auslöser) Emotionen experimentell erzeugt und mit verschiedenen Verfahren (Befragung und fMRT) gemessen werden können. Die Auswirkungen unterschiedlicher Markenemotionen auf die Konsumenten sollen erfasst werden.

Zweckmäßigkeit einer gleichzeitigen Messung von Emotionen auf subjektiver Erlebnisebene und physiologischer Ebene

Die Forschungsliteratur stellt generell die Notwendigkeit der Berücksichtigung unterschiedlicher Indikatoren für eine valide Messung von Emotionen heraus (vgl. Bradley/Lang, 2000; Mangold, 1999, S. 124; Schandry, 1998; Weinberg/Salzmann, 2004, S. 56 ff.).[122] Die Neurowissenschaften generell und speziell bildgebende Verfahren können zwar intentionale, physiologische, viszerale und neuronale Grundlagen von Emotionen definieren, (noch) nicht aber das subjektive Erleben einer Emotion. Trotz der sich rasant entwickelnden Gehirnforschung ist es zurzeit noch relativ schwer, an einer Reaktion auf der physiologischen Ebene abzulesen, ob ein Reiz angenehm oder unangenehm wirkt. Dafür ist eine Kombination mit anderen Verfahren empfehlenswert. Durch die Erfassung der subjektiven Erlebnisebene mit Hilfe von Befragungen erhält man Auskünfte über die Richtung einer Emotion. In der vorliegenden Arbeit wurde ein Experiment gewählt, in dem die beiden Ebenen der Emotionsmessung kombiniert wurden. Durch eine nahezu gleichzeitige Erfassung der physiologischen Reaktionen auf bestimmte Marken und die Bewertung auf der subjektiven Erlebnisebene sollen neue Erkenntnisse über das Phänomen Marke gewonnen werden.

---

[121] In einer zweiten Studie wurde nachgewiesen, dass die erhöhte Gehirnaktivität bei emotionalen Bildern nicht auf eine erhöhte Augenbewegung zurückzuführen ist. Die unterschiedlichen Gehirnaktivitäten werden durch Emotionen ausgelöst (vgl. Lang et al., 1998, S. 209). Bei der Betrachtung von Markenlogos in vergleichbarer Größe können unterschiedliche Augenbewegungen allerdings ausgeschlossen werden.

[122] In der Forschung werden zur Messung von Emotionen bereits verschiedene Verfahren kombiniert, wie z.B. das FACS und EMG (vgl. Cacioppo et al., 1992a; Cohn/Katz, 1998), Selbsteinschätzungen und EMG (vgl. Hazlett/Hazlett, 1999) sowie FACS und EEG (vgl. Coan et al., 2001; Davidson, 1993).

2. Ableitung der Forschungshypothesen

2.1 Hypothesen zu Wirkungsweise von Markenemotionen auf Markenwissen, innere Markenbilder, Markeneinstellung, Markenbindung, Markenvertrauen und Markenbegehrlichkeit

Zunächst werden in diesem Kapitel Annahmen zu den Wirkungen von Markenemotionen auf das Markenwissen (Markenbekanntheit und Markenimage), die inneren Markenbilder, die Markeneinstellung, die Markenbindung, das Markenvertrauen und die Markenbegehrlichkeit getroffen. Im anschließenden Kapitel C2.2 (S. 105 ff.) werden Annahmen zu der Wirkung von Markenemotionen auf Gehirnaktivitäten getroffen. Anschließend werden die getroffenen Annahmen in jedem Kapitel in Forschungshypothesen zusammengefasst. Die fett gedruckten Hypothesen werden sowohl in Hauptstudie I als auch Hauptstudie II einer empirischen Überprüfung unterzogen. Aufgrund der unterschiedlichen Ausgestaltung der Untersuchungsdesigns (between-subjects-design und within-subjects-design) konnten in Hauptstudie II in der Begleituntersuchung nicht alle abhängigen Variablen erhoben und somit nicht alle 22 Hypothesen überprüft werden.

Um den Einfluss von Markenemotionen zu untersuchen, müssen diese experimentell erzeugt und gezielt variiert werden. Die untersuchten Marken müssen sich in ihren Markenemotionen möglichst deutlich voneinander unterscheiden. Dementsprechend werden Marken mit positiven Markenemotionen und Marken mit neutralen Markenemotionen untersucht und miteinander verglichen. Die Einteilung der Markenemotionen erfolgt auf Grundlage der beiden Basisdimensionen Valenz und Erregung. Positive Markenemotionen sind durch eine positive und hoch erregende Bewertung der Marke gekennzeichnet (im Folgenden hoch emotionale Marken) und neutrale Markenemotionen durch eine neutrale und gering erregende Bewertung der Marke (im Folgenden gering emotionale Marken).

Hypothesen zum Markenwissen

Im theoretischen Teil dieser Arbeit wurde bereits dargelegt, dass Emotionen die Erinnerung verbessern (vgl. Burke et al., 1992; Cahill, 2000; Cahill et al., 1996; McGaugh, 2000; McGaugh et al., 2000). Es wird vermutet, dass eine Marke mit positiven Markenemotionen stärker im Gedächtnis der Konsumenten verankert ist. Dieser grundlegende Zusammenhang hat starke Auswirkungen auf die Hypothesen zum Markenwissen (Markenbekanntheit und Markenimage) und zu den inneren Markenbildern. Grundsätzlich wird ein positiver Zusammenhang zwischen den Markenemotionen, dem Markenwissen und dem inneren Bild vermutet. Es wird angenommen, dass Marken mit positiven Markenemotionen eine höhere Markenbekanntheit aufweisen. Die höhere Markenbekanntheit bezieht sich nicht nur auf die aktive und passive Markenbekanntheit, sondern bezüglich der aktiven Markenbekanntheit auch auf die Reihenfolge der Markennennung.

Hypothesen zur Markenbekanntheit:

Wenn Marken hoch emotional bewertet werden,

H1a dann ist die Markenbekanntheit höher, als wenn Marken gering emotional bewertet werden.

H1b dann werden diese häufiger aktiv erinnert (Recall), als wenn Marken gering emotional bewertet werden.

H1c dann werden diese häufiger aktiv an erster Stelle erinnert (Top-of-Mind), als wenn Marken gering emotional bewertet werden.

H1d dann werden diese häufiger passiv erinnert (Recognition), als wenn Marken gering emotional bewertet werden.

Die Markenemotionen sind in hohem Maße in dem Markenimage verankert. Dementsprechend müssten sich positive Markenemotionen auch in einem umfangreicheren Markenimage niederschlagen. Aufgrund der verbesserten Erinnerung durch Emotionen wird vermutet, dass Marken mit positiven Markenemotionen durch mehr Markenassoziationen gekennzeichnet sind. Allerdings sind für die Markenemotionen nicht die Anzahl der Markenassoziationen von größter Bedeutung, sondern insbesondere der Anteil emotionaler Assoziationen. Da diese bezüglich ihrer Richtung differenziert werden müssen, wird zusätzlich vermutet, dass Marken mit positiven Markenemotionen durch mehr positive emotionale Assoziationen geprägt sind. Dadurch werden die Markenassoziationen vermutlich auch angenehmer, wichtiger und stärker eingeschätzt. Des Weiteren wird angenommen, dass sich positiv bewertete Marken stärker von anderen Marken differenzieren und deswegen der Anteil markenspezifischer Assoziationen bei diesen höher ist. Im theoretischen Teil wurde bereits dargelegt, dass insbesondere inneren Bildern eine große Bedeutung bei Marken zukommt und die eigentliche Wirkungsdomäne innerer Bilder die emotionalen Prozesse sind. Die inneren Bilder stehen in direktem Zusammenhang zu der nonverbalen Repräsentation der Markenassoziationen. Es wird vermutet, dass eine Marke mit positiven Markenemotionen mit mehr nonverbalen Gedächtnisinhalten verknüpft ist. Diese Vermutung steht in engem Zusammenhang zu den Hypothesen, die bezüglich des inneren Bildes im nächsten Abschnitt abgeleitet werden.

Hypothesen zum Markenimage (Assoziationen):

Wenn Marken hoch emotional bewertet werden,

H2a **dann ist die Anzahl an Assoziationen höher, als wenn Marken gering emotional bewertet werden.**

H2b **dann ist der Anteil emotionaler Assoziationen höher, als wenn Marken gering emotional bewertet werden.**

H2c **dann ist der Anteil nonverbaler Assoziationen höher, als wenn Marken gering emotional bewertet werden.**

H2d **dann ist der Anteil markenspezifischer Assoziationen höher, als wenn Marken gering emotional bewertet werden.**

H2e **dann ist der Anteil positiver emotionaler Assoziationen höher, als wenn Marken gering emotional bewertet werden.**

H2f dann sind die Assoziationen angenehmer, als wenn Marken gering emotional bewertet werden.

H2g dann sind die Assoziationen wichtiger, als wenn Marken gering emotional bewertet werden.

H2h dann sind die Assoziationen stärker, als wenn Marken gering emotional bewertet werden.

Hypothesen zum inneren Markenbild

Bereits bei der Ableitung der Hypothesen zum Markenwissen wurde auf die Bedeutung von Emotionen für die Erinnerung verwiesen.[123] Zusätzlich sind solche emotional geprägten Erinnerungen häufig sehr klar und detailreich (vgl. Bohannon, 1988; Christianson/Loftus, 1990; Pillemer, 1984; Reisberg et al., 1988). Aufgrund der Vermutung, dass Markenemotionen die Markenbekanntheit und das Markenimage positiv beeinflussen, wird weiterhin vermutet, dass positive Markenemotionen einen starken Einfluss auf das innere Markenbild haben.

123 Bereits in Kapitel BI.2.3 (S. 25 ff.) wurde auf den Extremfall so genannter flashbulb memories verwiesen. Die meisten älteren Menschen erinnern sich sehr gut daran, wo sie sich aufgehalten oder was sie gerade gemacht haben, als John F. Kennedy erschossen wurde (vgl. Brown/Kulik, 1977, S. 73). Heutzutage können sich viele Menschen sehr genau daran erinnern, wo sie am 11. September 2001 waren oder was sie gerade gemacht haben, als sie die schreckliche Nachricht der Attentate auf das World Trade Center hörten. Solche Situationen, die mit starken Emotionen verbunden sind, brennen sich – bildlich gesprochen – regelrecht in das Gedächtnis ein.

Eine Marke mit positiven Markenemotionen ist wahrscheinlich stark in der Vorstellung der Konsumenten verankert und durch ein ausgeprägtes inneres Bild gekennzeichnet. Die emotionale Bewertung einer Marke steht in engem Zusammenhang mit verschiedenen Dimensionen des inneren Markenbildes. Aufgrund der positiven Valenz der Markenemotion wird ein direkter Zusammenhang zur Anziehungskraft des inneren Bildes vermutet. Das innere Bild einer Marke, die positiv und hoch erregend bewertet wird, ist wahrscheinlich angenehmer und somit anziehender. Die höhere Erregung dürfte sich vor allem in der Lebendigkeit und somit auch in der Klarheit und Deutlichkeit des inneren Bildes zeigen. Die Lebendigkeit setzt allerdings auch ein gewisses Maß an positiver Valenz (Gefallen) voraus. Deswegen wird vermutet, dass positiv und hoch erregend bewertete Marken lebendigere innere Markenbilder aufweisen, die klar und deutlich sind. Das umfangreichere Markenwissen und die bereits genannten Dimensionen des inneren Bildes verbessern vermutlich auch die Zugriffsfähigkeit auf das innere Bild von Marken mit positiven Markenemotionen. Es kann geschlussfolgert werden, dass positive Markenemotionen ein klares und deutliches, lebendiges, anziehendes inneres Bild bewirken, auf welches der Zugriff leichter fällt.

Hypothesen zum inneren Markenbild:

Wenn Marken hoch emotional bewertet werden,

H3a dann ist das innere Bild klarer und deutlicher, als wenn Marken gering emotional bewertet werden.

H3b dann ist das innere Bild lebendiger, als wenn Marken gering emotional bewertet werden.

H3c dann ist das innere Bild anziehender, als wenn Marken gering emotional bewertet werden.

H3d dann fällt der Zugriff auf das innere Bild leichter, als wenn Marken gering emotional bewertet werden.

Hypothesen zur Markeneinstellung, Markenbindung, Markenvertrauen und Markenbegehrlichkeit

In Kapitel BI.4 (S. 41 ff.) wurden die Wirkungsgrößen dargestellt, die grundsätzlich von Markenemotionen beeinflusst werden, ohne allerdings die Nutzung einer Marke vorauszusetzen (z.B. wegen finanzieller Restriktionen bei Luxusmarken). Grundsätzlich wird vermutet, dass eine Marke mit positiven Markenemotionen stärker im Gedächtnis der Konsumenten verankert ist und somit über ein gefestigtes Markenwissen verfügt. Dieses Markenwissen bildet die

Grundlage für die Markeneinstellung, die Markenbindung, das Markenvertrauen und die Markenbegehrlichkeit.

Die Markeneinstellung bezieht sich weniger auf einzelne Produktmerkmale, sondern stellt vielmehr eine gesamthafte Einschätzung der Marke dar. Sie wird häufig den aktivierenden Prozessen zugeordnet, da sie im Wesentlichen von der emotionalen (positiven oder negativen) Haltung gegenüber einem Objekt geprägt wird (vgl. Kroeber-Riel/Weinberg, 2003, S. 168). Resultat der Einstellung ist der Gesamteindruck der Konsumenten zu einer Marke. Emotionale Reaktionen können einen Einfluss auf die Einstellung haben (vgl. Edell/Burke, 1987, S. 421). Dementsprechend wird vermutet, dass Marken mit positiven Markenemotionen auch über eine positive Markeneinstellung verfügen.

Die Markenbindung als emotionales Konstrukt konzentriert sich auf die gefühlsmäßige Bindung der Konsumenten an die Marke. Die Verbundenheit basiert größtenteils auf Sympathie – einem emotionalen Konstrukt mit positiver Valenz. Wenn ein Konsument eine Marke positiv und hoch erregend bewertet, dann ist er vermutlich gefühlsmäßig stärker an die Marke gebunden und würde ihr Wegfallen eher bedauern. Es wird vermutet, dass Marken mit positiven Markenemotionen eine höhere Markenbindung aufweisen.

In engem Zusammenhang zu der Markenbindung steht auch das Markenvertrauen, da es eine wichtige Komponente in der Beziehung zwischen Konsumenten und Marken ist. Das Markenvertrauen gibt an, in welchem Umfang sich ein Konsument auf eine Marke verlassen kann und wie vertrauenswürdig er eine Marke empfindet (vgl. Ambler, 1997; Delgado-Ballester, 2004; Delgado-Ballester/Munuera-Alemán, 2001). Konsumenten bauen im Laufe der Zeit Beziehungen zu Marken auf, die ähnlich wie zwischenmenschliche Beziehungen über eine intensive emotionale Qualität verfügen können (vgl. Fournier, 1998; Kilian, 2004). Diese Markenbeziehung bildet die Basis für das Markenvertrauen. Es wird vermutet, dass zu Marken mit positiven Markenemotionen eine stärkere Beziehung (vgl. Markenbindung) aufgebaut wird und sie sich in einem höheren Markenvertrauen zeigt.

In Kapitel BI.4 (S. 41 ff.) wurde bereits auf die Schwierigkeiten bei der Messung der Wirkung von Markenemotionen auf die Kaufwahrscheinlichkeit hingewiesen. Insbesondere Luxusmarken sind mit ausgeprägten Markenemotionen verbunden, unterliegen allerdings starken monetären Einschränkungen. Aus diesem Grund werden die Auswirkungen der Markenemotionen auf die Markenbegehrlichkeit untersucht, also wie gerne Konsumenten eine Marke (unabhängig vom Kaufpreis) besitzen würden. Diese bringt vor allem die emotionale Attraktivität einer Marke zum Ausdruck. Es wird vermutet, dass Marken mit positiven Markenemotionen eine höhere Markenbegehrlichkeit aufweisen.

Hypothesen zur Markeneinstellung, zur Markenbindung, zum Markenvertrauen und zur Markenbegehrlichkeit:

Wenn Marken hoch emotional bewertet werden,

H4a dann ist die Markeneinstellung positiver, als wenn Marken gering emotional bewertet werden.

H4b dann ist die Markenbindung stärker, als wenn Marken gering emotional bewertet werden.

H4c dann ist das Markenvertrauen höher, als wenn Marken gering emotional bewertet werden.

H4d dann ist die Markenbegehrlichkeit größer, als wenn Marken gering emotional bewertet werden.

2.2 Hypothesen zur Wirkungsweise von Markenemotionen auf Gehirnaktivitäten

Gegenstand der fMRT-Untersuchung ist das Emotionserleben der Probanden bei der Betrachtung der Markenstimuli (Logo). Dadurch sollen die neuronalen Aktivitäten bei der Betrachtung von Marken mit unterschiedlichem Emotionsgehalt in die Analyse mit einbezogen werden. Auch hier werden (bekannte) Marken mit positiven Markenemotionen und (bekannte) Marken mit neutralen Markenemotionen untersucht und miteinander verglichen. Um den Einfluss des Markenwissens (Markenbekanntheit und Markenimage) untersuchen zu können, werden die beiden Cluster der bekannten Marken zusammengefasst (bekannte Marken) und um ein Cluster mit unbekannten Marken ergänzt. Die drei Cluster lassen sich wie folgt kurz charakterisieren:

- Bekannte Marken mit positiven Markenemotionen (hoch emotionale Marken): positive Valenz, hohe Erregung, umfangreiches Markenwissen
- Bekannte Marken mit neutralen Markenemotionen (gering emotionale Marken): neutrale Valenz, geringe Erregung, geringes Markenwissen
- Unbekannte Marken: neutrale Valenz, geringe Erregung, kein Markenwissen

Es wird vermutet, dass sich die unterschiedlichen Markenemotionen auf Unterschiede im vorhandenen Markenwissen zurückführen lassen. Die Hypothesen zu den Gehirnaktivitäten werden dahingehend unterteilt, ob für die Wirkungen auf die neuronale Aktivität in erster Linie die Markenemotionen von Bedeutung sind oder (etwas allgemeiner) das Markenwissen. Dementsprechend sind für die Ableitung der Forschungshypothesen zu den Gehirnaktivitäten insbesondere drei Dimensionen des Markenimage von Bedeutung: die Art der Assoziationen (emotional oder kognitiv), die Zahl der Markenassoziationen und die Richtung der Markenassoziationen (angenehm oder unangenehm).

Die Forschungshypothesen zu den Markenemotionen stehen in engem Zusammenhang zu den Dimensionen Art der Assoziationen und Richtung der Assoziationen. Bereits in Hypothese H2b und H2e wurde vermutet, dass mit hoch emotionalen Marken mehr emotionale Assoziationen (Art der Assoziationen) und darüber hinaus mehr positive emotionale Assoziationen (Richtung der Markenassoziationen) verbunden sind. Dementsprechend wird vermutet, dass hoch emotionale Marken zu einer höheren Aktivierung in den Gehirnregionen führen, die mit positiver Emotionsverarbeitung in Zusammenhang stehen. Mit gering emotionalen Marken sind weniger emotionale Assoziationen verbunden. Dementsprechend wird vermutet, dass gering emotionale Marken – ähnlich wie unbekannte Marken – zu einer geringeren Aktivierung in den Gehirnregionen führen, die mit Emotionsverarbeitung in Zusammenhang stehen. Im Vergleich zu den bekannten Marken sind mit unbekannten Marken keinerlei Markenwissen und somit auch keine Emotionen verbunden. Es wird vermutet, dass unbekannte Marken eine geringere Aktivierung in den für die Emotionsverarbeitung zuständigen Gehirnregionen bewirken. Mit den bekannten Marken sind insgesamt Emotionen verbunden (einmal positive und einmal neutrale Markenemotionen). Dementsprechend wird vermutet, dass bekannte Marken zu einer höheren Aktivierung in den für die Emotionsverarbeitung zuständigen Gehirnbereichen führen.

Die Forschungshypothesen zum Markenwissen stehen in engem Zusammenhang zu der Anzahl der Assoziationen. Bereits in Hypothese H2a wurde vermutet, dass die Anzahl an Assoziationen bei hoch emotionalen Marken höher ist als bei gering emotionalen Marken. Somit wird bei hoch emotionalen Marken mehr Markenwissen abgerufen, welches vermutlich zu verstärkten Gedächtnisprozessen führt. Dementsprechend wird vermutet, dass hoch emotionale Marken (gering emotionale Marken) zu einer höheren (geringeren) Aktivierung in Gehirnbereichen führen, die mit Gedächtnisprozessen (insbesondere dem Abruf von Wissen) in Zusammenhang stehen. Im Vergleich zu den bekannten Marken ist mit unbekannten Marken keinerlei Markenwissen verbunden, das im fMRT abgerufen werden kann. Es wird allerdings vermutet, dass die unbekannten Marken von den Probanden im Verlauf der fMRT-Untersuchung gelernt und wieder erkannt werden (Aufbau von Wissen). Dementsprechend wird vermutet, dass unbekannte Marken eine höhere Aktivierung in den für Gedächtnisprozesse zuständigen Gehirnregionen auslösen (insbesondere dem Aufbau von Wissen). Mit den bekannten Marken ist Markenwissen verbunden (mit den hoch emotionalen mehr und mit den gering emotionalen weniger). Dementsprechend wird vermutet, dass bekannte Marken zu einer höheren Aktivierung in den für Gedächtnisprozesse (insbesondere Abruf von Wissen) zuständigen Gehirnbereichen führen. Diese Überlegungen können in folgenden Forschungshypothesen zusammengefasst werden:

Hypothesen zur neuronalen Aktivität:

Basishypothese:

H5a Hoch emotionale Marken, gering emotionale Marken und unbekannte Marken haben ein unterschiedliches neuronales Korrelat.

Hypothesen zu Markenemotionen:

H5b Wenn Marken hoch emotional bewertet werden, dann führt dies zu einer höheren Aktivierung in den für die positive Emotionsverarbeitung zuständigen Gehirnregionen.

H5c Wenn Marken gering emotional bewertet werden, dann führt dies zu einer geringeren Aktivierung in den für die Emotionsverarbeitung zuständigen Gehirnregionen.

H5d Wenn Marken unbekannt sind, dann führt dies zu einer geringeren Aktivierung in den für die Emotionsverarbeitung zuständigen Gehirnregionen.

H5e Wenn Marken bekannt sind, dann führt dies zu einer höheren Aktivierung in den für die Emotionsverarbeitung zuständigen Gehirnregionen.

Hypothesen zum Markenwissen:

H5f Wenn Marken hoch emotional bewertet werden, dann führt dies zu einer höheren Aktivierung in den für Gedächtnisprozesse (Abruf von Wissen) zuständigen Gehirnregionen.

H5g Wenn Marken gering emotional bewertet werden, dann führt dies zu einer geringeren Aktivierung in den für Gedächtnisprozesse (Abruf von Wissen) zuständigen Gehirnregionen.

H5h Wenn Marken unbekannt sind, dann führt dies zu einer höheren Aktivierung in den für Gedächtnisprozesse (Aufbau von Wissen) zuständigen Gehirnregionen.

H5i Wenn Marken bekannt sind, dann führt dies zu einer höheren Aktivierung in den für Gedächtnisprozesse (Abruf von Wissen) zuständigen Gehirnregionen.

Der empirischen Überprüfung der in diesem Kapitel abgeleiteten Forschungshypothesen widmet sich der nachfolgenden Teil D dieser Arbeit. Nach der Vorstudie zur Auswahl geeigneter Marken für die Hauptstudien erfolgt die Überprüfung der Hypothesen H1a bis H4d in der Hauptstudie I (Kapitel DIII, S. 140 ff.). Ein Teil der Hypothesen (fett gedruckte Hypothesen) wird auch im Rahmen der Hauptstudie II (Kapitel DIV, S. 166 ff.) in der Begleituntersuchung überprüft. Die Abweichung kommt dadurch zustande, dass in der Hauptstudie II ein within-subjects-design gewählt wurde und somit bei jedem Probanden die abhängigen Variablen zu allen Marken erfasst wurden. Deswegen konnten aus forschungsökonomischen Gründen in der Begleituntersuchung der Hauptstudie II nicht alle abhängigen Variablen der Hauptstudie I gemessen werden. In Teil E dieser Arbeit werden aus den Untersuchungsergebnissen Implikationen für die Forschung und für die Praxis abgeleitet.

D Empirischer Teil – Messung und Wirkung von Markenemotionen

I. Zielsetzung und Aufbau der Untersuchungsreihe

Das Erkenntnisinteresse der vorliegenden Untersuchungsreihe ist die Messung von Markenemotionen und die Analyse der Wirkung dieser Markenemotionen. Insbesondere geht es um die Frage, welche Auswirkungen unterschiedliche Markenemotionen auf den Konsumenten haben. Dafür werden der Zusammenhang zwischen Markenemotionen und deren Auswirkungen auf das Markenwissen, die inneren Markenbilder, die Markeneinstellung, die Markenbindung, das Markenvertrauen und die Markengehrlichkeit untersucht. Neben der Erhebung von Befragungsdaten werden Marken auch mit Hilfe der funktionellen Magnetresonanztomographie (fMRT) und somit die Wirkung unterschiedlicher Markenemotionen auf neuronale Prozesse untersucht.

Die Forschungsfragen lauten im Einzelnen:

1. Wie kann man Markenemotionen reliabel und valide messen?
2. Welche Wirkungen haben unterschiedliche Markenemotionen?
3. Lassen sich unterschiedliche Markenemotionen auch physiologisch nachweisen?

Zur Erfüllung des vorliegenden Erkenntnisinteresses wurden drei Studien durchgeführt:

Vorstudie: Messung von Markenemotionen und Auswahl geeigneter Marken für die Hauptstudien

Zielsetzung: In einem ersten Schritt müssen bekannte Marken mit unterschiedlichen Markenemotionen identifiziert werden. Aus diesen werden geeignete Stimuli für die Hauptstudien ausgewählt. Die ausgewählten Marken sollen sich hinsichtlich ihrer Markenemotionen möglichst stark voneinander unterscheiden. Die Markenemotionen werden mit zwei dimensionalen Messverfahren, dem Semantischen Differential und dem Self-Assessment-Manikin (SAM), gemessen. Neben der Identifizierung von geeigneten bekannten Marken für die Hauptstudien werden auch die beiden Messverfahren miteinander verglichen. Dadurch sollen weitere Erkenntnisse über die Validität und Reliabilität der Messverfahren gewonnen werden.

Vorgehen: Hierzu werden die Markenemotionen von insgesamt 66 bekannten Marken gemessen. Auf Grundlage der beiden wichtigen emotionalen Basisdimensionen Valenz und Erregung werden insgesamt 20 Marken für die weiteren Untersuchungen ausgewählt, die sich möglichst stark voneinander unterscheiden. Die 20 Marken werden in zwei Clustern zusammengefasst: Zehn bekannte Marken weisen eine positive Valenz und hohe Erregung auf (Clusterbenennung: hoch emotionale Marken) und zehn bekannte Marken weisen eine neutrale Valenz und geringe Erregung auf (Clusterbenennung: gering emotionale Marken).[124]

Hauptstudie I: Einfluss unterschiedlicher Markenemotionen auf Markenwissen, innere Markenbilder, Markeneinstellung, Markenbindung, Markenvertrauen und Markenbegehrlichkeit

Zielsetzung: In einem zweiten Schritt soll geprüft werden, ob sich die beiden Cluster mit unterschiedlichen Markenemotionen (Cluster mit zehn hoch emotionalen und Cluster mit zehn gering emotionalen Marken) hinsichtlich ihres Markenwissens (Markenbekanntheit und Markenimage) unterscheiden. Außerdem soll die Wirkung der Markenemotionen auf weitere wahrnehmungsbezogene und verhaltensbezogene Größen analysiert werden.[125]

Vorgehen: Mittels einer schriftlichen Befragung werden das Markenwissen (Markenbekannt heit und Markenimage), die inneren Markenbilder, die Markeneinstellung, die Markenbindung, das Markenvertrauen und die Markenbegehrlichkeit der zehn hoch emotionalen und der zehn gering emotionalen Marken erhoben. Die zu den einzelnen bekannten Marken erhobenen Daten werden pro Cluster zusammengefasst (ein Mittelwert für die zehn hoch emotionalen Marken und ein Mittelwert für die zehn gering emotionalen Marken). Somit erfolgt die Auswertung und Ergebnisdarstellung auf Clusterebene.[126]

---

[124] Diese Benennung der Markencluster dient auch im weiteren Verlauf der Arbeit an einigen Stellen der besseren Lesbarkeit. Anstatt „Marken mit positiver Valenz und hoher Erregung" wird verkürzt von „hoch emotionalen Marken" gesprochen. Bei „Marken mit neutraler Valenz und geringer Erregung" wird der Begriff „gering emotionale Marken" verwendet.

[125] Die Hauptstudie I ist auch unter dem Aspekt von Bedeutung, dass die Stichprobe in Hauptstudie II aus lediglich 20 Probanden bestand. Um reliable und valide Aussagen zu erhalten, wurden die Wirkungen der unterschiedlichen Markenemotionen in Hauptstudie I auf Grundlage einer größeren Stichprobe analysiert.

[126] Diese Vorgehensweise wird gewählt, da in Hauptstudie II die Auswertung der Gehirndaten des fMRT-Experiments auch auf Clusterebene erfolgt. Das bedeutet, dass die Gehirnreaktionen zu den hoch emotionalen Marken und zu den gering emotionalen Marken zusammengefasst werden.

Hauptstudie II: Einfluss unterschiedlicher Markenemotionen auf das Markenwissen, die Markeneinstellung, die Markenbindung, das Markenvertrauen und die damit verbundenen Gehirnaktivitäten

Zielsetzung: Die Hauptstudie II setzt sich aus zwei Teilen zusammen, der eigentlichen fMRT-Untersuchung und einer Begleituntersuchung zur Erhebung von Befragungsdaten. Bei fMRT-Experimenten werden von den Probanden neben der Akquisition von fMRT-Daten in der Regel so genannte verhaltenswissenschaftliche Daten (behavioral results) erhoben. Dieser Begriff ist aus wirtschaftswissenschaftlicher Sicht nicht sehr treffend. Geeigneter ist der hier verwendete Begriff „Erhebung von Befragungsdaten“. Um den Einfluss und die Bedeutung des Markenwissens zu messen, werden neben den 20 bekannten Marken, die in den vorangegangenen Studien als hoch und gering emotional identifiziert wurden, auch zehn unbekannte Marken untersucht. Ziel der fMRT-Untersuchung ist die Messung der Gehirnaktivitäten zu den drei Markenclustern (zehn hoch emotionale, zehn gering emotionale und zehn unbekannte Marken). Im Anschluss daran füllen die Probanden einen Fragebogen aus, um weiterführende Erkenntnisse durch die Erhebung von wahrnehmungsbezogenen und verhaltensbezogenen Befragungsdaten zu gewinnen (vgl. Hauptstudie I).

Vorgehen: Mit Hilfe eines funktionellen Magnetresonanztomographen werden die Gehirnaktivitäten von 20 Probanden während der Betrachtung von 30 Markenlogos gemessen. Die 20 Probanden werden im Anschluss an die fMRT-Untersuchung zu den 30 Marken schriftlich befragt. Auch wenn die Begleituntersuchung der fMRT-Untersuchung zeitlich nachgelagert ist, wird sie im Rahmen der vorliegenden Arbeit aus Gründen der Übersichtlichkeit als erstes dargestellt.

Abbildung 14 zeigt den Aufbau, die Zielsetzung und die Methodik der Studienreihe im Überblick.

Untersuchung	Zielsetzung	Methodik
Vorstudie n = 950 Personen	Messung von Markenemotionen, Auswahl geeigneter Stimulusmarken für die Hauptstudien sowie Vergleich der emotionalen Messverfahren	Schriftliche Erhebung mittels verbaler und nonverbaler Ratingskalen; Auswertung über Faktorenanalyse, Mittelwertvergleiche, Korrelations-, Regressions- und Clusteranalysen
Hauptstudie I n = 300 Personen	Analyse der Wirkung von Markenemotionen auf Markenwissen (Markenbekanntheit und Markenimage), innere Markenbilder, Markeneinstellung, Markenbindung, Markenvertrauen und Markenbegehrlichkeit	Schriftliche Erhebung mittels offener Fragen und verbalen Ratingskalen; Auswertung über Häufigkeitsauszählungen, Mittelwertvergleiche
Hauptstudie II n = 20 Personen	Analyse der Wirkung von Markenemotionen auf Gehirnaktivitäten, Markenwissen (Markenbekanntheit und Markenimage), Markeneinstellung, Markenbindung und Markenvertrauen	Erhebung mittels funktioneller Magnetresonanztomographie und schriftliche Erhebung mittels offener Fragen und verbalen Ratingskalen; Auswertung über Mittelwertvergleiche und Häufigkeitsauszählungen

Abbildung 14: Aufbau der Studienreihe

II. Vorstudie: Messung von Markenemotionen und Auswahl geeigneter Marken für die Hauptstudien

1. Aufbau und Ablauf der Vorstudie

In Kapitel BII.3 (S. 57 ff.) wurden die Vorteile dimensionaler Verfahren zur Messung von Emotionen dargestellt. Die beiden dimensionalen Messverfahren, die in der Vorstudie eingesetzt wurden, sind das Semantische Differential und der Self-Assessment-Manikin (SAM). Bei dem Semantischen Differential handelt es sich um ein verbales Messverfahren und bei dem SAM um ein nonverbales Messverfahren. Insgesamt wurden 66 Marken (vgl. Anhang 2, S. 232) von insgesamt 950 Probanden mit diesen beiden Messverfahren emotional bewertet. Bei der Auswahl der Marken wurde insbesondere darauf geachtet, dass möglichst viele Produktkategorien mit unterschiedlichem Produktinvolvement abgedeckt werden. In der vorliegenden Arbeit wird davon ausgegangen, dass Markenemotionen unabhängig vom Involvement sind und es sowohl im High-Involvement- als auch im Low-Involvement-Bereich hoch und gering emotionale Marken gibt.

Die Instruktion und Befragung erfolgte in Form eines schriftlichen Fragebogens. Alle Probanden erhielten identische, schriftlich fixierte Instruktionen im Fragebogen und keine weiteren Bearbeitungshinweise durch den Untersuchungsleiter. Es wurden elf unterschiedliche Fragebogenversionen mit gleichem Aufbau erstellt und in jedem Fragebogen die Markenemotionen von sechs Marken erfasst.[127] Dafür wurde den Probanden das Markenlogo der Marken gezeigt.

Bei der Erstellung der Fragebögen wurde darauf geachtet, dass alle Markenlogos in Farbe, vergleichbarer Größe und mit demselben Figur-Grund-Kontrast (weißer Hintergrund) dargestellt wurden. Zusätzlich sollte das jeweilige Markenlogo sowohl bei der Bewertung mit dem Semantischen Differential als auch bei der Bewertung mit dem SAM zu sehen sein (Erfassung der emotionalen Bewertung der Marken auf Grundlage des Wahrnehmungsbildes und nicht des Gedächtnisbildes) (vgl. zu inneren Bildern von Marken Kapitel BI.2.3, S. 25 ff.). Auf dem Deckblatt des Fragebogens wurden kurze einleitende Worte zum Inhalt der Untersuchung sowie den angewendeten Beurteilungsskalen formuliert. Auf den nächsten zwei nebeneinander liegenden Seiten wurde die emotionale Bewertung der Marken vorgenommen. Dazu wurde auf dem linken Blatt ganz oben das Markenlogo abgebildet und direkt darunter das Semantische Differential. Bei diesem handelte es sich um 24 gegensätzliche Adjektivpaare, welche die Pole einer siebenstufigen Skala darstellen. Bei der Erstellung des Semantischen Differentials wurde darauf geachtet, dass die Items verständlich, nicht zu metaphorisch und abwegig sind. In vielen vorangegangenen Studien haben sich immer wieder drei Faktoren gezeigt, auf die das Semantische Differential mit Hilfe einer Faktorenanalyse[128] reduziert werden kann – Valenz, Erregung und Dominanz. Bei der Auswahl der Items wurde darauf geachtet, dass jede mögliche Dimension durch verschiedene Items Berücksichtigung findet. Es ist wichtig, bereits bei der Erstellung der Skalen eine inhaltlich gute Vorstellung über die Bedeutung der Variablen zu haben, da sich ansonsten Unsicherheiten auf die Interpretation der entstehenden Faktoren auswirken und den Interpretationsspielraum vergrößern. Auf dem rechten Blatt wurden anschließend die drei Skalen der fünfstufigen Bilderskala SAM ausgefüllt, die die drei Dimensionen des Semantischen Differentials direkt in nonverbaler Form abbilden. Vorteil der ungeraden Anzahl von Antwortmöglichkeiten bei beiden Messverfahren ist, dass der Mittelpunkt einer Skala als emotionsneutraler Nullpunkt interpretiert werden kann. Abschließend

---

127 Die Stichprobengröße variiert zwischen den einzelnen Marken, beträgt aber pro Marke mindestens N = 50.

128 Zur Anwendung der Faktorenanalyse in der Marketingforschung vgl. Stewart, 1981.

mussten die Probanden noch die Skalen zum FCB-Grid (drei Skalen zum Involvement und zwei zum Anteil von Denken und Fühlen an der Entscheidung), zum Gefallen der Marke und zur Vertrautheit mit der Marke ausfüllen. Am Ende des Fragebogens wurden die demographischen Daten der Probanden erfasst.

Um Ausstrahlungseffekte durch die Reihenfolge der abgebildeten Marken zu kontrollieren, wurde die Abfolge der Marken in jedem Fragebogen systematisch variiert. Um Ausstrahlungseffekten und Ermüdungserscheinungen im Verlauf der Bearbeitung des Fragebogens entgegenzuwirken, wurden auch die 24 Items des Semantischen Differentials systematisch variiert. Abbildung 15 zeigt die zentralen Eckdaten der Vorstudie im Überblick.

Untersuchungsart	Schriftliche Befragung anhand eines Fragebogens zu insgesamt 66 bekannten Marken; Feldstudie; Teilerhebung von Primärdaten; verbale Erfassung der Markenemotionen mit dem Semantischen Differential; nonverbale Erfassung der Markenemotionen mit dem Self-Assessment-Manikin (SAM); verbale Erfassung des Produktinvolvement und des Anteils von Denken und Fühlen an der Entscheidung (FCB-Grid); verbale Erfassung des Gefallens der Marken und der Vertrautheit mit der Marke
Größe der Stichprobe	950 Personen
Zusammensetzung der Stichprobe	503 weibliche Personen (52,9 Prozent) und 447 männliche Personen (47,1 Prozent) im Alter zwischen 18 und 38 Jahren (Mittelwert: 23,93 Jahre); größtenteils Studenten der Justus-Liebig-Universität Gießen
Zeitraum der Durchführung	November 2004 bis Mai 2005
Ort der Durchführung	Justus-Liebig-Universität Gießen

Abbildung 15: Steckbrief der Vorstudie

2. Ergebnisse zum Semantischen Differential und zum Self-Assessment-Manikin (SAM)

Ergebnisse zum Semantischen Differential

Wie in Kapitel BIII.1.2.2 (S. 70 ff.) dargelegt wurde, ist das Semantische Differential eine allgemein akzeptierte Methode, um Emotionen in verschiedenen Kontexten zu quantifizieren. In der Vorstudie wurden die 66 Marken mit Hilfe von 24 bipolaren Ratingskalen (adjektivistischen Gegensatzpaare) bewertet. Die Auswertung des Semantischen Differentials erfolgte mit Hilfe der Faktorenanalyse. In zahlreichen Messungen wurde festgestellt, dass die Adjektive sich mit der Faktorenanalyse häufig auf die drei Dimensionen Valenz, Erregung und Dominanz reduzieren lassen. Diese Faktoren sind zwar häufig, aber nicht notwendigerweise immer vorhanden. Es muss daher bei jeder Anwendung eines Semantischen Differentials zunächst untersucht werden, ob sie vorliegen oder nicht.

Die Faktorenanalyse ist ein multivariates datenreduzierendes Analyseverfahren. Man kann zwischen einer explorativen und konfirmatorischen Faktorenanalyse unterscheiden. Bei ersterer werden eine Vielzahl von Indikatoren auf wenige zu suchende Zieldimensionen oder „theoretische Variablen" (Konstrukte) reduziert, die wir selbst nicht unmittelbar beobachten können. Hingegen erfolgt bei letzterer die Reduzierung der Indikatoren auf wenige a priori bekannte Zieldimensionen oder „theoretische Variablen". Ziel einer explorativen Faktorenanalyse ist somit die Entdeckung unabhängiger Einflussgrößen (Hypothesengenerierungsinstrument) und Ziel einer konfirmatorischen Faktorenanalyse ist die Überprüfung theoretisch fundierter Vermutungen (Hypothesenprüfungsinstrument). In dem vorliegenden Fall war sowohl unbekannt, auf wie viele Faktoren sich das Datenmaterial reduzieren lässt, als auch um welche Faktoren es sich dabei handelt. Aus diesem Grund wurde eine explorative Faktorenanalyse durchgeführt. Ihr Ziel war es, einen durch mehrere empirische Merkmalsvariablen beschriebenen Sachverhalt ohne Informationsverlust durch eine möglichst geringe Zahl an Variablen, den Faktoren, zu erklären. Dabei wurden die Items entsprechend ihrer Interkorrelationen zu Faktoren gebündelt.

Die zu beobachtenden Korrelationen zwischen den 24 Items des Semantischen Differentials dürfen nicht zufällig sein, d.h. es muss eine ausreichend große Stichprobe vorliegen. Um die Aussagekraft der Faktorenanalyse zu erhöhen, wurden die Daten der sechs Semantischen Differentiale pro Fragebogen als sechs einzelne Datensätze behandelt. Demzufolge wurde die Faktorenanalyse über insgesamt 5.700 Datensätze gerechnet (950 Probanden, die zu jeweils sechs Marken befragt wurden).

Für die Durchführung einer Faktorenanalyse gibt es mehrere Prüfkriterien. Zunächst wäre eine Normalverteilung der Daten wünschenswert, da die Höhe der Korrelationen zwischen den Variablen durch den Homogenitätsgrad der Stichprobe beeinflusst wird. Laut Kolmogorov-Smirnov-Test lag keine Normalverteilung des Datenmaterials vor ($p < 0,05$). Allerdings ist die Normalverteilung der Variablen keinesfalls eine notwendige Bedingung für die erfolgreiche Durchführung der Faktorenanalyse (vgl. Überla, 1977, S. 116 f. und S. 310). Die faktorenanalytische Eignung des Datensatzes wude durch Berechnung des Signifikanzniveaus der Korrelationskoeffizienten, durch den Bartlett-Test und mittels des Kaiser-Meyer-Olkin-Kriteriums (KMO-Kriterium) überprüft. Der Bartlett-Test auf Sphärizität überprüft, ob eine

Stichprobe aus einer Grundgesamtheit abstammt, in welcher die Variablen unkorreliert sind (vgl. Dziuban/Shirkey, 1974). Es wurde die Hypothese getestet, dass alle Korrelationskoeffizienten zwischen den Variablen in der Grundgesamtheit den Wert 0 haben. Kaiser, Meyer und Olkin entwickelten ein Prüfkriterium, das die Eignung der Daten für eine Faktorenanalyse zeigt. Dabei handelt es sich um das so genannte „Measure of Sampling Adequacy (MSA)", auch KMO-Kriterium genannt. Das KMO-Maß kann höchstens den Wert 1,0 annehmen. Ein Wert in der Nähe von 1,0 wird dann erreicht, wenn die partiellen Korrelationskoeffizienten sehr klein sind. Umgekehrt nimmt das KMO-Maß bei großen partiellen Korrelationskoeffizienten einen kleinen Wert an. Ein kleiner KMO-Wert zeigt damit an, dass die Auswahl der Variablen für eine Faktorenanalyse nicht gut geeignet ist.[129]

Bereits nach der ersten Faktorenanalyse zeigten sich drei Faktoren, auf die sich die 24 Items reduzieren lassen. Jedes Item sollte dabei auf einen Faktor hoch laden (Faktorladungen über 0,5) und auf die anderen Faktoren niedrig (Faktorladungen unter 0,5). Zwei Items mussten bei dieser Faktorenanalyse ausgeschlossen werden, da deren Faktorladung bei allen Faktoren unter 0,5 lag. Bei diesen beiden Items handelte es sich um hell – dunkel (-0,486) und groß – klein (0,457). Nach dem Kriterium der Einfachstruktur mussten keine weiteren Items eliminiert werden, da alle Items mit einer Faktorladung von über 0,5 nicht auf einen anderen Faktor laden. Nach dem Ausschluss der beiden Variablen aus dem faktoranalytischen Modell musste erneut eine Faktorenanalyse über die verbliebenen 22 Items gerechnet werden.

Bezüglich der zweiten Faktorenanalyse zeigte sich bei dem Bartlett-Test auf Sphärizität ein mit 67707 sehr hoher Wert des Chi-Quadrat ($F = 67707,297$, $df = 231$). Demzufolge wurde ein Signifikanzwert von $p < 0,001$ ausgewiesen, welcher die Bedingung $p \leq 0,05$ erfüllte.[130] Das Ergebnis war höchst signifikant und bestätigte die Annahme, dass auch in der Grundgesamtheit zumindest zwischen einigen Variablen Korrelationen bestehen. Es kann also angenommen werden, dass die Daten der Grundgesamtheit hoch korreliert sind. Das Maß der Stichprobeneignung nach Kaiser-Meyer-Olkin war 0,938. Interpretiert man den Wert nach Kaiser und Rice (vgl. Kaiser, 1970; Kaiser/Rice, 1974), so waren die Daten für eine Faktorenanalyse ‚fabelhaft' geeignet.

129 Kaiser selbst hat folgende Beurteilung für die Ergebnisse des KMO-Maßes vorgelegt: 0,9 bis 1,0 fabelhaft (marvelous), 0,8 bis unter 0,9 recht gut (meritorious), 0,7 bis unter 0,8 mittelprächtig (middling), 0,6 bis unter 0,7 mäßig (mediocre), 0,5 bis unter 0,6 schlecht (miserable) sowie unter 0,5 inakzeptabel (unacceptable) (vgl. Kaiser, 1974, S. 31 ff.).

130 Im gesamten empirischen Teil dieser Arbeit werden die gebräuchlichen Signifikanzniveaus verwendet (signifikant: $p \leq 0,05$; hoch signifikant: $p \leq 0,01$; höchst signifikant: $p \leq 0,001$).

Bei der zweiten Faktorenanalyse über die 22 Items musste keine Variable mehr aus dem faktorenanalytischen Modell ausgeschlossen werden und die Faktorextraktion konnte ohne Einschränkungen durchgeführt werden. Als Extraktionsmethode wurde die Hauptkomponentenanalyse (Eigenwerte größer 1) und als Rotationsmethode die Varimax-Rotation mit Kaiser-Normalisierung angewendet. Zusätzlich wurde mit einem listenweisen Fallausschuss bei fehlenden Werten gerechnet. Varimax ist die am häufigsten verwendete, orthogonale Rotationsmethode. Hierbei wird die Varianz der Ladungen innerhalb der Faktoren maximiert, was die Interpretation der Faktoren vereinfacht. Die rotierte Komponentenmatrix enthält letztendlich die rotierten Faktorladungen. Auf Basis dieser rotierten Ladungen werden die Faktoren üblicherweise inhaltlich interpretiert.

Nach der Hauptkomponentenanalyse ergaben sich drei Faktoren mit einem Eigenwert größer 1,0 (vgl. Abbildung 16).[131] Da 22 Items in der Faktorenanalyse berücksichtigt wurden, betrug die Varianz 22,0. Der erste Faktor wies einen anfänglichen Eigenwert von 7,87 auf, d.h. von der Gesamtvarianz 22,0 war der Varianzanteil von diesem Faktor 7,87. Daraus berechnete sich der Anteil der erklärten Varianz durch den ersten Faktor von 35,76 Prozent. Der zweite Faktor erklärte weitere 18,00 Prozent (Eigenwert = 3,96) und der dritte Faktor noch 5,73 Prozent (Eigenwert = 1,26) der Gesamtvarianz. Insgesamt erklärten die drei Faktoren 59,48 Prozent der Gesamtvarianz.

Komponente	Anfängliche Eigenwerte			Rotierte Summe der quadrierten Ladungen		
	Gesamt	% der Varianz	Kumulierte %	Gesamt	% der Varianz	Kumulierte %
1	7,867	35,757	35,757	6,314	28,701	28,701
2	3,959	17,995	53,752	3,780	17,181	45,882
3	1,260	5,725	59,477	2,991	13,596	59,477
Extraktionsmethode: Hauptkomponentenanalyse						

Abbildung 16: Erklärte Gesamtvarianz durch die Faktorenanalyse über 22 Items

Alle Ergebnisse der Faktorenanalyse weisen darauf hin, dass sich die Daten des Semantischen Differentials auf drei Faktoren reduzieren lassen. Auch die Ergebnisse einer Reliabilitätsanalyse zeigten gute Ergebnisse: Cronbachs Alpha für die elf Items des ersten Faktors betrug

131 Auch ein zusätzlicher Screetest ließ darauf schließen, dass drei Faktoren von Bedeutung sind (vgl. Anhang 3, S. 233).

0,928, für die sechs Items des zweiten Faktors 0,819 und für die fünf Items des dritten Faktors 0,758.[132]

In einem nächsten Schritt mussten die Faktoren auf Grundlage der rotierten Ladungen inhaltlich interpretiert werden. Der resultierende erste Faktor konnte als Valenz interpretiert werden, da auf ihm vornehmlich solche Items luden, die ausdrücken, dass den Personen die Marken gefallen bzw. sie die Marken als gut oder schlecht empfinden. Auf dem zweiten Faktor luden Items, die eine Erregung beim Betrachten der Marken ausdrücken. Der dritte und schwächste Faktor konnte als Dominanz interpretiert werden. Diese drei Faktoren setzten sich aus den in Abbildung 17 aufgelisteten Items zusammen. In der Abbildung sind die Koeffizienten der Übersichtlichkeit halber nach Größe sortiert.

Faktoren	Itempaare	Faktorladungen
Valenz	**gut-schlecht**	,830
	glaubwürdig-unglaubwürdig	,822
	positiv-negativ	,802
	angenehm-unangenehm	,766
	anziehend-abstoßend	,751
	wertvoll-wertlos	,747
	ehrlich-unehrlich	,719
	überlegen-unterlegen	,660
	interessant-langweilig	,650
	glücklich-traurig	,626
	stark-schwach	,570
Erregung	**erregt-ruhig**	,779
	schnell-langsam	,689
	scharf-mild	,669
	laut-leise	,632
	aktiv-passiv	,630
	mutig-feige	,585
Dominanz	schwer-leicht	,749
	hart-weich	,738
	männlich-weiblich	,676
	grob-fein	,642
	kalt-warm	,562

Abbildung 17: Interpretation der drei Faktoren und die Itempaare mit ihren Faktorladungen

Betrachtet man sich noch einmal den Anteil der erklärten Varianz der einzelnen Faktoren, so kann man festhalten, dass es sich bei dem Faktor Valenz um den stärksten Faktor handelt (Anteil der erklärten Varianz 35,76 Prozent), bei dem Faktor Erregung um den zweitstärksten

132 Als hinreichend zuverlässig gilt eine Itemskala ab einem Wert von Cronbachs Alpha von über 0,5. Ab einem Cronbachs Alpha von 0,75 liegt eine befriedigende und ab 0,85 eine gute Skalenqualität vor. Für Cronbachs Alpha wird heute international ein Mindestwert von 0,70 gefordert (vgl. Nunally, 1978, S. 245). Diese Bedingung ist bei allen drei Itemskalen erfüllt.

Faktor (Anteil der erklärten Varianz 18,00 Prozent) und bei dem Faktor Dominanz um den schwächsten Faktor (Anteil der erklärten Gesamtvarianz 5,73 Prozent).

Bereits in Kapitel BII.3.2 (S. 59 ff.) wurde dargelegt, dass es sich bei dem Faktor Dominanz um die schwächste Dimension handelt. Auch in der Literatur wurde wiederholt auf die Schwierigkeit der konsistenten Identifikation einer dritten Basisdimension neben Valenz und Erregung verwiesen (vgl. Russell, 1979; Russell, 1980; Storm/Storm, 1987). Diese Schwierigkeit kann in der vorliegenden Studie unter anderem auf den wenig handlungsorientierten Stimulationskontext zurückgeführt werden (Betrachten statischer Abbildungen von Markenlogos). Dieser Kontext bietet wenig Spielraum, dominante oder submissive Zustände zu erleben. Aufgrund solcher Probleme wird der Dominanzdimension von vielen Autoren und praktischen Anwendern eine eher nachgeordnete Bedeutung zugemessen und auf ihre Analyse verzichtet (vgl. Fischer et al., 2002, S. 73; Morris, 1995). Auf Grundlage dieser Ergebnisse sollen auch im weiteren Verlauf dieser Arbeit auf die schwache Dominanzdimension des Semantischen Differentials verzichtet und nur die Dimensionen Valenz und Erregung genauer betrachtet werden. Diese beiden Faktoren erklären zusammen immerhin 53,75 Prozent der Gesamtvarianz (im Vergleich zu 59,48 Prozent der drei Faktoren).

In der dargestellten Faktorenanalyse wurden sowohl männliche als auch weibliche Probanden berücksichtigt. Da in der Hauptstudie nur Männer mittels der funktionellen Magnetresonanztomographie untersucht wurden, wurde die Faktorenanalyse zusätzlich nur über die Daten der 447 männlichen Probanden berechnet. Dementsprechend ergaben sich 2.682 Datensätze bzw. Fälle, über die die Faktorenanalyse berechnet wurde. Es zeigte sich kein Unterschied im Vergleich zu der Faktorenanalyse über die Datensätze aller 950 Probanden. Obwohl die Datenmenge durch die Berücksichtigung nur der männlichen Probanden quasi halbiert wurde, verbesserten sich die Ergebnisse der Faktorenanalyse sogar leicht. Der KMO-Wert stieg auf 0,940 (0,938 bei Männern und Frauen) und die drei Faktoren erklärten 60,63 Prozent der Gesamtvarianz (59,48 Prozent bei Männern und Frauen). Es bleibt festzuhalten, dass sich die Anzahl, die Zusammensetzung und die Interpretation der Faktoren in keinerlei Hinsicht unterschieden.

Die Ergebnisse der Faktorenanalyse rechtfertigten für weitere Analysen die Berechnung eines additiven ungewichteten Gesamtwerts (vgl. Bortz/Döring, 2005, S. 146 f.). Der Valenzwert pro Marke ergibt sich aus dem entsprechenden Mittelwert der Skalen gut-schlecht, glaubwürdig-unglaubwürdig, positiv-negativ, angenehm-unangenehm, anziehend-abstoßend, wertvoll-wertlos, ehrlich-unehrlich, überlegen-unterlegen, interessant-langweilig, glücklich-traurig und stark-schwach. Der Erregungswert pro Marke ergibt sich aus dem entsprechenden Mittelwert der Skalen erregt-ruhig, schnell-langsam, scharf-mild, laut-leise, aktiv-passiv und mutig-feige. Der Dominanzwert ergibt sich letztendlich aus dem Mittelwert der Skalen schwer-leicht, hart-weich, männlich-weiblich, grob-fein und kalt-warm. Anhand der so berechneten Valenz- und Erregungswerte lassen sich die 66 Marken in einem zweidimensionalen, semantischen Raum darstellen. Dies ist sowohl für das Semantische Differential als auch für den Self-Assessment-Manikin möglich.

Da in der Hauptstudie nur männliche Probanden untersucht wurden, erfolgt an dieser Stelle die Darstellung der semantischen Räume der 447 männlichen Probanden. Abbildung 18 zeigt die Verteilung der 66 Marken im semantischen Raum, dargestellt über die Valenz- und Erregungsdimension. Es handelt sich hierbei um die mit Hilfe des Semantischen Differentials eingestuften mittleren subjektiven Eindrucksurteile der Männer, welche durch die jeweiligen visuellen Reize (Marken) ausgelöst wurden.

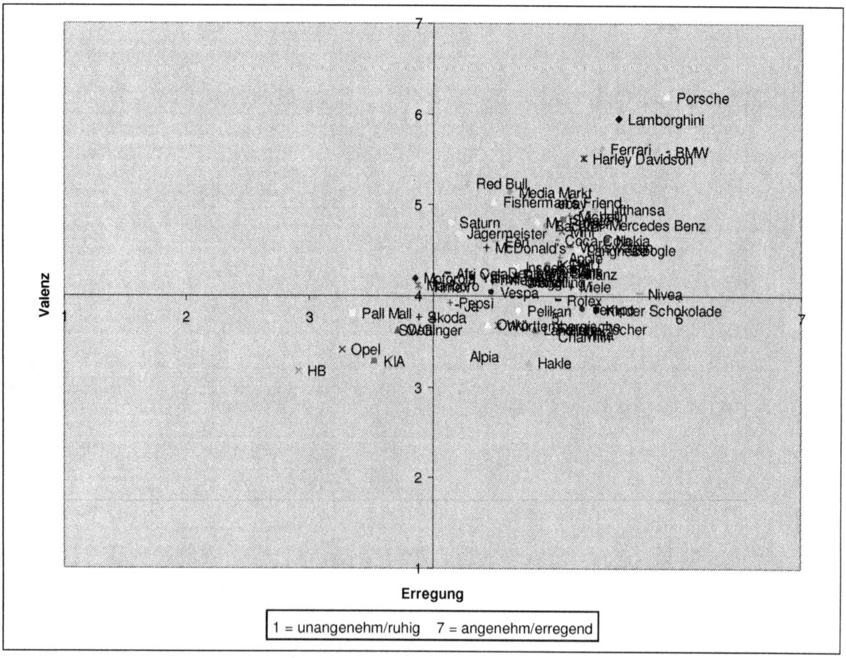

Abbildung 18: Zweidimensionaler semantischer Raum des Semantischen Differentials von Männern

Die Darstellung der semantischen Räume auf Grundlage aller Probanden (Männer und Frauen) sind im Anhang 4 und Anhang 5 (S. 234) zu finden; diesen Abbildungen ist zu entnehmen, dass sich die semantischen Räume zwischen Männern und Frauen (und somit die emotionale Bewertungen der Marken) nur geringfügig unterscheiden.

Ergebnisse zum Self-Assessment-Manikin (SAM)

Wie bereits in Kapitel BIII.1.2.2 (S. 70 ff.) gezeigt liegen die Vorteile des SAM auch in seiner einfachen Auswertung. Es ist keine Durchführung einer Faktorenanalyse notwendig, da die emotionalen Ausprägungen direkt auf den drei Dimensionen Valenz, Erregung und Dominanz erfasst werden (vgl. Lang, 1980). Pro Dimension müssen lediglich die Mittelwerte gebildet werden, um die Marken in einem semantischen Raum darzustellen.

Ähnlich wie bei Semantischen Differential stellte auch beim SAM die Dominanzdimension die schwächste Dimension dar. Auch die Autoren um Lang haben sich in späteren Publikationen oft auf die zweidimensionale Darstellung des SAM unter Verzicht auf die Dominanzdimension beschränkt (vgl. Lang et al., 1997). Diese Dimension erweist sich immer wieder als schwächste, da sie relativ wenig Varianz erklärt und – insbesondere beim SAM – auch relativ hohe Verständnisprobleme und Verweigerungsquoten aufweist.

Abbildung 19 zeigt die Verteilung der 66 Marken im semantischen Raum, dargestellt über die Valenz- und Erregungsdimension. Es handelt sich hierbei um die mit Hilfe des SAM eingestuften mittleren subjektiven Eindrucksurteile der Männer, welche durch die jeweiligen visuellen Reize (Marken) ausgelöst wurden. Die Darstellung der semantischen Räume auf Grundlage aller Probanden (Männer und Frauen) sind im Anhang 6 und Anhang 7 (S. 235) zu finden.

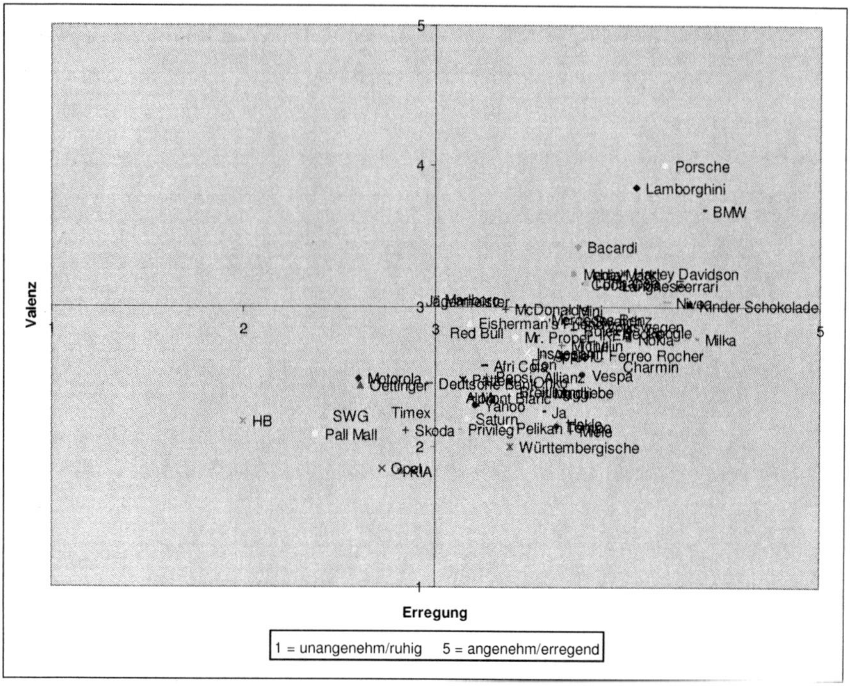

Abbildung 19: Alle 66 Marken im zweidimensionalen semantischen Raum des Self-Assessment-Manikin von Männern

3. Vergleich des Semantischen Differentials mit dem Self-Assessment-Manikin

Im nächsten Schritt sollte untersucht werden, ob die Einstufungen mit Hilfe des sprachfreien, graphischen Verfahrens (SAM) denen entsprechen, die mit dem Semantischen Differential vorgenommen wurden. Beim Semantischen Differential wurde dazu der Mittelwert der verschiedenen Items, die eine Dimension repräsentieren, gebildet und mit den SAM-Einstufungen korreliert.[133] Die Verfahren der Korrelations- und der zusätzlich durchgeführten Regressionsanalyse dienen der Beschreibung eines Zusammenhangs zwischen zwei (oder mehreren) Merkmalen. Die Korrelation misst die Stärke eines (ungerichteten) Zusammenhangs, während die Regression die Art eines (gerichteten) Zusammenhanges (Je-Desto-Beziehung) beschreibt.

[133] Da nicht alle Daten eine Normalverteilung aufweisen, wird die Rangkorrelation nach Spearman-Roh verwendet. Diese kommt bei nicht normalverteilten Proben zum Einsatz und vergleicht die Ränge der untersuchten Daten miteinander. Dieses Verfahren gilt zudem als robuster gegenüber Ausreißern als die Korrelation nach Pearson.

Da im vorliegenden Fall für einen bestimmten Sachverhalt (Markenemotionen) alle untersuchten Eigenschaften (Valenz, Erregung und Dominanz) mit zwei Messverfahren (Semantisches Differential und Self-Assessment-Manikin) systematisch erhoben wurden, bot sich die Darstellung der Korrelationen in einer Multitrait-Multimethod-Matrix an (vgl. Abbildung 20). Die Multitrait-Multimethod-Matrix ist ein Verfahren, das zur Bestimmung der konvergenten und diskriminanten Validität zur Messung der Eigenschaften eines Systems von Campbell und Fiske entwickelt wurde (vgl. Campbell/Fiske, 1959). Es wird überprüft, wie gut ein identisches Konstrukt durch verschiedene Testverfahren erfasst wird (konvergente Validität) und wie stark sich verschiedene Konstrukte dabei mit einer Methode differenzieren lassen (diskriminante Validität). Konvergente ebenso wie diskriminante Validität zählen zur Konstruktvalidität. Indem man die Messergebnisse in bestimmter wissenschaftlich vorgegebener Weise zusammenfügt, ergeben sich folgende Korrelationsarten (vgl. Campbell/Fiske, 1959):

Methode		**Semantisches Differential**			**Self-Assessment-Manikin (SAM)**		
	Eigenschaft	Valenz	Erregung	Dominanz	Valenz	Erregung	Dominanz
Semantisches Differential	Valenz	1,0					
	Erregung	0,47	1,0				
	Dominanz	-0,10	0,53	1,0			
Self-Assessment-Manikin (SAM)	Valenz	**0,93**	0,37	-0,29	1,0		
	Erregung	0,64	**0,79**	0,30	0,63	1,0	
	Dominanz	-0,86	-0,62	**-0,22**	-0,77	-0,75	1,0

Konvergente Validitätsfaktoren von Null signifikant verschieden
Monotrait-Heteromethod-Korrelation > Heterotrait-Heteromethod-Korrelation
Monotrait-Heteromethod-Korrelation > Heterotrait-Monomethod-Korrelation

Abbildung 20: Multitrait-Multimethod-Matrix des Semantischen Differentials und des Self-Assessment-Manikin (SAM)

Die Monotrait-Heteromethod-Korrelationen (rot) sind die Korrelation zwischen der Messung einer Eigenschaft mit dem Semantischen Differential und der Messung der gleichen Eigenschaft mit dem SAM. Sie entsprechen der konvergenten Validität und sollten signifikant von Null verschieden und möglichst hoch sein. Zusätzlich müssen die konvergenten Validitätskoeffizienten größer sein als die beiden im Folgenden aufgeführten Korrelationskoeffizienten. Die Heterotrait-Heteromethod-Korrelationen (blau) sind die Korrelationen zwischen der Messung einer Eigenschaft mit dem Semantischen Differential und der Messung einer anderen Eigenschaft mit dem SAM. Sie sollten möglichst niedrig sein. Jeder Wert in der Validitätsdiagonale (rot) muss höher sein als jede Heterotrait-Monomethod-Korrelation in der gleichen Zeile oder Spalte (blau). Die Heterotrait-Monomethod-Korrelationen (grün) sind die

Korrelationen zwischen der Messung einer Eigenschaft mit dem Semantischen Differential und der Messung einer anderen Eigenschaft mit dem Semantischen Differential. Sie entsprechen der diskriminanten Validität und sollten eher niedrige Werte erreichen. Jeder Wert in der Validitätsdiagonale (rot) sollte höher sein als jede Heterotrait-Monomethod-Korrelation in der gleichen Zeile oder Spalte (grün).

Die wichtigsten Korrelationen für den Vergleich zwischen dem Semantischen Differential und dem SAM sind die Monotrait-Heteromethod-Korrelationen in der so genannten Validitätsdiagonale (rot). Die Korrelationen zwischen den mit dem SAM und dem Semantischen Differential vorgenommenen Eindrucksurteilen auf den korrespondierenden Dimensionen betrugen für die Valenzdimension nach Spearman-Roh $r = 0{,}93$ (sehr hohe Korrelation) und für die Erregungsdimension $r = 0{,}79$ (hohe Korrelation).[134] Beide Korrelationen waren höchst signifikant ($p < 0{,}001$). Auch hier wies die Dominanzdimension mit $r = -0{,}22$ (geringe Korrelation) den niedrigsten Koeffizienten auf und war nicht signifikant ($p = 0{,}08$). Vergleicht man diese Werte mit den Anforderungen von Campbell und Fiske, so zeigt sich, dass diese sowohl bei der Valenz- als auch der Erregungsdimension erfüllt werden. Die Schwäche der Dominanzdimension zeigte sich auch sehr deutlich in der Multitrait-Multimethod-Matrix. Alle Bedingungen wurden nicht erfüllt. Der Wert in der Validitätsdiagonale unterschied sich nicht signifikant von Null, war eher niedrig und im Vergleich zu den Heterotrait-Heteromethod- und Heterotrait-Monomethod-Korrelationen nicht der höchste Wert, sondern bei allen sogar der niedrigste Wert. So zeigten sich z.B. beim graphischen Verfahren SAM sehr hohe Interkorrelationen der Dominanzurteile mit den Erregungs- und Valenzurteilen ($r = -0{,}77$ und $r = -0{,}75$). Die durch die Marken induzierten emotionalen Erlebnisweisen ließen sich zumindest auf den zwei Basisdimensionen Valenz und Erregung mit beiden Verfahren gleich gut erfassen. Auf die genauere Betrachtung der Dominanzdimension wurde im weiteren Verlauf der Arbeit auch aufgrund mangelnder Validität verzichtet.

Zur Berechnung eines Korrelationskoeffizienten sollte nach Möglichkeit immer die Betrachtung eines Streudiagramms der Daten gehören, um z.B. bestimmte Muster (der Zusammen-

---

[134] Die Korrelationskoeffizienten nach Pearson lagen sogar noch etwas höher. Korrelationen zwischen den mit Hilfe des SAM und des Semantischen Differentials vorgenommenen Eindrucksurteilen auf den korrespondierenden Dimensionen betrugen für die Valenzdimension $r = 0{,}93$ (sehr hohe Korrelation) und für die Erregungsdimension $r = 0{,}84$ (hohe Korrelation). Beide Korrelationen waren höchst signifikant ($p < 0{,}001$). Der Korrelationskoeffizient r wurde dabei wie folgt interpretiert: $r < 0{,}2$ sehr geringe Korrelation; $0{,}2 < r < 0{,}5$ geringe Korrelation; $0{,}5 < r < 0{,}7$ mittlere Korrelation; $0{,}7 < r < 0{,}9$ hohe Korrelation; $0{,}9 < r < 1$ sehr hohe Korrelation (vgl. Bühl/Zöfel, 2002, S. 318).

hang könnte nicht linear, sondern kurvenförmig sein), Ausreißer (könnten Korrelationswerte stark beeinflussen) oder Scheinkorrelationen (möglich durch Gruppenbildungen) zu entdecken. Die Regressionsanalyse wiederum kann als deskriptives Modell verwendet werden, um in einem solchen Streudiagramm zweier Variablen X und Y den linearen Trend der Punktewolke mit Hilfe einer Geraden bzw. Funktion zu beschreiben. Dementsprechend ist die Regressionsanalyse ein Instrument zur Untersuchung eines funktionalen Zusammenhangs zwischen zwei Merkmalen. Im Unterschied zur Korrelationsanalyse handelt es sich um ein gerichtetes Modell und ermöglicht die Erkennung eines funktionalen Zusammenhangs, den statistischen Nachweis einer solchen Beziehung und die Schätzung von Art und Größe eines Zusammenhangs.

Das Streudiagramm zwischen den mit dem SAM und dem Semantischen Differentials vorgenommenen Eindrucksurteilen auf den korrespondierenden Dimensionen ließen einen linearen Zusammenhang vermuten, da die Punkte bandförmig um eine Gerade streuten (vgl. Abbildung 21).

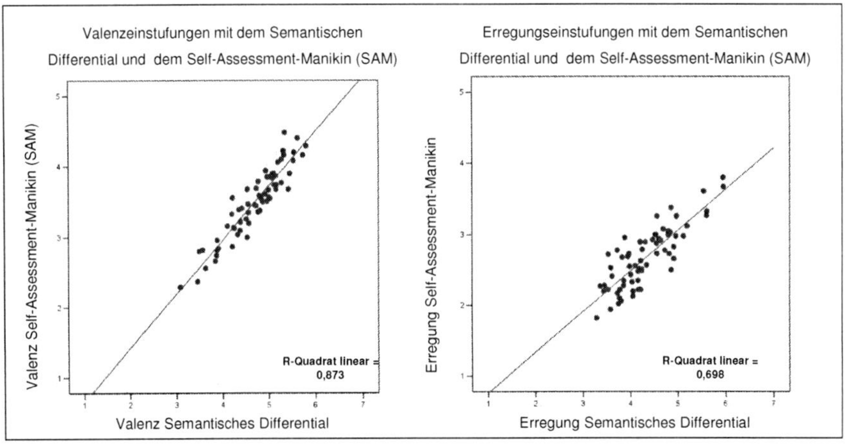

Abbildung 21: Streudiagramm der Valenz- und Erregungswerte beim Semantischen Differential und beim Self-Assessment-Manikin (SAM)

Als Maßzahl zur Beurteilung der Güte der Regressionsschätzung dient das Bestimmtheitsmaß r^2. Es stellt das Verhältnis von erklärter Streuung zur Gesamtstreuung dar ($0 \leq r^2 \leq 1$). Ob die gemessenen Korrelationskoeffizienten groß oder klein sind, hängt stark von der Art der untersuchten Daten ab. Bei psychologischen Fragebogendaten werden Werte bis ca. 0,3 häufig als klein angesehen, während man ab ca. 0,8 von einer sehr hohen Korrelation spricht. Das Quadrat des Korrelationskoeffizienten (r^2 oder R-Quadrat) nennt man Bestimmtheitsmaß. Es gibt in erster Näherung an, wie viel Prozent der Varianz durch die untersuchte Beziehung erklärt werden (jeweils rechts unten in den beiden Streudiagrammen der Abbildung 21). Die Berechnung des R-Quadrats erfolgte auf Grundlage der Korrelationskoeffizienten nach Pearson (Valenz: $r = 0{,}93$; $r^2 = 0{,}873$ und Erregung: $r = 0{,}84$; $r^2 = 0{,}698$). Das R-Quadrat der beiden Valenzdimensionen betrug also 0,9 und der beiden Erregungsdimensionen 0,7. Dies bedeutete, dass 90 Prozent bzw. 70 Prozent der gesamten auftretenden Varianz im Hinblick auf einen statistischen Zusammenhang erklärt wurden.[135] Die erklärten Varianzanteile waren sowohl für die Valenzdimension ($F_{2, 64} = 438{,}638$; $p < 0{,}001$) als auch für die Erregungsdimension ($F_{2, 64} = 148{,}136$; $p < 0{,}001$) höchst signifikant.

Zusammenfassend kann festgehalten werden, dass die Einstufungen mit Hilfe des sprachfreien, graphischen Verfahrens (SAM) auf der Valenz- und Erregungsdimension denen entsprachen, die mit dem Semantischen Differential vorgenommen wurden. Auf Grundlage der Korrelations- und Regressionsanalyse handelte es sich in Bezug auf die Valenz- und Erregungsdimension um nahezu austauschbare Messinstrumente. Bei beiden Verfahren hat sich gezeigt, dass die Dominanzdimension auch bei diesen Berechnungen die schwächste Dimension darstellte.

4. Auswahl geeigneter Marken für die Hauptstudien

Für die Hauptstudie wurden aus der Gesamtheit der 66 bekannten Marken 20 Marken ausgewählt. Die ausgewählten Marken sollten sich anhand ihrer Mittelwerte der Valenz- und Erregungsskala deutlich voneinander unterscheiden, wofür sowohl die Daten des Semantischen Differentials als auch des SAM genau analysiert wurden. Zusätzlich wurde darauf geachtet, dass die ausgewählten Marken eine ausreichende Bekanntheit aufweisen und nicht nur von einer bestimmten Zielgruppe benutzt werden (z.B. Zigaretten), da man sonst in den Folgestudien kontrollieren müsste, ob die Probanden Raucher oder Nichtraucher sind. Dieser Unterschied könnte sowohl Auswirkungen auf die emotionale Bewertung der Marken als auch die abhängigen Variablen (bis hin zu den Gehirnaktivitäten) haben und somit die Ergebnisse verzerren. Grundsätzlich unterschied sich die emotionale Bewertung der Marken zwischen Män-

[135] Das Bestimmtheitsmaß r^2 als das Quadrat des Korrelationskoeffizienten zwischen x und y kann man interpretieren als Anteil der Information von y, die durch x erklärt wird, an der gesamten Information von y. Je größer r^2 ist, desto höher ist der Anteil der durch x erklärten Streuung von y. Daher liegt auch r^2 zwischen 0 und 1, wobei $r^2 = 0$ bedeutet, dass x und y unkorreliert sind, und $r^2 = 1$, dass x und y eine Gerade bilden.

nern und Frauen nur sehr geringfügig. Da in der Hauptstudie II allerdings nur Männer im fMRT untersucht wurden, erfolgte die Auswahl der Marken im Zweifelsfall auf Datengrundlage der männlichen Probanden.

Unterschiede bei der emotionalen Bewertung der Marken

Zehn hoch emotionale Marken wiesen positive Valenz- und hohe Erregungswerte auf (BMW™, Coca-Cola™, ebay™, Ferrari™, Harley-Davidson™, Lamborghini™, Langnese™, Porsche™, Bacardi™ und Lufthansa™) und zehn gering emotionale Marken wiesen neutrale Valenz- und geringe Erregungswerte auf (KIA™, Motorola™, Oettinger™, Opel™, privileg™, Škoda™, Württembergische Versicherung™, Yahoo™, Timex™ und Alpia™). Da aber im Rahmen der Hauptstudie II bei der Untersuchung mit Hilfe der funktionellen Magnetresonanztomographie jeweils zwei hoch emotionale und zwei gering emotionale Marken von der Berechnung der neuronalen Aktivität ausgeschlossen wurden, erfolgte im weiteren Verlauf die Darstellung der Ergebnisse anhand der 16 Marken, die in der Hauptstudien als Stimulusmaterial eingesetzt wurden (vgl. zum Ausschluss der Marken Kapitel DIV.1.3, S. 174 ff.).[136] Somit beziehen sich alle Ergebnisse im weiteren Verlauf der Arbeit auf die Marken, zu denen auch die Gehirnaktivitäten erfasst wurden. Die Auswahl der 16 Marken lässt sich übersichtlich im semantischen Raum darstellen (vgl. Abbildung 22). An dieser Stelle wird aus Platzgründen nur der semantische Raum der Männer auf Grundlage des SAM dargestellt. Die restlichen semantischen Räume (alle Probanden und Semantisches Differential) sind im Anhang 8 bis Anhang 11 zu finden (S. 236 f.).

---

[136] Die im Rahmen der Hauptstudie II ausgeschlossenen Marken wurden von den zwanzig Probanden nicht eindeutig emotional bewertet. Zwei hoch emotionale Marken wurden relativ negativ und gering erregend bewertet und zwei gering emotionale Marken relativ positiv und hoch erregend. Dadurch hat im Rahmen der Hauptstudie II (und bedingt durch die sehr kleine Stichprobe von zwanzig Probanden) die Manipulation der unabhängigen Variable (Markenemotion) nicht in allen Fällen eindeutig funktioniert. Der Ausschluss der Marken führte zu trennschärferen Clustern und somit zu besseren Ergebnissen bei dem fMRT-Experiment.

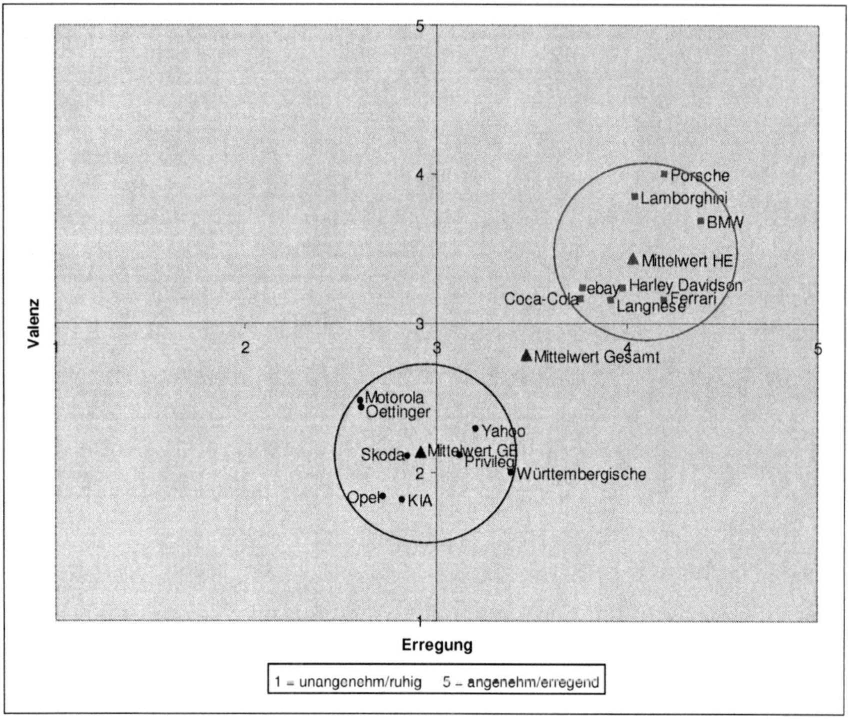

Abbildung 22: Ausgewählte 16 Marken im zweidimensionalen semantischen Raum des Self-Assessment-Manikin von Männern

Die ausgewählten Marken können als zwei unterschiedliche Gruppen angesehen werden. Die eine Gruppe setzt sich aus acht Marken zusammen, die eine positive Valenz und eine hohe Erregung aufweisen (hoch emotionales Cluster), die andere Gruppe setzt sich aus acht Marken zusammen, die eine neutrale Valenz und eine geringe Erregung aufweisen (gering emotionales Cluster). Der Abbildung sind auch die Mittelwerte der Valenz- und Erregungswerte von allen 16 Marken (Mittelwert Gesamt) und von den acht Marken pro Cluster zu entnehmen (Mittelwert HE und Mittelwert GE). In einem letzten Schritt sollte nun überprüft werden, ob sich diese beiden Gruppen auch statistisch voneinander unterscheiden.

Für diesen Zweck bot sich zunächst eine Clusteranalyse an. Es handelt sich hierbei um ein Verfahren zur Gruppenbildung. Ziel dieses Verfahrens ist es, Objekte mit hoher Ähnlichkeit demselben Cluster zuzuordnen. Objekte desselben Clusters sollen sich dabei einander möglichst ähnlich und Objekte unterschiedlicher Cluster sich dagegen möglichst unähnlich sein. Für eine Clusteranalyse bieten sich unterschiedliche Verfahren an, wobei sich hier für die hierarchische Clusteranalyse entschieden wurde. Sie bietet vielfältige Steuerungsmöglichkeiten und eine große Transparenz und liefert somit Anhaltspunkte für eine sinnvolle Clusteranzahl. Nachteil dieser Art von Clusteranalyse ist, dass sie sehr rechenintensiv ist und daher nur für kleinere Fallzahlen gedacht ist (maximal 100 Fälle). Diese Bedingung wurde im vorliegenden Fall erfüllt (n = 16 Marken).

Das Ergebnis einer hierarchischen Clusteranalyse kann durch ein so genanntes Dendrogramm visualisiert werden. Dies ist eine Art Baum, der die hierarchische Zerlegung der Datenmenge in immer kleinere Teilmengen darstellt (vgl. Abbildung 23). Der Abbildung ist z.B. zu entnehmen, dass privileg und Yahoo bezüglich ihrer Markenemotionen ähnlicher bewertet wurden als Oettinger und Skoda. Alle Marken verdichteten sich letztendlich aber zu zwei Clustern. Im einen Cluster befanden sich alle acht hoch emotionalen Marken (mit positiver Valenz und hoher Erregung) und im anderen alle acht gering emotionalen Marken (mit neutraler Valenz und geringer Erregung).

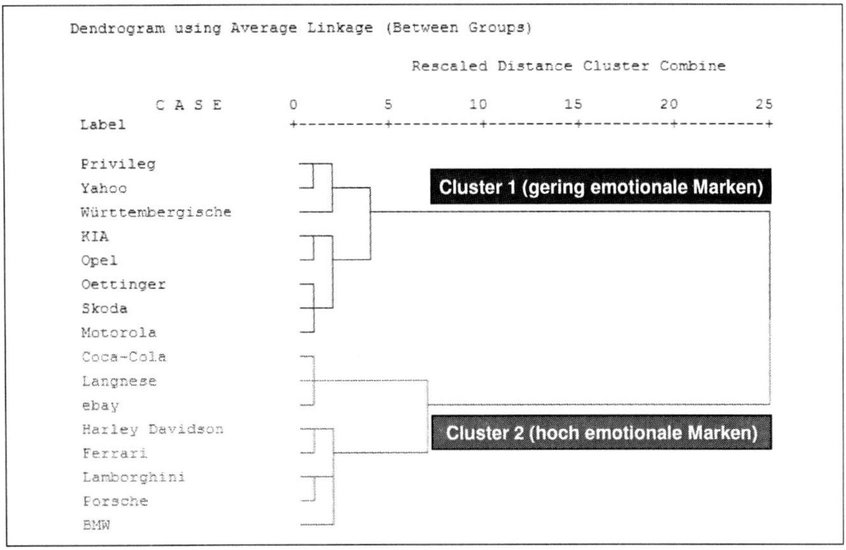

Abbildung 23: Dendrogramm als Ergebnis der hierarchischen Clusteranalyse (SAM)

Auch auf Grundlage der Clusteranalyse konnten die 16 Marken in zwei unterschiedliche Cluster eingeteilt werden (vgl. Abbildung 23). Dies galt sowohl für das Semantische Differential als auch für den SAM.

In einem weiteren Schritt sollte überprüft werden, ob sich auch die Mittelwerte der beiden Cluster signifikant voneinander unterscheiden. Dafür wurden die Mittelwerte der beiden Basisdimensionen Valenz und Erregung jeweils über die acht hoch emotionalen und die acht gering emotionalen Marken berechnet (vgl. Abbildung 22 Mittelwert HE und GE). Da sich nicht alle Daten bei einem Kolmogorov-Smirnov-Test auf Normalverteilung als signifikant erwiesen ($p < 0,05$), erfolgte die Auswertung mit Hilfe des nichtparametrischen Vorzeichentests. Dieser ergab eindeutige Mittelwertunterschiede in der emotionalen Bewertung der hoch emotionalen und gering emotionalen Marken. Auf der Valenzdimension des Semantischen Differentials wurden die hoch emotionalen Marken im Durchschnitt positiver bewertet ($\mu = 5,41$) als die gering emotionalen Marken ($\mu = 3,94$) und diese Mittelwerte unterschieden sich höchst signifikant ($Z = -16,131$; $p < 0,001$). Auf der Erregungsdimension des Semantischen Differentials wurden die hoch emotionalen Marken im Durchschnitt erregender bewertet ($\mu = 5,38$) als die gering emotionalen Marken ($\mu = 3,74$) und der Mittelwertunterschied war ebenfalls höchst signifikant ($Z = -19,058$; $p < 0,001$). Dasselbe Ergebnis zeigte sich bei der Auswertung des SAM. Auf der Valenzdimension des SAM wurden die hoch emotionalen Marken im Durchschnitt positiver bewertet ($\mu = 4,03$) als die gering emotionalen Marken ($\mu = 2,91$) und der Mittelwertunterschied war höchst signifikant ($Z = -14,172$; $p < 0,001$). Auf der Erregungsdimension des SAM wurden die hoch emotionalen Marken im Durchschnitt erregender bewertet ($\mu = 3,45$) als die gering emotionalen Marken ($\mu = 2,09$) und auch dieser Mittelwertunterschied war höchst signifikant ($Z = -14,513$; $p < 0,001$). Abbildung 24 zeigt die Mittelwerte für die Valenz- und Erregungsskala des SAM und des Semantischen Differentials pro Cluster im Überblick.

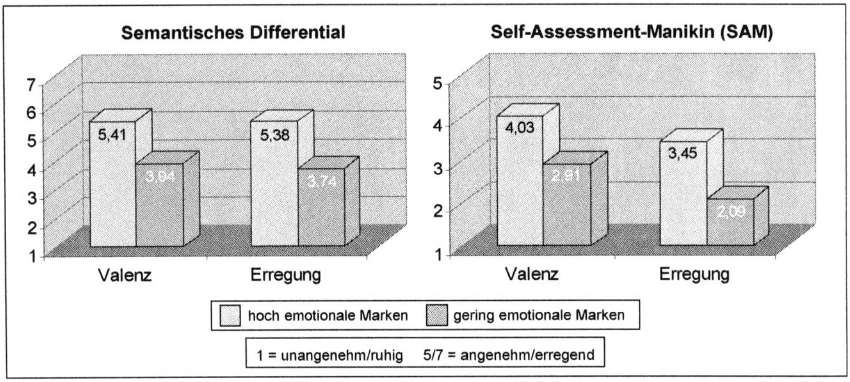

Abbildung 24: Emotionale Bewertung der ausgewählten Marken

Bei der emotionalen Bewertung der 66 Marken haben sich kaum geschlechtsspezifische Unterschiede gezeigt. An dieser Stelle sollte noch einmal geprüft werden, ob dasselbe auch auf die ausgewählten Marken zutrifft, also ob diese Marken von Männern und Frauen unterschiedlich emotional bewertet wurden. Da laut Kolmogorov-Smirnov-Test nicht bei allen Daten eine Normalverteilung vorlag ($p < 0{,}05$), wurde auch hier zur Auswertung der nichtparametrische Vorzeichentest herangezogen. Dabei wurden die einzelnen Mittelwerte der Männer und Frauen miteinander verglichen, also z.B. der Valenzmittelwert des Semantischen Differentials der hoch emotionalen Marken der Männer ($\mu = 5{,}43$) mit dem der Frauen ($\mu = 5{,}39$) usw. Beim Semantischen Differential unterschieden sich die Mittelwerte der Männer und Frauen auf beiden Dimensionen sowohl bei den hoch emotionalen Marken ($-1{,}307 \leq Z \leq -1{,}209$; $p \geq 0{,}191$) als auch den gering emotionalen Marken ($-1{,}107 \leq Z \leq -0{,}891$; $p \geq 0{,}268$) nicht signifikant. Auch beim SAM unterschieden sich die Mittelwerte zwischen Männern und Frauen sowohl bei den hoch emotionalen Marken ($-0{,}989 \leq Z \leq -0{,}791$; $p \geq 0{,}323$) als auch den gering emotionalen Marken ($-0{,}859 \leq Z \leq 0{,}000$; $p \geq 0{,}390$) nicht signifikant. Damit konnte ein signifikanter Einfluss des Geschlechts auf die emotionale Bewertung der Marken ausgeschlossen werden. Abbildung 25 zeigt die emotionale Bewertung der 16 ausgewählten Marken auf der Valenz- und Erregungsskala des Semantischen Differentials und des Self-Assessment-Manikin getrennt nach Geschlecht.

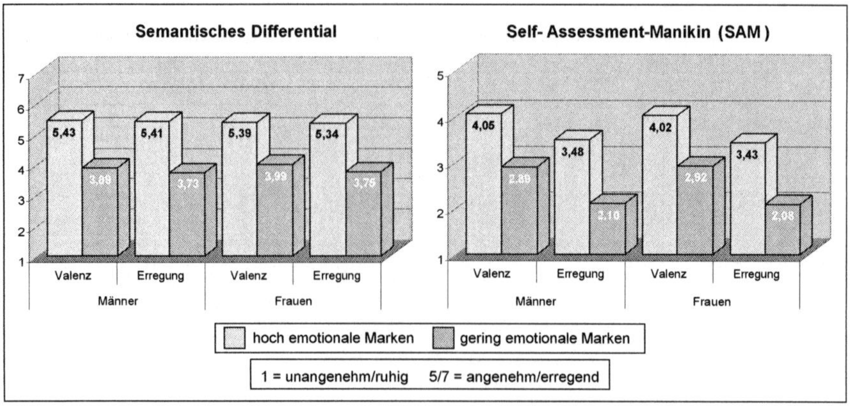

Abbildung 25: Emotionale Bewertung der ausgewählten Marken von Männern und Frauen

Es hat sich gezeigt, dass für die Erfassung der Markenemotionen beide Messverfahren sehr gut geeignet sind. Insbesondere der SAM muss dabei hervorgehoben werden, da er wesentlich schneller ausgefüllt und noch dazu leichter ausgewertet werden kann. Sowohl die Clusteranalyse als auch ein Mittelwertvergleich zeigten, dass sich die acht hoch emotionalen Marken höchst signifikant von den acht gering emotionalen Marken unterschieden. Für die Auswertungen in den weiteren Studien wurden die Marken der jeweiligen Cluster zusammengefasst.

Unterschiede des Gefallens und der Vertrautheit der Marken

In der Vorstudie, deren vorrangiges Ziel die Erfassung der Markenemotionen war, wurden begleitend weitere Konstrukte erhoben. Diese ließen einen ersten Schluss auf die Wirkung der unterschiedlichen Markenemotionen zu und gaben somit erste Hinweise, ob sich die ausgewählten Marken auf Grund ihrer unterschiedlichen Markenemotionen bei diesen Konstrukten unterschieden.

Zusätzlich zu der emotionalen Bewertung wurden in der Vorstudie über alle 66 Marken das Gefallen und die Vertrautheit der Marken abgefragt. Das Gefallen der Marken wurde mittels einer siebenstufigen Ratingskala mit den Polen „ich mag die Marke sehr“ und „ich mag die Marke überhaupt nicht“ erfasst. Die Vertrautheit wurde mit einer siebenstufigen Ratingskala mit den Polen „ich bin sehr vertraut mit der Marke“ und „ich bin überhaupt nicht vertraut mit der Marke“ erfasst. Vergleicht man die Mittelwerte der hoch und gering emotionalen Marken mit den Mittelwerten von allen 66 Marken, so zeigt sich zum einen, dass sich die hoch und gering emotionalen Marken stark voneinander unterscheiden. Zum anderen zeigt sich, dass die hoch emotionalen Marken deutlich positiver und die gering emotionalen Marken deutlich negativer auf den beiden Konstrukten bewertet wurden als der Durchschnitt über alle 66 Marken. Abbildung 26 zeigt die Mittelwerte dieser beiden Konstrukte für alle 66 Marken sowie für die Auswahl der acht hoch emotionalen und acht gering emotionalen Marken.

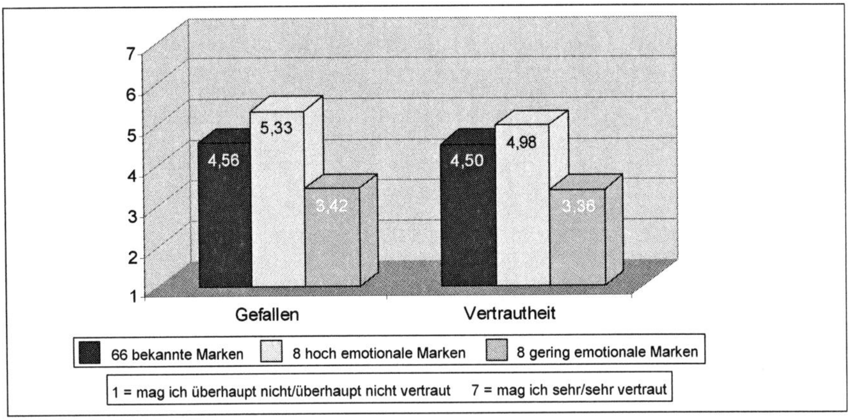

Abbildung 26: Gefallen und Vertrautheit der acht hoch und acht gering emotionalen Marken im Vergleich zu den 66 Marken

Da sich die Daten mit dem Kolmogorov-Smirnov-Test auf Normalverteilung als nicht signifikant erwiesen ($p < 0{,}05$) wurden die Mittelwertunterschiede mit Hilfe des nichtparametrischen Vorzeichentests überprüft. Dieser zeigte, dass sich alle Mittelwerte höchst signifikant voneinander unterschieden. Die ausgewählten acht hoch emotionalen Marken gefielen den Probanden besser ($\mu = 5{,}33$) als die acht gering emotionalen Marken ($\mu = 3{,}42$) und diese Mittelwertdifferenz war statistisch höchst signifikant ($Z = -11{,}018$; $p < 0{,}001$). Die Mittelwerte der hoch emotionalen und der gering emotionalen Marken unterschieden sich darüber hinaus von dem Mittelwert aller Marken ($\mu = 4{,}56$) höchst signifikant ($-22{,}430 \leq Z \leq -16{,}648$; $p < 0{,}001$). Ein vergleichbares Bild zeigte sich für die Vertrautheit mit der Marke. Auch hier zeigte der Vorzeichentest, dass sich alle Mittelwerte höchst signifikant voneinander unterschieden. Die ausgewählten acht hoch emotionalen Marken wiesen eine höhere Vertrautheit auf ($\mu = 4{,}98$) als die acht gering emotionalen Marken ($\mu = 3{,}36$) und dieser Mittelwertunterschied war statistisch höchst signifikant ($Z = -9{,}257$; $p \leq 0{,}001$). Die Mittelwerte der hoch emotionalen und der gering emotionalen Marken unterschieden sich darüber hinaus von dem Mittelwert aller Marken ($\mu = 4{,}50$) höchst signifikant ($-21{,}073 \leq Z \leq -7{,}763$; $p < 0{,}001$). Die bisherigen Ergebnisse ließen bereits darauf schließen, dass die aus der Gesamtheit der 66 Marken ausgewählten 16 Marken sich hinsichtlich ihrer Markenemotionen unterschieden und dass unterschiedliche Markenemotionen auch Auswirkungen auf andere verhaltenswissenschaftliche Konstrukte haben.

Unterschiede der Marken im FCB-Grid

Den Grundstein für das FCB-Grid[137] lieferte Vaughn mit der Entwicklung eines Planungsmodells für Werbung, in dem Kaufentscheidungen in zwei Basisdimensionen klassifiziert werden können. In der Vertikalen wird die Ausprägung des Involvement[138] abgetragen und in der Horizontalen, wie stark eine Entscheidung von Denken oder Fühlen beeinflusst wird (vgl. Vaughn, 1980, S. 27 ff.). Das daraus resultierende „Gittermodell" unterscheidet vier grundlegende Typen von Kaufentscheidungen (vgl. Abbildung 27), wobei individuelle Streuungen vorliegen können (z.B. Unterschiede im persönlichen Involvement oder Situationsinvolvement usw.) (vgl. Ratchford, 1987, S. 30 f.). Dadurch unterschied sich das Modell von der bis dahin traditionellen Sichtweise, dass Produkte mit hohem Involvement eher Denken und Kognitionen verlangen und Produkte mit geringem Involvement eher affektiv und nichtinformativ angesprochen werden (vgl. Engel/Blackwell, 1982, S. 21 ff.).

Hohes Involvement	**Quadrant 1: informativ** Diese Entscheidungen sind durch hohes Involvement und rationale Entscheidungskriterien charakterisiert. Beispiele hierfür sind Versicherungen und Personenkraftwagen.	**Quadrant 2: affektiv** Diese Entscheidungen sind durch hohes Involvement und emotionale Entscheidungskriterien charakterisiert. Beispiele sind Sportwagen und teure Uhren.
Niedriges Involvement	**Quadrant 3: gewohnheitsmäßig** Diese Entscheidungen sind durch niedriges Involvement, wenig Affekt und eher routiniertes Verhalten charakterisiert. Beispiel hierfür sind Produkte des täglichen Gebrauchs (Haushaltsreiniger).	**Quadrant 4: Selbstzufriedenheit** Diese Entscheidungen sind durch geringes Involvement und emotionale Entscheidungskriterien charakterisiert. Beispiele sind Erfrischungsgetränke und Zigaretten.
	Denken	**Fühlen**

Abbildung 27: FCB-Grid
Quelle: in Anlehnung an Vaughn, 1980 und Ratchford, 1987.

[137] FCB steht für Foote Cone & Belding und ist eine der ältesten und größten Werbeagenturen der Welt. Vaughn war 1980 der Senior Vice President und Forschungsdirektor dieser Werbeagentur.

[138] Der Begriff Ego-Involvement tauchte erstmals in der sozialpsychologischen Literatur bei Sherif und Cantril im Jahre 1947 auf (vgl. Sherif/Cantril, 1947). 1958 wurde der Begriff des Involvement durch Bayton erstmals in die Marketingforschung bzw. konsumentenpsychologische Forschung eingebracht, wenn auch noch in sehr enger Anlehnung an die begriffliche Auffassung von Sherif (vgl. Bayton, 1958). Krugman leistete seit Anfang der 1960er Jahre einen wesentlichen Beitrag zur Einführung des Involvement in die Marketingforschung (vgl. Krugman, 1965; Krugman, 1966; Krugman, 1971; Krugman/Hartley, 1970). Seit dieser Zeit hat sich das Involvement zu einer sehr wichtigen Variable in der Konsumentenforschung entwickelt (vgl. Antil, 1984, S. 203; Day et al., 1995; Deimel, 1989; Jeck-Schlottmann, 1988, S. 33 ff.; Kapferer/Laurent, 1985; Kapferer/Laurent, 1986; Laurent/Kapferer, 1985; Muehling et al., 1993; Zaichkowsky, 1985; Zaichkowsky, 1986; Zaichkowsky, 1987).

Dementsprechend ist der erste Quadrant (hohes Involvement/Denken) wegen der Wichtigkeit der Produkte durch einen großen Bedarf an Informationen geprägt. Über die Produkte wird viel nachgedacht. Im zweiten Quadranten (hohes Involvement/Fühlen) sind die Produktentscheidungen auch hoch involvierend, aber Informationen sind nicht so wichtig wie Einstellungen oder Emotionen, die damit verbunden sind. Im dritten Quadranten (geringes Involvement/Denken) erfolgt nur wenig gedankliche Auseinandersetzung mit den Produkten und der Einfachheit halber werden Kaufgewohnheiten gebildet. Der vierte und letzte Quadrant (geringes Involvement/Fühlen) dient in erster Linie der Befriedigung von persönlichen Geschmäckern (vgl. Vaughn, 1980).

Auch wenn das FCB-Grid von verschiedenen Forschern kritisiert wurde (vgl. Rossiter et al., 1991), kam es in der Studie trotzdem zum Einsatz.[139] Der Vorteil für die vorliegende Arbeit lag darin, dass in einer Abbildung das Involvement und eine Art emotionale Bewertung der untersuchten Marken übersichtlich dargestellt werden können. Um die Marken im FCB-Grid darzustellen, erfolgten die Auswahl und die Festlegung der Anzahl der Fragen im Wesentlichen auf Grundlage der Untersuchungen von Vaughn und Ratchford (vgl. Ratchford, 1987, S. 27 ff.; Vaughn, 1986, S. 59 f.). Es erfolgte an dieser Stelle lediglich eine Anpassung der Fragen an das dieser Arbeit zugrunde liegende Erkenntnisinteresse, indem die Fragen sich nicht auf die Produktkategorie im Allgemeinen, sondern speziell auf die Kaufentscheidung der jeweiligen Marke bezogen. Demnach wurde eher das Markeninvolvement als das Produktinvolvement in der Kaufsituation erhoben.

Das Involvement wurde über die Instruktion „Stellen Sie sich vor, Sie würden die Marke X kaufen. Beantworten Sie hierzu folgende Fragen“ und drei siebenstufige Ratingskalen mit den Polen „sehr wichtige Entscheidung“ vs. „sehr unwichtige Entscheidung“ (importance), „Entscheidung verlangt sehr viel Überlegung“ vs. „Entscheidung verlangt sehr wenig Überlegung“ (attention) und „sehr viel zu verlieren bei falscher Wahl“ vs. „sehr wenig zu verlieren bei falscher Wahl“ (risk) erfasst.[140]

---

139 Den Hauptkritikpunkt stellt die nicht ganz eindeutige Konzeptualisierung des Involvement dar (Vermischung des Involvement zur Produktkategorie, Involvement der Markenwahl und des wahrgenommene Risikos). Weitere Schwierigkeiten sehen Rossiter et al. in der Veränderungen des Involvement zur Produktkategorie, wenn eine neue Marke in die Produktkategorie eingeführt wird, in keiner klaren Trennung zwischen Involvement zur Produktkategorie und zur Marke sowie der Sichtweise des Involvement als Kontinuum (vgl. Rossiter et al., 1991, S. 13 ff.).

140 Diese drei Fragestellungen spiegeln nach Ratchford wesentliche Aspekte wider, auf die bereits Laurent und Kapferer bei ihrer Konzeptionalisierung des Involvement hingewiesen haben (vgl. Laurent/Kapferer, 1985, S. 44).

Die Unterscheidung, ob eine Entscheidung eher auf Denken oder Fühlen beruht, wurde über zwei siebenstufige Ratingskalen erfasst – „Entscheidung basiert hauptsächlich auf Denken“ vs. „ Entscheidung basiert hauptsächlich auf Fühlen“ und „Entscheidung basiert hauptsächlich auf Fakten“ vs. „Entscheidung basiert hauptsächlich auch Emotionen“.

Um eine Einordnung der Marken in dem FCB-Grid vorzunehmen, musste zunächst geprüft werden, ob die drei Involvement-Skalen und die zwei Denken/Fühlen-Skalen auf jeweils einen Faktor laden und somit eine Aggregation zulässig war. Hierzu wurden eine Faktorenanalyse über alle 5.700 Fälle gerechnet. Sowohl die Faktorenanalyse[141] als auch ein Cronbachs Alpha von 0,87 für die drei Involvement-Items rechtfertigten die Berechnung eines additiven ungewichteten Gesamtwerts für die Involvement-Skalen. Die Faktorenanalyse[142] und das Cronbachs Alpha von 0,85 für die zwei Denken/Fühlen-Skalen ermöglichten ebenfalls die Zusammenfassung zu einer Skala. Auf Grundlage der Involvement- und der Effektmittelwerte konnten die Marken im FCB-Grid dargestellt werden (vgl. Abbildung 28).

141 KMO-Wert 0,732; Signifikanz nach Bartlett $p < 0{,}001$; die drei Items laden mit 0,908 (Überlegung), 0,887 (Entscheidung) und 0,874 (Wahl) auf einen Faktor. Die drei Items erklären 79,14 Prozent der Gesamtvarianz.

142 KMO-Wert 0,500; Signifikanz nach Bartlett $p < 0{,}001$; die zwei Items laden mit 0,933 (Denken) und 0,933 (Fakten) auf einen Faktor. Die zwei Items erklären 87,07 Prozent der Gesamtvarianz.

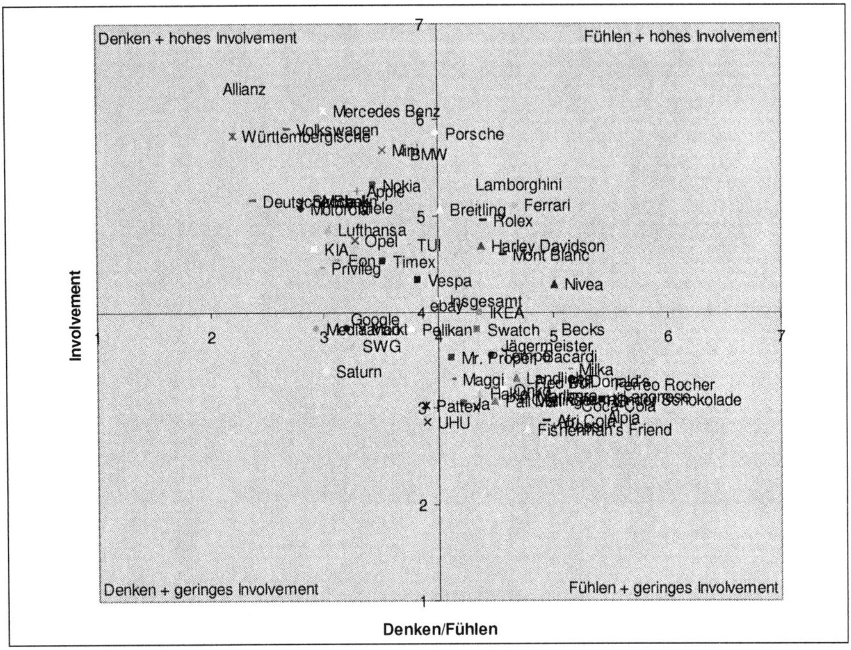

Abbildung 28: FCB-Grid mit den 66 Marken der Vorstudie

Auch hier lieferten die Betrachtung des Streudiagramms und die Durchführung einer Regressionsanalyse interessante Hinweise. Wie man Abbildungen 29 entnehmen kann, besteht bei allen 66 Marken (links) ein linearer Zusammenhang zwischen dem Involvement und dem Denken bzw. Fühlen.

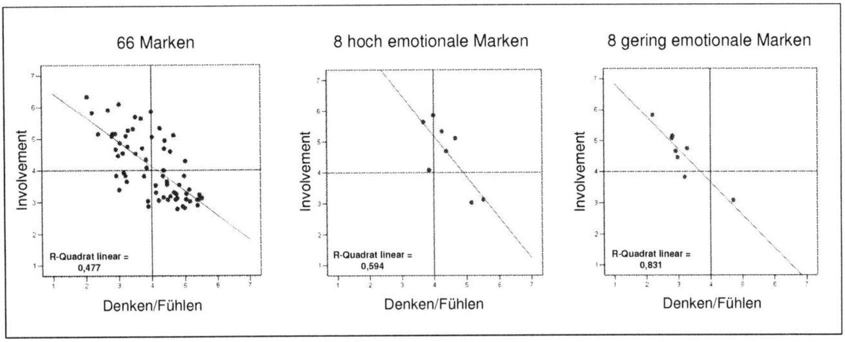

Abbildung 29: Streudiagramm des FCB-Grid von allen 66 Marken und den ausgewählten acht hoch und acht gering emotionalen Marken

Je höher das Involvement, desto höher ist die Wahrscheinlichkeit, dass eine Entscheidung auf Denken beruht und viele Fakten hinzugezogen werden. Aber sowohl die Auswahl der acht hoch emotionalen Marken (Mitte) als auch die Auswahl der acht gering emotionalen Marken (rechts) haben auf diesen grundlegenden Zusammenhang keinen entscheidenden Einfluss. Beide Cluster erstrecken sich über die komplette Involvement-Skala, d.h. die unterschiedliche Emotionalität der Marken kann nicht am Involvement festgemacht werden. Sowohl das hoch emotionale Cluster als auch das gering emotionale Cluster weisen Marken auf, deren Kaufentscheidung mit hohem und geringem Involvement einhergeht. Dies verdeutlicht auch die Verschiebung der Regressionslinie bei hoch emotionalen Produkten nach rechts in den Fühlen-Bereich und bei gering emotionalen Produkten nach links in den Denken-Bereich (fünf der acht hoch emotionalen Marken liegen im Fühlen-Bereich und sieben der acht gering emotionalen Marken liegen im Denken-Bereich). Die hoch emotionalen Marken werden somit eher aus hedonischen und weniger aus utilitaristischen Gründen konsumiert – eine Konsum, der stark von Emotionen beeinflusst wird. Die Berechnung des R-Quadrats erfolgte auf Grundlage der Korrelationskoeffizienten nach Pearson.[143] Dementsprechend ergab sich für alle Marken ein R-Quadrat von $r^2 = 0{,}477$, für die hoch emotionalen Marken von $r^2 = 0{,}594$ und für die gering emotionalen Marken von $r^2 = 0{,}831$. Die erklärten Varianzanteile waren für alle Marken ($F_{1,64} = 58{,}385$; $p < 0{,}001$), für die hoch emotionalen Marken ($F_{1,6} = 8{,}786$; $p < 0{,}05$) und die gering emotionalen Marken ($F_{1,6} = 29{,}449$; $p < 0{,}01$) signifikant.

Auch die Mittelwerte verdeutlichten diesen Zusammenhang, wobei die Mittelwerte über alle Marken wieder nur Vergleichszwecken dienten (vgl. Abbildung 30). Im Folgenden wurden Mittelwertunterschiede für die hoch emotionalen und gering emotionalen Marken berechnet.

[143] Die Korrelationen zwischen dem Involvement und Denken/Fühlen betragen für alle Marken nach Spearman-Roh r = -0,692 und nach Pearson r = -0,691 (p < 0,001), für die hoch emotionalen Marken nach Spearman-Roh r = -0,667 und nach Pearson r = -0,771 (p < 0,05) und für die gering emotionalen Marken nach Spearman-Roh r = -0,833 und nach Pearson r = -0,911 (p < 0,01).

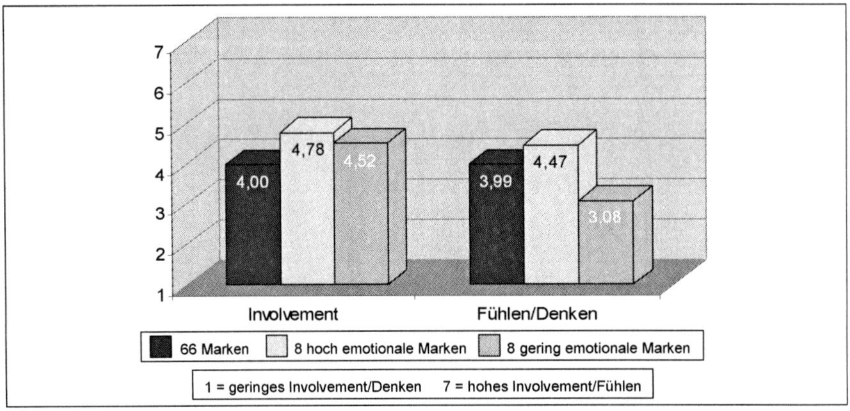

Abbildung 30: Involvement und Fühlen/Denken der acht hoch und acht gering emotionalen Marken im Vergleich zu den 66 Marken

Da die Daten keine Normalverteilung aufwiesen (Kolmogorov-Smirnov-Test $p < 0{,}05$), erfolgte die Auswertung mittels eines nichtparametrischen Vorzeichentests. Die Involvementmittelwerte der acht hoch emotionalen Marken ($\mu = 4{,}78$) und der acht gering emotionalen Marken ($\mu = 4{,}52$) unterschieden sich nur geringfügig und waren statistisch auch nicht signifikant ($Z = -1{,}472$; $p = 0{,}141$). Ein anderes Bild zeigte sich bei den Mittelwerten der Denken/Fühlen-Skala. Die ausgewählten acht hoch emotionalen Marken lagen eher im Fühlen-Bereich ($\mu = 4{,}47$) und die acht gering emotionalen Marken eher im Denken-Bereich ($\mu = 3{,}08$). Diese Differenz der Mittelwerte war statistisch höchst signifikant ($Z = -5{,}765$; $p < 0{,}001$). Diese Ergebnisse verdeutlichen noch einmal, dass die unterschiedliche emotionale Bewertung der Marken nicht auf das Involvement zurückzuführen ist.

Die Vorstudie lässt sich wie folgt zusammenfassen: Insgesamt wurden 66 Marken emotional bewertet und in einen zweidimensionalen, semantischen Raum eingeordnet. Bei den beiden Dimensionen handelte es sich um die für emotionale Bewertungen wichtigen Basisdimensionen Valenz und Erregung. Abgeleitet aus der Literatur und dem vorliegenden Datenmaterial konnte die Dominanzdimension vernachlässigt werden. Das Semantische Differential und der Self-Assessment Manikin wiesen dabei eine sehr hohe Übereinstimmung auf. Für die weiteren Studien wurden aus den 66 Marken zehn hoch emotionale und zehn gering emotionale Marken ausgewählt, von denen jeweils acht Marken in den Hauptstudien berücksichtigt wurden. Die Einteilung der Marken in zwei Gruppen (hoch emotionale und gering emotionale Gruppe) wurde durch eine Clusteranalyse bestätigt und auch die Mittelwerte zwischen den beiden Gruppen unterschieden sich deutlich. Bei der emotionalen Bewertung konnten keine geschlechtsspezifischen Unterschiede festgestellt werden. Bereits in der Vorstudie haben sich erste Hinweise auf unterschiedliche Wirkungen der Markenemotionen gezeigt.

III. Hauptstudie I: Einfluss der Markenemotionen auf Markenwissen, innere Markenbilder, Markeneinstellung, Markenbindung, Markenvertrauen und Markenbegehrlichkeit

1. Operationalisierung der Variablen

1.1 Operationalisierung der unabhängigen Variablen

Die unabhängige Variable ist diejenige Variable, die in einer Untersuchung variiert wird, um deren Auswirkungen auf die abhängige Variable zu erfassen. Als unabhängige Variable der Hauptstudie I wurden die Markenemotionen manipuliert. Diese Manipulation erfolgte über eine dichotome Einteilung in „hoch emotional“ und „gering emotional“. Dementsprechend handelte es sich um ein einfaktorielles, zweifach gestuftes Untersuchungsdesign. Basierend auf der Vorstudie wurden zehn hoch emotionale und zehn gering emotionale Marken ausgewählt und mittels unabhängiger, auf die beiden Felder verteilter und zufällig ausgewählter Populationen auf ihre Wirkungen hin überprüft. Folglich wurde sich für ein between-subjects-design entschieden, d.h. die Stufen der unabhängigen Variable wurden in verschiedenen Probanden-Gruppen realisiert. Die zufällig auf die beiden Experimentalgruppen verteilten Probanden wurden entweder nur zu hoch emotionalen Marken oder nur zu gering emotionalen Marken befragt.

Die unabhängige Variable Markenemotion wurde über die beiden Dimensionen Valenz und Erregung operationalisiert. Die zehn hoch emotionalen Marken zeichneten sich durch eine positive Valenz und hohe Erregung aus (BMW™, Coca-Cola™, ebay™, Ferrari™, Harley-Davidson™, Lamborghini™, Langnese™, Porsche™, Bacardi™ und Lufthansa™) und die zehn gering emotionalen Marken durch eine neutrale Valenz und geringe Erregung (KIA™, Motorola™, Oettinger™, Opel™, privileg™, Škoda™, Württembergische Versicherung™, Yahoo™, Timex™ und Alpia™) aus. Da im Rahmen der Auswertung des fMRT-Experiments insgesamt vier Marken (zwei hoch emotionale und zwei gering emotionale Marken) von der Auswertung ausgeschlossen wurden, erfolgte im weiteren Verlauf die Darstellung der Ergebnisse auf Grundlage der 16 Marken (vgl. zum Ausschluss der Marken Kapitel

DIV.1.3, S. 174 ff.).[144] Ausgeschlossen wurden die beiden hoch emotionalen Marken Bacardi™ und Lufthansa™ sowie die beiden gering emotionalen Marken Timex™ und Alpia™. Die eingesetzten Markenlogos sind dem Anhang 12 (S. 238) zu entnehmen.

1.2 Operationalisierung der abhängigen Variablen

Die abhängige Variable ist diejenige Variable, deren Abhängigkeit von der unabhängigen Variablen Gegenstand der Untersuchung ist und deren Veränderung infolge der unabhängigen Variablen gemessen wird. Als abhängige Variablen wurden in diesem Experiment das Markenwissen (Markenbekanntheit und Markenimage), einzelne Dimensionen des inneren Bildes, die Markeneinstellung, die Markenbindung, das Markenvertrauen, die Markenbegehrlichkeit und die Kaufwahrscheinlichkeit gemessen.

Das Markenwissen kann in zwei Bestandteile untergliedert werden: Markenbekanntheit und Markenimage (vgl. Esch, 1993; Keller, 1993). Die aktive Markenbekanntheit wurde mit Hilfe eines Recall-Tests erhoben, bei dem die Probanden spontan Marken zu einer vorgegebenen Produktkategorie nennen sollten. Die passive Markenbekanntheit wurde durch einen Recognition-Test gemessen, bei dem die Probanden vorgegebene Marken wiedererkennen sollten (vgl. Keller, 2003b, S. 67 f.). Zusätzlich wurde die Markenbekanntheit auf einer 7-stufigen Ratingskala mit den Endpunkten „kenne ich sehr schlecht“ und „kenne ich sehr gut“ gemessen.

Zur Bestimmung des Markenimage wurden Assoziationstests als offene Frageform eingesetzt, die sich als einfache, aber wirkungsvolle Methode erwiesen haben (vgl. Keller, 1993, S. 13 f.). Eine Assoziationsinstruktion gab darüber Auskunft, wie die offene Frage zu beantworten waren. Eine solche Instruktion kann eher weit („Geben Sie bitte alles wieder, was Ihnen zu der Marke X einfällt!“) oder eher eng („Geben Sie bitte alle sachlichen Produkteigenschaften wieder, die Ihnen zur Marke X einfallen!“) gefasst sein.[145] Die Wahl der Instruktion hat einen zentralen Einfluss auf das Antwortverhalten der Probanden. Je enger eine Assoziati-

---

[144] Die im Rahmen der Hauptstudie II ausgeschlossenen Marken wurden von den zwanzig Probanden nicht eindeutig emotional bewertet. Zwei hoch emotionale Marken wurden relativ negativ und gering erregend bewertet und zwei gering emotionale Marken relativ positiv und hoch erregend. Dadurch hat im Rahmen der Hauptstudie II (und bedingt durch die sehr kleine Stichprobe von zwanzig Probanden) die Manipulation der unabhängigen Variablen (Markenemotion) nicht in allen Fällen eindeutig funktioniert. Der Ausschluss der Marken führte zu trennschärferen Clustern und somit zu besseren Ergebnissen bei dem fMRT-Experiment.

[145] Hierbei handelte es sich um eine semantische Enkodierungsaufgabe (z.B. wie viele Bedeutungen hat das Wort X). Im Gegensatz dazu steht eine perzeptuelle Enkodierungsaufgabe (z.B. wie viele T-Striche hat das Wort X).

onsinstruktion gefasst ist, desto stärker ist die Störung des natürlichen Assoziationsflusses, da sich die Versuchspersonen auf die Generierung bestimmter Gedächtnisinhalte konzentrieren müssen (vgl. Esch/Geus, 2005, S. 1276 f.; Langner, 2003, S. 181). In Anlehnung an Esch und Andresen (vgl. Esch/Andresen, 1997, S. 29) wurde die Instruktion so gewählt, dass die Probanden ein möglichst unverfälschtes Bild ihrer Assoziationsstruktur abgeben konnten. Die in dieser Arbeit weit gefasste Assoziationsinstruktion lautete:

„Wir zeigen Ihnen nun das Logo der Marke X. Ich möchte Sie nun bitten, alles was Ihnen zur Marke X einfällt, wiederzugeben. Nennen Sie bitte alles, was Ihnen durch den Kopf geht. Versuchen Sie auch – neben sprachlichen Inhalten – Ihre Gefühle, Eindrücke und die mit X verbundenen Bilder so genau wie möglich zu beschreiben. Beispiel: Wenn Sie an Marlboro denken, fallen Ihnen wahrscheinlich sprachliche Assoziationen wie Abenteuer, Freiheit, Männerwelt, Macho-Image usw. ein. Sie können aber auch bildliche Assoziationen haben wie Cowboy, Pferde, Ritt durch die Prärie usw. Bitte denken Sie jetzt an die Marke X. Geben Sie bitte möglichst genau alles wieder, was Ihnen zu X einfällt. Bitte schreiben Sie in eine Zeile jeweils nur eine Assoziation."

Alle Probanden erhielten die identische, schriftlich fixierte Instruktion im Fragebogen und keine weiteren Bearbeitungshinweise durch den Untersuchungsleiter. Dadurch kam es auch zu keinem Einfluss durch einen Interviewer, so dass die Probanden in ihrem natürlichen Informationsfluss nicht gestört wurden und selbst bestimmen konnten, wie viele und welche Assoziationen sie äußern wollten. Den Probanden wurde die Möglichkeit gegeben, maximal zehn Assoziationen pro Marke zu nennen. Man kann davon ausgehen, dass damit die zentralen Bestandteile des Markenwissens genannt wurden.

Die Assoziationen der Versuchspersonen wurden auf Grundlage der Operationalisierung des Markenwissens nach Esch durch Kodierer in unterschiedlichen Kategorien zusammengefasst. Die Einteilung der Assoziationen basierte dabei auf der persönlichen Einschätzung des jeweiligen Kodierers und war folglich anfällig für Fehler, die sich aus der subjektiven Bewertung ergaben. Zur Minimierung dieses Einflusses wurde daher gefordert, die Einteilung der Assoziationen von mindestens zwei unabhängigen Kodierern durchführen zu lassen (vgl. Aaker et al., 2001, S. 423 f.). Dieser Forderung wurde hier insofern Folge geleistet, als entweder drei oder fünf Kodierer eine Einteilung vornahmen, so dass bei Uneinigkeiten im ungünstigsten Fall mindestens zwei oder drei Kodierer zur selben Einschätzung der Assoziation kamen. Assoziationen, bei denen aufgrund der Kodierung Uneinigkeiten herrschten, wurden in der Gruppe der Kodierer diskutiert. Diese Vorgehensweise wurde für die Art der Assoziation (emotional oder kognitiv), Repräsentation (verbal oder nonverbal) und Einzigartigkeit (markenspezifisch oder produktspezifisch) gewählt. Für die vorliegende Arbeit war die Unterscheidung der Assoziationen in emotional oder kognitiv von besonderer Bedeutung. Um detaillierte Hinweise auf die Valenz einer Marke zu erhalten, wurden die emotionalen Assoziationen noch einmal dahingehend unterteilt, ob es sich um positive oder negative emotionale Assoziationen handelte. Die Zahl der Assoziationen wurde pro Marke ausgezählt. Da eine Beurteilung der Richtung, Relevanz und Stärke einer Assoziation durch außenstehende Kodierer nur schwer möglich ist, wurden die Probanden nach einer entsprechenden Instruktion gebeten, jede von ihnen geäußerte Assoziation hinsichtlich dieser drei Dimensionen mit Hilfe einer 7-stufigen Ratingskala zu beurteilen.[146] Die Skala für die Dimension Richtung wurde mit den Polen „sehr unangenehm" vs. „sehr angenehm", die der Relevanz mit „überhaupt nicht relevant für mich" vs. „sehr relevant für mich" und die Dimension der Assoziationsstärke mit den Polen „sehr schwache Verbindung zur Marke" vs. „sehr starke Verbindung zur Marke" erfasst.

Die Operationalisierung des inneren Bildes zu einer Marke erfolgte anhand der Dimensionen Klarheit/Deutlichkeit, Lebendigkeit, Anziehungskraft und Zugriffsfähigkeit. Die Messung der ersten drei Dimensionen erfolgte jeweils auf einer kontinuierlichen Ratingskala von 0 bis 100. Eckpunkte der Skala waren für die Klarheit/Deutlichkeit „verschwommen und undeutlich" und „klar und deutlich", für die Lebendigkeit „wenig lebendig" und „sehr lebendig" und für die Anziehungskraft „überhaupt nicht anziehend" und „sehr anziehend". Die Leichtigkeit des Zugriffs auf das innere Bild einer Marke wurde anhand einer 7-stufigen Ratingskala mit den Polen „sehr schwer" bis „sehr leicht" erfasst.

Die Markeneinstellung ist ein mehrdimensionales Konstrukt, welches eine kognitive, eine affektive und eine intentionale Komponente beinhaltet (vgl. Aaker et al., 2001,S. 273 f.). In der Studie wurde auf die Erfassung der intentionalen Komponente verzichtet, da diese für die Untersuchung der Markenemotionen eine eher untergeordnete Rolle spielte und ein Großteil der hoch emotionalen Marken insbesondere von Studenten aufgrund des hohen Kaufpreises gar nicht gekauft werden kann (z.B. Ferrari und Lamborghini). Die Messung der Einstellung zur Marke erfolgte mit Hilfe von elf 7-stufigen Ratingskalen („finde ich sehr schlecht" vs. „finde ich sehr gut", „mag ich nicht" vs. „mag ich", „finde ich unsympathisch" vs. „finde ich sympathisch", „gefällt mir überhaupt nicht" vs. „gefällt mir sehr", „verfügt über geringe Produktqualität" vs. „verfügt über hohe Produktqualität", „unangenehm" vs. „angenehm", „absto-

[146] Dadurch kam es zu einer Kombination von qualitativen und quantitativen Messverfahren. Die qualitativ erhobenen Markenassoziationen wurden mittels quantitativer Methoden von den Probanden selbst bewertet.

ßend“ vs. „anziehend“, „billig“ vs. „wertvoll“, „langweilig“ vs. „interessant“, „unehrlich“ vs. „ehrlich“ und „nicht begehrenswert“ vs. „begehrenswert“). Eine Faktorenanalyse über die Daten dieser elf Skalen ließ auf eine einfaktorielle Lösung schließen (KMO-Wert 0,974; Signifikanz nach Bartlett p < 0,001). Dieser Faktor erklärte 97,29 Prozent der Gesamtvarianz.[147] Cronbachs Alpha für die Gesamtskala zur Einstellung zur Marke betrug 0,997.

Die Markenbindung wurde über zwei 7-stufige Likertskalen mit den Polen „stimme überhaupt nicht zu“ vs. „stimme voll und ganz zu“ gemessen. Die Operationalisierung der Markenbindung erfolgte über eine direkte Messung der empfundenen Bindung zur Marke („Ich fühle mich der Marke sehr verbunden“) und über die Bestimmung des Bedauerns, wenn die Marke nicht mehr vorhanden wäre („Ich würde es sehr bedauern, wenn die Marke nicht mehr vorhanden wäre“). Eine Faktorenanalyse über die Daten dieser zwei Skalen ließ auf eine einfaktorielle Lösung schließen (KMO-Wert 0,500; Signifikanz nach Bartlett p < 0,001). Der eine Faktor erklärte 86,51 Prozent der Gesamtvarianz.[148] Cronbachs Alpha für die Gesamtskala zur Markenbindung betrug 0,84.

Das Markenvertrauen wurde über vier 7-stufige Likertskalen mit den Polen „stimme überhaupt nicht zu“ vs. „stimme voll und ganz zu“ gemessen. Die Operationalisierung des Markenvertrauens erfolgte über eine direkte Messung des Markenvertrauens („Ich vertraue der Marke“ und „Ich empfinde die Marke als vertrauenswürdig“) und durch die Messung des Grads, mit dem sich der Befragte auf die Marke verlässt („Ich verlasse mich auf die Marke“ und „Ich empfinde die Marke als zuverlässig“). Eine Faktorenanalyse über die Daten dieser vier Skalen ließ auf eine einfaktorielle Lösung schließen (KMO-Wert 0,836; Signifikanz nach Bartlett p < 0,001). Der eine Faktor erklärte 86,18 Prozent der Gesamtvarianz.[149] Cronbachs Alpha für die Gesamtskala zum Markenvertrauen betrug 0,95.

Die Markenbegehrlichkeit wurde über eine 7-stufige Ratingskala mit der Frage „Wie gern würden Sie die Marke X besitzen?“ und den Endpunkten „überhaupt nicht gern“ und „sehr gern“ gemessen.

---

[147] Die elf Items luden mit 0,993 (unangenehm vs. angenehm), 0,991 (sehr schlecht vs. sehr gut), 0,990 (gefällt nicht vs. gefällt sehr), 0,990 (mag ich nicht vs. mag ich), 0,990 (abstoßend vs. anziehend), 0,989 (unsympathisch vs. sympathisch), 0,983 (geringe vs. hohe Produktqualität), 0,983 (nicht begehrenswert vs. begehrenswert), 0,983 (langweilig vs. interessant), 0,980 (unehrlich vs. ehrlich) und 0,976 (billig vs. wertvoll) auf einen Faktor.

[148] Die beiden Items „verbunden“ und „bedauern“ luden beide mit 0,930 auf einen Faktor.

[149] Die vier Items luden mit 0,945 (vertrauen), 0942 (vertrauenswürdig), 0,931 (zuverlässig) und 0,894 (verlassen) auf einen Faktor.

Die Kaufwahrscheinlichkeit wurde über die Instruktion „Mal angenommen, Sie würden vor der Entscheidung stehen, ein X (Produktkategorie) zu kaufen. Mit welcher Wahrscheinlichkeit würden Sie diese Marke kaufen? Dass ich die Marke X kaufen würde halte ich für…“ und den Antwortmöglichkeiten „sehr unwahrscheinlich“ und „sehr wahrscheinlich“ erfasst. Die Messung der Kaufwahrscheinlichkeit war in der vorliegenden Studie mit Schwierigkeiten verbunden, da die Marken aus sehr unterschiedlichen Produktkategorien stammten. Insbesondere eine Produktkategorie wie „Sportwagen“ unterlag (gerade bei Studenten) einer starken monetären Einschränkung.

1.3 Operationalisierung der Moderatorvariablen

Moderatorvariablen sind Größen, die Einfluss auf die Wirkungsbeziehungen zwischen unabhängigen und abhängigen Variablen nehmen können, allerdings nicht Bestandteil des Hypothesensystems sind (vgl. Bortz/Döring, 2005, S. 6; Westermann, 2000, S. 269). Damit sie das Ergebnis einer Untersuchung zu den Wirkungen einer oder mehrerer unabhängiger Variablen auf eine oder mehrerer abhängige Variablen nicht verfälschen, sollten sie kontrolliert werden, weshalb man die moderierenden Variablen dann auch als Kontrollgrößen, andernfalls als Störgrößen bezeichnet (vgl. Bortz, 2005, S. 7 ff.).[150]

Stimmung

Insbesondere bei der Messung und Wirkung von Markenemotionen kann ein moderierender Einfluss auf abhängige Größen von der Stimmung der Versuchspersonen ausgehen. Im Vergleich zu Emotionen sind Stimmungen (z.B. gute Laune oder Depression) Gefühlszustände, die über einen längeren Zeitraum anhalten und weniger intensiv erlebt werden (vgl. Isen, 1984, S. 185 ff.; Morris/Reilly, 1987). Auch wenn sich die Forscher uneinig sind, wie lange eine Emotion typischerweise andauert, so besteht weitestgehend Konsens darüber, dass Stimmungen länger anhalten als Emotionen (vgl. Ekman, 1994, S. 56). Stimmungen wird zusätzlich und im Gegensatz zu Emotionen häufig eine fehlende Objektbezogenheit zugesprochen, d.h. der subjektiv empfundene emotionale Zustand bezieht sich nicht auf ein konkretes Ereignis oder Objekt. Der konkrete Objektbezug der Emotionen ist auch die Voraussetzung für ihre stärkere motivationale Wirksamkeit (vgl. Frijda, 1994). Bereits das Erleben einer Emotion bringt immer auch eine Handlungstendenz in Bezug auf das jeweilige Objekt mit sich

150 Neben den Moderatorvariablen, die in den einzelnen Studien explizit kontrolliert wurden, sind in Anhang 13 (S. 239) die allgemeinen Moderatorvariablen aufgelistet, die sich auf alle durchgeführten Studien beziehen.

(z.B. Hinwendung oder Abwendung). Zahlreiche Studien haben sich mit der Interaktion und der gegenseitigen Beeinflussung von Emotionen und Stimmungen beschäftigt.[151] Grundsätzlich macht das Vorliegen einer bestimmten Stimmung die Auslösung einer entsprechenden Emotion wahrscheinlicher (z.B. eher positive Emotionen in positiver Stimmung).

Um den Einfluss der Stimmung zu kontrollieren, wurden die Probanden gebeten, ihre Stimmung zum Zeitpunkt der Befragung einzuschätzen.[152] Die Stimmung der Probanden wurde über vier 7-stufige Ratingskalen mit den Polen „schlecht gelaunt" vs. „gut gelaunt", „traurig" vs. „glücklich", „unangenehm" vs. „angenehm" und „angespannt" vs. „gelassen" operationalisiert. Sowohl eine Faktorenanalyse[153] als auch ein Cronbachs Alpha von 0,83 erlaubten eine Zusammenfassung der vier Items zu einer Gesamtskala „Stimmung".

Da laut Kolmogorov-Smirnov-Test keine Normalverteilung vorlag ($p < 0,05$), wurde ein Mann-Whitney-U-Test durchgeführt. Es ergaben sich keine Unterschiede zwischen der Stimmung der hoch emotionalen ($\mu = 4,98$) und der gering emotionalen Gruppe ($\mu = 4,98$) und es lag dementsprechend kein signifikanter Mittelwertunterschied vor ($U = 28648,00$; $p = 0,92$). Damit lag im Durchschnitt bei allen Probanden eine leicht positive Stimmung vor (Skalenmitte und somit neutrale Stimmung liegt bei 4,0). Ein signifikanter Unterschied in der Stimmung der Probanden, die jeweils zu Marken mit unterschiedlichen Markenemotionen befragt wurden, konnte ausgeschlossen werden.

Involvement zur Produktkategorie

Ein weiterer bedeutender moderierender Einfluss auf abhängige Größen geht vom Involvement der Probanden aus. Das Involvement bezeichnet das Engagement, mit dem sich eine Person einem Objekt, einer anderen Person oder einem Ereignis zuwendet (vgl. Deimel, 1989,

---

151 So ist es z.B. für die Schaltung von Werbung von Bedeutung, in welchem Umfeld die Werbung geschaltet werden soll (z.B. bei einem traurigen oder lustigen Film) (vgl. Bakamitsos/Siomkos, 2004, S. 304 ff.). Ebenso kann eine positive Stimmung zu einer verbesserten Bewertung von Markenerweiterungen führen (vgl. Barone et al., 2000, S. 397). In einigen Studien wurden die Auswirkungen von Stimmungen (vgl. Derbraix/Pecheux, 1999) und die Auswirkungen der Stimmung allgemein auf das Konsumentenverhalten (vgl. Gardner, 1985; Gardner/Wilhelm, 1987), auf kognitive Prozesse, wie z.B. Beurteilungen und Bewertungen (vgl. Forgas, 1995; Gorn et al., 2001; Srull, 1986) auf die kognitive Beurteilung der Marke (vgl. Batra/Stayman, 1990, S. 211 ff.), auf Einstellungen (vgl. Hill, 1987; Walther/Grigoriadis, 2004), und auf Gedächtnisprozesse (vgl. Bower, 1981; Bower, 1991; Lee/Sternthal, 1999, S. 125; Lewis/Critchley, 2003; Rinck et al., 1992) untersucht.

152 Dazu wurde den Probanden folgende Instruktion gegeben: „Menschen unterliegen häufig Stimmungsschwankungen. Je nach Situation ist man manchmal besser, manchmal schlechter gelaunt. Wenn Sie nun in sich hinein horchen, wie würden Sie dann Ihre Stimmung in diesem Moment einschätzen?"

153 KMO-Wert 0,798; Signifikanz nach Bartlett $p < 0,001$; die vier Items luden mit 0,881 (unangenehm/angenehm), 0,880 (schlecht gelaunt/gut gelaunt), 0,852 (traurig/glücklich) und 0,687 (angespannt/gelassen) auf einen Faktor. Die vier Items erklärten 68,74 Prozent der Gesamtvarianz.

S. 153; Kapferer/Laurent, 1985, S. 290; Kroeber-Riel/Esch, 2004, S. 143; Kroeber-Riel/Weinberg, 2003, S. 370 ff.). Das Involvement ist eine sehr komplexe, mehrdimensionale Größe (vgl. Kapferer/Laurent, 1985; Laurent/Kapferer, 1985; Muehling et al., 1993; Zaichkowsky, 1985) und wird insbesondere durch die Persönlichkeit, das Produkt, die Situation, die Medien und das Werbemittel bestimmt (vgl. Kroeber-Riel/Esch, 2004, S. 143).

Für die vorliegende Arbeit ist vor allem das Produktinvolvement von besonderer Bedeutung. Dieses ist sowohl personen- als auch situationsabhängig und wird als einzige Art des Involvement explizit kontrolliert. Man kann davon ausgehen, dass sich das persönliche Involvement auch in den Antworten zum Produkt niederschlägt. Da Personen durch ihre Werte oder Persönlichkeitseigenschaften z.B. bei einem Kauf über ausreichende Informationen zu einem Produkt verfügen wollen, schlägt sich dieses Informationsinteresse auch in den Antworten zum Produkt nieder (vgl. Operationalisierung des Produktinvolvement). Das Situationsinvolvement ist aufgrund der Befragungssituation bei allen Probanden einheitlich hoch. Somit wurde der moderierende Einfluss des Situationsinvolvement dadurch kontrolliert, dass für alle Probanden ein einheitlich hohes Involvementniveau vorlag. Da das Stimulusmaterial aus Markenlogos bestand und somit unabhängig von Medium und Werbemittel war, konnten in dieser Arbeit auch das Medien- und Werbemittelinvolvement vernachlässigt werden.

Das Produktinvolvement ist für die vorliegende Arbeit sehr wichtig. Aus diesem Grund wurden drei unterschiedliche Arten des Produktinvolvement erhoben: das Produktinvolvement in der Kaufsituation, das generelle Produktinvolvement und das Informationsinteresse an der Produktkategorie. Wie bereits bei der Auswertung der Vorstudie zu erkennen war, scheint das Involvement keinen direkten Einfluss auf die emotionalen Bewertungen von Marken zu haben. Anders gesagt, hoch emotionale und gering emotionale Marken kommen sowohl im High-Involvement- als auch im Low-Involvement-Bereich vor.[154] Zur Kontrolle des Produktinvolvement wurde dieses zu den insgesamt 15 Produktkategorien der 20 Marken erhoben. Auch hier erfolgte die Darstellung der Ergebnisse anhand der 11 Produktkategorien, aus denen die 16 Marken stammten, zu denen in Hauptstudie II auch die Gehirnaktivitäten berechnet wurden. Bei den acht hoch emotionalen Marken handelte es sich um die Produktkategorien Sportwagen (Porsche, Ferrari, Lamborghini), Automobile (BMW), Speiseeis (Langnese), Mo-

[154] Emotionen können insbesondere bei niedrigem Involvement einen dominanten Einfluss auf das Entscheidungsverhalten und somit auf die Wahl einer Marke ausüben (vgl. Shiv/Fedorikhin, 1999, S. 278; Shiv/Fedorikhin, 2002, S. 342 f.).

torräder (Harley-Davidson), Erfrischungsgetränke (Coca-Cola) und Internet-Auktionshäuser (ebay). Die Produktkategorien der acht gering emotionalen Marken waren Automobile (Opel, KIA, Skoda), Bier (Oettinger), Handyhersteller (Motorola), Haushaltsgeräte (privileg), Versicherungen (Württembergische) und Internet-Suchmaschinen (Yahoo).[155]

Das Produktinvolvement in der Kaufsituation wurde über drei 7-stufige Ratingskalen mit der Instruktion „Bitte bewerten Sie die Wahl einer Marke in der Produktkategorie X auf den folgenden Skalen“ mit den Endpunkten „sehr unwichtige Entscheidung“ vs. „sehr wichtige Entscheidung“, „macht sich vor Entscheidung wenig Gedanken“ vs. „macht sich vor Entscheidung viele Gedanken“ und „wenig zu verlieren, wenn man falsche Marke wählt“ vs. „viel zu verlieren, wenn man falsche Marke wählt“ erfasst. Sowohl eine Faktorenanalyse[156] als auch ein Cronbachs Alpha von 0,84 erlaubten eine Zusammenfassung der drei Items zu einer Gesamtskala „Produktinvolvement in der Kaufsituation“. Da sich die Daten mit dem Kolmogorov-Smirnov-Test auf Normalverteilung bei allen Involvementskalen als nicht signifikant erwiesen ($p < 0{,}05$) wurde zur Auswertung der Involvementfragen der Mann-Whitney-U-Test herangezogen. Die Mittelwerte des „Produktinvolvement in der Kaufsituation“ für die hoch emotionalen Marken ($\mu = 5{,}24$) und die gering emotionalen Marken ($\mu = 5{,}14$) unterschieden sich nur geringfügig. Hierbei handelte es sich um nicht signifikante Unterschiede ($U = 21828{,}50$; $p = 0{,}858$).

Das generelle Produktinvolvement wurde über zwei 7-stufige Ratingskalen mit den Fragen „Wie würden Sie Ihr Interesse an der Produktkategorie X einschätzen?“ und „Wie finden Sie die Produktkategorie X generell?“ sowie den Endpunkten „gering“ vs. „hoch“ und „mag ich nicht“ vs. „mag ich“ operationalisiert. Sowohl eine Faktorenanalyse[157] als auch ein Cronbachs Alpha von 0,80 erlaubten eine Zusammenfassung der zwei Items zu einer Gesamtskala „generelles Produktinvolvement“. Es zeigten sich kaum Mittelwertunterschiede des „generellen Produktinvolvement“ zwischen den hoch emotionalen Marken ($\mu = 4{,}80$) und den gering

155 Aufgrund der sehr teuren Marken wie Lamborghini, Ferrari und Porsche wurde das Involvement zu dieser Kategorie der Sportwagen getrennt von den Automobilen erfasst. Die Produktkategorie der Automobile war wiederum die einzige Kategorie, die sowohl mit hoch emotionalen als auch gering emotionalen Marken besetzt war.

156 KMO-Wert 0,679; Signifikanz nach Bartlett $p < 0{,}001$; die drei Items luden mit 0,917 (Gedanken), 0,868 (Entscheidung) und 0,822 (Verlieren) auf einen Faktor. Die drei Items erklärten 75,70 Prozent der Gesamtvarianz.

157 KMO-Wert 0,500; Signifikanz nach Bartlett $p < 0{,}001$; die zwei Items luden mit 0,916 (Interesse) und 0,916 (Finden) auf einen Faktor. Die beiden Items erklärten 83,98 Prozent der Gesamtvarianz.

emotionalen Marken (μ = 4,94). Hierbei handelte es sich um nicht signifikante Unterschiede (U = 21122,00; p = 0,453).

Als dritte und letzte Involvementkomponente wurde das Informationsinteresse an der jeweiligen Produktkategorie erfasst. Die Operationalisierung erfolgte über insgesamt vier 7-stufige Skalen. Die erste war eine 7-stufige Ratingskala mit der Frage „Wie ausführlich würden Sie sich beim Kauf mit dem Produkt und seinen Produkteigenschaften auseinandersetzen?“ (Endpunkte: „eher oberflächlich“ vs. „eher intensiv“). Die restlichen Fragen bestanden aus drei 7-stufigen Likertskalen, auf denen die Probanden ihre Zustimmung („stimme voll und ganz zu“) bzw. Ablehnung („stimme überhaupt nicht zu“) zu den Aussagen „Ich wäre interessiert daran, genügend Informationen über das Produkt zu lesen“, „Ich würde die Artikel in Fachzeitschriften über diese Produktkategorie lesen“ und „Ich würde die Produktmerkmale zwischen den Marken dieser Produktkategorie vergleichen“ angeben konnten. Sowohl eine Faktorenanalyse[158] als auch ein Cronbachs Alpha von 0,92 erlaubten eine Zusammenfassung der drei Items zu einer Gesamtskala „Informationsinteresse an der Produktkategorie“. Auch bei dieser Involvementkomponente unterschieden sich die Mittelwerte zwischen den hoch emotionalen Marken (μ = 4,90) und den gering emotionalen Marken (μ = 4,69) nur geringfügig. Hierbei handelte es sich um nicht signifikante Unterschiede (U = 20620,00; p = 0,249).

Damit konnte ein signifikant störender Einfluss des Produktinvolvement zwischen den Probanden, die jeweils Marken mit unterschiedlichen Markenemotionen gesehen haben, ausgeschlossen werden.

2. Aufbau und Ablauf der Untersuchung

Ursprünglich wurden 300 Personen zu insgesamt 20 Marken befragt (10 hoch emotionale und 10 gering emotionale Marken). Im Rahmen der Hauptstudie II wurden bei der Untersuchung mit Hilfe der funktionellen Magnetresonanztomographie allerdings zwei hoch emotionale und zwei gering emotionale Marken von der Berechnung der neuronalen Aktivität ausgeschlossen. Deswegen erfolgt im weiteren Verlauf die Darstellung der Ergebnisse auf Grundlage der Befragungsdaten der 240 Personen, die zu den in der Hauptstudie als Stimulusmaterial eingesetzten 16 Marken befragt wurden (vgl. zum Ausschluss der Marken Kapitel DIV.1.3,

[158] KMO-Wert 0,826; Signifikanz nach Bartlett p < 0,001; die vier Items luden mit 0,937 (interessiert), 0,911 (auseinandersetzen), 0,887 (Produktmerkmale) und 0,881 (Artikel) auf einen Faktor. Die vier Items erklärten 81,75 Prozent der Gesamtvarianz.

S. 174 ff.). Dies erhöht die Aussagekraft der Ergebnisdarstellung und gewährleistet einen Vergleich der Ergebnisse mit der Hauptstudie.

Die Instruktion und Befragung erfolgte in Form eines schriftlichen Fragebogens. Alle Probanden erhielten identische, schriftlich fixierte Instruktionen im Fragebogen und keine weiteren Bearbeitungshinweise durch den Untersuchungsleiter. Es wurden acht (ursprünglich zehn) unterschiedliche Fragebogenversionen mit gleichem Aufbau erstellt und in jedem Fragebogen die abhängigen Variablen von zwei Marken erfasst (Stichprobengröße pro Marke N = 30). Um Ausstrahlungseffekte durch die Reihenfolge der abgebildeten Marken zu kontrollieren, wurde die Abfolge der Marken in jedem Fragebogen systematisch variiert.

Auch hier wurde bei der Erstellung der Fragebögen darauf geachtet, dass alle Markenlogos in Farbe, vergleichbarer Größe und mit demselben Figur-Grund-Kontrast (weißer Hintergrund) dargestellt wurden und dass das jeweilige Markenlogo bei der Bewertung mit dem Semantischen Differential und dem SAM zu sehen war (Erfassung der emotionalen Bewertung für den Manipulation Check auf Grundlage des Wahrnehmungsbildes und nicht des Gedächtnisbildes der Marken). Auf der ersten Seite des Fragebogens wurde die Stimmung der Probanden erfasst, gefolgt von den Fragen zur Markenbekanntheit. Diese befanden sich ganz am Anfang des Fragebogens, um Ausstrahlungseffekten innerhalb des Fragebogens vorzubeugen. Auf der ersten Seite wurde die aktive, auf der zweiten Seite die passive Markenbekanntheit erhoben. Anschließend mussten die Probanden die Fragen zu den unterschiedlichen Dimensionen des inneren Bildes der Marken beantworten. Auf den nächsten Seiten wurde das Markenimage über eine offene Frage erfasst und anschließend mussten die von den Probanden genannten Assoziationen von diesen selbst auf drei Skalen bewertet werden. Schließlich folgten die Skalen zur Markeneinstellung, Markenbindung, zum Markenvertrauen, zur Markenbegehrlichkeit und zur Kaufwahrscheinlichkeit. Anschließend erfolgte für den Manipulation Check die emotionale Bewertung der Marken mit dem Semantischen Differential und dem Self-Assessment-Manikin analog zu Vorstudie. Am Ende des Fragebogens wurden das Involvement zur jeweiligen Produktkategorie und die demographischen Daten der Probanden erfasst.

Abbildung 31 zeigt die zentralen Eckdaten der Hauptstudie I im Überblick. Die Übersichtsdarstellung bezieht sich nur auf die Marken, die bei der Auswertung der fMRT-Daten berücksichtigt wurden. Dementsprechend wurden die Daten von insgesamt 60 Personen, die zu den vier ausgeschlossenen Marken befragt wurden, nicht berücksichtigt.

Untersuchungsart	Schriftliche Befragung anhand eines Fragebogens zu insgesamt 16 bekannten Marken (acht hoch emotionale und acht gering emotionale Marken); Feldstudie; Teilerhebung von Primärdaten; verbale Erfassung der Stimmung, des Markenwissens (Markenbekanntheit und Markenimage), der einzelnen Dimensionen innerer Markenbilder, der Markeneinstellung, der Markenbindung, des Markenvertrauens, der Kaufwahrscheinlichkeit, der Markenbegehrlichkeit und des Involvement zur Produktkategorie; Bewertung der einzelnen Markenassoziationen als Bestandteil des Markenimage auf drei Skalen; Manipulation Check verbal mit dem Semantischen Differential und nonverbal mit dem Self-Assessment-Manikin (SAM) erfasst.
Größe der Stichprobe	240 Personen
Zusammensetzung der Stichprobe	116 weibliche Personen (48,3 Prozent) und 124 männliche Personen (51,7 Prozent) im Alter zwischen 18 und 32 Jahren (Mittelwert: 24,11 Jahre); größtenteils Studenten der Justus-Liebig-Universität Gießen
Zeitraum der Durchführung	Mai bis August 2005
Ort der Durchführung	Justus-Liebig-Universität Gießen

Abbildung 31: Steckbrief der Hauptstudie I

3. Manipulation Check der unabhängigen Variablen

Eine Überprüfung der Manipulation der unabhängigen Variablen erfolgte innerhalb des Fragebogens, bei dem alle Probanden gebeten wurden, die Marken emotional zu bewerten. Die Markenemotionen wurden sowohl mit dem SAM als auch ein letztes Mal mit dem aufwendigeren Semantischen Differential erhoben.

Semantisches Differential

Eine Faktorenanalyse über die Daten des Semantischen Differentials ließ auch hier auf eine dreifaktorielle Lösung schließen (KMO-Wert 0,934; Signifikanz nach Bartlett $p < 0{,}001$). Die drei Faktoren erklärten 65,00 Prozent der Gesamtvarianz. Auch hier ließ sich der erste Faktor als Valenz interpretieren (höchste Faktorladung des Item angenehm/unangenehm mit 0,857) und der zweite Faktor als Erregung (höchste Faktorladung des Item erregt/ruhig mit 0,822). Zur Auswertung des Manipulation Check wurde für beide Dimensionen des Semantischen Differentials aufgrund fehlender Normalverteilung (Kolmogorov-Smirnov-Test $p < 0{,}05$) der Mann-Whitney-U-Test herangezogen. Auf der Valenzdimension des Semantischen Differentials wurden die hoch emotionalen Marken im Durchschnitt positiver wahrgenommen ($\mu = 5{,}12$) als die gering emotionalen Marken ($\mu = 4{,}04$) und dieser Mittelwertunterschied war höchst signifikant ($U = 11316{,}00$; $p < 0{,}001$). Auf der Erregungsdimension des Semantischen Differentials wurden die hoch emotionalen Marken im Durchschnitt erregender wahrgenommen (μ = 4,88) als die gering emotionalen Marken (μ = 3,74) und die Mittelwerte unterschieden sich auch höchst signifikant (U = 13297,50; $p < 0,001$).

Self-Assessment-Manikin (SAM)

Der wahrgenommene emotionale Gehalt der Marken wurde auf den drei 5-stufigen SAM-Skalen erfasst, wobei aufgrund der Schwächen der Dominanzdimension nur die beiden Dimensionen Valenz und Erregung genauer betrachtet wurden. Zur Auswertung des Manipulation Check wurde für beide Skalen des SAM aufgrund fehlender Normalverteilung (Kolmogorov-Smirnov-Test $p < 0,05$) der Mann-Whitney-U-Test herangezogen. Auf der Valenzdimension des SAM wurden die hoch emotionalen Marken im Durchschnitt positiver wahrgenommen (μ = 3,80) als die gering emotionalen Marken (μ = 3,08) und der Mittelwertunterschied war höchst signifikant (U = 13998,00; $p < 0,001$). Auf der Erregungsdimension des SAM wurden die hoch emotionalen Marken im Durchschnitt erregender wahrgenommen (μ = 2,97) als die gering emotionalen Marken (μ = 2,24). Auch dieser Mittelwertunterschied war höchst signifikant (U = 16198,50; $p < 0,001$). Abbildung 32 zeigt die Mittelwerte für die Valenz- und Erregungsskala des SAM und des Semantischen Differentials pro Cluster im Überblick.

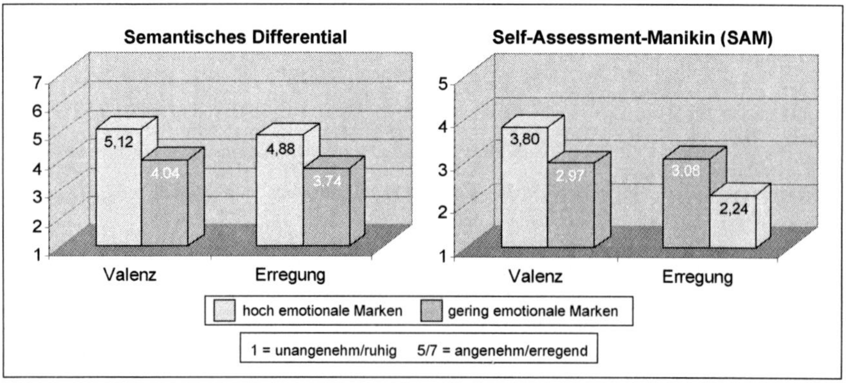

Abbildung 32: Wahrnehmung der Markenemotionen in den beiden Clustern

Auch auf Grundlage einer zusätzlich durchgeführten Clusteranalyse konnten die 16 Marken analog zur Vorstudie (Kapitel DII.4, S. 126 ff.) in zwei unterschiedliche Cluster eingeteilt werden. Dies galt sowohl für das Semantische Differential als auch für den SAM. Damit war die Manipulation der Markenemotionen erfolgreich und die wesentlichen Voraussetzungen zum Test der Hypothese waren somit gegeben. Die hoch emotionalen Marken wurden, wie beabsichtigt, positiver und erregender als die gering emotionalen Marken wahrgenommen.

In der Vorstudie haben sich kaum Unterschiede zwischen der emotionalen Bewertung der Marken von Männern und Frauen gezeigt. Auch in dieser Studie sollte noch einmal überprüft werden, ob sich Geschlechtsunterschiede bezüglich der Wahrnehmung von Markenemotionen zeigen. Da laut Kolmogorov-Smirnov-Test keine Normalverteilung vorlag ($p > 0{,}05$), wurde ein Vorzeichentest herangezogen. Dabei wurden die einzelnen Mittelwerte der Männer und Frauen miteinander verglichen, also z.B. der Valenzmittelwert des Semantischen Differentials der hoch emotionalen Marken der Männer ($\mu = 5{,}18$) mit dem der Frauen ($\mu = 5{,}06$) usw. Die einzelnen Mittelwerte der Männer und Frauen unterschieden sich auf beiden Dimensionen des Semantischen Differentials sowohl bei den hoch emotionalen Marken ($-0{,}656 \leq Z \leq -0{,}097$; $p \geq 0{,}512$) als auch bei den gering emotionalen Marken nicht signifikant ($-0{,}481 \leq Z \leq -0{,}197$; $p \geq 0{,}630$). Auch auf den beiden Dimensionen des SAM unterschieden sich die Mittelwerte der Männer und Frauen sowohl bei den hoch emotionalen Marken ($-0{,}207 \leq Z \leq 0{,}000$; $p \geq 0{,}836$) als auch bei den gering emotionalen Marken nicht signifikant ($-1{,}452 \leq Z \leq 1{,}147$; $p \geq 0{,}147$). Damit konnte auch in dieser Studie ein signifikant störender Einfluss des Geschlechts auf die emotionale Bewertung der Marken ausgeschlossen werden. Abbildung 33 zeigt die Mittelwerte für die Valenz- und Erregungsskala des SAM und des Semantischen Differentials pro Cluster aufgeteilt nach Geschlecht im Überblick.

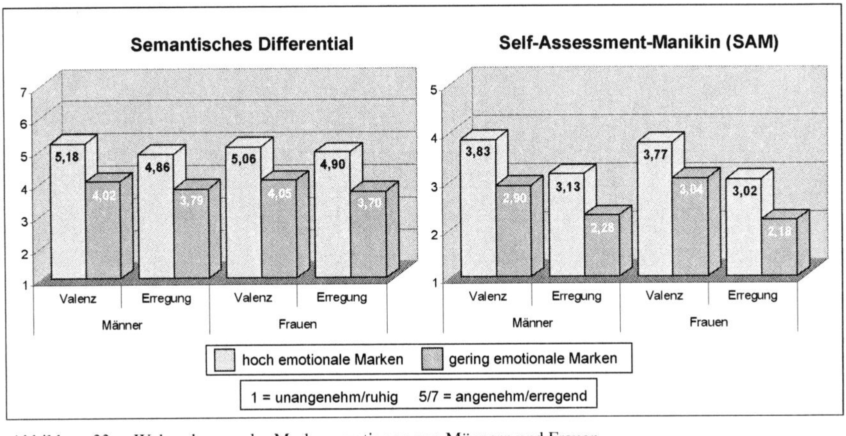

Abbildung 33: Wahrnehmung der Markenemotionen von Männern und Frauen

In der Vorstudie hat sich auch herausgestellt, dass das Semantische Differential und der SAM zu ähnlichen und vergleichbaren Ergebnissen kamen. Da auch in dieser Hauptstudie die 16 Marken sowohl mit dem Semantischen Differential als auch mit dem Self-Assessment-Manikin bewertet wurden, sollte auch an dieser Stelle noch einmal ein kurzer Vergleich der beiden Messverfahren mittels Korrelations- und Regressionsanalyse erfolgen.

Die Korrelationen nach Spearman-Roh zwischen den mit Hilfe des SAM und des Semantischen Differentials vorgenommenen Eindrucksurteilen auf den korrespondierenden Dimensionen betrug für die Valenzdimension $r = 0{,}91$ (sehr hohe Korrelation) und für die Erregungsdimension $r = 0{,}83$ (hohe Korrelation). Beide Korrelationen waren höchst signifikant ($p < 0{,}001$).[159]

Die Streudiagramme der Valenz- und Erregungswerte beim Semantischen Differential und beim SAM ließen auch hier einen linearen Zusammenhang vermuten. Die Regressionsanalyse wird als deskriptives Modell verwendet, um den linearen Trend der Punktewolke mit Hilfe einer Geraden bzw. Funktion zu beschreiben. Als Maßzahl zur Beurteilung der Güte der Regressionsschätzung dient das Bestimmtheitsmaß R-Quadrat. Die Berechnung erfolgte auf Grundlage der Korrelationskoeffizienten nach Pearson (Valenz: $r = 0{,}955$; $r^2 = 0{,}913$ und Erregung: $r = 0{,}889$; $r^2 = 0{,}791$). Das R-Quadrat der beiden Valenzdimensionen betrug also 0,91 und der beiden Erregungsdimensionen 0,79. Dies bedeutete, dass 91 Prozent bzw. 79 Prozent der gesamten auftretenden Varianz im Hinblick auf einen statistischen Zusammenhang erklärt wurden. Die erklärten Varianzanteile waren sowohl für die Valenzdimension ($F_{1,14} = 146{,}732$; $p < 0{,}001$) als auch für die Erregungsdimension ($F_{1,14} = 52{,}941$; $p < 0{,}001$) höchst signifikant.

Auf Grundlage der bisher durchgeführten Studien, in denen sowohl das Semantische Differential als auch der SAM zum Einsatz kamen und somit eine Vergleichbarkeit der beiden Messverfahren möglich war, konnte man sagen, dass es sich beim Semantischen Differential und beim SAM um vergleichbare Messverfahren handelte. Die durch die Marken induzierten emotionalen Erlebnisweisen ließen sich auf den Basisdimensionen Valenz und Erregung mit

[159] Die Korrelationskoeffizienten nach Pearson lagen sogar noch etwas höher. Korrelationen zwischen den mit Hilfe des SAM und des Semantischen Differentials vorgenommenen Eindrucksurteilen auf den korrespondierenden Dimensionen betrugen für die Valenzdimension $r = 0{,}96$ (sehr hohe Korrelation) und für die Erregungsdimension $r = 0{,}89$ (hohe Korrelation). Beide Korrelationen waren hoch signifikant ($p < 0{,}001$).

beiden Verfahren gleich gut erfassen. Aus diesem Grund wurde zur Messung von Markenemotionen in der Hauptstudie II nur noch der SAM eingesetzt.

4. Auswertung der Hauptstudie I

4.1 Wirkungen der Markenemotionen auf Markenbekanntheit und Markenimage

Um die Unterschiede in den Nennungen/Assoziationen zu prüfen, wurden Häufigkeitsvergleiche der Assoziationsnennungen der Probanden zu den hoch emotionalen und zu den gering emotionalen Marken vorgenommen. Zur Prüfung eines statistisch signifikanten Unterschieds zwischen den jeweiligen Vergleichshäufigkeiten wurde auf den Chi-Quadrat-Test nach Pearson zurückgegriffen. Dieser Test bietet sich insbesondere zum Vergleich von Variablen mit Nominalskalenniveau an und ist daher für den Vergleich der Häufigkeiten der Assoziationsnennungen geeignet. Um eine höhere intersubjektive Vergleichbarkeit der Ergebnisse sicherzustellen, wurden an einigen Stellen aber nicht nur die absoluten Werte betrachtet, sondern auch die relativen Anteile an den insgesamt pro Marke geäußerten Assoziationen.

Markenbekanntheit

In den Hypothesen H1a bis H1d wurde vermutet, dass hoch emotionale Marken eine höhere Markenbekanntheit aufweisen als gering emotionale Marken. Diese Hypothesen wurden mittels Mann-Whitney-U-Tests geprüft.

Die Hypothese H1a wurde aufgrund einer signifikanten Abweichung von der Normalverteilung (Kolmogorov-Smirnov-Test $p < 0{,}05$) mittels eines Mann-Whitney-U-Tests überprüft. Die Markenbekanntheit auf der 7-stufigen Ratingskala („kenne ich sehr schlecht" vs. „kenne ich sehr gut") war für die hoch emotionalen Marken höher ($\mu = 4{,}72$) als für die gering emotionalen Marken ($\mu = 3{,}50$) und die Mittelwertdifferenz war höchst signifikant ($U = 18000{,}00$; $p < 0{,}001$). Somit konnte **Hypothese H1a angenommen** werden.

Hoch emotionale Marken waren bekannter als gering emotionale Marken.

Die Hypothesen H1b bis H1d wurden aufgrund fehlender Normalverteilung (Kolmogorov-Smirnov-Test $p < 0{,}05$) mittels eines Mann-Whitney-U-Tests überprüft. Die prozentualen Recall-Werte bezogen sich darauf, wie oft die hoch emotionalen Marken bzw. gering emotionalen Marken von den Probanden aktiv erinnert, also spontan zu der zugehörigen Produktkategorie genannt wurden (Recall insgesamt). Eine zusätzliche Auswertung der

Markennennungen an erster Stelle gab Hinweise darauf, wie oft die hoch emotionalen Marken bzw. gering emotionalen Marken Top-of-Mind sind (Recall Top-of-Mind). Die prozentualen Recognition-Werte bezogen sich darauf, wie oft die jeweiligen Marken von den Probanden wiedererkannt wurden. Insgesamt wurden die hoch emotionalen Marken häufiger zu einer Produktkategorie genannt ($\mu = 83{,}02$) als die gering emotionalen Marken ($\mu = 38{,}65$) und die Mittelwerte unterschieden sich signifikant ($U = 9{,}50$; $p < 0{,}05$). Die hoch emotionalen Marken wurden deutlich häufiger an erster Stelle genannt ($\mu = 45{,}21$) als die gering emotionalen Marken ($\mu = 3{,}44$) und der Mittelwertunterschied war hoch signifikant ($U = 4{,}50$; $p < 0{,}01$). Ebenso wurden die hoch emotionalen Marken häufiger wiedererkannt ($\mu = 100{,}00$) als die gering emotionalen Marken ($\mu = 94{,}58$) und auch diese Mittelwerte unterschieden sich signifikant ($U = 12{,}00$; $p < 0{,}05$). Damit konnten die **Hypothesen H1b, H1c und H1d angenommen** werden.

Hoch emotionale Marken wurden häufiger aktiv erinnert, häufiger als erste Marke erinnert (Top-of-Mind) und häufiger wiedererkannt, als gering emotionale Marken.

Abbildung 34 fasst die Wirkung der Markenemotionen auf die Markenbekanntheit zusammen.

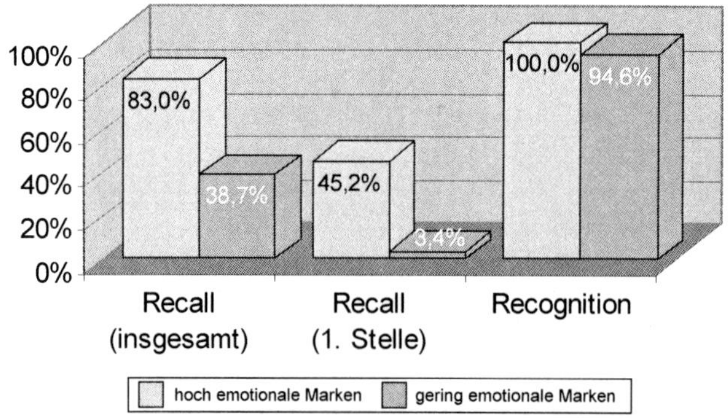

Abbildung 34: Wirkung der Markenemotionen auf die aktive Markenbekanntheit, die Top-of-Mind und die passive Markenbekanntheit

Markenimage

In den Hypothesen H2a bis H2e wurde vermutet, dass zu hoch emotionalen Marken mehr Markenassoziationen geäußert werden (H2a) sowie der Anteil emotionaler Assoziationen (H2b), nonverbaler Assoziationen (H2c), markenspezifischer Assoziationen (H2d) und positiver emotionaler Assoziationen (H2e) an den insgesamt geäußerten Markenassoziationen höher ist als bei gering emotionalen Marken. Ebenso wurde vermutet, dass die Markenassoziationen zu den hoch emotionalen Marken von den Probanden angenehmer (H2f), relevanter (H2g) und stärker (H2f) bewertet werden als die Markenassoziationen zu den gering emotionalen Marken. Diese Hypothesen wurden mittels Chi-Quadrat-Tests und Mann-Whitney-U-Tests überprüft.

Die Überprüfung der Hypothesen zum Assoziationstest erfolgte für die absoluten Häufigkeiten pro Cluster mit einem Chi-Quadrat-Test[160] und für die prozentualen Anteile an den Gesamtassoziationen pro Cluster mit einem Mann-Whitney-U-Test. Dieser Test wurde aufgrund einer signifikanten Abweichung von der Normalverteilung verwendet (Kolmogorov-Smirnov-Test $p < 0{,}05$). Die Betrachtung der relativen Anteile ermöglichte eine höhere intersubjektive Vergleichbarkeit der Ergebnisse. Hierfür wurden die relativen Anteile der emotionalen, nonverbalen und markenspezifischen Assoziationen an den insgesamt pro Marke geäußerten Assoziationen berechnet und diese dann zum Mittelwert pro Cluster zusammengefasst. Dadurch fanden die einzelnen Marken noch mehr Berücksichtigung. Dies war insbesondere bei dem between-subjects-design von Bedeutung, da Äußerungen von Assoziationen von personenspezifischen Variablen abhängen und die Probanden entweder nur zu den hoch oder nur zu den gering emotionalen Marken befragt wurden. So könnte es z.B. sein, dass bei den gering emotionalen Marken solche Probanden befragt wurden, die generell sehr viele Assoziationen zu den Marken nennen und umgekehrt. Diese Ungenauigkeiten kann man durch die Betrachtung der relativen Anteile umgehen (vgl. zu dem Problem der intersubjektiven Vergleichbarkeit von Assoziationsergebnissen Batra/Ray, 1983, S. 312).

Insgesamt wurden 1.472 Assoziationen zu den acht hoch emotionalen Marken geäußert, während zu den acht gering emotionalen Marken insgesamt 870 Assoziationen genannt wurden. Der Chi-Quadrat-Test belegte, dass der Unterschied statistisch höchst signifikant war (Chi-Quadrat = 154,741; df = 1; $p < 0{,}001$). Somit wurden im Durchschnitt pro Proband 6,13 Assoziationen zu einer hoch emotionalen und 3,62 Assoziationen zu einer gering emotionalen Marke geäußert. Auch dieser Mittelwertunterschied war laut Mann-Whitney-U-Test höchst signifikant (U = 11312,50; $p < 0{,}001$). Damit konnte die **Hypothese H2a angenommen** werden.

---

160 Der Chi-Quadrat-Test nach Pearson bietet sich insbesondere zum Vergleich von Variablen mit Nominalskalenniveau an und war aus diesem Grund für den Vergleich der Häufigkeiten der Assoziationsnennungen geeignet.

Zu hoch emotionalen Marken wurden mehr Assoziationen geäußert als zu gering emotionalen Marken.

Zu den hoch emotionalen Marken wurden 876 emotionale Assoziationen geäußert (im Durchschnitt 3,65 pro Proband) und zu den gering emotionalen Marken nur 295 (im Durchschnitt 1,23 pro Proband). Der Unterschied war höchst signifikant (Chi-Quadrat = 288,267; df = 1; p < 0,001).[161] Auch der prozentuale Anteil emotionaler Assoziationen war bei den hoch emotionalen Marken deutlich höher (μ = 58,69) als bei den gering emotionalen Marken (μ = 33,87).[162] Auch dieser Mittelwertunterschied war signifikant (U = 11,00; p < 0,05). Damit konnte die **Hypothese H2b angenommen** werden.

Bei hoch emotionalen Marken war der Anteil emotionaler Assoziationen an den insgesamt geäußerten Assoziationen höher als bei gering emotionalen Marken.

Zu den hoch emotionalen Marken wurden 591 nonverbale Assoziationen genannt (im Durchschnitt 2,46 pro Proband) und zu den gering emotionalen Marken nur 262 (im Durchschnitt 1,09 pro Proband). Der Unterschied der absoluten Häufigkeiten war höchst signifikant (Chi-Quadrat = 118,794; df = 1; p < 0,001).[163] Allerdings war der prozentuale Anteil nonverbaler Assoziationen bei den hoch emotionalen Marken nur gering höher (μ = 40,27) als bei den gering emotionalen Marken (μ = 30,96). Der Mittelwertunterschied war hier nicht signifikant (U = 20,00; p = 0,208). Der Unterschied des signifikanten Einflusses der emotionalen Bewertung von Marken zwischen den absoluten Häufigkeiten und den relativen Anteilen kann wie folgt erklärt werden: Zu den hoch emotionalen Marken wurden absolut betrachtet mehr nonverbale Assoziationen geäußert als zu den gering emotionalen Marken. Da jedoch bei den hoch emotionalen Marken im Gegensatz zu den gering emotionalen Marken auch die absolute Zahl ins-

---

161 Im Gegensatz zu den emotionalen Assoziationen wurden bei den hoch emotionalen Marken 596 kognitive Assoziationen genannt (im Durchschnitt 2,48 pro Proband) und bei den gering emotionalen Marken 575 (im Durchschnitt 2,40 pro Proband). Der Unterschied war nicht signifikant (Chi-Quadrat = 0,377; df = 1; p = 0,539).

162 Diese Mittelwerte ergaben sich aus dem relativen Anteil der emotionalen, nonverbalen und markenspezifischen Assoziationen an den insgesamt pro Marke geäußerten Assoziationen, die anschließend pro Cluster zusammengefasst wurden. Die Mittelwerte unterschieden sich dabei aber nur geringfügig von den Mittelwerten, die sich ergeben, wenn man den relativen Anteil der Assoziationen auf Basis der absoluten Zahlen pro Cluster berechnet. Dann würden sich folgende Anteile für die hoch emotionalen (gering emotionalen) Marken ergeben: 59,5 Prozent (33,9 Prozent) emotionale Assoziationen, 40,2 Prozent (30,1 Prozent) nonverbale Assoziationen und 81,4 Prozent (76,1 Prozent) markenspezifische Assoziationen.

163 Im Gegensatz zu den nonverbalen Assoziationen wurden bei den hoch emotionalen Marken 881 verbale Assoziationen genannt (im Durchschnitt 3,67 pro Proband) und bei den gering emotionalen Marken nur 608 (im Durchschnitt 2,53 pro Proband). Der Unterschied war auch hoch signifikant (Chi-Quadrat = 53,732; df = 1; p < 0,001).

gesamt geäußerter Assoziationen zunahm, ergab sich kein signifikanter Unterschied im prozentualen Anteil der nonverbalen Assoziationen. Auf Grundlage der relativen, prozentualen Anteile musste die **Hypothese H2c abgelehnt** werden.

Der Anteil nonverbaler Assoziationen an den insgesamt geäußerten Assoziationen bei den hoch emotionalen Marken unterschied sich nicht von dem Anteil nonverbaler Assoziationen bei gering emotionalen Marken.

Zu den hoch emotionalen Marken wurden 1.198 markenspezifische Assoziationen genannt (im Durchschnitt 4,99 pro Proband) und zu den gering emotionalen Marken nur 662 (im Durchschnitt 2,76 pro Proband). Der Unterschied war höchst signifikant (Chi-Quadrat = 153,633; df = 1; p < 0,001).[164] Allerdings war auch hier der prozentuale Anteil markenspezifischer Assoziationen bei den hoch emotionalen Marken nur gering höher (μ = 80,47) als bei den gering emotionalen Marken (μ = 75,92) und der Mittelwertunterschied ist nicht signifikant (U = 24,00; p = 0,401). Auch hier musste auf Grundlage der relativen, prozentualen Anteile die **Hypothese H2d abgelehnt** werden.

Der Anteil markenspezifischer Assoziationen an den insgesamt geäußerten Assoziationen bei den hoch emotionalen Marken unterschied sich nicht von dem Anteil markenspezifischer Assoziationen bei gering emotionalen Marken.

Abbildung 35 zeigt die absoluten Häufigkeiten und die relativen Anteile an den Gesamtassoziationen pro Cluster im Überblick.

---

164 Im Gegensatz zu den markenspezifischen Assoziationen wurden bei den hoch emotionalen Marken 274 produktspezifische Assoziationen genannt (im Durchschnitt 1,14 pro Proband) und bei den gering emotionalen Marken nur 208 (im Durchschnitt 0,87 pro Proband). Der Unterschied war hoch signifikant (Chi-Quadrat = 8,943; df = 1; p < 0,005).

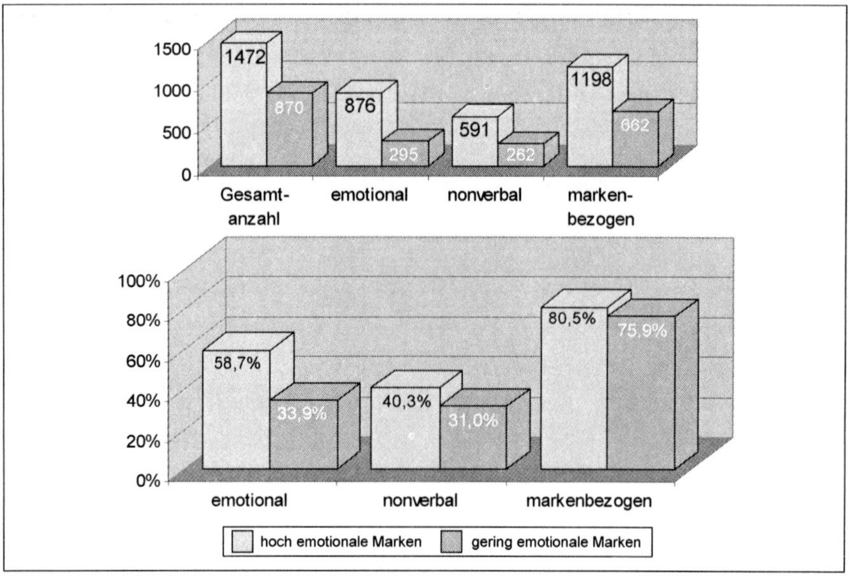

Abbildung 35: Wirkung der Markenemotionen auf die Anzahl der Markenassoziationen (oben) und den prozentualen Anteil der Markenassoziationen (unten)

Insbesondere die Häufigkeit bzw. der Anteil emotionaler Assoziationen lieferte schon wichtige Hinweise zu den Markenemotionen. Allerdings erhielt man über die Anzahl oder den Anteil der Assoziationen noch keinen Hinweis auf die Valenz der Markenassoziationen. So könnten z.B. zu einer Marke 100 Prozent emotionale Assoziationen geäußert werden. Wenn diese allerdings negativ geprägt sind, wäre das für die Marke äußerst problematisch. Aus diesem Grund wurden die emotionalen Assoziationen noch einmal dahingehend kodiert, ob es sich bei den emotionalen Assoziationen um Assoziationen mit positiver oder negativer Valenz handelt. Zu den hoch emotionalen Marken wurden insgesamt 876 emotionale Assoziationen genannt und zu den gering emotionalen Marken nur 295. Von den emotionalen Assoziationen waren bei den hoch emotionalen Marken 831 positiv und lediglich 45 negativ, bei den gering emotionalen Marken waren nur 182 positiv und immerhin 113 negativ. Die Häufigkeitsunterschiede waren statistisch höchst signifikant (Chi-Quadrat = 415,796; df = 1; $p < 0{,}001$). Auch hier wurden die relativen Anteile der positiven und negativen emotionalen Assoziationen an den insgesamt pro Marke geäußerten Assoziationen berechnet und dann zum Mittelwert pro Cluster zusammengefasst. Bei den hoch emotionalen Marken war der Anteil positiver emotionaler Assoziationen deutlich höher (μ = 94,86) als bei den gering emotionalen Marken

($\mu = 59{,}27$).[165] Die Werte unterschieden sich hoch signifikant ($U = 6{,}00$; $p < 0{,}01$). Damit konnte die **Hypothese H2e angenommen** werden.

Bei hoch emotionalen Marken war der Anteil positiver emotionaler Assoziationen an den insgesamt geäußerten Assoziationen höher als bei gering emotionalen Marken.

Abbildung 36 zeigt die Anzahl positiver und negativer emotionaler Assoziationen sowie die relativen Anteile an den Gesamtassoziationen pro Cluster im Überblick.

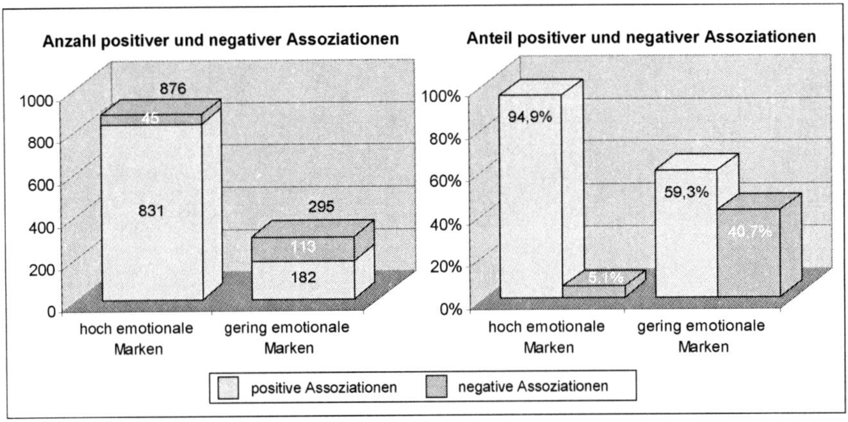

Abbildung 36: Wirkung der Markenemotionen auf die Anzahl (links) und den prozentualen Anteil (rechts) positiver und negativer Markenassoziationen

Neben der oben beschriebenen Zusammenfassung der Assoziationen in Kategorien durch außenstehende Kodierer wurden die Probanden selbst gebeten, jede von ihnen geäußerte Assoziation hinsichtlich drei unterschiedlicher Dimensionen zu bewerten (Richtung, Relevanz und Stärke der Markenassoziationen). Da eine signifikante Abweichung von der Normalverteilung vorlag (Kolmogorov-Smirnov-Test $p < 0{,}05$), erfolgte die Auswertung mittels des Mann-Whitney-U-Tests.

Die Markenassoziationen zu den hoch emotionalen Marken wurden von den Probanden bezüglich der Assoziationsrichtung positiver bewertet ($\mu = 5{,}10$) als die gering emotionalen

[165] Die Mittelwerte in der Abbildung 36 unterschieden sich dabei nur geringfügig von den Mittelwerten, die sich ergeben, wenn man den relativen Anteil auf Basis der absoluten Zahlen pro Cluster berechnet. Auf Basis dieser Berechnung würden sich 94,9 Prozent positive emotionale Assoziationen für die hoch emotionalen Marken und 61,7 Prozent positive emotionale Assoziationen für die gering emotionalen Marken ergeben.

Marken (μ = 4,31) und der Mittelwertunterschied war höchst signifikant (U = 482920,00; $p < 0{,}001$). Die geäußerten Assoziationen zu den hoch emotionalen Marken wurden von den Probanden bezüglich der Assoziationsrelevanz wichtiger bewertet (μ = 4,64) als die Assoziationen zu den gering emotionalen Marken (μ = 4,36). Auch diese Mittelwerte unterschieden sich höchst signifikant (U = 582633,00; $p < 0{,}001$). Letztendlich waren die Assoziationen zu den hoch emotionalen Marken auch stärker mit den Marken verbunden (μ = 5,35), als die Assoziationen zu den gering emotionalen Marken (μ = 4,49), und der Mittelwertunterschied war höchst signifikant (U = 463703,50; $p < 0{,}001$). Damit konnten die **Hypothesen H2f, H2g und H2h angenommen** werden.

Die Markenassoziationen, die zu hoch emotionalen Marken geäußert wurden, wurden von den Probanden als angenehmer, relevanter und stärker mit der Marke verbunden bewertet als die Assoziationen zu gering emotionalen Marken.

Abbildung 37 zeigt die Mittelwerte zur Richtung, Relevanz und Stärke der Markenassoziationen pro Cluster im Überblick.[166]

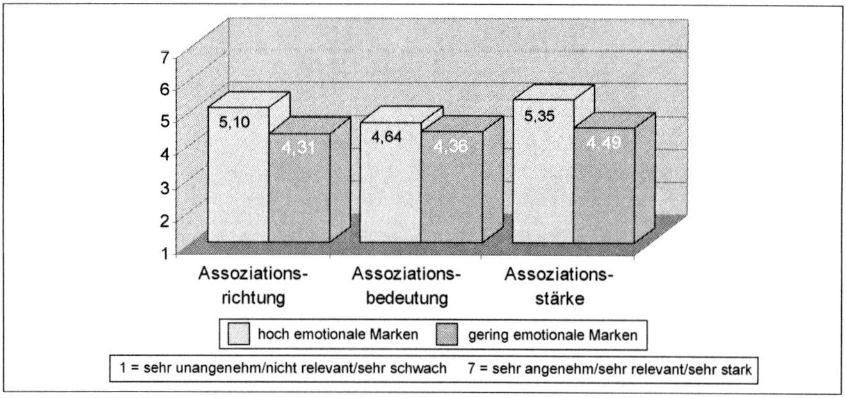

Abbildung 37: Wirkung der Markenemotionen auf die Richtung, Relevanz und Stärke von Markenassoziationen

166 Ein beispielhafter Eindruck über die am häufigsten genannten Assoziationen zu einer hoch emotionalen (Langnese) und einer gering emotionalen Marke (Kia) in einem semantischen Netzwerk soll in Anhang 14 (S. 240) vermittelt werden.

4.2 Wirkungen der Markenemotionen auf innere Markenbilder

In den Hypothesen H3a bis H3d wurde vermutet, dass das innere Bild von hoch emotionalen Marken klarer und deutlicher (H3a), lebendiger (H3b) und anziehender (H3c) ist als das innere Bild von gering emotionalen Marken. Es wurde auch vermutet, dass auf das innere Bild der hoch emotionalen Marken leichter zugegriffen werden kann (H3d) als auf das innere Bild der gering emotionalen Marken. Da sich die Daten für alle vier Konstrukte mit dem Kolmogorov-Smirnov-Test auf Normalverteilung als nicht signifikant erwiesen ($p < 0,05$), wurde zur Überprüfung der Hypothesen der Mann-Whitney-U-Test herangezogen.

Die Klarheit und Deutlichkeit des inneren Bildes waren bei den hoch emotionalen Marken höher ($\mu = 77,71$) als bei den gering emotionalen Marken ($\mu = 52,32$) und die Mittelwertdifferenz war höchst signifikant ($U = 14743,000$; $p < 0,001$). Die Lebendigkeit des inneren Bildes war bei den hoch emotionalen Marken höher ($\mu = 69,98$) als bei den gering emotionalen Marken ($\mu = 39,54$) und die Mittelwerte unterschieden sich höchst signifikant ($U = 13443,50$; $p < 0,001$). Auch die Anziehungskraft des inneren Bildes war bei den hoch emotionalen Marken höher ($\mu = 68,60$) als bei den gering emotionalen Marken ($\mu = 35,79$) und die Differenz war höchst signifikant ($U = 11946,000$; $p < 0,001$). Damit konnten die **Hypothesen H3a, H3b und H3c angenommen** werden.

> **Das innere Markenbild der hoch emotionalen Marken war klarer und deutlicher, lebendiger und anziehender als das innere Bild der gering emotionalen Marken.**

Abbildung 38 zeigt die Mittelwerte zu den drei Dimensionen des inneren Bildes pro Cluster im Überblick.

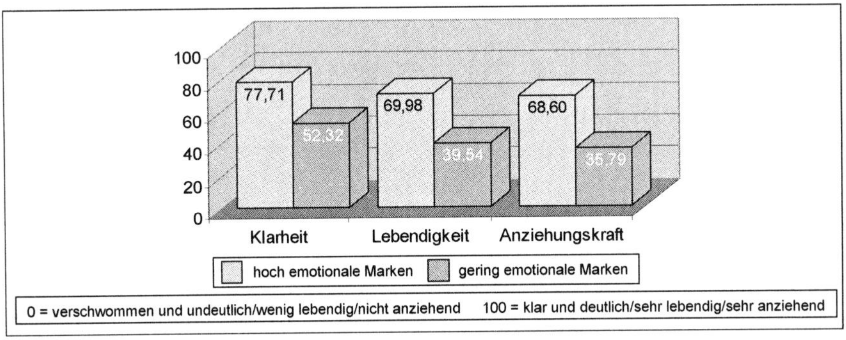

Abbildung 38: Wirkung der Markenemotionen auf die Klarheit, Lebendigkeit und Anziehungskraft des inneren Markenbildes

Auch der Zugriff auf das innere Bild fiel bei den hoch emotionalen Marken leichter ($\mu = 5{,}72$) als bei den gering emotionalen Marken ($\mu = 4{,}22$) und der Mittelwertunterschiede war höchst signifikant (U = 15201,000; $p < 0{,}001$). Damit konnte auch die **Hypothese H3d angenommen** werden.

Der Zugriff auf das innere Markenbild der hoch emotionalen Marken fiel leichter als der Zugriff auf das innere Bild der gering emotionalen Marken.

Abbildung 39 zeigt die Mittelwerte der Zugriffsfähigkeit auf das innere Markenbild pro Cluster im Überblick.

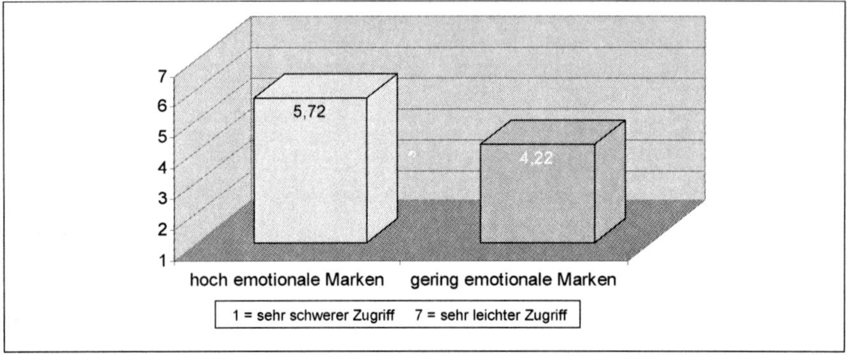

Abbildung 39: Wirkung der Markenemotionen auf die Zugriffsfähigkeit des inneren Markenbildes

4.3 Wirkungen der Markenemotionen auf Markeneinstellung, Markenbindung, Markenvertrauen und Markenbegehrlichkeit

In den Hypothesen H4a bis H4d wurde vermutet, dass zu hoch emotionalen Marken eine positivere Markeneinstellung (H4a), eine stärkere Markenbindung (H4b), ein höheres Markenvertrauen (H4c) und eine größere Markenbegehrlichkeit (H4d) besteht als zu gering emotionalen Marken. Diese Hypothesen wurden mittels Mann-Whitney-U-Tests getestet.

Die Daten erwiesen sich für alle vier Konstrukte mit dem Kolmogorov-Smirnov-Test auf Normalverteilung als nicht signifikant ($p < 0{,}05$). Der aus diesem Grund herangezogene Mann-Whitney-U-Test ergab eindeutige Mittelwertunterschiede. Die Markeneinstellung zu den hoch emotionalen Marken war deutlich positiver ($\mu = 5{,}25$) als zu den gering emotionalen Marken ($\mu = 4{,}30$) und die Mittelwerte unterschieden sich höchst signifikant (U = 10490,00;

p < 0,001). Ebenso war die Markenbindung an die hoch emotionalen Marken deutlich stärker ($\mu = 3,96$) als an die gering emotionalen Marken ($\mu = 2,63$). Die Mittelwerte unterschieden sich auch hier höchst signifikant (U = 16108,50; p < 0,001). Auch das Markenvertrauen, das den hoch emotionalen Marken entgegengebracht wird ($\mu = 4,75$), war höher, als bei den gering emotionalen Marken ($\mu = 3,65$) und auch dieser Mittelwertunterschied war höchst signifikant (U = 16468,00; p < 0,001). Die Markenbegehrlichkeit der hoch emotionalen Marken war deutlich höher ($\mu = 4,63$) als die der gering emotionalen Marken ($\mu = 3,10$). Die Werte unterschieden sich höchst signifikant (U = 15735,00; p < 0,001). Damit konnten die **Hypothesen H4a, H4b, H4c und H4d angenommen** werden.

Bei den hoch emotionalen Marken waren die Markeneinstellung positiver, die Markenbindung stärker, das Markenvertrauen sowie die Markenbegehrlichkeit höher als bei gering emotionalen Marken.

Bereits bei der Operationalisierung der abhängigen Variablen wurde auf die Schwierigkeiten bei der Messung der Kaufwahrscheinlichkeit hingewiesen, weswegen auch auf die Formulierung einer Hypothese zur Kaufwahrscheinlichkeit verzichtet wurde. Aus diesem Grund wurde die Markenbegehrlichkeit erhoben, bei der die monetären Einschränkungen aufgrund des hohen Kaufpreises einiger Marken in den Hintergrund rücken und eher die emotionale Attraktivität einer Marke erfasst wird. Bei der Auswertung der Daten zur Kaufwahrscheinlichkeit zeigten sich zwar durchaus Unterschiede zwischen den hoch emotionalen ($\mu = 3,85$) und den gering emotionalen Marken ($\mu = 2,93$) und dieser Mittelwertunterschied war auch höchst signifikant (U = 21985,50; p < 0,001). Es zeigte sich allerdings eine deutliche Verzerrung der Ergebnisse auf Markenebene, insbesondere bei genauerer Betrachtung von zwei extremen Marken wie Lamborghini oder Ferrari. Hier lag aufgrund des teuren Kaufpreises eine äußerst geringe Kaufwahrscheinlichkeit vor (Lamborghini $\mu = 1,43$ und Ferrari $\mu = 1,73$), die Markenbegehrlichkeit war jedoch sehr stark ausgeprägt (Lamborghini $\mu = 4,20$ und Ferrari $\mu = 4,23$). Abbildung 40 zeigt die Mittelwerte der Markeneinstellung, der Markenbindung, des Markenvertrauens und der Markenbegehrlichkeit pro Cluster im Überblick.

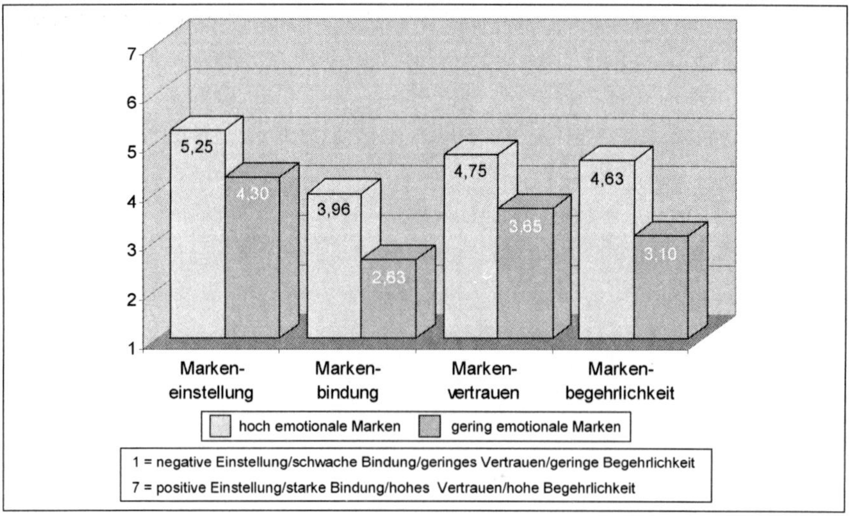

Abbildung 40: Wirkung der Markenemotionen auf die Markeneinstellung, die Markenbindung, das Markenvertrauen und die Markenbegehrlichkeit

IV. Hauptstudie II: Untersuchung von Marken mit der funktionellen Magnetresonanztomographie (fMRT)

1. Begleituntersuchung zur Erhebung von Befragungsdaten

1.1 Operationalisierung der Variablen

1.1.1 Operationalisierung der unabhängigen Variablen

Die Begleituntersuchung zur Untersuchung mittels der funktionellen Magnetresonanztomographie (fMRT) diente der Erfassung der Befragungsdaten, die bereits in Hauptstudie I auf Grundlage einer größeren Stichprobe erhoben wurden. Im Rahmen der Begleituntersuchung zur fMRT-Untersuchung erhielt man die Daten allerdings genau von den Probanden, deren Gehirnreaktionen auch erfasst werden.

Als unabhängige Variable der Begleituntersuchung wurden die Markenemotionen analog zur Hauptstudie I über die dichotome Einteilung in „gering emotional" und „hoch emotional" manipuliert. Dementsprechend handelte es sich um ein einfaktorielles, zweifach gestuftes Untersuchungsdesign. Bedingt durch die Untersuchung im fMRT, in dem jedem Probanden alle Marken wiederholt gezeigt wurden, ergab sich in Abweichung zu Hauptstudie I ein within-subjects-design, d.h. die Stufen der unabhängigen Variablen wurden in einer Probanden-Gruppe realisiert. Übertragen auf die Begleituntersuchung der Hauptstudie II bedeutete dies, dass den Probanden sowohl die hoch emotionalen Marken als auch die gering emotionalen Marken (und zusätzlich die unbekannten Marken) präsentiert wurden und sie diese auf den einzelnen Zielgrößen bewerten mussten.

Wie in den vorangegangenen Studien wurde die unabhängige Variable Markenemotion über die beiden Dimensionen Valenz und Erregung operationalisiert. Basierend auf der Vorstudie zeichneten sich die zehn hoch emotionalen Marken durch eine positive Valenz und hohe Erregung aus (BMW™, Coca-Cola™, ebay™, Ferrari™, Harley-Davidson™, Lamborghini™, Langnese™, Porsche™, Bacardi™ und Lufthansa™) und die zehn gering emotionalen Marken durch eine neutrale Valenz und geringe Erregung (KIA™, Motorola™, Oettinger™, Opel™, privileg™, Škoda™, Württembergische Versicherung™, Yahoo™, Timex™ und Alpia™) aus. Neben diesen 20 bekannten wurden in der Hauptstudie II zusätzlich noch zehn unbekannte Marken untersucht (Enersul™, Hidell™, Kayser-Threde™, Oriel™, Ovid™, tatasolusi™, Ville de Rouyn-Noranda™ und Xenpak™, Tasaus™ und Marcos™). Da im Rahmen der Auswertung des fMRT-Experiments insgesamt sechs Marken (zwei hoch emotionale, zwei gering emotionale und zwei unbekannte Marken) von der Auswertung ausgeschlossen wurden, erfolgt im weiteren Verlauf die Darstellung der Ergebnisse auf Grundlage von 24 Marken (vgl. zum Ausschluss der Marken Kapitel DIV.1.3, S. 174 ff.). Ausgeschlossen wurden die hoch emotionalen Marken Bacardi™ und Lufthansa™, die gering emotionalen Marken Timex™ und Alpia™ und die unbekannten Marken Tasaus™ und Marcos™. Die eingesetzten Markenlogos sind dem Anhang 12 (S. 238) zu entnehmen.

Die Bekanntheit der Marken stellte bei der Begleituntersuchung zwar noch keine unabhängige Variable dar, sondern erst bei der fMRT-Untersuchung. Trotzdem sollten sie an dieser Stelle bereits erwähnt werden, da zu den unbekannten Marken in der Begleituntersuchung die Marken(un)bekanntheit erhoben und die emotionale Bewertung auf der Valenz- und Erregungsskala des SAM vorgenommen wurden. Diese Ergebnisse werden im Kapitel DIV.1.3 (S. 174 ff.) dargestellt, da bei diesem überprüft wurde, ob die unbekannten Marken den Probanden auch wirklich unbekannt sind und wie sie im Vergleich zu den hoch und gering emotionalen Marken emotional bewertet werden.

1.1.2 Operationalisierung der abhängigen Variablen

Bedingt durch das within-subjects-design wurde jeder Proband zu insgesamt 30 Marken befragt (zehn hoch emotionale, zehn gering emotionale und zehn unbekannte Marken). Aus forschungsökonomischen Gründen ergaben sich deswegen im Vergleich zur Hauptstudie I Abweichungen bei der Operationalisierung der abhängigen Variablen. Entweder wurden die abhängigen Variablen nur noch direkt über einen Indikator erhoben (anstatt über mehrere in der Hauptstudie I) oder es wurde auf die Erhebung einiger abhängiger Variablen ganz verzichtet.

Die Markenbekanntheit der bekannten Marken wurde über eine 7-stufige Ratingskala mit der Frage „Wie gut kennen Sie die Marke X?" und den Endpunkten „kenne ich sehr schlecht" und „kenne ich sehr gut" gemessen.

Die Operationalisierung und Auswertung des Markenimage erfolgte analog zur Hauptstudie I. Da der Fragebogen ohnehin schon sehr umfangreich war, wurde aus forschungsökonomischen Gründen auf die Beurteilung der Assoziationen auf den drei Dimensionen Richtung, Relevanz und Stärke durch die Probanden verzichtet.

Die Markeneinstellung wurde in der Hauptstudie nur noch über drei Items erfasst. Bei der Einstellung handelt es sich um eine mehrdimensionale Größe und sie beinhaltet eine affektive, eine kognitive und eine intentionale Komponente. Bereits in der Vorstudie wurde auf die Erhebung der intentionalen Komponente wegen mangelnder Relevanz verzichtet. Aus den elf Items der Hauptstudie I wurden diejenigen ausgewählt, welche die höchsten Faktorladungen in der Faktorenanalyse auf den Faktor Einstellung aufwiesen und sich jeweils einer der beiden Komponenten (affektiv und kognitiv) zuordnen ließen. Die Messung der Einstellung erfolgte in der Hauptstudie über drei 7-stufige Ratingskalen mit der Frage „Wie finden Sie die Marke X generell?". Ein Item erfasste die Over-All-Einstellung („finde ich sehr schlecht" vs. „finde ich sehr gut"), ein Item die affektive Komponente („finde ich sehr unangenehm" vs. „finde ich sehr angenehm") und ein Item die kognitive Komponente („steht für geringe Qualität" vs. „steht für hohe Qualität") der Einstellung.[167] Eine Faktorenanalyse über die Daten dieser drei Skalen ließ auf eine einfaktorielle Lösung schließen (KMO-Wert 0,733; Signifikanz nach

---

[167] Die Faktorladungen aus der Hauptstudie I auf den Faktor Einstellung betrugen für die Over-All-Einstellung 0,991, für die affektive Komponente 0,993 und für die kognitive Komponente 0,983.

Bartlett p < 0,001). Der eine Faktor erklärte 86,32 Prozent der Gesamtvarianz.[168] Cronbachs Alpha für die Gesamtskala zur Einstellung zur Marke betrug 0,92.

Die Markenbindung wurde nur noch über die Bestimmung des Bedauerns, wenn die Marke nicht mehr vorhanden wäre, operationalisiert. Auf einer 7-stufigen Likert-Skala mussten die Probanden ihre Ablehnung bzw. Zustimmung („stimme überhaupt nicht zu" vs. „stimme voll und ganz zu") zu der Aussage „Ich würde es sehr bedauern, wenn die Marke X nicht mehr vorhanden wäre" angeben.

Das Markenvertrauen wurde lediglich über die direkte Bestimmung des Markenvertrauens gemessen. Auf einer 7-stufigen Likert-Skala mussten die Probanden ihre Ablehnung bzw. Zustimmung („stimme überhaupt nicht zu" vs. „stimme voll und ganz zu") zu der Aussage „Ich vertraue der Marke X" angeben.

1.1.3 Operationalisierung der Moderatorvariablen

Da im Vergleich zur Hauptstudie I ein within-subjects-design vorlag, lagen keine unterschiedlichen Gruppenmerkmale vor, die einen Einfluss auf die Wirkungsbeziehung zwischen unabhängigen und abhängigen Variablen ausüben konnten. Um allerdings die Vergleichbarkeit der Ergebnisse der Hauptstudie I mit den Ergebnissen der Hauptstudie II zu gewährleisten, wurden die Moderatorvariablen auch in dieser Studie erhoben und mit den Ergebnissen der Hauptstudie I verglichen. So könnte beispielsweise eine schlechte Stimmung der zehn Probanden in der Hauptstudie II die Ergebnisse im Vergleich zur Hauptstudie I verzerren.

Geschlecht

Sowohl in der Vorstudie als auch in Hauptstudie I übte das Geschlecht kaum Einfluss auf die emotionale Bewertung der Marken aus. Auch wenn sich keine Verzerrungen durch geschlechtsspezifische Bewertungen der Markenemotionalität zeigten, so könnte dies trotzdem bei der Messung der neuronalen Aktivität der Fall sein. In den letzten Jahren hat die Gehirnforschung viele Unterschiede in den Gehirnstrukturen zwischen Männern und Frauen entdeckt

---

[168] Die drei Items luden mit 0,952 (finde ich sehr schlecht/sehr gut), 0,932 (finde ich sehr unangenehm/angenehm) und 0,903 (steht für geringe/hohe Produktqualität) auf einen Faktor.

(vgl. Baron-Cohen, 2003).[169] Aber nicht nur physisch unterscheiden sich das männliche und weibliche Gehirn, sondern auch funktional, also bei der Zusammenarbeit der einzelnen Gehirnregionen (vgl. Arnold et al., 2003; Bishop/Wahlsten, 1997; Collaer/Hines, 1995; Frederikse et al., 1999; Geary, 1998; Gur et al., 1999; Harasty et al., 1997; Kelly et al., 1999; Rabinowicz et al., 1999; Schlaepfer et al., 1995; Shaywitz et al., 1995). Viel entscheidender für die vorliegende Arbeit war allerdings, dass sich auch in einigen Untersuchungen von Emotionen Unterschiede zwischen Männern und Frauen zeigten (vgl. Azim et al., 2005; Bradley et al., 2001b; Cahill et al., 2001; Canli/Gabrieli, 2004; Hamann et al., 2004; Piefke et al., 2005; Schienle et al., 2005a; Wager/Ochsner, 2005; Wager et al., 2003). Aus diesem Grund wurde sich bei der Untersuchung der Marken mittels funktioneller Magnetresonanztomographie auf die Untersuchung von männlichen Probanden beschränkt, um geschlechtsspezifische Verzerrungen der Ergebnisse zu vermeiden. Zur expliziten Untersuchung von Geschlechtsunterschieden war die vorliegende Stichprobe von n = 20 zu klein.

Alter

Auch bezüglich des Alters haben diverse Studien gezeigt, dass sich das Gehirn von Jungen und Alten sowohl physisch als auch funktional unterscheidet (vgl. Alexander et al., 2006; Carne et al., 2006; Kovalev et al., 2003; Lee et al., 2006b; Murphy et al., 1992; Raz/Rodrigue, 2006). Auch bei Untersuchungen von Emotionen haben sich altersspezifische Unterschiede gezeigt (vgl. Fischer et al., 2005; Gunning-Dixon et al., 2003; Iidaka et al., 2002; Mather, 2004; Tessitore et al., 2005). Deswegen und um eine Vergleichbarkeit der Ergebnisse von Hauptstudie I und Hauptstudie II zu gewährleisten, wurde das Alter der befragten Personen kontrolliert. Die Probanden sollten alle ein vergleichbares Alter aufweisen und sich von dem Durchschnittsalter der Probanden aus den vorangegangenen Studien nicht stark unterscheiden. Da laut Kolmogorov-Smirnov-Test keine Normalverteilung vorlag ($p < 0,05$), wurde ein Mann-Whitney-U-Test durchgeführt. Es ergaben sich nur geringe Unterschiede zwischen dem Alter der Probanden in Hauptstudie I ($\mu = 24,11$) und in Hauptstudie II ($\mu = 23,70$) und der

[169] Bei Frauen sind z.B. Teile des Corpus Callosum dicker als bei Männern und das weibliche Gehirn ist – unter Berücksichtigung des Körpergewichts und der Körpergröße – im Durchschnitt 100 Gramm leichter als das männliche Gehirn. Bei Männern ist z.B. die Lateralisierung (also die Spezialisierung der Gehirnhälften) stärker ausgeprägt. Weiterhin unterscheiden sich das männliche und das weibliche Gehirn z.B. in der Struktur des Gehirngewebes, in vielen Kernen des limbischen Systems und in Teilen des Gehirns für Geruchs- und Geschmackswahrnehmung. Des Weiteren ist z.B. die Area preoptica im Hypothalamus bei jungen Männern mehr als doppelt so groß als bei jungen Frauen. Bildgebende Verfahren haben auch gezeigt, dass je nach Geschlecht unterschiedliche Gehirnregionen bei gleichen Aufgaben aktiviert werden: Männer, die im Geiste Objekte im Raum hin und her drehen, benutzen dazu eine Gehirnregion, Frauen jedoch zwei (vgl. Jordan et al., 2002).

Mittelwertunterschied war nicht signifikant (U = 1021,50; p = 0,42). Ein Kruskal-Wallis-Test zeigte darüber hinaus, dass sich das Alter der Probanden zwischen der Vorstudie ($\mu = 23{,}93$), Hauptstudie I ($\mu = 24{,}11$) und Hauptstudie II ($\mu = 23{,}70$) nicht signifikant voneinander unterschieden (Chi-Quadrat = 1,348; df = 2; p = 0,510). Dadurch konnte ein signifikant störender Einfluss des Alters zwischen allen Studien ausgeschlossen werden.

Händigkeit

Auch die Händigkeit war Gegenstand zahlreicher Studien und es zeigten sich auch hier zahlreiche Unterschiede zwischen rechtshändigen und linkshändigen Probanden (vgl. Dane et al., 2004; Dassonville et al., 1997; Erdogan et al., 2004; Eviatar et al., 1997; He et al., 2006; Snyder et al., 1995; Szabo et al., 2001). Eine Untersuchung mittels des Oldfield-Händigkeitsfragebogens (Edinburgh Handedness Scale) ergab für alle Probanden eine eindeutige Zuordnung als Rechtshänder (vgl. Oldfield, 1971).

Stimmung

Insbesondere bei der Messung und Erfassung der Wirkung von Markenemotionen kann ein moderierender Einfluss auf abhängige Größen von der Stimmung der Versuchspersonen ausgehen. Um diesen Einfluss zu kontrollieren, wurden die Probanden gebeten, ihre Stimmung zum Zeitpunkt der Befragung einzuschätzen. Die Stimmung der Probanden wurde über vier 7-stufige Ratingskalen mit den Polen „schlecht gelaunt" vs. „gut gelaunt", „traurig" vs. „glücklich", „unangenehm" vs. „angenehm" und „angespannt" vs. „gelassen" operationalisiert. Um eine Vergleichbarkeit mit der Vorstudie zu ermöglichen, wurden die vier Items trotz eines Cronbachs Alpha von 0,57 zusammengefasst. Diese niedrige Reliabilität war allerdings auf die geringe Stichprobengröße zurückzuführen.

Da laut Kolmogorov-Smirnov-Test keine Normalverteilung vorlag ($p < 0{,}05$), wurde ein Mann-Whitney-U-Test durchgeführt. Es ergaben sich keine Unterschiede zwischen der Stimmung der Probanden in Hauptstudie I ($\mu = 4{,}98$) und in Hauptstudie II ($\mu = 5{,}23$) und die Mittelwerte unterschieden sich nicht signifikant (U = 2151,50; p = 0,57). Damit war die Stimmung im Durchschnitt bei den zehn Probanden leicht besser als bei den Probanden der Hauptstudie I (Skalenmitte und somit neutrale Stimmung liegt bei 4,0). Somit konnte ein signifikanter Unterschied und störender Einfluss der Stimmung der Probanden zwischen den beiden Studien ausgeschlossen werden.

Involvement zur Produktkategorie

Da die zehn Probanden zu dem Involvement von allen 16 Produktkategorien befragt wurden, wurde in der Hauptstudie nur das Produktinvolvement in der Kaufsituation erfasst. Die Operationalisierung erfolgte analog zu den vorausgegangenen Studien über drei verschiedene 7-stufige Ratingskalen mit der Instruktion „Bitte bewerten Sie die Wahl einer Marke in der Produktkategorie X auf den folgenden Skalen" und den Endpunkten „sehr unwichtige Entscheidung" vs. „sehr wichtige Entscheidung", „macht sich vor Entscheidung wenig Gedanken" vs. „macht sich vor Entscheidung viele Gedanken" und „wenig zu verlieren, wenn man falsche Marke wählt" vs. „viel zu verlieren, wenn man falsche Marke wählt". Sowohl eine Faktorenanalyse[170] als auch ein Cronbachs Alpha von 0,85 erlaubten eine Zusammenfassung der drei Items zu einer Gesamtskala „Produktinvolvement in der Kaufsituation".

Auch bei den Probanden der Hauptstudie II hätte ein störender Einfluss dadurch entstehen können, dass sich die hoch emotionalen Marken im Vergleich zu den gering emotionalen Marken hinsichtlich des Produktinvolvement unterscheiden. Um zu überprüfen, ob ein störender Einfluss des Involvement zwischen den hoch und den gering emotionalen Marken vorliegt, wurde jeweils der Mittelwert der Involvementskalen zu den Produktkategorien der hoch emotionalen und der gering emotionalen Marken berechnet. Da sich die Daten mit dem Kolmogorov-Smirnov-Test auf Normalverteilung als nicht signifikant erwiesen ($p < 0{,}05$) und es sich hier um zwei verbundene Stichproben handelte (within-subjects-design), wurde zur Überprüfung der Mittelwerte als nichtparametrischer Test der Vorzeichentest herangezogen. Das Produktinvolvement in der Kaufsituation bei den hoch emotionalen Marken ($\mu = 4{,}67$) und bei den gering emotionalen Marken ($\mu = 4{,}90$) unterschieden sich dabei nicht signifikant ($Z = -1{,}497$; $p = 0{,}134$). Interessanterweise war das Produktinvolvement bei den gering emotionalen Marken sogar höher als bei den hoch emotionalen Marken. Somit konnte ein signifikant störender Einfluss des Produktinvolvement ausgeschlossen werden.

1.2 Aufbau und Ablauf der Untersuchung

Teilnehmer der Hauptstudie II waren 20 männliche, gesunde Personen, die aus einer Datenbank der life&brain GmbH ausgewählt wurden. Die Probanden wurden zu insgesamt 30 Mar-

---

170 KMO-Wert 0,734; Signifikanz nach Bartlett $p < 0{,}001$; die drei Items luden mit 0,884 (Entscheidung), 0,880 (Verlieren) und 0,878 (Gedanken) auf einen Faktor. Die drei Items erklärten 77,55 Prozent der Gesamtvarianz.

ken befragt (zehn hoch emotionale, zehn gering emotionale Marken und zehn unbekannte Marken). Da im Rahmen der Auswertung des fMRT-Experiments insgesamt zehn Probanden und sechs Marken (zwei hoch emotionale, zwei gering emotionale und zwei unbekannte Marken) ausgeschlossen wurden, erfolgte im weiteren Verlauf die Darstellung der Ergebnisse auf Grundlage von zehn Probanden und 24 Marken (vgl. zum Ausschluss der Marken Kapitel DIV.1.3, S. 174 ff.). Dies erhöhte die Aussagekraft der Ergebnisdarstellung und gewährleistete einen Vergleich der Befragungsdaten mit der gemessenen neuronalen Aktivität.

Die Instruktion und Befragung der Begleituntersuchung erfolgte in Form eines schriftlichen Fragebogens. Alle Probanden erhielten identische, schriftlich fixierte Instruktionen im Fragebogen und keine weiteren Bearbeitungshinweise durch den Untersuchungsleiter.

Auch bei der Erstellung dieses Fragebogens wurde darauf geachtet, dass alle Markenlogos in Farbe, vergleichbarer Größe und mit demselben Figur-Grund-Kontrast (weißer Hintergrund) dargestellt werden. Auf der ersten Seite des Fragebogens wurde die Stimmung der Probanden erfasst, gefolgt von der Instruktion zur Erhebung des Markenwissens. Auf den nächsten 20 Seiten wurde das Markenwissen (Markenimage und Markenbekanntheit), die Markeneinstellung, die Markenbindung und das Markenvertrauen zu den 20 bekannten Marken erhoben. Anschließend wurde die Marken(un)bekanntheit der zehn unbekannten Marken erfasst. Daraufhin erfolgte für den Manipulation Check die emotionale Bewertung der 30 Marken auf der Valenz- und Erregungsskala des Self-Assessment-Manikin. Dafür wurde jedes Markenlogo noch einmal in Farbe vor den beiden Skalen abgebildet (Erfassung der emotionalen Bewertung für den Manipulation Check auf Grundlage des Wahrnehmungsbildes und nicht des Gedächtnisbildes der Marken). Am Ende des Fragebogens wurden das Involvement zu den 15 Produktkategorien und die demographischen Daten der Probanden erfasst.

Um Ausstrahlungseffekte durch die Reihenfolge der abgebildeten Marken zu kontrollieren, wurde die Abfolge der Marken in jedem Fragebogen systematisch variiert. Die Rotation der Marken wurde sowohl bei der Erfassung des Markenimage, als auch bei der emotionalen Bewertung der Marken durchgeführt. Auch die Produktkategorien bei der Erfassung des Involvement wurden systematisch rotiert. Abbildung 41 zeigt die zentralen Eckdaten der Hauptstudie II (Begleituntersuchung) im Überblick. Die Übersichtsdarstellung bezieht sich nur auf die Probanden und Marken, die bei der Auswertung der fMRT-Daten berücksichtigt wurden.

Untersuchungsart	Schriftliche Befragung anhand eines Fragebogens zu insgesamt 16 bekannten und acht unbekannten Marken; Laborstudie; Teilerhebung von Primärdaten; verbale Erfassung der Stimmung; bei den bekannten Marken wird das Markenwissen (Markenbekanntheit und Markenimage), die Markeneinstellung (over-all, affektiv und kognitiv), die Markenbindung, das Markenvertrauen und das Involvement zu den jeweiligen Produktkategorien erfasst; bei den unbekannten Marken wird die Markenbekanntheit erfasst; für den Manipulation Check werden auch in diesem Fragebogen die Markenemotionen zu den bekannten und unbekannten Marken nonverbal mit dem Self-Assessment-Manikin (SAM) erfasst.
Größe der Stichprobe	10 Personen
Zusammensetzung der Stichprobe	10 männliche (100,0 Prozent), gesunde und rechtshändige Personen im Alter zwischen 21 und 30 Jahren (Mittelwert: 23,70 Jahre); Probanden der life&brain GmbH, Bonn
Zeitraum der Durchführung	Januar bis Februar 2006
Ort der Durchführung	life&brain GmbH, Bonn

Abbildung 41: Steckbrief der Hauptstudie II (Begleituntersuchung)

1.3 Manipulation Check der unabhängigen Variablen

Manipulation der Markenemotionen

Eine Überprüfung der Manipulation der unabhängigen Variablen erfolgte innerhalb des Fragebogens. In diesem wurden die Probanden gebeten, die Marken emotional zu bewerten. Da sowohl die Vorstudie als auch die Hauptstudie I die Vergleichbarkeit und hohe Übereinstimmung des SAM und des Semantischen Differentials bestätigt haben, wurden in dieser Begleituntersuchung die wahrgenommenen Markenemotionen nur noch mit dem SAM erfasst.[171] Ebenso wurden die Markenemotionen nur noch auf den zwei 5-stufigen Valenz- und Erregungsskalen des Self-Assessment-Manikin erfasst; auf die Bewertung auf der schwachen Dominanzskala wurde verzichtet. Neben den hoch emotionalen und gering emotionalen Marken wurden im Fragebogen auch die unbekannten Marken auf den beiden Dimensionen des SAM bewertet. Dadurch konnten die unbekannten Marken mit den bekannten Marken verglichen und im semantischen Raum dargestellt werden.

[171] Hier verdeutlicht sich der forschungsökonomische Vorteil, der durch den Einsatz des SAM im Vergleich zum Semantischen Differential entsteht. In diesem Fragebogen konnten die 30 Marken auf jeweils zwei Skalen des SAM in relativ kurzer Zeit bewertet werden (pro Proband 60 Skalen). Der Einsatz des Semantischen Differentials, so wie es in den vorangegangenen Studien zum Einsatz kam, ist kaum möglich. Hier hätten die Probanden nur für die emotionale Bewertung der Marken 720 Skalen (24 Items pro Marke) ausfüllen müssen.

Im Laufe der Arbeit wurde verschiedentlich darauf hingewiesen, dass von den 30 Marken bei der Auswertung der Gehirndaten insgesamt sechs Marken ausgeschlossen wurden (zwei gering emotionale, zwei hoch emotionale und zwei unbekannte Marken). Bei diesen handelte es sich um die Marken, die von den Probanden nicht eindeutig emotional bewertet wurden (also um hoch emotionale Marken, die relativ negativ und gering erregend bewertet wurden und umgekehrt). Diese Maßnahme führte zu noch trennschärferen Clustern und somit zu besseren Ergebnissen bei dem fMRT-Experiment. Im Rahmen der Auswertung der fMRT-Untersuchung mussten insgesamt fünf Probanden aufgrund von Bewegungsartefakten ausgeschlossen werden (zu starke Bewegungen im fMRT). Zusätzlich wurden insgesamt fünf Probanden bei der Auswertung nicht berücksichtigt, da sie z.B. eine hoch emotionale Marke negativ und/oder wenig erregend bewertet haben oder sich bei diesen eine negative Markeneinstellung zu einer hoch emotionalen Marke (und/oder umgekehrt) gezeigt hat.[172] So äußerte sich z.B. bei einem Proband eine negative Einstellung zu der (ansonsten durchschnittlich hoch emotionalen) Marke Coca-Cola auch in einer von ihm genannten Assoziation „Killer Coke – ist für Morde an Gewerkschaftern und massive Umweltverschmutzung mitverantwortlich". Bei diesen Probanden hat die Manipulation der unabhängigen Variablen nicht funktioniert, weswegen sie von der Auswertung ausgeschlossen wurden. Bei allen bisherigen Studien im Rahmen dieser Arbeit hat sich gezeigt, dass die emotionale Bewertung der Marken relativ stabil war. Natürlich rücken durch die Betrachtung von Mittelwerten individuelle Unterschiede in den Hintergrund, insbesondere dann, wenn eine relativ große Stichprobe vorliegt. Da aber in der Hauptstudie II eine sehr geringe Stichprobe betrachtet wurde, machten sich Ausreißer auch bei der Berechnung von Mittelwerten deutlich bemerkbar. Um Hinweise auf die Stabilität der emotionalen Bewertung der Marken zu bekommen, werden im folgenden Abschnitt auch die Standardabweichungen angegeben, da diese ein Auswahlkriterium für die Stabilität sind. In den Fußnoten werden die Mittelwerte angegeben, die sich bei Berücksichtigung der 30 Marken und 15 Probanden ergeben hätten. Anhang 15 (S. 241) zeigt den semantischen Raum von 30 Marken und 15 Männern und Anhang 16 (S. 241) den semantischen Raum von 24 Marken und 10 Männern.

Die Darstellung der Ergebnisse erfolgte im Folgenden auf Grundlage der 10 Probanden und der 24 Marken, die auch bei der Auswertung der fMRT-Daten berücksichtigt wurden. Zur

[172] Dies ergab eine Gesamtzahl von zehn Probanden und 24 Marken, die in die Auswertung der Gehirnaktivitäten einflossen.

Auswertung des Manipulation Check wurde für beide Skalen des SAM aufgrund fehlender Normalverteilung (Kolmogorov-Smirnov-Test $p < 0,05$) zunächst der Friedman-Test und anschließend der Vorzeichentest herangezogen. Der Friedman-Test zeigte, dass sich bezogen auf die Mittelwerte der Valenzskala mindestens eine der drei Variablen (hoch emotionale, gering emotionale oder unbekannte Marken) von einer anderen höchst signifikant unterschied (Chi-Quadrat = 84,842; df = 2; $p < 0,001$). Weiteren Aufschluss brachte ein Vorzeichentest. Auf der Valenzdimension des SAM wurden die hoch emotionalen Marken im Durchschnitt positiver bewertet ($\mu = 4,46$; $\sigma = 0,78$) als die gering emotionalen Marken ($\mu = 3,03$; $\sigma = 1,079$) und der Mittelwertunterschied war höchst signifikant ($Z = -6,698$; $p < 0,001$). Die gering emotionalen Marken wurden im Durchschnitt etwas positiver bewertet ($\mu = 3,03$; $\sigma = 1,079$) als die unbekannten Marken ($\mu = 2,79$; $\sigma = 0,87$), die Mittelwerte unterschieden sich allerdings nicht signifikant ($Z = -0,549$; $p = 0,583$).[173]

Bezogen auf die Mittelwerte der Erregungsskala zeigte der Friedman-Test, dass sich mindestens eine der drei Variablen von einer anderen höchst signifikant unterschied (Chi-Quadrat = 57,596; df = 2; $p < 0,001$). Weiteren Aufschluss brachte auch hier ein Vorzeichentest. Auf der Erregungsdimension des SAM wurden hoch emotionale Marken im Durchschnitt erregender bewertet ($\mu = 3,69$; $\sigma = 1,19$) als die gering emotionalen Marken ($\mu = 2,16$; $\sigma = 1,07$) und der Mittelwertunterschied war höchst signifikant ($Z = -5,929$; $p < 0,001$). Die gering emotionalen Marken wurden im Durchschnitt etwas erregender bewertet ($\mu = 2,16$; $\sigma = 1,07$) als die unbekannten Marken ($\mu = 2,05$; $\sigma = 0,95$), aber dieser Mittelwertunterschied war nicht signifikant ($Z = -0,265$; $p = 0,791$).[174] Abbildung 42 zeigt die Mittelwerte für die Valenz- und Erregungsskala des SAM pro Cluster im Überblick.

[173] Im Vergleich zu diesen Ergebnissen der 10 Probanden und 16 Marken wurden die 30 Marken von den 15 Probanden auf der Valenzskala wie folgt bewertet: hoch emotionale Marken ($\mu = 4,07$; $\sigma = 1,08$), gering emotionale Marken ($\mu = 3,09$; $\sigma = 1,05$) und unbekannte Marken ($\mu = 2,89$; $\sigma = 0,93$). Die Mittelwerte unterschieden sich zwar nicht signifikant von den Mittelwerten der 10 Probanden und 24 Marken (höchste Signifikanz bei Valenzwerten der hoch emotionalen Marken mit $Z = -1,697$; $p = 0,090$), allerdings haben sich die Mittelwerte in die gewünschte Richtung verändert und insbesondere bei den hoch emotionalen Marken hat sich die Standardabweichung deutlich verringert.

[174] Im Vergleich zu diesen Ergebnissen der 10 Probanden und 16 Marken wurden die 30 Marken von den 15 Probanden auf der Erregungsskala wie folgt bewertet: hoch emotionale Marken ($\mu = 3,36$; $\sigma = 1,22$), gering emotionale Marken ($\mu = 2,13$; $\sigma = 1,04$) und unbekannte Marken ($\mu = 2,00$; $\sigma = 0,96$). Die Mittelwerte haben sich auch hier in die gewünschte Richtung verändert, unterschieden sich allerdings nur bei den hoch emotionalen Marken signifikant von den Mittelwerten der 10 Probanden und 24 Marken ($Z = -2,472$; $p = 0,013$).

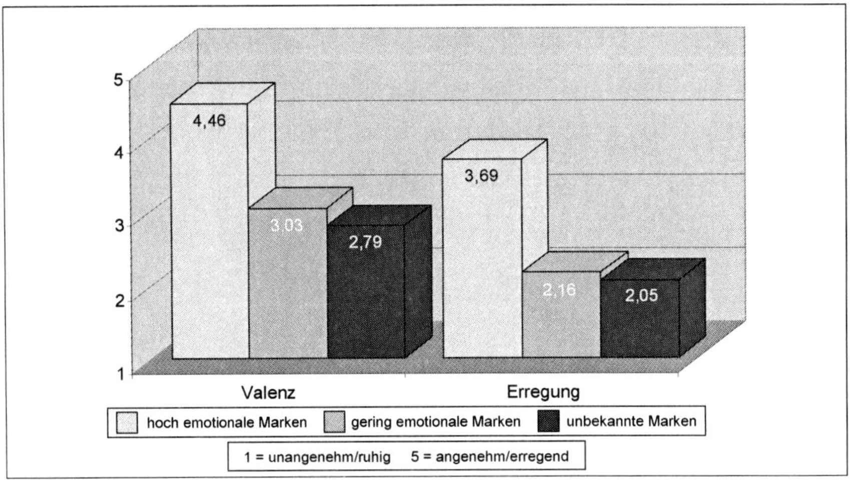

Abbildung 42: Wahrnehmung der Markenemotionen in den drei Clustern

Damit war die Manipulation der Markenemotionen auch in der Hauptstudie II erfolgreich und die wesentlichen Voraussetzungen zum Test der Hypothese waren somit gegeben. Die hoch emotionalen Marken wurden, wie beabsichtigt, positiver und erregender als die gering emotionalen Marken wahrgenommen. Der Vergleich der Mittelwerte zwischen den gering emotionalen Marken und den unbekannten Marken zeigte, dass diese Marken nur geringe Unterschiede aufwiesen. Dies ist ein Armutszeugnis für die gering emotionalen Marken. Obwohl mit den unbekannten Marken kein Markenwissen verbunden ist (und somit die Grundlage für die emotionale Bewertung lediglich das Markenlogo ist), schafften es die gering emotionalen Marken nicht, sich von den völlig unbekannten Marken zu differenzieren. Diese Ergebnisse lassen sich auch anschaulich durch die Einordnung der Marken im semantischen Raum verdeutlichen (vgl. Abbildung 43).

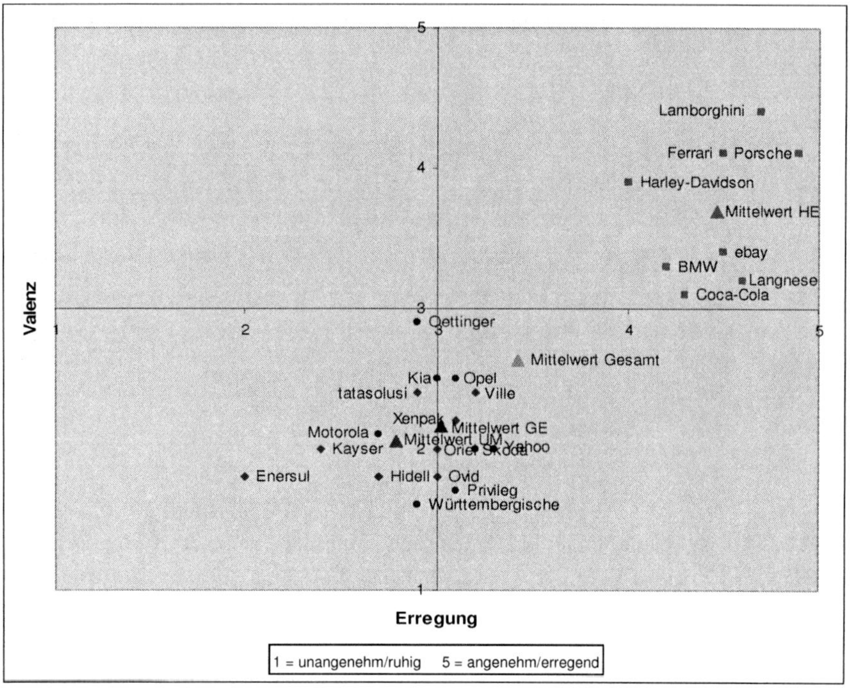

Abbildung 43: 24 Marken (acht hoch emotionale, acht gering emotionale und acht unbekannte Marken) im zweidimensionalen semantischen Raum des Self-Assessment-Manikin

Auch bei einer zusätzlich durchgeführten Clusteranalyse zeigten sich lediglich zwei Cluster, in welche die 24 Marken eingeteilt werden konnten. Wie auch der Darstellung der Marken im semantischen Raum zu entnehmen ist, setzte sich das eine Cluster aus den hoch emotionalen Marken zusammen und das zweite Cluster enthält die gering emotionalen und die unbekannten Marken. Auch auf Grundlage dieses Ergebnisses unterschieden sich die hoch emotionalen Marken deutlich von den gering emotionalen (und unbekannten) Marken. Die gering emotionalen Marken schafften es trotz vorhandenem Markenwissen nicht, sich von den unbekannten Marken positiv abzusetzen.

Manipulation der Markenbekanntheit

Die Markenbekanntheit der hoch emotionalen und der gering emotionalen Marken stellten eine abhängige Variable dar, da ihre Veränderung durch die unabhängige Variable (Markenemotionen) erklärt wird. Die unbekannten Marken wurden vor allem wegen der fMRT-Untersuchung hinzugefügt, um z.B. den Einfluss des (Marken)Wissens auf neuronale Aktivitäten erfassen zu können. Die Bekanntheit stellte bei der fMRT-Untersuchung auch eine unabhängige Variable dar. Da die (Un)Bekanntheit der unbekannten Marken in der Begleituntersuchung erfasst wurde, sollte deswegen an dieser Stelle geprüft werden, ob die Manipulation der unbekannten Marken erfolgreich war. Die passive Markenbekanntheit wurde durch einen Recognition-Test gemessen. Den Probanden wurden die Logos der unbekannten Marken gezeigt und sie konnten auf die Frage „Kennen Sie die folgende Marke (abgesehen von der Präsentation im fMRT)?" mit „ja" und „nein" antworten. Die acht unbekannten Marken wiesen einen gestützten Bekanntheitsgrad von 2,5 Prozent auf. Dementsprechend konnte man davon ausgehen, dass diese Marken den zehn Probanden unbekannt waren und kein Markenwissen mit ihnen verbunden war. Durch die Ergebnisse des Manipulation Check waren die wesentlichen Voraussetzungen zum Test der Hypothesen gegeben.

1.4 Auswertung der Hauptstudie II (Begleituntersuchung)

1.4.1 Wirkungen der Markenemotionen auf Markenbekanntheit und Markenimage

Markenbekanntheit

In Hypothese H1a wurde vermutet, dass hoch emotionale Marken eine höhere Markenbekanntheit aufweisen als gering emotionale Marken. Diese Hypothese wurden aufgrund einer signifikanten Abweichung von der Normalverteilung (Kolmogorov-Smirnov-Test $p < 0{,}05$) mittels eines Vorzeichentests überprüft.

Die Markenbekanntheit auf der 7-stufigen Ratingskala („kenne ich sehr schlecht" vs. „kenne ich sehr gut") war für die hoch emotionalen Marken höher ($\mu = 5{,}54$) als für die gering emotionalen Marken ($\mu = 4{,}25$) und die Mittelwerte unterschieden sich höchst signifikant ($Z = -5{,}384$; $p < 0{,}001$). Damit konnte **Hypothese H1a erneut angenommen** werden.

Hoch emotionale Marken waren bekannter als gering emotionale Marken.

Abbildung 44 zeigt die Mittelwerte zur Markenbekanntheit pro Cluster im Überblick.

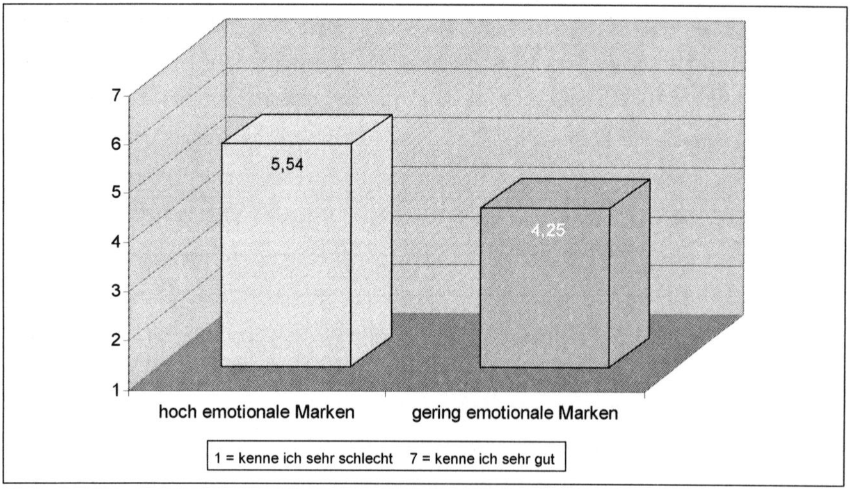

Abbildung 44: Wirkung der Markenemotionen auf die Markenbekanntheit

Markenimage

In den Hypothesen H2a bis H2e wurde vermutet, dass zu hoch emotionalen Marken mehr Markenassoziationen geäußert werden (H2a) sowie der Anteil emotionaler Assoziationen (H2b), nonverbaler Assoziationen (H2c), markenspezifischer Assoziationen (H2d) und positiver emotionaler Assoziationen (H2e) an den insgesamt geäußerten Markenassoziationen höher ist als bei gering emotionalen Marken. Die Überprüfung der Hypothesen zu dem Assoziationstest erfolgte analog zu Hauptstudie I. Für den Vergleich der absoluten Häufigkeiten pro Cluster wurde ein Chi-Quadrat-Test[175] durchgeführt und für die prozentualen Anteile an den Gesamtassoziationen pro Cluster eine einfaktorielle Varianzanalyse (ANOVA). Die wesentlichen Voraussetzungen für die Verwendung von Varianzanalysen, nämlich die Normalverteilung (Kolmogorov-Smirnov-Test $p > 0{,}05$) und die Varianzhomogenität der (Gruppen-)Werte für die einzelnen abhängigen Variablen (Levene-Test $p > 0{,}05$) wurden erfüllt.

Insgesamt wurden von den zehn Probanden 579 Assoziationen zu den acht hoch emotionalen Marken geäußert, während zu den acht gering emotionalen Marken insgesamt 397 Assoziationen genannt wurden. Der Chi-Quadrat-Test belegte, dass der Unterschied statistisch höchst

[175] Um die Unterschiede in den Nennungen/Assoziationen zu prüfen, wurden Häufigkeitsvergleiche der Assoziationsnennungen der Probanden zu den hoch emotionalen und zu den gering emotionalen Marken vorgenommen. Zur Prüfung eines statistisch signifikanten Unterschieds zwischen den jeweiligen Vergleichshäufigkeiten wurde auf den Chi-Quadrat-Test nach Pearson zurückgegriffen. Dieser Test bietet sich insbesondere zum Vergleich von Variablen mit Nominalskalenniveau an und war aus diesem Grund für den Vergleich der Häufigkeiten der Assoziationsnennungen geeignet.

signifikant war (Chi-Quadrat = 33,939; df = 1; p < 0,001). Somit wurden im Durchschnitt pro Proband 7,24 Assoziationen zu einer hoch emotionalen und 4,96 Assoziationen zu einer gering emotionalen Marke geäußert. Auch dieser Mittelwertunterschied war laut Vorzeichentest höchst signifikant (Z = -5,850; p < 0,001). Damit konnte die **Hypothese H2a erneut angenommen** werden.

Zu hoch emotionalen Marken werden mehr Assoziationen geäußert als zu gering emotionalen Marken.

Zu den hoch emotionalen Marken wurden 317 emotionale Assoziationen geäußert und zu den gering emotionalen Marken nur 138. Der Unterschied war höchst signifikant (Chi-Quadrat = 70,420; df = 1; p < 0,001).[176] Auch der prozentuale Anteil emotionaler Assoziationen war bei den hoch emotionalen Marken deutlich höher (μ = 54,83) als bei den gering emotionalen Marken (μ = 33,73).[177] Auch dieser Mittelwertunterschied war hoch signifikant ($F_{1,14}$ = 13,352; p < 0,01). Damit konnte die **Hypothese H2b erneut angenommen** werden.

Bei hoch emotionalen Marken ist der Anteil emotionaler Assoziationen an den insgesamt geäußerten Assoziationen höher als bei gering emotionalen Marken.

Zu den hoch emotionalen Marken wurden 283 nonverbale Assoziationen genannt und zu den gering emotionalen Marken nur 112. Der Unterschied war höchst signifikant (Chi-Quadrat = 74,028; df = 1; p < 0,001).[178] Auch der prozentuale Anteil nonverbaler Assoziationen war bei den hoch emotionalen Marken höher (μ = 48,48) als bei den gering emotionalen Marken (μ = 28,40) und der Mittelwertunterschied war signifikant ($F_{1,14}$ = 6,203; p <

176 Im Gegensatz zu den emotionalen Assoziationen wurden bei den hoch emotionalen Marken 262 kognitive Assoziationen genannt (im Durchschnitt 2,62 pro Proband) und bei den gering emotionalen Marken 259 (im Durchschnitt 2,59 pro Proband). Der Unterschied war nicht signifikant (Chi-Quadrat = 0,017; df = 1; p = 0,895).

177 Diese Mittelwerte ergaben sich aus dem relativen Anteil der emotionalen, nonverbalen und markenspezifischen Assoziationen an den insgesamt pro Marke geäußerten Assoziationen, die anschließend pro Cluster zusammengefasst wurden. Die Mittelwerte unterschieden sich dabei aber nur geringfügig von den Mittelwerten, die sich ergeben, wenn man den relativen Anteil der Assoziationen auf Basis der absoluten Zahlen pro Cluster berechnet. Dann würden sich folgende Anteile für die hoch emotionalen (gering emotionalen) Marken ergeben: 54,7 Prozent (34,8 Prozent) emotionale Assoziationen, 48,9 Prozent (28,2 Prozent) nonverbale Assoziationen und 68,9 Prozent (59,9 Prozent) markenspezifische Assoziationen.

178 Im Gegensatz zu den nonverbalen Assoziationen wurden bei den hoch emotionalen Marken 296 verbale Assoziationen genannt (im Durchschnitt 2,96 pro Proband) und bei den gering emotionalen Marken 285 (im Durchschnitt 2,85 pro Proband). Der Unterschied war nicht signifikant (Chi-Quadrat = 0,208; df = 1; p < 0,648).

0,05). Damit konnte **Hypothese H2c im Gegensatz zur Hauptstudie I angenommen** werden.

Der Anteil nonverbaler Assoziationen an den insgesamt geäußerten Assoziationen bei den hoch emotionalen Marken war höher als bei gering emotionalen Marken.

Zu den hoch emotionalen Marken wurden 399 markenspezifische Assoziationen genannt und zu den gering emotionalen Marken nur 238. Der Unterschied war höchst signifikant (Chi-Quadrat = 40,692; df = 1; p < 0,001).[179] Allerdings war auch hier der prozentuale Anteil markenspezifischer Assoziationen bei den hoch emotionalen Marken nur gering höher (μ = 69,16) als bei den gering emotionalen Marken (μ = 59,84) und der Mittelwertunterschied war nicht signifikant ($F_{1, 14}$ = 1,832; p = 0,197). Hier musste ebenfalls auf Grundlage der relativen, prozentualen Anteile die **Hypothese H2d abgelehnt** werden.

Der Anteil markenspezifischer Assoziationen an den insgesamt geäußerten Assoziationen bei den hoch emotionalen Marken unterschied sich nicht von dem Anteil markenspezifischer Assoziationen bei gering emotionalen Marken.

Abbildung 45 zeigt die absoluten Häufigkeiten und die relativen Anteile an den Gesamtassoziationen pro Cluster im Überblick.

[179] Im Gegensatz zu den markenspezifischen Assoziationen wurden bei den hoch emotionalen Marken 180 produktspezifische Assoziationen genannt (im Durchschnitt 1,80 pro Proband) und bei den gering emotionalen Marken 159 (im Durchschnitt 1,59 pro Proband). Der Unterschied war nicht signifikant (Chi-Quadrat = 1,301; df = 1; p = 0,254).

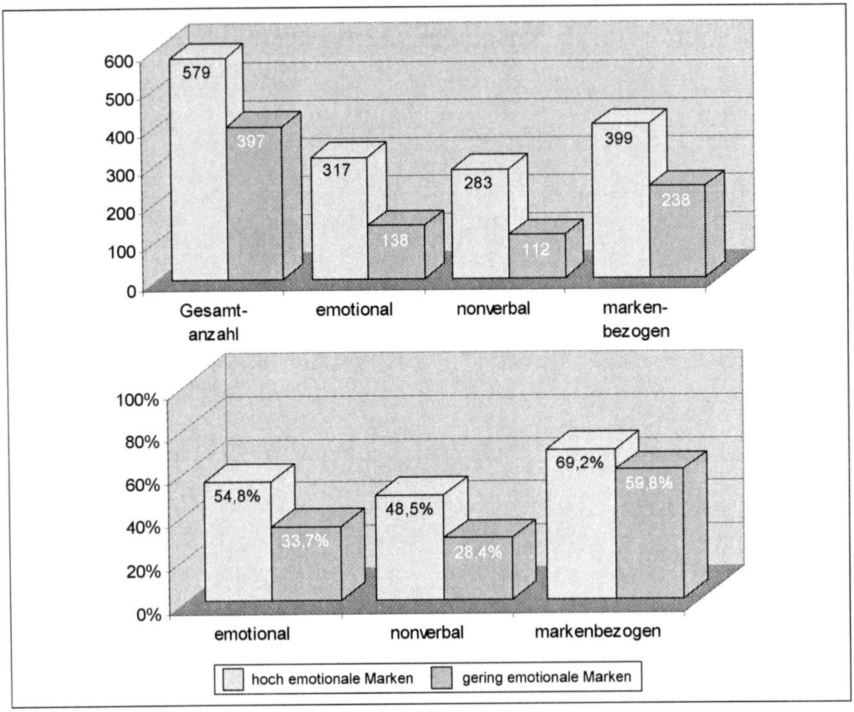

Abbildung 45: Wirkung der Markenemotionen auf die Anzahl der Markenassoziationen (oben) und den prozentualen Anteil der Markenassoziationen (unten)

Auch in dieser Studie wurden die emotionalen Assoziationen noch einmal dahingehend kodiert, ob es sich bei den emotionalen Assoziationen um Assoziationen mit positiver oder negativer Valenz handelte. Zu den hoch emotionalen Marken wurden insgesamt 317 emotionale Assoziationen genannt und zu den gering emotionalen Marken nur 138. Von den emotionalen Assoziationen waren bei den hoch emotionalen Marken 278 positiv und nur 39 negativ, bei den gering emotionalen Marken waren nur 42 positiv und immerhin 96 negativ. Die Häufigkeitsunterschiede waren statistisch höchst signifikant (Chi-Quadrat = 174,050; df = 1; $p < 0{,}001$). Auch hier wurden die relativen Anteile der positiven und negativen emotionalen Assoziationen an den insgesamt pro Marke geäußerten Assoziationen berechnet und dann zum Mittelwert pro Cluster zusammengefasst. Bei den hoch emotionalen Marken war der Anteil positiver emotionaler Assoziationen deutlich höher ($\mu = 86{,}50$) als bei den gering emotionalen Marken ($\mu = 29{,}73$).[180] Die Werte unterschieden sich höchst signifikant ($F_{1,14} = 76{,}949$; $p < 0{,}001$). Damit konnte die **Hypothese H2e erneut angenommen** werden.

Bei hoch emotionalen Marken war der Anteil positiver emotionaler Assoziationen an den insgesamt geäußerten Assoziationen höher als bei gering emotionalen Marken.

Abbildung 46 zeigt die Anzahl positiver und negativer emotionaler Assoziationen sowie die relativen Anteile an den Gesamtassoziationen pro Cluster im Überblick.

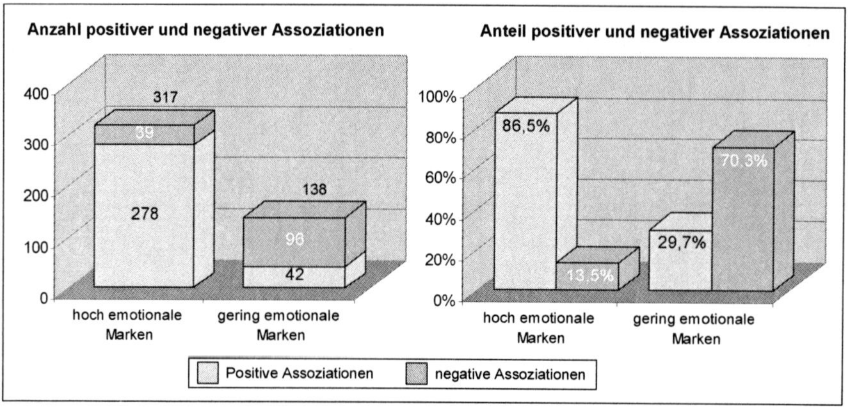

Abbildung 46: Wirkung der Markenemotionen auf die Anzahl (links) und den prozentualen Anteil (rechts) positiver und negativer Markenassoziationen

1.4.2 Wirkungen der Markenemotionen auf Markeneinstellung, Markenbindung und Markenvertrauen

In den Hypothesen H4a bis H4d wurde vermutet, dass zu hoch emotionalen Marken eine positivere Markeneinstellung (H4a), eine stärkere Markenbindung (H4b) und ein höheres Markenvertrauen (H4c) bestehen als zu gering emotionalen Marken. Da die Daten sich für alle drei Konstrukte mit dem Kolmogorov-Smirnov-Test auf Normalverteilung als nicht signifikant erwiesen ($p < 0{,}05$), erfolgte die Überprüfung der Hypothesen mittels Vorzeichentest.

[180] Die Mittelwerte in der Abbildung 46 unterschieden sich dabei nur geringfügig von den Mittelwerten, die sich ergeben, wenn man den relativen Anteil auf Basis der absoluten Zahlen *pro Cluster* berechnet. Auf Basis dieser Berechnung würden sich 87,7 Prozent positive emotionale Assoziationen für die hoch emotionalen Marken und 30,4 Prozent positive emotionale Assoziationen für die gering emotionalen Marken ergeben.

Die Markeneinstellung zu den hoch emotionalen Marken war deutlich positiver ($\mu = 6{,}02$) als zu den gering emotionalen Marken ($\mu = 3{,}97$) und die Mittelwerte unterschieden sich höchst signifikant ($Z = -6{,}997$; $p < 0{,}001$). Ebenso war die Markenbindung an die hoch emotionalen Marken deutlich stärker ($\mu = 5{,}85$) als an die gering emotionalen Marken ($\mu = 3{,}25$). Die Mittelwerte unterschieden sich auch hier höchst signifikant ($Z = -7{,}223$; $p < 0{,}001$). Abschließend zeigte sich, dass den hoch emotionalen Marken ein höheres Markenvertrauen entgegengebracht wurde ($\mu = 5{,}49$), als den gering emotionalen Marken ($\mu = 3{,}67$) und auch dieser Mittelwertunterschied war höchst signifikant ($Z = -5{,}634$; $p < 0{,}001$).[181] Damit konnten die **Hypothesen H4a, H4b und H4c erneut angenommen** werden.

Bei den hoch emotionalen Marken war die Markeneinstellung positiver, die Markenbindung stärker und das Markenvertrauen höher als bei gering emotionalen Marken.

Abbildung 47 zeigt die Mittelwerte für die Markeneinstellung, die Markenbindung und das Markenvertrauen pro Cluster im Überblick.

[181] Im Vergleich zu diesen Ergebnissen der 10 Probanden und 16 Marken wurden die 20 Marken von den 15 Probanden wie folgt bewertet: Markeneinstellung hoch emotionale Marken ($\mu = 5{,}63$) und gering emotionale Marken ($\mu = 4{,}20$), Markenbindung hoch emotionale Marken ($\mu = 5{,}27$) und gering emotionale Marken ($\mu = 3{,}53$) und Markenvertrauen hoch emotionale Marken ($\mu = 5{,}15$) und gering emotionale Marken ($\mu = 3{,}92$). Die Mittelwerte haben sich auch hier in die gewünschte Richtung verändert, d.h. bei den hoch emotionalen Marken haben sich die Mittelwerte verbessert und bei den gering emotionalen Marken verschlechtert. Die Mittelwerte der Markenbindung bei den hoch emotionalen Marken ($Z = -2{,}195$; $p < 0{,}05$) und des Markenvertrauens bei den hoch emotionalen Marken ($Z = -2{,}119$; $p > 0{,}05$) unterscheiden sich dabei sogar signifikant. ($Z = -2{,}472$; $p = 0{,}013$). Die Mittelwerte der Markeneinstellung zu den gering emotionalen Marken ($Z = -1{,}875$; $p = 0{,}061$) und der Markenbindung bei den gering emotionalen Marken ($Z = -1{,}838$; $p = 0{,}066$) erreichten fast das statistische Signifikanzniveau von $p < 0{,}05$. Auch diese Ergebnisse ließen noch einmal darauf schließen, dass durch den Ausschluss der fünf Probanden und der vier Marken sich nicht nur die Cluster deutlicher voneinander unterschieden, sondern sich auch die Mittelwerte der abhängigen Variablen in die gewünschte Richtung verändert haben.

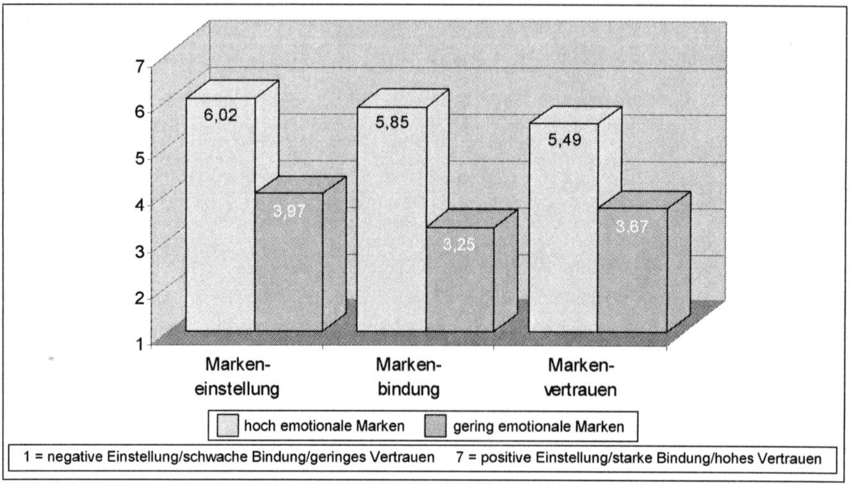

Abbildung 47: Wirkung der Markenemotionen auf die Markeneinstellung, die Markenbindung und das Markenvertrauen

2. Untersuchung der Marken mit der funktionellen Magnetresonanztomographie (fMRT)

2.1 Operationalisierung der Variablen

2.1.1 Operationalisierung der unabhängigen Variablen

Als unabhängige Variablen der Hauptstudie II wurden die Markenemotionen (Emotionalität der Marken) und der Bekanntheitsgrad der Marken manipuliert. Die Manipulation der Emotionalität erfolgte bei den bekannten Marken über eine dichotome Einteilung in „gering emotional" und „hoch emotional". Um den Einfluss des Markenwissens (Markenbekanntheit und Markenimage) in die Analyse mit einzubeziehen, wird den zwei Clustern der bekannten Marken ein Cluster mit unbekannten Marken gegenübergestellt. Bedingt durch die Untersuchung im fMRT, in dem jedem Probanden alle Marken wiederholt gezeigt wurden, ergab sich in Abweichung zu Hauptstudie I ein within-subjects-design, d.h. die Stufen der unabhängigen Variablen werden in einer Probanden-Gruppe realisiert. Übertragen auf die Hauptstudie bedeutete dies, dass jedem Probanden die hoch emotionalen Marken, die gering emotionalen Marken und die unbekannten Marken präsentiert wurden.

Wie in den vorangegangenen Studien wurde die unabhängige Variable Markenemotion über die beiden Dimensionen Valenz und Erregung operationalisiert. Basierend auf der Vorstudie zeichneten sich die zehn hoch emotionalen Marken (BMW™, Coca-Cola™, ebay™, Ferrari™, Harley-Davidson™, Lamborghini™, Langnese™, Porsche™, Bacardi™ und Lufthansa™) durch eine positive Valenz und hohe Erregung und die acht gering emotionalen Marken (KIA™, Motorola™, Oettinger™, Opel™, privileg™, Škoda™, Württembergische Versicherung™, Yahoo™, Timex™ und Alpia™) durch eine neutrale Valenz und geringe Erregung aus. Neben diesen 20 bekannten Marken (zehn hoch emotionale Marken und zehn gering emotionale Marken) wurden in der Hauptstudie II zusätzlich noch zehn unbekannte Marken (Enersul™, Hidell™, Kayser-Threde™, Oriel™, Ovid™, tatasolusi™, Ville de Rouyn-Noranda™, Xenpak™, Tasaus™ und Marcos™) untersucht. Dadurch konnten die Wirkung der Markenbekanntheit und des aufgebauten Markenwissens auf Gehirnaktivitäten erfasst werden. Die hoch emotionalen Marken unterschieden sich zwar von den gering emotionalen durch die emotionale Bewertung, allerdings war mit beiden Gruppen Markenwissen verknüpft. Die hoch emotionalen und gering emotionalen Marken bildeten dementsprechend die Gruppe der bekannten Marken, die den unbekannten Marken gegenübergestellt werden konnten, zu denen kein (Marken)Wissen vorlag.

2.1.2 Operationalisierung der abhängigen Variablen

Im Rahmen der fMRT-Untersuchung wurden zwei abhängige Variablen betrachtet. Es handelte sich zum einen um die Reaktionszeiten, die die Probanden benötigt haben, um eine Bewertung der Marken auf der SAM-Skala im fMRT vorzunehmen. Die Reaktionszeit wurde über die Software E-Prime (Psychology Software Tools; www.pstnet.com) erfasst. Nach jedem Markenlogo wurden die Probanden aufgefordert, die Marke auf der Valenzskala des SAM zu bewerten. Dafür hatten sie maximal 3,5 Sekunden Zeit. Das Computerprogramm erfasste die Zeitdauer, bis der Proband eine Bewertung durch Knopfdruck vorgenommen hat.

Die zweite abhängige Variable stellte ein so genanntes Biosignal dar. Es handelte sich hier um die eigentlichen Gehirndaten, die mit Hilfe der fMRT gemessen wurden.[182] Wie bereits in Kapitel BIII.2.2 (S. 87 ff.) dargestellt, basieren funktionelle magnetresonanztomographische Techniken darauf, dass die im fMRT gemessene Zeitkonstante T2* des Blutes vom Oxygenierungszustand abhängt (vgl. Belliveau et al., 1991; Belliveau et al., 1990; Frahm et al., 1992; Kwong et al., 1992; Ogawa et al., 1993a; Ogawa et al., 1990a; Ogawa/Lee, 1990; Ogawa et al., 1990b; Ogawa et al., 1993b; Ogawa et al., 1992). Die meisten Magnetresonanz-Verfahren

[182] Weitere Biosignale sind z.B. Herzfrequenz, Blutdruck oder elektrodermale Aktivität.

(MR-Verfahren) nutzen dabei den BOLD-Kontrast (blood-oxygenation-level-dependent), um Änderungen in der Deoxyhämoglobinkozentration unter kortikaler Aktivierung zu messen. Die funktionelle Magnetresonanztomographie macht sich dabei den folgenden Effekt zu Nutze: Während durch eine Verstärkung lokaler synaptischer Aktivität der lokale metabolische Bedarf steigt, wird mehr Deoxyhämoglobin erzeugt. Parallel dazu verringert sich aber dessen Blutkonzentration durch eine gleichzeitige Erhöhung des zerebralen Blutflusses und Blutvolumens in dem entsprechenden Gehirnareal. Deoxyhämoglobin ist eine paramagnetische Substanz und erzeugt lokale Magnetfeldinhomogenitäten. Eine Reduktion seiner Konzentration führt zu einer Homogenisierung des Magnetfelds und nachfolgend zu einer Verlängerung der T2*-Relaxationszeit. Die den Abfall des MR-Signals bestimmende Zeitkonstante T2* sinkt also mit zunehmender Inhomogenität des Magnetfelds. Folglich fällt das Signal des Hämoglobins schneller ab (T2* ist kürzer) als das des Oxyhämoglobins (vgl. Thulborn et al., 1982). Das BOLD-Signal kann vereinfacht ausgedrückt als abhängige Variable gesehen werden.

Die Datenakquisition in der vorliegenden Studie erfolgte mit einem konventionellen Magnetresonanztomographen (Siemens Avanto, Feldstärke 1,5 Tesla) (Siemens, Erlangen) mit einer 8-Kanal-Kopfspule. Für die fMRT-Aufnahmen während der Präsentation der Markenlogos wurden T2*-gewichtete Sequenzen unter Verwendung der Echoplanartechnik (EPI) eingesetzt.[183] Die Scans wurden entlang der Temporallappenebene (axial) akquiriert (706 Scans). Die Sequenzparameter waren: Anzahl der Schichten: 37; Schichtdicke: 3 mm; Schichtabstand (Interslice Gap) 0,15 mm; Matrix: 64×64 Pixel; Field of View (FOV): 192 mm; Echozeit (TE): 35 ms; Repetitionszeit (TR): 2,5 s. Die Aufgabe wurde über eine Videobrille (Nordic NeuroLab, Bergen, Norway) und die Präsentationssoftware E-prime (Psychology Software Tools; www.pstnet.com) präsentiert.[184]

Ziel der statistischen Analyse von fMRT-Daten war die Lokalisierung des neurophysiologischen Signals, damit dieses Signal bestimmten (z.B. kognitiven oder motorischen) Funktionen anatomisch zugeordnet werden konnte. Um diejenigen Gehirnregionen zu visualisieren, die

---

[183] Bei der EPI handelt es sich um eine sehr schnelle Bildgebungsmethode. Diese erlaubt die Aufzeichnung einer Hirnschicht in weniger als 100 Millisekunden. Das gesamte Gehirn kann also in weniger als drei Sekunden aufgezeichnet werden (bei axialen Schichten und einer Gehirnhöhe von maximal ca. 13,5 cm sind das 27 Schichten à 5 mm Schichtdicke in maximal 2,7 Sekunden). Da die Aufnahmen aber sehr bewegungsempfindlich sind, ist eine strikte Immobilisierung der Probanden wichtig. Deswegen wurde im Inneren des fMRT ein Vakuumkissen für den Kopf als Fixierhilfe verwendet.

[184] Die hochmoderne Videobrille kann an Sehschärfe und Augenabstand der Probanden angepasst werden (maximal 5,0 Dioptrien). Im Vergleich zu herkömmlichen Projektionsmethoden, bei welchem die Probanden die Stimulipräsentation über einen Spiegel betrachten, wird die Videobrille direkt vor den Augen getragen. Auf diese Weise wird das Sichtfeld besser abgedeckt.

ein vom Paradigma abhängiges Signalverhalten zeigen und damit auf neuronale Aktivität schließen lassen, bedurfte es statistischer Methoden. Die in Hauptstudie II angewandte Statistik basierte auf parametrischen Modellen der Zeitreihenanalyse, die wiederum auf dem Allgemeinen Linearen Modell basierten. Die statistische Analyse von fMRT-Daten untersuchte für jeden einzelnen dreidimensionalen Punkt (Voxel[185]), ob die in diesem Bildpunkt vorliegende Zeitreihe mit der jeweils angenommenen Hypothese übereinstimmte. Mit Hilfe des Allgemeinen Linearen Modells wurden angenommene Beziehungen zwischen den experimentellen Bedingungen und den beobachteten Daten der fMRT-Messung geschätzt. Um einzelne Effekte innerhalb dieser Beziehung auf der Ebene des einzelnen Probanden („single subject" oder „first level" Analyse) zu testen, wurden so genannte Kontraste in einem Kontrastvektor definiert.[186] Durch einen Kontrast sollte z.B. analysiert werden, ob die experimentelle Bedingung A (z.B. hoch emotionale Marken) zu einer stärkeren Aktivierung in einer bestimmten Gehirnregion (z.B. im limbischen System) führte als die experimentelle Bedingung B (z.B. unbekannte Marken). Das diese Aussage an sich nur einen geringen wissenschaftlichen Gehalt aufweist, wurde mit Hilfe von statistischen Analysen (z.B. T-Test bzw. T-Kontrast) untersucht, ob der Aktivierungsunterschied statistisch signifikant war.

Als Analyseoutput wurden in dem Softwareprogramm SPM alle Voxel, für die eine signifikante Aktivierung gefunden wurde, in einem so genannten „Glasgehirn" grau-skaliert dargestellt. Neben dem Glasgehirn wurden auch noch die Design-Matrix und eine Tabelle dargestellt. Dieser Tabelle kann man die berechneten statistischen Werte mit den jeweiligen p-Werten für einzelne Voxel (voxel-level) und für Cluster von Voxeln einer vorher definierten Größe (hier mindestens 5 Voxel) entnehmen. Zusätzlich wurden auch die MNI-Koordinaten der Voxel angegeben, so dass eine genaue anatomische Zuordnung der Koordinaten erfolgen konnte. Diese Aktivierungen konnten durch Überlagerungen auf ein anatomisches Schnittbild in einem anatomischen Standardgehirn abgebildet werden oder als farbige Überlagerung auf der dreidimensionalen Oberfläche eines Referenzgehirns dargestellt werden. Abbildung 48 zeigt beispielhaft ein Glasgehirn und die Überlagerung der Aktivierungen auf ein anatomisches Schnittbild.

---

[185] Voxel ist eine Wortkreuzung aus volumetric und pixel.

[186] Auf der Ebene des einzelnen Probanden konnten Kontraste zur Berechnung von T-Tests (T-Kontraste) und F-Tests (F-Kontraste) unterschieden werden (vgl. Poline et al., 2004).

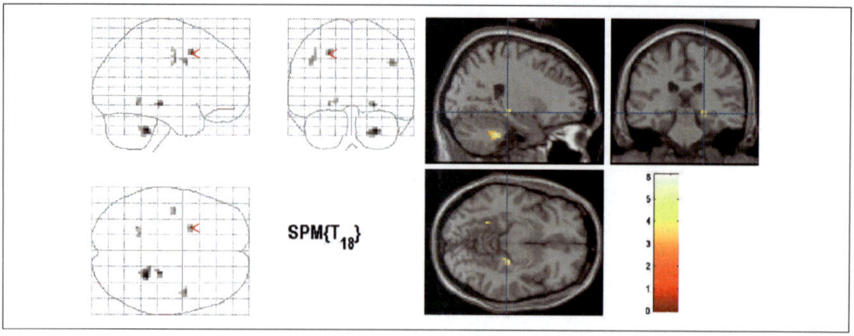

Abbildung 48: Signifikante Aktivierungen im Glasgehirn (links) und Überlagerung auf ein anatomisches Schnittbild in einem anatomischen Standardgehirn (rechts)

Die bisher beschriebenen Schritte der Datenauswertung wurden zunächst auf der Voxel-Ebene der einzelnen Probanden durchgeführt („single subject" oder „first level" Analyse). In Abhängigkeit von der Fragestellung des fMRT-Experiments kann es sinnvoll sein, nicht nur eine Einzel-, sondern eine Gruppenanalyse durchzuführen („second level" Analyse). Diese Gruppenanalyse – wie sie bei der vorliegenden Studie durchgeführt wurde – erlaubte eine Aussage über die Gesamtheit der untersuchten Personen und somit die Verallgemeinerung der Studienergebnisse auf die Gesamtheit einer Population. Durch eine geeignete Spezifizierung werden signifikante Aktivierungsunterschiede auf der Gruppenebene berechnet.

Neben dieser allgemeinen Vorgehensweise wurden die Daten der Studie zu den Markenemotionen wie folgt ausgewertet. Zunächst wurden die fMRT-Daten auf eine separate Workstation transferiert und durch das Softwaretool Statistical Parametric Mapping 2 (SPM2, www.fil.ion.ucl.ac.uk/spm/) ausgewertet.[187] Um die gesammelten Daten weiter analysieren zu können, mussten noch einige Zwischenschritte durchlaufen werden, um Fehler und Artefakte weitestgehend herauszufiltern und die Daten verschiedener untersuchter Personen miteinander vergleichbar zu machen (Vorverarbeitung der Daten). Diese Vorverarbeitung umfasste das Realignment mit Unwarping, Slice-Timing-Korrektur, Normalisierung auf eine Voxelgröße von 3x3x3 mm und Glättung mit einem 8 mm FWHM-Gauss-Kernel (Full Width at Half Maximum). Die Parameter der Bewegungskorrektur wurden für alle drei Raumdimensionen über

[187] Das Softwarepaket SPM2 erlaubt die Analyse unterschiedlicher Hirnbildgebungsdatensequenzen. Das Programm ist im Wesentlichen eine Ansammlung von in der Programmierumgebung MATLAB erstellten Skripts. MATLAB ist ein numerisches Berechnungs- und Simulationswerkzeug, das aus den numerischen Funktionsbibliotheken LINPACK und EISPACK zu einem kommerziellen Werkzeug mit benutzerfreundlicher Bedieneroberfläche entwickelt wurde. Die Datenstruktur, auf der alle Operationen beruhen, besteht dabei aus Matrizen und Vektoren.

einen einfachen Least-Mean-Squares-Ansatz berechnet. Die Korrektur erfolgte somit in sechs verschiedene Richtungen: Ausgleich von Vor- und Zurückbewegungen, Links- und Rechtsbewegungen und Auf- und Abbewegungen des Kopfes im Scanner. Insgesamt mussten fünf Probanden aufgrund unkorrigierbarer Bewegungsartefakte von der weiteren Auswertung ausgeschlossen werden. Hält man sich vor Augen, wie dicht einzelne Gehirnareale beieinander liegen, werden solch strengen Korrekturbedingungen verständlich, um aktivierte Voxel später eindeutig anatomischen Strukturen zuordnen zu können. Schon sehr geringe Kopfbewegungen führen zu Signalverzerrungen und erhöhen die Varianz der Daten. In einem nächsten Schritt erfolgte die Normalisierung der individuellen Gehirnanatomie in ein Standardkoordinatensystem. Anschließend wurde eine räumliche und zeitliche Glättung durchgeführt, um räumliche und zeitliche Inhomogenitäten zu vermeiden.

Für die Modellierung der Logopräsentation wurden drei Vektoren benutzt (hoch emotionale, gering emotionale und unbekannte Marken). Die geschätzten Parameterbilder wurden für jeden Probanden gebildet und anschließend in eine 2nd-Level-Random-Effects-Analyse im Sinne einer ANOVA gegeben. In dieser wurden die folgenden a priori definierten Kontraste untersucht: (1) hoch emotional vs. gering emotional, (2) hoch emotional vs. unbekannt, (3) gering emotional vs. unbekannt sowie (4) hoch und gering emotional vs. unbekannt (und jeweils vice versa). Es wurden nur Regionen mit mindestens fünf zusammenhängenden Voxel betrachtet mit einer Signifikanzschwelle von $P < 0{,}005$ (unkorrigiert für multiple Vergleiche).

Anschließend erfolgte eine anatomische Zuordnung der in der Gruppenstudie aktivierten Gehirnregionen. Die Koordinaten des Montreal Institute of Neurology (MNI) wurden mittels eines anatomischen Parzellierungsprogramms für SPM (Statistical Parametric Mapping 2, SPM2, www.fil.ion.ucl.ac.uk/spm) auf Basis des MNI MRI Single Subject-Gehirns der anatomischen Lokalisation zugewiesen (vgl. Tzourio-Mazoyer et al., 2002).

2.2 Aufbau und Ablauf des Experiments

Bereits im Rahmen der Begleituntersuchung wurden die Moderatorvariablen Geschlecht, Alter, Händigkeit, Stimmung und Produktinvolvement bei den 20 Teilnehmern der Hauptstudie II kontrolliert. Für alle Variablen konnte ein signifikant störender Einfluss ausgeschlossen werden. Die 20 Probanden wurden aus einer Datenbank der life&brain GmbH, Bonn, ausgewählt.[188] Das hatte den Vorteil, dass diese Probanden häufiger an fMRT-Untersuchungen teilnehmen und somit an das Gerät, den Ablauf einer solchen Untersuchung und sonstige Störgrößen (z.B. Platzmangel und Lärm im fMRT) gewöhnt sind. Für das fMRT-Experiment ist es zusätzlich wichtig, dass alle Probanden gesund sind und bisher nicht wegen einer neurologischen oder psychiatrischen Erkrankung behandelt wurden (vgl. zu weiteren Eignungskriterien als Proband Anhang 17 (S. 242). Die Probanden erhielten für ihre Teilnahme eine finanzielle Aufwandsentschädigung. Alle Probanden gaben ihre schriftliche Einverständniserklärung und die Studie wurde durch die lokale Ethikkommission genehmigt. Vor Beginn des eigentlichen Experiments wurde ein Pretest mit fünf Personen durchgeführt.

Abbildung 49 zeigt die zentralen Eckdaten der Hauptstudie II (fMRT-Untersuchung) im Überblick. Die Übersichtsdarstellung bezieht sich nur auf die Probanden und Marken, die bei der Auswertung der fMRT-Daten berücksichtigt wurden.

Untersuchungsart	Untersuchung von 16 bekannten (acht hoch emotionalen und acht gering emotionale) und acht unbekannten Marken mittels funktioneller Magnetresonanztomographie (fMRT); die Markenemotionen werden im fMRT auf der Valenzdimension des Self-Assessment-Manikin (SAM) nonverbal erfasst.
Größe der Stichprobe	Pretest: 5 Personen Experiment: 10 Personen
Zusammensetzung der Stichprobe	10 männliche (100,0 Prozent), gesunde und rechtshändige Personen im Alter zwischen 21 und 30 Jahren (Mittelwert: 23,70 Jahre); Probanden der life&brain GmbH, Bonn
Zeitraum der Durchführung	Januar bis Februar 2006
Ort der Durchführung	life&brain GmbH, Bonn
Technik	Siemens Avanto 1.5 Tesla (Siemens, Erlangen)

Abbildung 49: Steckbrief der Hauptstudie II (fMRT-Untersuchung)

Das Experiment lässt sich insgesamt in vier unterschiedliche Phasen gliedern:

[188] Bei einem fMRT-Experiment ist aufgrund der voxelweisen Statistik zwischen einem internen (Voxel-Ebene innerhalb eines Probanden) und einem externen Stichprobenumfang (Ebene der Testpersonen) zu unterscheiden (vgl. Penny/Holmes, 2004). Der interne Stichprobenumfang auf Voxel-Basis ist sehr hoch, da eine funktionelle MRT-Aufnahme normalerweise aus 80.000 Bildpunkten besteht. Der externe Stichprobenumfang ist im Vergleich zu klassischen Marketingstudien eher gering. Auch aus diesem Grund wurde Hauptstudie I durchgeführt, um auf Grundlage einer größeren Stichprobe reliable und valide Ergebnisse zu erhalten. An einem nicht-klinischen fMRT-Experiment nehmen durchschnittlich 10 bis 15 Probanden teil. In verschiedenen Meta-Analysen wurde herausgefunden, dass Studien mit einem externen Stichprobenumfang von 10 bis 20 Probanden zu reliablen und reproduzierbaren Ergebnissen führen (vgl. Andreasen et al., 1996; Desmond/Glover, 2002).

Phase I: Erklärung der Aufgabenstellung außerhalb des fMRT

Den Probanden wurde vor der fMRT-Untersuchung eine Instruktion vorgelegt (vgl. Anhang 18, S. 243), die die Aufgabenstellung, den Ablauf des kompletten Experiments und den SAM erläuterte. Bezüglich des SAM erfolgte vor allem die Erklärung, wie die Probanden eine Bewertung der Marken auf der Valenzskala des SAM durch das Drücken von Knöpfen mit Daumen und Zeigefinger beider Hände vornehmen konnten.

Phase II: Übungssequenz im fMRT

Im fMRT wurden den Probanden eine Übungssequenz mit zwei Teststimuli und die Rating-Aufgabe mittels SAM präsentiert (ohne Antwort per Tastendruck). Der Ablauf der weiteren Untersuchung wurde anhand der beiden Ersatzlogos Marlboro und Tempo erklärt. Diese gehörten nicht zu den Markenlogos der Hauptstudie und flossen dementsprechend auch nicht in die Auswertung mit ein.

Phase III: Untersuchungssequenz im fMRT

Die 30 Markenlogos wurden den Probanden im fMRT in vergleichbarer Größe und mit einheitlichem weißen Hintergrund insgesamt fünfmal für jeweils drei Sekunden (stimulus duration) visuell gezeigt (vgl. Anhang 19, S. 244). Die Marken wurden den Probanden in einem event-related design[189] randomisiert präsentiert (zehn bekannte hoch emotionale Marken, zehn bekannte gering emotionale Marken und zehn unbekannte Marken). Dies ergab 50 Stimulationen pro Cluster und eine Gesamtzahl von 150 Stimulationen.

Vor dem Experiment wurden die Probanden instruiert, dass sie Logos von bekannten und unbekannten Marken sehen werden und sie darüber nachdenken sollen, was ihnen zu der jeweiligen Marke einfällt. Diese Instruktion war vergleichbar mit der Instruktion aus Hauptstudie I. Sie sollte das semantische Wissen und die Emotionen der Marke aktivieren und dadurch verhindern, dass die Probanden ausschließlich auf das Markenlogo als graphisches Element reagieren, wie dies bei den unbekannten Marken der Fall ist. Nach der Einblendung eines Fixati-

---

189 Im Rahmen von Kognitionsexperimenten werden als Paradigmen so genannte event-related-designs oder block-designs verwendet. Bei block-design-Studien werden während verschiedener Messepochen experimentelle Stimuli präsentiert (ON-Epochen) und mit Epochen verglichen, in denen keine experimentellen Stimuli dargeboten wurden (OFF-Epochen). Die Stimuli werden in einem Block derselben Kategorie gezeigt. Übertragen auf die vorliegende Arbeit würde das bedeuten, dass man z.B. alle 8 hoch emotionalen Marken direkt nacheinander präsentieren würde. Dieses Design macht vor allem Sinn, wenn man auf viele Stimuli derselben Kategorie zurückgreifen kann (z.B. Bilder, die Angst oder Ekel auslösen). Da Marken auch große (individuelle) Unterschiede aufweisen können, wurde sich für ein event-related-design entschieden. Bei event-related-design-Studien werden die experimentellen Stimuli randomisiert oder quasi-randomisiert dargeboten und nachträglich die zu den jeweiligen Stimuli gehörenden MR-Volumina gemittelt.

onskreuzes für 0,5 Sekunden mussten die Probanden innerhalb von 3,5 Sekunden für den Manipulation Check ihr Gefühl bezüglich der gezeigten Marke auf der Valenzskala des SAM per Tastendruck angeben. Dafür wurde das Markenlogo erneut über der SAM-Skala abgebildet (Erfassung der emotionalen Bewertung auf Grundlage des Wahrnehmungsbildes und nicht des Gedächtnisbildes der Marken). Nach dieser Bewertung wurde ein Fixationskreuz unregelmäßig für 4, 4,5 oder 5 Sekunden präsentiert (jittered interstimulus interval). Diese Zeitspanne diente dazu, die BOLD-Response wieder auf Null zu bringen, damit keine Verzerrungen bei der nächsten Marke auftraten. Der Hauptgrund für das Fixationskreuz war also messtechnischer Art und führte zu einer Verbesserung der physiologischen Reaktion. Die Unregelmäßigkeit der Präsentationsdauer des Fixationskreuzes sollte die Vorhersehbarkeit für die Probanden reduzieren (Standardverfahren). Danach folgte das nächste Markenlogo, womit die Sequenz erneut begann. Eine schematische Darstellung des experimentellen Designs kann Anhang 20 (S. 246) entnommen werden.

Phase IV: Erhebung von Befragungsdaten

Im Anschluss an die fMRT-Untersuchung füllten die Probanden den Fragebogen aus (vgl. Kapitel DIV.1, S. 166 ff.) und erhielten abschließend eine finanzielle Aufwandsentschädigung, womit die Untersuchung beendet war.

Dadurch ergaben sich folgende Gesamtdauer und Aufteilung der Untersuchung (vgl. Abbildung 50).

Teil der Untersuchung		Dauer (in Minuten)
Phase I	Empfang des Probanden	00:01
	Medizinische Aufklärung und Einverständniserklärung	00:02
	Verbale Erläuterung des Experiments (Powerpoint/Papier)	00:04
Phase II	Vorbereitung für das fMRT	00:06
	Übungssequenz	00:01
Phase III	Untersuchungssequenz	00:29
	Verlassen des fMRT und kurze Pause	00:06
Phase IV	Erläuterung des Fragebogens	00:02
	Bearbeitung des Fragebogens	00:30
	Bezahlung	00:03
Gesamtdauer fMRT		**00:30**
Gesamtdauer Untersuchung (in Stunden)		**01:32**

Abbildung 50: Dauer der Untersuchung

2.3 Manipulation Check der unabhängigen Variablen

Alle Marken wurden von den Probanden bereits im Fragebogen der Begleituntersuchung emotional auf der Valenz- und Erregungsskala des SAM bewertet. Es hat sich gezeigt, dass die Manipulation der unabhängigen Variable Markenemotion erfolgreich war. In einem letzten Manipulation Check wurde überprüft, ob die Marken auch direkt im fMRT vergleichbar emotional bewertet wurden. Diese Bewertung erfolgte im fMRT unmittelbar nach der Messung der Gehirnreaktionen mit Hilfe des SAM. Es wurde nur noch die wichtigste und stärkste emotionale Basisdimension – die Valenzdimension – herangezogen. Den Probanden wurden unter dem jeweiligen Markenlogo die fünf Abbildungen der Valenzskala des SAM präsentiert (sehr trauriges bis sehr glückliches Gesicht) und sie mussten sich für eine Abbildung entscheiden.

Um die entsprechenden Werte auszuwählen, arbeiteten die Probanden mit beiden Händen und drückten jeweils mit Daumen oder Zeigefinger der linken oder rechten Hand jeweils eine Taste. Um die Zuordnung der insgesamt vier Tasten zu den Abbildungen zu erleichtern, wurden die Tasten gemäß den Abbildungen angeordnet. Die Skala umfasste die Werte 1 („sehr unangenehm") bis 5 („sehr angenehm"), wobei der Proband mit der linken Hand 1 (Zeigefinger) und 2 (Daumen) und mit der rechten Hand 4 (Daumen) und 5 (Zeigefinger) wählen konnte. Der neutrale Wert 3 wurde durch Nichtdrücken erfasst. Nach 3,5 Sekunden wurde das Experiment automatisch mit der nächsten Marke fortgesetzt.

Durch die emotionale Bewertung der Marken unmittelbar nach der Messung der Gehirnaktivitäten können Verzerrungen ausgeschlossen werden. Sonst wäre es theoretisch möglich, dass die Probanden die Marken im fMRT anders bewerten als im Fragebogen nach der Untersuchung.[190] Neben dem Vergleich der Mittelwerte pro Cluster erfolgte auch ein kurzer Vergleich der Valenzdaten aus dem fMRT mit denen aus dem Fragebogen über eine Korrelations- und Regressionsanalyse. Weisen die Valenzdaten eine hohe Korrelation auf, kann man höchst wahrscheinlich davon ausgehen, dass die Marken auch auf der Erregungsdimension im fMRT vergleichbar wahrgenommen wurden.

---

190 Vergleiche dazu die Erkenntnisse, die aus der so genannten moment-to-moment-Messung im Marketing vorliegen (vgl. Aaker et al., 1986; Baumgartner et al., 1997; Hughes, 1992; Polsfuss/Hess, 1991; Vanden Abeele/MacLachlan, 1994). Demnach können sich durchaus Unterschiede zwischen der moment-to-moment-Messung und einer Overall-Messung zu einem späteren Zeitpunkt ergeben.

Zur Auswertung des Manipulation Check für die Valenzdaten aus dem fMRT wurde aufgrund fehlender Normalverteilung (Kolmogorov-Smirnov-Test $p < 0{,}05$) zunächst der nichtparametrische Friedman-Test bei mehreren abhängigen Variablen herangezogen. Dieser zeigte, dass sich mindestens eine der drei Variablen von einer anderen höchst signifikant unterschied (Chi-Quadrat = 413,925; df = 2; $p < 0{,}001$). Weiteren Aufschluss brachte ein Vorzeichentest. Auf der Valenzdimension des SAM wurden die hoch emotionalen Marken im Durchschnitt positiver bewertet ($\mu = 4{,}49$) als die gering emotionalen Marken ($\mu = 2{,}94$) und der Mittelwertunterschied war höchst signifikant ($Z = -15{,}131$; $p < 0{,}001$). Die Valenz-Mittelwerte der unbekannten Marken und der gering emotionalen Marken unterschieden sich deutlich geringer. Die gering emotionalen Marken wurden im Durchschnitt etwas positiver bewertet ($\mu = 2{,}94$) als die unbekannten Marken ($\mu = 2{,}72$) und der Mittelwertunterschied war signifikant ($Z = -2{,}107$; $p < 0{,}05$).[191] Abbildung 51 zeigt die Mittelwerte im Fragebogen und im fMRT im Überblick.

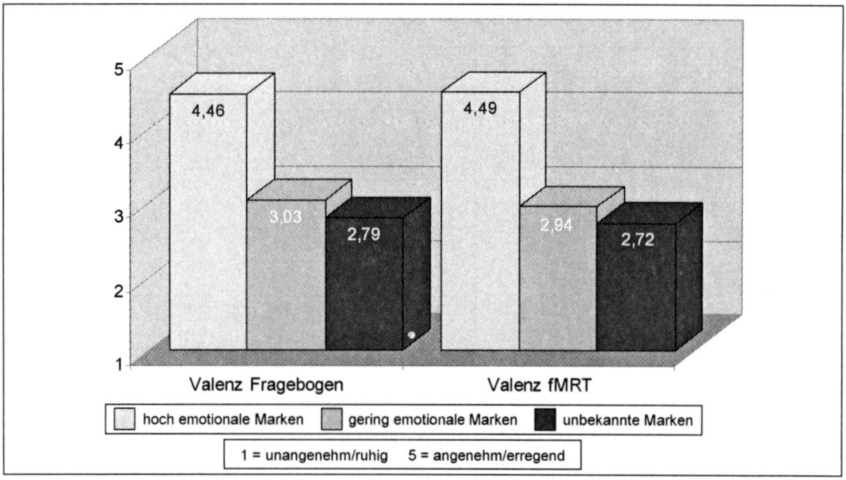

Abbildung 51: Wahrnehmung der Markenemotionen im Fragebogen und im fMRT (acht hoch emotionale, acht gering emotionale Marken und acht unbekannte Marken)

[191] Im Vergleich zu diesen Ergebnissen der 10 Probanden und 24 Marken wurden die 30 Marken von den 15 Probanden auf der Valenzskala im fMRT wie folgt bewertet: hoch emotionale Marken ($\mu = 4{,}10$), gering emotionale Marken ($\mu = 3{,}10$) und unbekannte Marken ($\mu = 2{,}88$). Die Mittelwerte der hoch emotionalen Marken ($Z = -5{,}527$; $p < 0{,}001$) und der unbekannten Marken ($Z = -5{,}611$; $p < 0{,}001$) unterschieden sich dabei sogar höchst signifikant. Auch diese Ergebnisse ließen noch einmal darauf schließen, dass sich durch den Ausschluss der fünf Probanden und der sechs Marken die Cluster deutlicher voneinander unterschieden.

Wie Abbildung 51 zu entnehmen ist, wiesen die Mittelwerte aus dem Fragebogen und aus dem fMRT eine sehr hohe Übereinstimmung auf. Die Korrelation der Valenzskala des SAM zwischen dem Fragebogen und dem fMRT betrug r = 0,98 (sehr hohe Korrelation)[192] und war höchst signifikant (p < 0,001).[193] Das Streudiagramm zwischen den im Fragebogen und im fMRT vorgenommenen Eindrucksurteilen auf der Valenzskala ließen erneut einen linearen Zusammenhang vermuten, da die Punkte sich bandförmig um eine Gerade streuten (vgl. Abbildung 52).

Die Berechnung des R-Quadrat erfolgte auf Grundlage der Korrelationskoeffizienten nach Pearson (Valenz: $r = 0{,}989$; $r^2 = 0{,}978$). Das R-Quadrat der beiden Valenzdimensionen betrug also 0,98 und bedeutete, dass 98 Prozent der gesamten auftretenden Varianz im Hinblick auf einen statistischen Zusammenhang erklärt wurden. Die erklärten Varianzanteile waren höchst signifikant ($F_{1,22} = 988{,}667$; $p < 0{,}001$), so dass die unabhängige Variable (Valenz Fragebogen) sehr gut die Varianz der abhängigen Variablen (Valenz fMRT) erklärte.

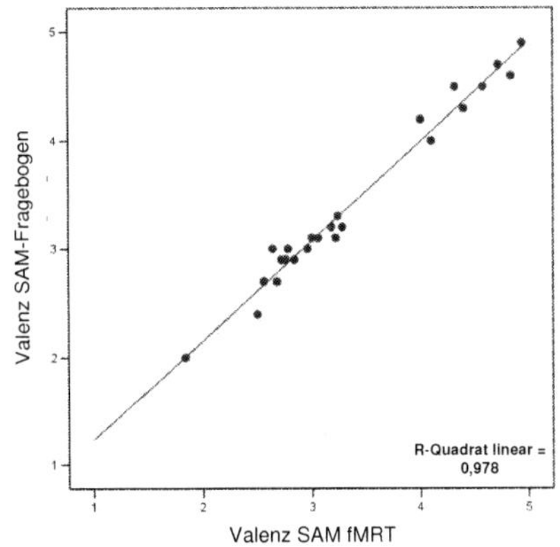

Abbildung 52: Streudiagramm der SAM-Valenzwerte im Fragebogen und im fMRT

Somit waren die Bewertungen der Marken auf der Valenzdimension des SAM im Fragebogen und im fMRT nahezu identisch. Aufgrund der hohen Übereinstimmung ließ sich zumindest vermuten, dass sich ähnliche Ergebnisse auch für die Erregungsdimension gezeigt hätten.

192 Der Korrelationskoeffizient r wurde dabei wie folgt interpretiert: r < 0,2 sehr geringe Korrelation; 0,2 < r < 0,5 geringe Korrelation; 0,5 < r < 0,7 mittlere Korrelation; 0,7 < r < 0,9 hohe Korrelation; 0,9 < r < 1 sehr hohe Korrelation (Bühl & Zöfel 1995).

193 Der Korrelationskoeffizient nach Pearson lag mit r = 0,99 noch etwas höher und war auch höchst signifikant (p < 0,001).

Dementsprechend konnte man von einer ähnlichen Wahrnehmung der Marken sowohl im Fragebogen als auch im fMRT ausgehen und die Daten aus der Begleituntersuchung auf den fMRT übertragen.

Die Manipulation der Markenemotionen war auch in der Hauptstudie II erfolgreich und die wesentlichen Voraussetzungen zum Test der Hypothese waren somit gegeben. Die hoch emotionalen Marken wurden, wie beabsichtigt, auch im fMRT positiver (und höchstwahrscheinlich) erregender wahrgenommen als die gering emotionalen Marken. Der Vergleich der Mittelwerte zwischen den gering emotionalen Marken und den unbekannten Marken zeigte, dass diese Marken nur geringe Unterschiede aufwiesen.

2.4 Auswertung der Hauptstudie II (fMRT)

2.4.1 Wirkungen der Markenemotionen und Markenbekanntheit auf Reaktionszeiten

Die Probanden hatten im fMRT nach jedem präsentierten Markenlogo maximal 3,5 Sekunden Zeit, um die entsprechende Marke auf der Valenzskala des SAM zu bewerten. Für eine neutrale Bewertung wurde kein Knopf gedrückt und nach dem Verstreichen der 3,5 Sekunden folgte automatisch die nächste Marke. Um eine Verzerrung der Ergebnisse zu vermeiden, wurden zur Auswertung der Reaktionszeiten nur die Zeiten herangezogen, bei denen die Probanden innerhalb der 3,5 Sekunden eine Bewertung abgegeben hatten. Die Mittelwerte in Abbildung 53 geben die Reaktionszeiten in Millisekunden wieder. So hat z.B. die Bewertung (bis ein Knopf gedrückt wurde) der hoch emotionalen Marken im Durchschnitt 0,92 Sekunden gedauert.

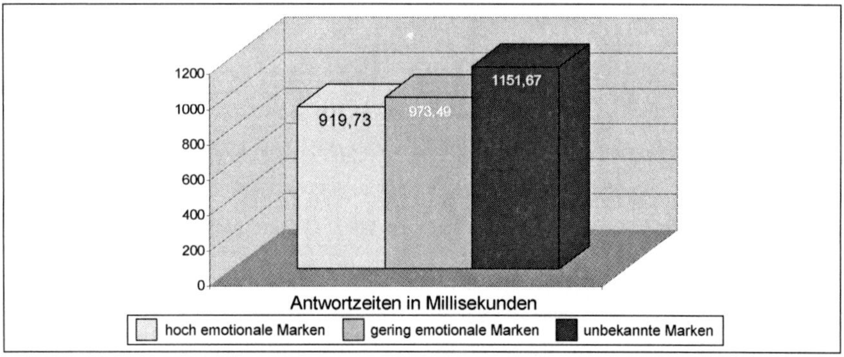

Abbildung 53: Reaktionszeiten im fMRT

Zur Auswertung der Reaktionszeiten wurde aufgrund fehlender Normalverteilung (Kolmogorov-Smirnov-Test $p < 0{,}05$) zunächst der nichtparametrische Friedman-Test herangezogen. Die Bewertung der Marken auf der Valenzskala des SAM erfolgte am schnellsten bei den hoch emotionalen Marken ($\mu = 919{,}73$ ms), gefolgt von den gering emotionalen Marken ($\mu = 973{,}49$ ms); am längsten hat die Bewertung bei den unbekannten Marken gedauert ($\mu = 1.151{,}67$ ms). Der Friedman-Test bei mehreren abhängigen Variablen zeigte, dass sich mindestens eine Variable von einer anderen hoch signifikant unterschied (Chi-Quadrat = 10,731; df = 2; $p < 0{,}01$). Um genauere Erkenntnisse zu erlangen, wurde ein Vorzeichentest durchgeführt. Dieser zeigte, dass sich die Reaktionszeiten zwischen den hoch und den gering emotionalen Marken ($Z = -1{,}083$; $p = 0{,}279$) und zwischen den gering emotionalen und den unbekannten Marken ($Z = -1{,}500$; $p = 0{,}134$) nicht signifikant voneinander unterschieden. Lediglich die Reaktionszeiten zwischen den hoch emotionalen und den unbekannten Marken unterschieden sich höchst signifikant ($Z = -3{,}769$; $p < 0{,}001$).

Auch wenn sich die Reaktionszeiten nicht zwischen allen drei Gruppen signifikant voneinander unterschieden, so ließen sich aufgrund der Tendenzen doch Vermutungen anstellen. Die hoch emotionalen Marken wurden vermutlich deswegen am schnellsten bewertet, weil sie umfangreiches Markenwissen mit positiver Valenz aufwiesen. Aufgrund dessen war die emotionale Wertigkeit der Marken bei den Probanden auch relativ gefestigt. Die Probanden konnten vergleichsweise schnell angeben, ob sie z.B. die Marken Langnese, Porsche oder BMW mögen. Mit den gering emotionalen Marken war weniger Markenwissen verbunden. Die Entscheidung der emotionalen Bewertung benötigte jedoch nur geringfügig mehr Zeit. Auch hier konnten die Probanden relativ schnell darlegen, dass sie z.B. die Marken Oettinger, Opel oder KIA nicht mögen. Relativ schwer fiel den Probanden offenbar die emotionale Bewertung der unbekannten Marken. Diese Marken wiesen kein Markenwissen und somit auch keine eindeutige emotionale Valenz auf. Bei jeder Präsentation einer unbekannten Marke mussten die Probanden erneut eine emotionale Einschätzung vornehmen. Sie benötigten im Durchschnitt fast 1,2 Sekunden, um den entsprechenden Knopf für die emotionale Bewertung zu drücken.

2.4.2 Wirkungen der Markenemotionen und Markenbekanntheit auf Gehirnaktivitäten

In Kapitel DIV.2.1.2 (S. 187 ff.) wurde bereits dargestellt, dass bei der Auswertung von fMRT-Daten nie absolute, sondern immer nur relative Aktivierungen aufgezeigt werden können. Aus diesem Grund wurden Differenzen gebildet (Kontraste). Vereinfacht ausgedrückt werden z.B. im Kontrast „hoch emotionale Marken > gering emotionale Marken" von der neuronalen Aktivität, die bei der Betrachtung der hoch emotionalen Marken gemessen wurde, die neuronale Aktivität subtrahiert, die bei der Betrachtung der gering emotionalen Marken gemessen wurde. Das Ergebnis war somit die neuronale Aktivität, die sich nur bei den hoch emotionalen Marken im Vergleich zu den gering emotionalen Marken zeigte. Die unterschiedlichen Kontraste bildeten das strukturelle Grundgerüst der folgenden Ergebnisdarstellung.

Insgesamt haben sich bei sieben Kontrasten signifikante Ergebnisse gezeigt: hoch emotionale Marken (HE) > gering emotionale Marken (GE), hoch emotionale Marken (HE) > unbekannte Marken (UM), gering emotionale Marken (GE) > hoch emotionale Marken (HE), gering emotionale Marken (GE) > unbekannte Marken (UM), unbekannte Marken (UM) > hoch emotionale Marken (HE), unbekannte Marken (UM) > bekannte Marken (BM) und bekannte Marken (BM) > unbekannte Marken (UM). Abbildung 54 zeigt alle signifikanten Aktivierungen in den jeweiligen Kontrasten (erste Spalte). In der zweiten Spalte stehen die Bezeichnungen der aktivierten Gehirnregion und in der dritten Spalte die Abkürzungen für linke oder rechte Hemisphäre.[194] Die x-y-z-Werte in den nächsten Spalten stellen die MNI-Koordinaten dar, mit dessen Hilfe man die Gehirnregion lokalisieren und benennen kann. Aus dem t-Wert in der vorletzten Spalte lässt sich zusammen mit der Anzahl der Freiheitsgrade das statistische Signifikanzniveau ermitteln.[195] Der resultierende p-Wert gibt an, mit welcher Wahrscheinlichkeit die Veränderung eines Pixelwerts unter Stimulation zufällig zustande gekommen ist. Für die anatomische Nomenklatur der Gehirnregionen wurden sowohl in der Abbildung als auch im weiteren Verlauf der Arbeit die englischen Begriffe verwendet.

[194] Das Gehirn besteht aus der linken und der rechten Hemisphäre, die spiegelbildlich zueinander angeordnet sind. So hat ein gesunder Mensch z.B. den Hippocampus beidseitig, also in der linken und der rechten Hemisphäre.

[195] Die t-Verteilung wird beim Vergleich von Mittelwertsunterschieden von zwei Gruppen von Beobachtungen eingesetzt, z.B. Signalintensitäten in einem Voxel bei der Betrachtung von hoch emotionalen Marken und die Signalintensitäten in demselben Voxel bei Betrachtung von gering emotionalen Marken.

Kontrast	Anatomische Region	Seite	x	y	z	t	p
HE > GE	pallidum	L	-15	-3	-6	4,28	0,005
	pallidum	R	18	0	-6	3,28	0,005
	middle frontal gyrus	R	42	36	27	3,57	0,005
	cerebellum	R	27	-39	-39	5,31	0,005
HE > UM	hippocampus	R	24	-27	-9	5,01	0,005
	lingual gyrus (BA 19)	L	-18	-48	-6	3,68	0,005
	middle frontal gyrus	L	-24	9	45	5,61	0,005
	cerebellum	R	27	-39	-36	6,11	0,005
GE > HE	superior frontal gyrus	R	21	48	18	4,13	0,001
	insula	R	33	3	12	3,80	0,005
GE > UM	inferior parietal but supramarginal and angular gyri (BA 40)	L	-45	-48	60	3,85	0,005
	fusiform gyrus	L	-30	-54	-15	4,14	0,005
UM > HE	inferior frontal gyrus (triangular part)	L	-36	33	9	3,89	0,001
	postcentral gyrus (BA 3)	R	39	-30	60	4,11	0,005
	insula	L	-27	30	6	3,64	0,005
UM > BM	hippocampus	L	-18	-21	-18	4,12	0,005
BM > UM	middle frontal gyrus	L	-24	9	45	5,27	0,001
	cerebellum	R	21	-36	-39	3,37	0,005
	postcentral gyrus	L	-42	-45	63	4,03	0,001
	postcentral gyrus	R	51	-6	30	3,96	0,005
	precentral gyrus (BA 6)	L	-39	-12	48	3,51	0,005
	precentral gyrus (BA 9)	R	45	3	36	3,76	0,005

Die Schwelle lag bei p < 0,005 (unkorrigiert). Nur Cluster mit > 5 Voxeln sind angegeben (N = 10). MNI-Koordinaten repräsentieren Peakvoxel.

HE (hoch emotionale Marken) = positive Valenz und hohe Erregung; GE (gering emotionale Marken) = neutrale Valenz und geringe Erregung; UM = unbekannte Marken; BM = bekannte Marken (HE und GE); L = linke Hemisphäre; R = rechte Hemisphäre.

Abbildung 54: Aktivierungen in der Hauptstudie II (fMRT)

Kontrast hoch emotionale Marken > gering emotionale Marken

Die acht hoch emotionalen Marken zeichneten sich im Vergleich zu den acht gering emotionalen Marken durch höhere Bekanntheit, umfangreicheres Markenwissen und positivere Valenz aus (vgl. Begleituntersuchung). Bei den hoch emotionalen Marken zeigte sich im Vergleich zu den gering emotionalen Marken in vier Gehirnregionen eine signifikant höhere neuronale Aktivität. Es handelte sich um das linke pallidum, das rechte pallidum, den rechten middle frontal gyrus und das rechte cerebellum. Abbildung 55 stellt alle signifikanten Aktivierungen des Kontrasts hoch emotionale Marken > gering emotionale Marken im Glasgehirn (links) dar.[196] Aus Platzgründen wird an dieser Stelle lediglich die signifikante Aktivierung im right middle frontal gyrus im anatomischen Standardgehirn abgebildet (rechts). Die restlichen signifikanten Aktivierungen bei diesem Kontrast finden sich im Anhang 27 und Anhang 28 (S. 249).

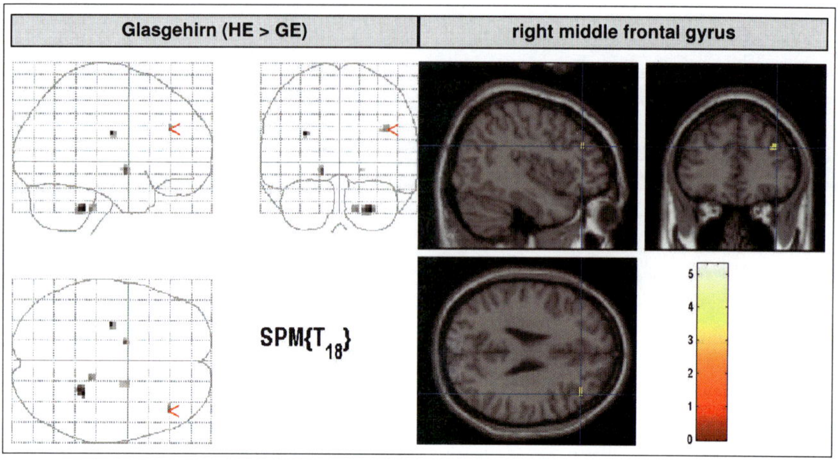

Abbildung 55: Glasgehirn des Kontrasts hoch emotionale Marken > gering emotionale Marken (links) und exemplarische Aktivierung des rechten middle frontal gyrus (rechts)

Die Aktivierungen im **bilateralen**[197] **pallidum** (also im pallidum beider Hemisphären) stellen Aktivierungen in den Basalganglien dar. Lange wurde die Vorstellung vertreten, dass die Basalganglien ausschließlich für die Steuerung der Willkürmotorik zuständig sind. Dies ist nach heutigem Wissensstand nicht mehr haltbar. Die Basalganglien sind nicht nur an motorischen Regelungen beteiligt, sondern auch an kognitiven und emotionalen Aufgaben (vgl. Afifi, 2003). Die erhöhte neuronale Aktivität im bilateralen pallidum ist womöglich auf die positive Valenz der Marken zurückzuführen. So wurde z.B. in anderen Studien eine Beteiligung der Basalganglien insbesondere an positiven Emotionen beobachtet (vgl. Phan et al., 2002; Wager et al., 2003). Das pallidum als Teil der Basalganglien scheint eine wichtige Rolle bei positiven

[196] Die Abbildungen in diesem Kapitel sind immer gleich aufgebaut. Auf der linken Seite werden die Glasgehirne mit allen signifikanten Aktivierungen des jeweiligen Kontrasts dargestellt. Auf der rechten Seite wird jeweils eine exemplarische Aktivierung im anatomischen Standardgehirn abgebildet. Die restlichen Aktivierungen werden aus Platzgründen im Anhang abgebildet. Sämtliche Glasgehirne sind im Anhang 21 bis Anhang 26 (S. 247 f.) abgebildet.

[197] Zur Beschreibung von Gehirnregionen werden die Begriffe medial (zur Mitte hin gelegen), lateral (zur Seite hin gelegen), dorsal/posterior (rückenwärts/hinten liegend) und ventral/anterior (bauchwärts/vorne liegend) benutzt. Zusätzlich werden Mischformen dieser Begriffe wie z.B. dorsolateral und ventromedial verwendet.

Emotionen (vgl. Berridge, 2003; Hamann/Mao, 2002; Phillips, 2003; Rauch et al., 1999), bei negativen Emotionen, wie z.B. Ekel (vgl. Murphy et al., 2003), bei Belohnungen (vgl. Smith/Berridge, 2005; Young/Wang, 2004) und bei Stimmungen (vgl. Baumann et al., 1999; Okun et al., 2003; Shapira et al., 2006) zu übernehmen.

Der **middle frontal gyrus**[198] macht etwa ein Drittel des Frontallappens des menschlichen Gehirns aus. Ein weiteres Drittel machen jeweils der inferior frontal gyrus und der superior frontal gyrus aus. Der middle frontal gyrus (ähnlich wie der inferior und superior frontal gyrus) ist aber eher als Gehirnregion und nicht als gyrus im engeren Sinne anzusehen. Die Aktivierung des **rechten middle frontal gyrus** ist vermutlich auf das umfangreichere Markenwissen und ein dadurch bedingtes stärkeres Abrufen (retrieval)[199] dieses Markenwissens zurückzuführen. Der rechte middle frontal cortex ist an vielen Gedächtnisprozessen (z.B. Wiedererkennen, Erinnern und Abruf von Wissen) beteiligt (vgl. Andreasen et al., 1995; Fujii et al., 2002; Habib et al., 2003; Klingberg/Roland, 1998; Liberzon et al., 2000; Maratos et al., 2001; Rossi et al., 2001; Taylor et al., 1998; Tulving et al., 1994a; von Zerssen et al., 2001). Des Weiteren wurden der rechte frontal gyrus beim Fällen von Entscheidungen (vgl. Ersche et al., 2005; van 't Wout et al., 2005) und bei emotionalen Aufgaben (vgl. Prohovnik et al., 2004; Schirmer/Simpson, in press; Wildgruber et al., 2002) aktiviert.

Das **cerebellum** ist das lateinische Wort für Kleinhirn. Es ist nach dem Großhirn der zweitgrößte Teil des menschlichen Gehirns, aber mit ca. 50 Prozent aller Zellen der neuronenreichste Anteil des Gehirns. Dem cerebellum werden mittlerweile nicht mehr nur motorische, sondern auch kognitive und emotionale Funktionen zugeschrieben. Die Aktivierung des **rech-**

---

198 Gyrus ist ein Begriff aus der Oberflächenanatomie des Gehirns, der so viel wie Windung bedeutet und eine aus der Hirnmasse hervortretende Gehirnwindung darstellt, die in ihrer Gesamtheit dem Gehirn ihr typisches Aussehen verleiht. Neben den zahlreichen Windungen (gyrus/gyri), zeichnet sich die Großhirnrinde (cortex), die äußere und an Nervenzellen reiche Schicht des Großhirns, bei vielen Säugetieren durch Spalten (fissura/fissurae) und Furchen (sulcus/sulci) aus. Sie ist je nach Region nur 2-5 mm dick. Die Faltung dient der Vergrößerung der Gehirnoberfläche, die beim Menschen etwa 1.800 cm^2 beträgt. Bei der Furchung des cortex unterscheidet man eine Primärfurchung, die bei allen Individuen annähernd gleich ist, und eine Sekundär- und Tertiärfurchung, die so individuell wie ein Fingerabdruck sein können. Der cortex wiederum lässt sich grob in vier Lappen (lobi) einteilen: Frontallappen oder Stirnlappen (lobus frontalis bzw. frontal lobe), Parietallappen oder Scheitellappen (lobus parietalis bzw. parietal lobe), Temporallappen oder Schläfenlappen (lobus temporalis bzw. temporal lobe) und Occipitallappen oder Hinterhauptslappen (lobus occipitalis bzw. occipital lobe).

199 Die Gedächtnisprozesse lassen sich in verschiedene Teilbereiche unterteilen: Einspeicherung (encoding), Behalten/Speicherung (storage) und Abruf (retrieval) von Wissen. Beim Abruf des Wissens wird noch einmal unterschieden, ob es sich um Wiedererkennen (recognition) oder um Erinnern/Wiedergabe (recall) handelt. Bei der Einspeicherung findet eine Transformation eingehender Reizinformationen über sensorische Prozesse in einen neuronalen Code statt, die Speicherung bewahrt enkodierte Informationen über die Zeit auf und beim Abruf kommt es zum Suchen und Wiederauffinden der gespeicherten Informationen zu einem späteren Zeitpunkt.

ten cerebellum lässt sich vermutlich auf das umfangreichere Markenwissen und die positive Valenz der hoch emotionalen Marken zurückführen. In verschiedenen Studien wurde das cerebellum bei der Verarbeitung von Emotionen (vgl. Bermpohl et al., 2006; Canli et al., 2004; Habel et al., 2005; Parvizi et al., 2001; Schmahmann, 1996; Schmahmann/Sherman, 1998; Schutter/van Honk, 2005; Ueda et al., 2003) und Kognitionen aktiviert. Aktivierungen, die eher im Zusammenhang mit kognitiven Prozessen stehen, zeigten sich bei Gedächtnisaufgaben (vgl. Andreasen et al., 1995; Ruz et al., 2005), semantischen Aufgaben bzw. semantischer Verarbeitung (vgl. Harris et al., 2006; McDermott et al., 2003; Roskies et al., 2001), Recognition und Retrieval (vgl. Bernard et al., 2004; Noppeney/Price, 2002; Nyberg et al., 2002; Price et al., 1996; Russ et al., 2003; Tieleman et al., 2005; van der Veen et al., 2006) sowie anderen kognitiven Aufgaben (vgl. Cabeza/Nyberg, 2000; Desmond et al., 1998; Iidaka et al., 2000). Es haben sich auch Aktivierungen im Zusammenhang mit Lesen, Sprechen und verbalem Arbeitsgedächtnis gezeigt (vgl. Chen/Desmond, 2005; Dien et al., 2003; Gruber, 2001; Li et al., 2004; Luke et al., 2002; Rönnberg et al., 2004; Schumacher et al., 1996; Shergill et al., 2001; Silveri et al., 1998; Tan et al., 2001).

Kontrast hoch emotionale Marken > unbekannte Marken

Die acht hoch emotionalen Marken zeichneten sich im Vergleich zu den acht unbekannten Marken durch Bekanntheit, vorhandenes Markenwissen und positivere Valenz aus (vgl. Begleituntersuchung). Bei den hoch emotionalen Marken zeigte sich im Vergleich zu den unbekannten Marken in vier Gehirnregionen eine signifikant höhere neuronale Aktivität. Diese waren der rechte hippocampus, der linke lingual gyrus, der linke middle frontal gyrus und das rechte cerebellum. Abbildung 56 stellt alle signifikanten Aktivierungen des Kontrasts hoch emotionale Marken > unbekannte Marken im Glasgehirn (links) und exemplarisch die Aktivierung des rechten hippocampus im anatomischen Standardgehirn dar (rechts). Die restlichen signifikanten Aktivierungen bei diesem Kontrast sind im Anhang 29 und Anhang 30 (S. 250) abgebildet.

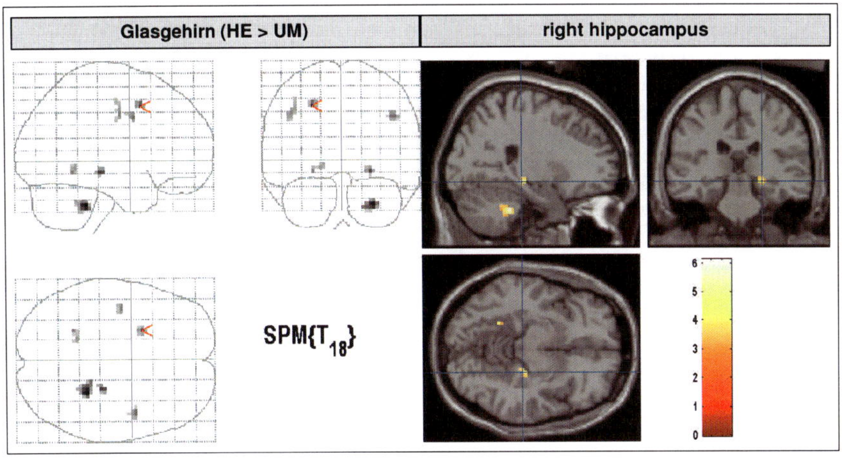

Abbildung 56: Glasgehirn des Kontrasts hoch emotionale Marken > unbekannte Marken (links) und exemplarische Aktivierung des rechten hippocampus (rechts)

Der **hippocampus** ist eine zentrale Schaltstation des limbischen Systems[200]. Er liegt im medialen Teil des Temporallappens und zählt zu den evolutionär ältesten Strukturen des Gehirns. Der hippocampus ist sehr wichtig für die Gedächtniskonsolidierung, also für die Überführung von Gedächtnisinhalten aus dem Kurzzeit- in das Langzeitgedächtnis. Im hippocampus fließen Informationen verschiedener sensorischer Systeme zusammen, die verarbeitet und dann wieder zum cortex zurückgesendet werden. Der hippocampus scheint Funktionen sowohl bei der Enkodierung von neuem Wissen als auch dem Abruf von vorhandenem Wissen zu übernehmen.[201] Die Aktivierung des **rechten hippocampus** lässt sich vermutlich auf den Abruf des Markenwissens (retrieval) und die positive Valenz zurückführen. Aktivierungen des rechten hippocampus haben sich auch in anderen Studien bei Gedächtnisprozessen (z.B. Wiedererkennen, Erinnern, Abruf und Gedächtnis) (vgl. Badgaiyan/Posner, 1997; Eldridge et al., 2000; Heckers et al., 2002; Klaver et al., 2005; Lepage et al., 1998; Mandzia et al., 2004; McClure et al., 2004; Papanicolaou et al., 2002; Powell et al., 2005; Schacter, 1997; Schacter

200 Das limbische System (vgl. Abbildung 7, S. 80) ist eine Funktionseinheit des Gehirns, die der Verarbeitung von Emotionen, der Entstehung von Triebverhalten aber auch intellektuellen Leistungen dient. Die Entstehung von Emotion und Triebverhalten muss allerdings immer als Zusammenspiel vieler Gehirnregionen gesehen werden und darf nicht dem limbischen System allein zugesprochen werden. Das limbische System ist auch für die Ausschüttung von Endorphinen verantwortlich.

201 Der hippocampus wird manchmal mit dem Aufnahme-Knopf einer Videokamera verglichen. Er speichert für kurze Zeit alle neuen Sinneseindrücke, von denen aber viele wieder gelöscht werden. Einige Eindrücke bleiben aber erhalten, meistens solche, mit denen Emotionen verknüpft sind. Wenn der hippocampus besonders intensive Emotionen wahrnimmt, dann schaltet er auf Aufnahme und die entsprechenden Informationen und Eindrücke werden in das Langzeitgedächtnis übernommen.

et al., 1996; Tulving et al., 1996) und positiven Emotionen gezeigt (vgl. Goldin et al., 2005; Kuchinke et al., 2005; Maguire/Frith, 2003).

Der **lingual gyrus** ist Teil des Occipitallappens und Bestandteil des Brodmann-Areals 19. Zusammen mit dem Brodmann-Areal 18 bildet es das sekundäre Sehzentrum, das zu den so genannten Assoziationszentren des Gehirns gehört. Die Aktivierung des **linken lingual gyrus** lässt sich wahrscheinlich durch den Abruf von Markenwissen (retrieval) und die positive Valenz der hoch emotionalen Marken erklären. Aktivierungen in dieser Region haben sich in anderen Studien bei Gedächtnisprozessen (z.B. Einspeicherung, Abruf, Wiedererkennen und Erinnern) (vgl. Grady et al., 2005; Kondo et al., 2005; Lane et al., 2000; Rombouts et al., 1999; Sperling et al., 2001; Taylor et al., 1998), emotionalen Prozessen (vgl. Bremner et al., 1999; Goldin et al., 2005; Kuchinke et al., 2005; Kuniecki et al., 2003; Lane et al., 2000) und visueller und semantischer Verarbeitung gezeigt (vgl. Geday et al., 2003; Martin-Loeches et al., 2002; Mechelli et al., 2000; Perani et al., 1999).

Auch die Aktivierung im **linken middle frontal gyrus** lässt sich vermutlich durch den Abruf von Markenwissen und die positive Valenz erklären. Aktivierungen im linken frontal cortex zeigen sich bei verschiedenen kognitiven Aufgaben (z.B. Einspeicherung, Wiedererkennen, Abruf und Gedächtnis) (vgl. Andreasen et al., 1995; Desmond et al., 1998; Habib et al., 2003; Hugdahl et al., 1999; Klingberg/Roland, 1998; Liberzon et al., 2000; Nyberg et al., 2003; Rossi et al., 2001; Tulving et al., 1994a; von Zerssen et al., 2001) und bei positiven Emotionen (vgl. Dolcos et al., 2004a; Khalfa et al., 2005; Maratos et al., 2001; Wood et al., 2005). In einigen Studien zeigen sich Aktivierungen im linken frontal gyrus zusammen mit Aktivierungen im rechten cerebellum (left-frontal-right-cerebellar circuit) (vgl. Andreasen et al., 1995; Desmond et al., 1998). Diese Aktivierungen werden auf kognitive Prozesse zurückgeführt, die z.B. auch mit Gedächtnisprozessen in Zusammenhang stehen. Diese Interpretation kann ebenfalls auf den gerade betrachteten Kontrast übertragen werden, da sich auch hier eine gemeinsame Aktivierung left frontal und right cerebellar gezeigt hat.

Zu der Interpretation der Aktivierung im **rechten cerebellum** und die Darstellung von Studien, in denen sich Aktivierungen dieser Gehirnregion gezeigt haben, sei auf den Kontrast hoch emotionale Marken > gering emotionale Marken verwiesen (S. 202 ff.). Zusammenfassend lässt sich vermuten, dass die Aktivierung des rechten cerebellum auf das Markenwissen und die positive Valenz der hoch emotionalen Marken zurückführen ist.

Die Ergebnisse der Kontraste hoch emotionale Marken > geringe emotionale Marken und hoch emotionale Marken > unbekannte Marken **stützten die Hypothesen H5b und H5f**.

> **Hoch emotionale Marken aktivierten eher Gehirnregionen, die für die Verarbeitung positiver Emotionen zuständig sind. Da mit den hoch emotionalen Marken auch das umfangreichste Markenwissen verbunden ist, aktivieren diese auch eher Gehirnregionen, die für Gedächtnisprozesse – insbesondere den Abruf von Wissen – zuständig sind.**

Kontrast gering emotionale Marken > hoch emotionale Marken

Die acht gering emotionalen Marken zeichneten sich im Vergleich zu den acht hoch emotionalen Marken durch geringere Bekanntheit, geringeres Markenwissen und negativere Valenz aus (vgl. Begleituntersuchung). Bei den gering emotionalen Marken zeigte sich im Vergleich zu den hoch emotionalen Marken in zwei Gehirnregionen eine signifikant höhere neuronale Aktivität. Diese waren zum einen der rechte superior frontal gyrus und zum anderen die rechte insula. Abbildung 57 stellt alle signifikanten Aktivierungen des Kontrasts gering emotionale Marken > hoch emotionale Marken im Glasgehirn (links) und exemplarisch die Aktivierung der rechten insula im anatomischen Standardgehirn dar (rechts). Die zweite signifikante Aktivierung bei diesem Kontrast ist im Anhang 31 (S. 251) abgebildet.

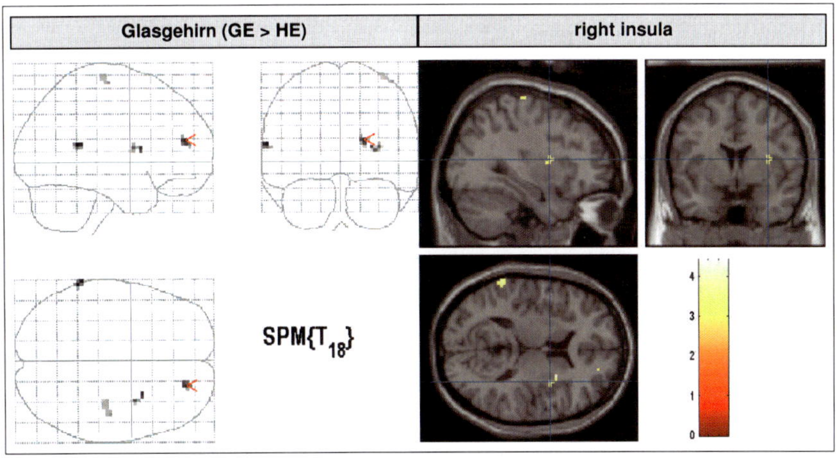

Abbildung 57: Glasgehirn des Kontrasts gering emotionale Marken > hoch emotionale Marken (links) und exemplarische Aktivierung der rechten insula (rechts)

Wie bereits oben beschrieben macht der **superior frontal gyrus** ein Drittel des menschlichen Frontallappens aus und ist eher eine Gehirnregion als ein gyrus im engeren Sinne. Die Aktivierung des **rechten superior frontal gyrus** ist womöglich auf das vorhandene Markenwissen und die – im Vergleich zu den hoch emotionalen Marken – negativere Valenz zurückzuführen. Der rechte superior frontal cortex zeigte bei zahlreichen Studien Aktivierungen bei negativen Emotionen (vgl. Aalto et al., 2002; Beauregard et al., 2001; Fulbright et al., 2001; Hariri et al., 2000; Kawasaki et al., 2001; Khalfa et al., 2005; Wang et al., 2005). Des Weiteren zeigten sich Aktivierungen in dieser Region oft im Zusammenhang mit Gedächtnisprozessen (z.B. Einspeicherung, Erinnern, Abruf und Gedächtnis) (vgl. Babiloni et al., 2006; Dalla Barba et al., 1998; Fletcher et al., 1998; Floel et al., 2004; Kjaer et al., 2001; Lee et al., 2000; Lepage, 2004; Rugg et al., 2003; Tulving et al., 1994a).

Die **insula** ist ein eingesenkter Teil der Großhirnrinde, der vom Frontal- und Temporallappen bedeckt wird. Die insula spielt bei vielen Gehirnprozessen eine wichtige Rolle. So wird sie mit viszeralen Funktionen (die inneren Organe oder Eingeweide betreffend), Schmerz, Motivation, Emotion und kognitiver Kontrolle in Verbindung gebracht. Die Aktivierung der **rechten insula** lässt sich vermutlich auf die – im Vergleich zu den hoch emotionalen Marken – negativere Valenz der gering emotionalen Marken zurückführen. Aktivierungen der rechten insula haben sich in anderen Studien insbesondere bei negativen Emotionen (vgl. Nitschke et al., 2006; Paulus et al., 2003; Piefke et al., 2005; Schienle et al., 2005b; Shapira et al., 2003; Simmons et al., 2004; Sprengelmeyer et al., 1998; Stoleru et al., 1999; Straube et al., 2006; Taylor et al., 2002; Taylor et al., 2003; Wang et al., 2005; Wright et al., 2003) und anderen emotionalen Prozessen (vgl. Cunningham et al., 2004; Lee et al., 2005; Manes et al., 1999b; Sander/Scheich, 2005) gezeigt.

Kontrast gering emotionale Marken > unbekannte Marken

Die acht gering emotionalen Marken zeichneten sich im Vergleich zu den acht unbekannten Marken durch Bekanntheit, vorhandenes Markenwissen und ähnliche Valenz aus (vgl. Begleituntersuchung). Bei den gering emotionalen Marken zeigte sich im Vergleich zu den unbekannten Marken in zwei Gehirnregionen eine signifikant höhere neuronale Aktivität. Dies waren zum einen der linke inferior parietal but supramarginal and angular gyri (Brodmann-Areal 40) und zum anderen der linke fusiform gyrus. Abbildung 58 stellt alle signifikanten Aktivierungen des Kontrasts gering emotionale Marken > unbekannte Marken im Glasgehirn (links) und exemplarisch die Aktivierung des linken fusiform gyrus im anatomischen Standardgehirn dar (rechts). Die zweite signifikante Aktivierung bei diesem Kontrast ist im Anhang 32 (S. 251) abgebildet.

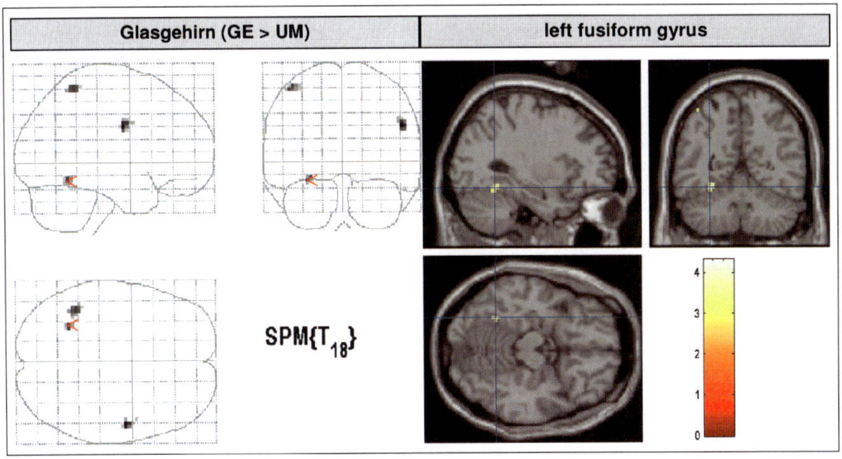

Abbildung 58: Glasgehirn des Kontrasts gering emotionale Marken > unbekannte Marken (links) und exemplarische Aktivierung des linken fusiform gyrus (rechts)

Der **inferior parietal lobule** (Teil des Parietallappens) kann in zwei gyri aufgeteilt werden, den supramarginal gyrus und den angular gyrus. In dem bei diesem Kontrast aktivierten **supramarginal gyrus** liegt auch das Brodmann-Areal 40. Dieses ist bei räumlicher Orientierung und semantischen Repräsentationen involviert und stellt ein Teil des Wernicke-Areals dar, das zusammen mit dem Broca-Areal als Hauptkomponente des Sprachzentrums angesehen wird. Die Aktivierung des **linken inferior parietal but supramarginal and angular gyrus** lässt sich wahrscheinlich durch den Abruf von Markenwissen (retrieval) der gering emotionalen Marken erklären. In anderen Studien haben sich Aktivierungen dieser Gehirnregion bei phonologischer und semantischer Verarbeitung verbaler Informationen (vgl. Aboitiz/Garcia, 1997; Callan et al., 2005; Chou et al., 2006; Henson et al., 2000; Moore/Price, 1999; Ozawa et al., 2000; Ravizza et al., 2004; Vandenberghe et al., 1996; Xiao et al., 2005) und beim Abruf (retrieval) von Wissen (vgl. de Zubicaray et al., 2001; Okada et al., 2000) gezeigt. Hervorzuheben ist die Studie von Chou et al., da sich bei dieser zwei ähnliche Aktivierungen wie in der vorliegenden Studie gezeigt haben (vgl. Chou et al., 2006). Wörter, die eine starke semantische Ähnlichkeit aufwiesen, führten zu einer stärkeren Aktivierung im linken inferior parietal lobule (BA 40). Diese Aktivierung zeigt sich in der vorliegenden Arbeit bei den gering emotionalen Marken im Vergleich zu den unbekannten Marken (Kontrast gering emotional > unbekannt). Auch wenn es sich um die gering emotionalen Marken handelt, so weist das aktivierte Markenwissen bei diesen doch einen stärkeren semantischen Bezug auf als das (nicht vorhandene) Wissen bei den unbekannten Marken. In beiden Studien könnte der hohe semantische

Bezug zur Aktivierung des linken inferior parietal lobule geführt haben. Wörter, die eine schwache semantische Ähnlichkeit aufwiesen, aktivierten in der Studie von Chou et al. den linken inferior frontal gyrus (vgl. Chou et al., 2006). Diese Aktivierung zeigte sich in der vorliegenden Arbeit bei den unbekannten Marken im Vergleich zu den hoch emotionalen Marken (Kontrast unbekannt > hoch emotional). Gerade im Vergleich zu den hoch emotionalen Marken weisen unbekannte Marken kein Markenwissen auf, was bei der Betrachtung der Logos der unbekannten Marken zu unzusammenhängenden, unstrukturierten Assoziationen mit einem schwachen semantischen Bezug führt. In beiden Studien könnte die stärkere Suche nach einem semantischen Bezug zur Aktivierung des linken inferior frontal gyrus geführt haben.

Der **fusiform gyrus** ist Teil des Temporallappens und vor allem bei der Erkennung von Gesichtern, Wörtern und Zahlen beteiligt. Die Aktivierung des **linken fusiform gyrus** ist vermutlich auf das vorhandene Markenwissen der gering emotionalen Marken zurückzuführen. In bisherigen Studien zeigten sich Aktivierungen in dieser Region in Bezug auf das geistige Vorstellungsvermögen (mental imagery) (vgl. D'Esposito et al., 1997; Dehaene et al., 2002; Kondo et al., 2005; Mellet et al., 1998; Moore/Price, 1999) und bei verschiedenen Gedächtnisprozessen (Wiedererkennen, Abruf von Wissen, semantisches Wissen, semantische Verarbeitung und Gedächtnis) (vgl. Chee et al., 2003; Garoff et al., 2005; Geday et al., 2003; Gerlach et al., 2002; Gobbini et al., 2004; James et al., 2006; Joseph et al., 2003; Kircher et al., 2000; McDermott et al., 2003; Perani et al., 1999; Pernet et al., 2005; Rosier et al., 1997; Sugiura et al., 2005; Thompson-Schill et al., 1997; Turkeltaub et al., 2002; Tyler et al., 2003). Das geistige Vorstellungsvermögen ist auch in Bezug auf Objekterkennung und Objektimagination von Relevanz. Vermutlich lässt sich die Aktivierung auch dadurch erklären, dass die Probanden die gering emotionalen Marken wiedererkannt haben. Diese Gedächtnisprozesse sind bei weitem nicht so tief wie bei dem Kontrast hoch emotionale Marken > unbekannte Marken, bei dem vermutlich der Abruf des umfangreichen Markenwissens den hippocampus aktiviert hat. Eine Aktivierung des hippocampus kann beim gerade betrachteten Kontrast nicht festgestellt werden. In zwei weiteren Studien wurde der linke fusiform gyrus durch die Bewertung der Stimuli aktiviert, wie dies in der vorliegenden Studie durch die Bewertung der Marken mit dem SAM im fMRT auch der Fall war (vgl. Taylor et al., 2003; Zysset et al., 2002). Diese Bewertungen können als Einschätzung eines externen oder internen Stimulus auf einer internen Skala gesehen werden, die einen enormen Einfluss auf Entscheidungen oder kognitive Prozesse haben können. Bewertende Beurteilungen (Ich mag George W. Bush:

ja/nein oder die Bewertungen der Marken mit dem SAM) sind eine besondere Form der Beurteilung, da die interne Skala mit dem persönlichen Wertesystem in Beziehung steht.

Die Ergebnisse der Kontraste gering emotionale Marken > hoch emotionale Marken führten zur **Ablehnung der Hypothese H5c**, wonach gering emotionale Marken eine geringere Aktivierung in den für die Emotionsverarbeitung zuständigen Gehirnregionen bewirken sollten. Im direkten Vergleich zu hoch emotionalen Marken aktivierten gering emotionale Marken aber eher Gehirnregionen, die für die Verarbeitung negativer Emotionen zuständig sind. Die Ergebnisse des Kontrasts gering emotionale Marken > unbekannte Marken **stützten allerdings die Hypothese H5g**.

> **Gering emotionale Marken aktivierten eher Gehirnregionen, die für die Verarbeitung negativer Emotionen zuständig sind. Da mit den gering emotionalen Marken auch Markenwissen verbunden war (wenn auch weniger als mit den hoch emotionalen Marken), aktivierten diese auch Gehirnregionen, die für Gedächtnisprozesse – insbesondere den Abruf von Wissen – zuständig sind.**

Kontrast unbekannte Marken > hoch emotionale Marken

Die acht unbekannten Marken zeichneten sich im Vergleich zu den acht hoch emotionalen Marken durch Unbekanntheit, fehlendes (Marken)Wissen und negativere Valenz aus (vgl. Begleituntersuchung). Bei den unbekannten Marken zeigte sich im Vergleich zu den hoch emotionalen Marken in drei Gehirnregionen eine signifikant höhere neuronale Aktivität. Dies waren zum Ersten der linke inferior frontal gyrus triangular part, zum Zweiten der rechte postcentral gyrus (Brodmann-Areal 3) und zum Dritten die linke insula. Abbildung 59 stellt alle signifikanten Aktivierungen des Kontrasts hoch emotionale Marken > unbekannte Marken im Glasgehirn (links) und exemplarisch die Aktivierung des linken inferior frontal gyrus triangular part im anatomischen Standardgehirn dar (rechts). Die restlichen Aktivierungen bei diesem Kontrast sind im Anhang 33 und Anhang 34 (S. 252) abgebildet.

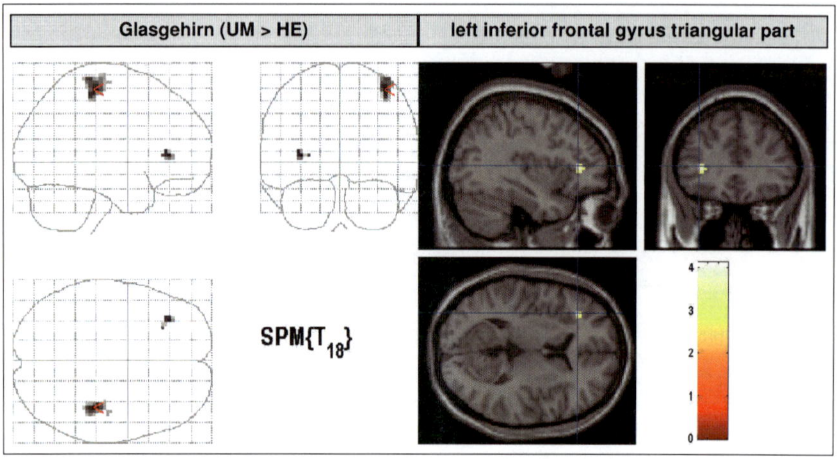

Abbildung 59: Glasgehirn des Kontrasts unbekannte Marken > hoch emotionale Marken (links) und exemplarische Aktivierung des linken inferior frontal gyrus triangular part (rechts)

Wie bereits oben erwähnt macht auch der **inferior frontal gyrus** ein Drittel des menschlichen Frontallappens aus und ist eher eine Gehirnregion als ein gyrus im engeren Sinne.[202] Der inferior frontal gyrus kann in drei Teile gegliedert werden: pars orbitalis, pars triangularis und pars opercularis. Der bei diesem Kontrast aktivierte pars triangularis ist Bestandteil des so genannten Broca-Areals, welches eine besondere Bedeutung für die Sprache hat. Es wird zusammen mit dem Wernicke-Areal als eine der beiden Hauptkomponenten des Sprachzentrums angesehen. Die erhöhte neuronale Aktivität im **linken inferior frontal gyrus triangular part** bei den unbekannten Marken liegt also in einer sprachverarbeitenden Gehirnregion. Diese Aktivierung lässt sich vermutlich dadurch erklären, dass die Marken den Probanden nicht bekannt sind, somit kein Markenwissen abgerufen werden kann und die Marken bei der Präsentation im fMRT eher gelesen werden. Obwohl sich die bekannten Marken wie auch die unbekannten Marken aus Buchstaben zusammensetzen, werden die bekannten Marken anscheinend eher ganzheitlich wahrgenommen. Immerhin handelt es sich bei Marken aus psychologischer Sicht um konditionierte Stimuli, die im Laufe des Lebens gelernt und mit Inhalten (Markenwissen) verknüpft wurden. Hinweise auf diese Interpretation geben Studien der psychophysiologischen Sprachforschung. In diesem Forschungsbereich werden häufig Wörter, Pseudowörter und Nichtwörter eingesetzt. Bei den Nichtwörtern handelt es sich um nicht aussprechbare Wörter (z.B. krlkrt) und bei Pseudowörtern um (nach den Regeln der deutschen

[202] Damit wurden in der vorliegenden Studie (wenn auch bei verschiedenen Kontrasten) alle drei Teile des Frontallappens aktiviert.

Sprache) aussprechbare Nichtwörter (z.B. gulfa). Bei den unbekannten Marken handelt es sich somit eher um Pseudowörter (z.B. tatasolusi), die zusammen mit einem (unbekannten) graphischen Element dargeboten werden. In zahlreichen Studien haben sich Aktivierungen des linken inferior frontal gyrus triangular part bei Pseudowörtern und Nichtwörtern (vgl. Dietz et al., 2005; Fiebach et al., 2002; Hagoort et al., 1999; Jessen et al., 1999; Poldrack et al., 1999; Turkeltaub et al., 2002; Xiao et al., 2005) sowie bei abstrakten Wörtern (vgl. Fiebach/Friederici, 2003; Friederici et al., 2000; Jessen et al., 2000) gezeigt. Des Weiteren zeigen sich Aktivierungen in dieser Region häufig bei Aufgaben mit semantischer und phonologischer Verarbeitung von Wörtern, wie z.B. beim Abruf von Wissen, semantischen Assoziationen zu den Wörtern und lexikalischen Informationen (vgl. Baxter et al., 2003; Blondin/Lepage, 2005; Chou et al., 2006; Hagoort, 2005; Leube et al., 2001; McDermott et al., 2003; Moss et al., 2005; Sharp et al., 2005; Shaywitz et al., 1995; Thiel et al., 2005; Thompson-Schill et al., 1997; Zurowski et al., 2002). In anderen Studien wurden auch Aktivierungen beim Lernen von Wörtern (vgl. Heun et al., 1999; McDermott et al., 1999) sowie beim Lesen und Sprechen (vgl. Arun L. W et al., 2001; Li et al., 2003; Opitz/Friederici, 2003; Sato et al., 2004) beobachtet.

Der **postcentral gyrus** ist eine bedeutende Struktur im Parietallappen des menschlichen Gehirns. Er entspricht den Brodmann-Arealen 1, 2 und 3 und bildet den primären somatosensorischen Cortex, der für das Fühlen von Körperempfindungen zuständig ist. Die neuronale Aktivität bei diesem Kontrast liegt im Brodmann-Areal 3, das Bestandteil des somatosensorischen bzw. sensorimotorischen Cortex[203] ist (vgl. Bense et al., 2001; Hamdy et al., 1999; Jeun et al., 2005). Die Probanden haben die Bewertung der Marken auf der Valenzskala des SAM durch das Drücken von Knöpfen vorgenommen. Vermutlich lässt sich die Aktivierung im **rechten postcentral gyrus** durch Motorik (Bewegungen oder Bewegungsvorbereitungen) und die damit verbundenen taktilen Empfindungen des Körpers erklären.

Die Aktivierung in der **linken insula** lässt sich vermutlich durch die eher negative Valenz und das Lesen der unbekannten Marken erklären. In anderen Studien wurde die linke insula bei negativen Emotionen (vgl. Nitschke et al., 2006; Schienle et al., 2005b; Shapira et al., 2003; Sprengelmeyer et al., 1998; Straube et al., 2006; Taylor et al., 2003) und bei der Verarbeitung von verbalen Informationen (z.B. Buchstaben, Wörtern und Sprache) (vgl. Chee et al., 2004;

---

[203] Der sensorimotorische Cortex setzt sich aus dem präzentralen und postzentralen Cortex zusammen.

Duffau et al., 2001; Joseph et al., 2003; Manes et al., 1999a; Paller et al., 2003; Ruz et al., 2005; Shuster/Lemieux, 2005) aktiviert.

Kontrast unbekannte Marken > bekannte Marken

Die acht unbekannten Marken zeichneten sich im Vergleich zu den 16 bekannten Marken durch Unbekanntheit, fehlendes (Marken)Wissen und negativere Valenz aus (vgl. Begleituntersuchung). Bei den unbekannten Marken zeigte sich im Vergleich zu den bekannten Marken lediglich in einer Gehirnregion eine signifikant höhere neuronale Aktivität, dem linken hippocampus. Da bei diesem Kontrast lediglich eine Gehirnregion signifikant aktiviert wurde, ist die Abbildung eines Glasgehirns überflüssig. Abbildung 60 stellt die Aktivierung des linken hippocampus im anatomischen Standardgehirn dar (vgl. auch Anhang 35, S. 253).

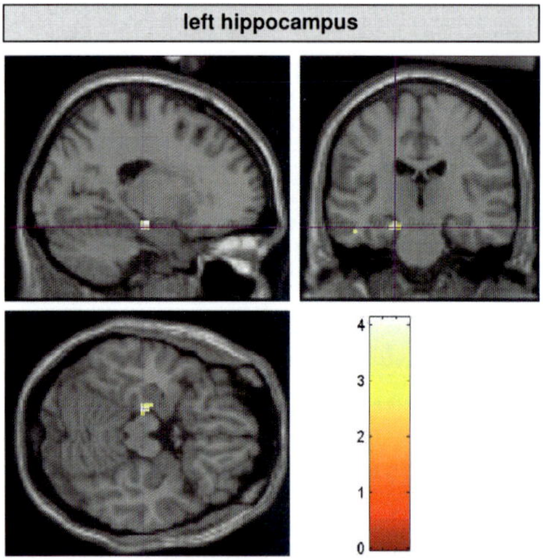

Abbildung 60: Aktivierung des linken hippocampus bei dem Kontrast unbekannte Marken > bekannte Marken

Die Aktivierung des **linken hippocampus** ist vermutlich durch die Einspeicherung bzw. das Lernen (encoding) der unbekannten und dadurch neuen Markenlogos zu erklären. Da jedes Markenlogo insgesamt fünfmal gezeigt wurde, haben die Probanden vermutlich gelernt, dass es sich bei den unbekannten Logos um Marken handelt. Im Verlauf der fMRT-Untersuchung haben die Probanden auch die unbekannten Marken höchstwahrscheinlich wiedererkannt. Auch in anderen Studien zeigte sich eine Aktivierung des linken hippocampus bei der Enkodierung, Einspeicherung oder dem Lernen von neuem und somit unbekanntem Stimulusmaterial (vgl. Alkire et al., 1998; Bernard et al., 2004; Dolan/Fletcher, 1997; Kelley et al., 1998; Killgore et al., 2000; Kopelman et al., 1998; Lepage et al., 1998; Maguire et al., 2000; Martin, 1999; Meltzer/Constable, 2005; Powell et al., 2005; Richardson et al., 2003; Schacter, 1997; Schacter et al., 1995; Schacter/Wagner, 1999; Tulving et al., 1996; Tulving et al., 1994b; Wittmann, 2006).

Aufgrund der Ergebnisse der Kontraste unbekannte Marken > hoch emotionale Marken und unbekannte Marken > bekannte Marken musste **Hypothese H5d abgelehnt** werden. Es wurde vermutet, dass mit unbekannten Marken kein Markenwissen verbunden ist und diese somit eher neutral emotional bewertet werden. Allerdings hat sich in der Begleituntersuchung gezeigt, dass die unbekannten Markenlogos eher negativ bewertet wurden. Vermutlich aktivieren deswegen unbekannte Marken eine Gehirnregion, die eher für die Verarbeitung von negativen Emotionen zuständig ist. Die Ergebnisse der beiden Kontraste **stützten allerdings die Hypothesen H5h**. Da mit den unbekannten Marken kein Markenwissen verbunden war und diese Marken im fMRT „gelesen" wurden, aktivierten diese eher Gehirnregionen, die für Lesen und Sprechen sowie für Gedächtnisprozesse – insbesondere den Aufbau von Wissen – zuständig sind.

Unbekannte Marken aktivierten eher Gehirnregionen, die für die Verarbeitung negativer Emotionen zuständig sind. Da mit den unbekannten Marken kein Markenwissen verbunden war, aktivierten diese eher Gehirnregionen, die für Lesen und Sprechen sowie für Gedächtnisprozesse – insbesondere den Aufbau von Wissen – zuständig sind.

Kontrast bekannte Marken > unbekannte Marken

Die 16 bekannten Marken zeichneten sich im Vergleich zu den acht unbekannten Marken eben durch Bekanntheit, vorhandenes Markenwissen und positivere Valenz aus. Im Vergleich zu den acht unbekannten Marken, die im Durchschnitt eine eher negative Valenz aufwiesen ($\mu = 2{,}72$), zeigte sich bei den 16 bekannten Marken im Durchschnitt eine positive Valenz ($\mu = 3{,}71$). Da die Daten nicht normalverteilt waren (Kolmogorov-Smirnov-Test $p < 0{,}05$), zeigte ein Vorzeichentest einen höchst signifikanten Mittelwertunterschied an ($Z = -14{,}417$; $p < 0{,}001$). Bei den bekannten Marken zeigte sich im Vergleich zu den unbekannten Marken in sechs Gehirnregionen eine signifikant höhere neuronale Aktivität. Dabei handelte es sich um den linken middle frontal gyrus, das rechte cerebellum, den linken postcentral gyrus, den rechten postcentral gyrus, den rechten precentral gyrus (Brodmann-Areal 9) und den linken precentral gyrus (Brodmann-Areal 6). Abbildung 61 stellt alle signifikanten Aktivierungen des Kontrasts bekannte Marken > unbekannte Marken im Glasgehirn (links) und exemplarisch die Aktivierung des linken middle frontal gyrus im anatomischen Standardgehirn dar (rechts). Die restlichen Aktivierungen bei diesem Kontrast sind im Anhang 36 bis Anhang 38 (S. 253 f.) abgebildet.

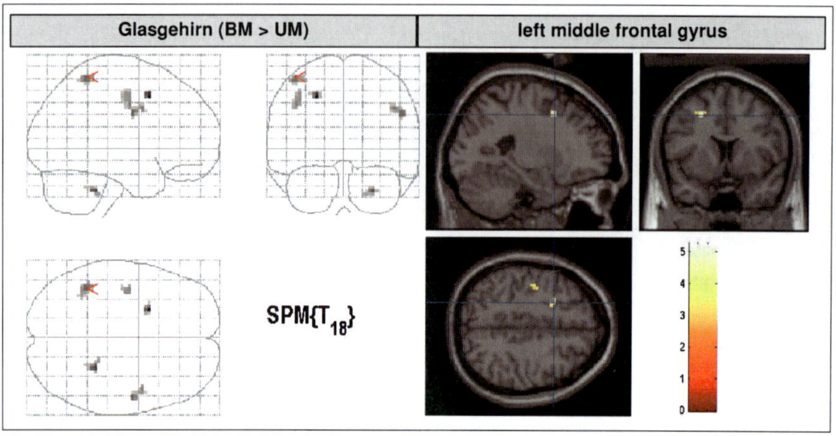

Abbildung 61: Glasgehirn des Kontrasts bekannte Marken > unbekannte Marken (links) und exemplarische Aktivierung des linken middle frontal gyrus (rechts)

Zu der Interpretation der Aktivierung im **linken middle frontal gyrus** und die Darstellung von Studien, in denen sich eine ähnliche Aktivierung gezeigt hat, sei auf den Kontrast hoch emotionale Marken > unbekannte Marken verwiesen (S. 205 ff.). Zusammenfassend lässt sich vermuten, dass die Aktivierung des linken middle frontal gyrus auf den Abruf von Markenwissen und die eher positive Valenz der bekannten Marken zurückzuführen ist. Auch bei diesem Kontrast zeigten sich Aktivierungen im linken frontal gyrus und rechten cerebellum (left-frontal-right-cerebellar circuit) (vgl. Andreasen et al., 1995; Desmond et al., 1998). Diese Aktivierungen werden auf kognitive Prozesse zurückgeführt, die z.B. auch mit Gedächtnisprozessen in Zusammenhang stehen.

Das **rechte cerebellum** wird vermutlich durch das Markenwissen und die eher positive Valenz der bekannten Marken aktiviert. Studien, in denen sich vergleichbare Aktivierungen gezeigt haben, wurden bei dem Kontrast hoch emotionale Marken > gering emotionale Marken (S. 202 ff.) sowie dem Kontrast hoch emotionale Marken > unbekannte Marken dargestellt (S. 205 ff.).

Die restlichen vier Aktivierungen, die sich bei diesem Kontrast zeigten, lagen im bilateralen **postcentral und precentral gyrus**. Der **postcentral gyrus** wurde auch schon bei dem Kontrast unbekannte Marken > hoch emotionale Marken aktiviert, allerdings war die Aktivierung dort im Brodmann-Areal 3 lokalisiert (Teil des primären somatosensorischen Cortex). Jetzt lag die Aktivierung des **linken postcentral gyrus** eher im Brodmann-Areal 5, das direkt an den primären somatosensorischen Cortex grenzt. Aktivierungen im linken postcentral gyrus haben sich auch in anderen Studien bei der Vorbereitung oder der Ausführung von Bewegungen gezeigt (vgl. Babiloni et al., 1999; Fink et al., 1997; Hanakawa et al., 2003; Kalaska, 1996; Scheperjans et al., 2005; Stephan et al., 1995; Wolbers et al., 2003).

Die Aktivierungen im **rechten postcentral gyrus** sowie im **linken und rechten precentral gyrus** lagen eher in Regionen des Brodmann-Areals 6. Brodmann-Areal 6 wird dem Frontallappen des menschlichen Gehirns zugeordnet und liegt unmittelbar vor dem primären, motorischen Cortex. Das Brodmann-Areal 6 bildet die supplementär-motorische und die prämotorische Rinde und dient nach heutigem Verständnis der Erstellung bestimmter Abfolgen von Bewegungen und der Vorbereitung willkürlicher (sowohl bewusster als auch unbewusster) Bewegungen. Auch im Brodmann-Areal 6 haben sich in verschiedenen Studien Aktivierungen bei der Bewegungsvorbereitung und bei der Ausführung von Bewegungen gezeigt (vgl. Daniels et al., 2003; Gerloff et al., 2006; Hamdy et al., 1999; Huang et al., 2004; Luo et al., 2004; Morgen et al., 2004; Paulus et al., 2002; Stephan et al., 1995; Sylvester et al., 2003).

Die Aktivierungen dieser vier Gehirnregionen lassen sich vermutlich durch Motorik erklären, da die Probanden die Bewertung der Marken auf der Valenzskala des SAM durch das Drücken von Knöpfen vorgenommen haben. Auch die bilateralen Aktivierungen würden diese mögliche Interpretation unterstützen, da die Bewertung der Marken mit dem Daumen und Zeigefinger beider Hände vorgenommen wurde und sich die Aktivierungen aufgrund motorischer Prozesse in kontralateralen Gehirnregionen zeigen. Auch wenn sich die Kontraste auf die reine Betrachtung der Marken beziehen (in denen keine Bewertung der Marken durch das Drücken von Knöpfen und somit Bewegungen der rechten und linken Zeigefinger und Daumen vorgenommen wurden), können sich solche Aktivierungen schon bei der Bewegungsvorbereitung zeigen. In Studien mit funktioneller Bildgebung wurde bei Menschen nachgewiesen, dass präzentrale und postzentrale Areale nicht nur bei tatsächlichen motorischen Handlungen gemeinsam aktiviert sind, sondern bereits schon bei der alleinigen Vorstellung von Bewegungen kooperieren (vgl. Porro et al., 1996).

Die Ergebnisse des Kontrasts bekannte Marken > unbekannte Marken **stützten die Hypothesen H5e und H5i**.

> **Bekannte Marken aktivieren Gehirnregionen, die für die Verarbeitung von Emotionen zuständig sind. Da mit den bekannten Marken Markenwissen verbunden ist, aktivieren diese auch Gehirnregionen, die für Gedächtnisprozesse – insbesondere den Abruf von Wissen – zuständig sind.**

Alle Ergebnisse des fMRT-Experiments lassen sich zum Abschluss wie folgt zusammenfassen: Hoch emotionale Marken aktivierten Gehirnregionen, die eher für die Verarbeitung positiver Emotionen und für den Abruf von Wissen zuständig sind. Gering emotionale Marken aktivierten Gehirnregionen, die – entgegen den Erwartungen – eher der Verarbeitung negativer Emotionen, dem Abruf von Wissen und der Objekterkennung dienen. Unbekannte Marken aktivierten Gehirnregionen, die eher für Lesen und Sprechen sowie den Aufbau von Wissen zuständig sind. Die bekannten Marken aktivierten Gehirnregionen, die eher der Verarbeitung positiver Emotionen und dem Abruf von Wissen dienen. Die Ergebnisse aller Kontraste **stützten die Hypothese H5a**.

> **Die hoch emotionalen, gering emotionalen und unbekannten Marken aktivierten weitestgehend unterschiedliche Gehirnregionen. Aus neurowissenschaftlicher Perspektive besitzen die Marken aus den drei Clustern ein unterschiedliches (und objektiv nachweisbares) neuronales Korrelat.**

V. Zusammenfassung und Diskussion der Ergebnisse

Über alle empirischen Studien hinweg hat sich eine erstaunlich stabile Bewertung der Marken hinsichtlich ihrer Markenemotionen gezeigt. Sowohl das Semantische Differential als auch der Self-Assessment-Manikin (SAM) sind gut geeignete Verfahren, um diese Markenemotionen zu messen. Sie ermöglichen eine Erfassung von Emotionen auf den drei emotionalen Basisdimensionen Valenz, Erregung und Dominanz. Zur Erfassung der Markenemotionen sind vor allem die beiden Dimensionen Valenz und Erregung von entscheidender Bedeutung. Die Dominanzdimension erwies sich auch im Rahmen dieser Arbeit als schwächste Dimension. Ein Vergleich der beiden Messverfahren hat gezeigt, dass es sich bezüglich der Dimensionen Valenz und Erregung um nahezu austauschbare Messverfahren handelt.

In den beiden Hauptstudien wurden die Markenemotionen manipuliert. Dafür wurden auf Grundlage der Vorstudie zehn hoch emotionale Marken, mit positiver Valenz und hoher Erregung, und zehn gering emotionale Marken, mit neutraler Valenz und geringer Erregung, ausgewählt. Wie vermutet, sind die Markenemotionen unabhängig vom Produktinvolvement. Marken mit positiver Valenz und hoher Erregung sind sowohl im High-Involvement-Bereich als auch im Low-Involvement-Bereich zu finden. Zur Erklärung der Wirkungsweise der unabhängigen Variablen Markenemotion wurden die 29 aufgestellten Hypothesen auf ihre Generalisierbarkeit hin überprüft. Zu der Ergebnissen im Einzelnen:

In Hauptstudie I wurden die Wirkungen der Markenemotionen auf abhängige Variablen mittels klassischer Befragung erhoben. Es konnte empirisch gezeigt werden, dass hoch emotionale Marken hypothesenkonform ein umfangreicheres Markenwissen aufweisen, als gering emotionale Marken. Dies schlägt sich sowohl in einer höheren Markenbekanntheit, als auch in einem ausgeprägten Markenimage nieder. Sowohl die aktive als auch die passive Markenbekanntheit ist bei hoch emotionalen Marken höher als bei gering emotionalen Marken. Es konnte auch empirisch belegt werden, dass mit hoch emotionalen Marken insgesamt mehr Assoziationen verbunden sind, sie eher emotional geprägt sind und es sich bei ihnen um eher positive emotionale Assoziationen handelt. Die geäußerten Assoziationen zu den hoch emotionalen Marken werden von den Probanden selbst als angenehmer, wichtiger und stärker eingeschätzt. Zwei Hypothesen bezüglich des Anteils nonverbaler und markenspezifischer Assoziationen mussten abgelehnt werden. Während diese auf Grundlage der absoluten Zahlen hätten angenommen werden können, wurden sie aufgrund der aussagekräftigeren relativen Anteile an den Gesamtassoziationen abgelehnt. Auch bei den relativen Anteilen traten die vermuteten Effekte auf, allerdings waren die Mittelwertunterschiede nicht signifikant. Mit hoch emotionalen Marken wurden zumindest in Hauptstudie I nicht mehr nonverbale Inhalte assoziiert als mit gering emotionalen Marken. Dieses Ergebnis soll anhand eines Beispiels verdeutlicht werden: Während zu der hoch emotionalen Marke Ferrari am häufigsten die verbale Assoziation „schnell“ genannt wurde, wurde zu der gering emotionalen Marke Württembergische Versicherung am häufigsten die nonverbale Assoziation „Fels in der Brandung“ genannt. Die Markenemotionen schlagen sich nicht zwangsläufig in der Repräsentation der Markenassoziationen nieder. Ebenso ist der Anteil markenspezifischer Assoziationen bei den hoch emotionalen und gering emotionalen Marken vergleichbar. Bei der Erhebung von Assoziationen zu Werbungen oder Internetauftritten könnten auch Assoziationen genannt werden, die nicht durch die Marke direkt ausgelöst werden. Bei der Erhebung des Markenwissens mit

Hilfe des Markenlogos (als Abrufhilfe bzw. retrieval cue) werden auch zu den gering emotionalen Marken hauptsächlich nur solche Assoziationen genannt, die mit der Marke direkt in Verbindung stehen.

Weiterhin konnten beeindruckende Wirkungen der Markenemotionen auf die inneren Markenbilder empirisch nachgewiesen werden. Die inneren Markenbilder von hoch emotionalen Marken sind klarer, deutlicher, lebendiger und anziehender als die inneren Markenbilder von gering emotionalen Marken. Auch der Zugriff auf das innere Bild fällt auf die hoch emotionalen Marken leichter als auf die gering emotionalen Marken.

Abschließend konnte auch der Einfluss von Markenemotionen auf die Markeneinstellung, die Markenbindung, das Markenvertrauen und die Markenbegehrlichkeit empirisch belegt werden. Wie in der Arbeit dargelegt wurde, wiesen diese Konstrukte einen mehr oder weniger starken Zusammenhang zu Emotionen auf. Es hat sich gezeigt, dass bei den hoch emotionalen Marken die Markeneinstellung positiver, die Markenbindung stärker, das Markenvertrauen sowie die Markenbegehrlichkeit höher sind als bei gering emotionalen Marken.

In Hauptstudie II wurden die Wirkungen der Markenemotionen auf abhängige Variablen ebenfalls mittels klassischer Befragung erhoben. Diese diente jedoch eher als Begleituntersuchung zu der Untersuchung der Markenemotionen mit Hilfe der funktionellen Magnetresonanztomographie. Auch durch die Auswertung dieser Begleituntersuchung konnten die Wirkungen der Markenemotionen empirisch belegt werden. Hoch emotionale Marken wiesen ein umfangreicheres Markenwissen (höhere Markenbekanntheit und ausgeprägtes Markenimage) auf als gering emotionale Marken. Bezüglich der Dimensionen des Markenimage haben sich ähnliche Wirkungen der Markenemotionen wie in Hauptstudie I gezeigt. Mit hoch emotionalen Marken sind insgesamt mehr Assoziationen verbunden, diese sind eher emotional geprägt und es sind eher positive emotionale Assoziationen. Im Gegensatz zur Hauptstudie I konnte hier auch empirisch belegt werden, dass mit hoch emotionalen Marken eher nonverbale Assoziationen verknüpft sind. Der Anteil markenspezifischer Assoziationen hat sich zwischen den Marken mit unterschiedlichen Markenemotionen auch hier nicht signifikant unterschieden.

Auch in dieser Begleituntersuchung konnte empirisch belegt werden, dass bei den hoch emotionalen Marken die Markeneinstellung positiver, die Markenbindung stärker und das Markenvertrauen höher ist als bei gering emotionalen Marken.

Im eigentlichen Hauptteil der Hauptstudie II wurden die Wirkungen der Markenemotionen auf Gehirnaktivitäten mit Hilfe der funktionellen Magnetresonanztomographie gemessen. Durch das Hinzufügen von unbekannten Marken konnten zusätzlich die Auswirkungen des generellen Markenwissens untersucht werden (da mit unbekannten Marken weder Markenemotionen noch Markenwissen verbunden sind). Im Vergleich zu den meisten anderen Studien wurden in der vorliegenden Arbeit als Aufgabenstellung keine Entscheidungen untersucht. Es sollte vielmehr überprüft werden, ob bereits nur das Denken an eine Marke unterschiedliche Gehirnreaktionen auslöst. Es wurde vermutet, dass durch das Denken an eine Marke das Markenwissen und die darin enthaltenen Markenemotionen aktiviert werden und dass diese über ein gehirndiagnostisches Verfahren gemessen werden können.

Es konnte empirisch belegt werden, dass hoch emotionale Marken Gehirnregionen aktivieren, die für die Verarbeitung positiver Emotionen zuständig sind. Da mit diesen hoch emotionalen Marken auch das umfangreichste Markenwissen verbunden ist, aktivieren diese auch Gehirnregionen, die für Gedächtnisprozesse und insbesondere für den Abruf von Wissen zuständig sind.

Gering emotionale Marken aktivieren Gehirnregionen, die für die Verarbeitung negativer Emotionen zuständig sind. Da auch mit diesen gering emotionalen Marken Markenwissen verbunden ist (wenn auch weniger als mit den hoch emotionalen Marken), aktivieren diese ebenfalls Gehirnregionen, die für Gedächtnisprozesse und insbesondere für den Abruf von Wissen zuständig sind.

Es hat sich gezeigt, dass unbekannte Marken Gehirnregionen aktivieren, die für die Verarbeitung negativer Emotionen zuständig sind. Da mit den unbekannten Marken kein Markenwissen verbunden ist, aktivieren diese Gehirnregionen, die auch für Gedächtnisprozesse, in diesem Fall aber insbesondere für den Aufbau von Wissen, zuständig sind. Eine sehr interessante Aktivierung hat sich in sprachverarbeitenden Gehirnarealen gezeigt. Aufgrund des nicht vorhandenen Markenwissens werden die Marken bei der Betrachtung eher gelesen. Dies ist insbesondere unter dem Aspekt von Bedeutung, dass diese Gehirnregion bei bekannten Marken nicht aktiviert wurde. Man kann vermuten, dass bekannte Marken ganzheitlich wahrgenommen werden, da die Marken im Laufe der Zeit gelernt wurden und Inhalte abgerufen werden können.

Auch die Vermutungen bezüglich aktivierter Gehirnbereiche bei bekannten Marken haben sich empirisch bestätigt. Bekannte Marken aktivieren Gehirnregionen, die für die Verarbeitung von Emotionen zuständig sind. Da mit den bekannten Marken Markenwissen verbunden ist, aktivieren sie auch Gehirnregionen, die für Gedächtnisprozesse und insbesondere für den Abruf von Wissen zuständig sind. Auf Grundlage der zahlreichen und unterschiedlichen Aktivierungen, die sich bei den verschiedenen Kontrasten gezeigt haben, kann auch die Basishypothese als empirisch bestätigt angesehen werden. Die hoch emotionalen, gering emotionalen und unbekannten Marken aktivieren weitestgehend unterschiedliche Gehirnregionen. Neurowissenschaftlich ausgedrückt konnte nachgewiesen werden, dass die Marken aus den drei Clustern ein unterschiedliches neuronales Korrelat besitzen.

E Implikationen für Forschung und Praxis

„Auch die längste Reise beginnt immer mit dem ersten Schritt."

Laotse (6. Jahrhundert v. Chr.)

In den experimentellen Untersuchungen der vorliegenden Arbeit wurden die Wirkungen von Markenemotionen untersucht. Dabei konnte empirisch gezeigt werden, dass positive Markenemotionen einen starken und positiven Einfluss auf das Markenwissen, die inneren Markenbilder, die Markeneinstellung, die Markenbindung, das Markenvertrauen und die Markenbegehrlichkeit ausüben. Die Ergebnisse lassen darauf schließen, dass es sich bei Marken mit positiven Markenemotionen um starke Marken handelt. Diese Vermutung zeigt sich z.B. auch darin, dass fünf der acht untersuchten hoch emotionalen Marken unter den Top 100 Marken von Interbrand zu finden sind (vgl. Business Week/Interbrand, 2006). Markenemotionen sind ein wesentlicher Faktor zum Aufbau eines Markenwerts und somit von Markenstärke. Ebenfalls konnten nur durch die Aktivierung des Markenwissens (Was fällt Ihnen zu der Marke X ein?) unterschiedliche Gehirnaktivitäten gemessen werden. Aus den vorliegenden Ergebnissen ergeben sich sowohl einige Implikationen für die Forschung als auch (in begrenztem Maße) Implikationen für die Praxis. Insbesondere ein für die Unternehmenspraxis direkt verwertbares Ergebnis war nicht Ziel der vorliegenden Arbeit (Grundlagenforschung). Zum Abschluss der Arbeit soll auf die Limitationen der experimentellen Untersuchung und des Neuromarketing eingegangen werden.

Folgerungen für die Marketingforschung

Für die Forschung war es schon immer hilfreich, sich über die Grenzen von Wissenschaftsbereichen hinwegzusetzen und in interdisziplinären Gruppen zusammenarbeiten. Das Neuromarketing ist ein Forschungsgebiet mit einer viel versprechenden Zukunft und wird in den nächsten Jahren und Jahrzehnten eine immer bedeutendere Rolle spielen. Ähnlich wie z.B. Blickaufzeichnungen, Gehirnstrom- oder Hautwiderstandsmessungen Einzug in die Marketingforschung gehalten haben, werden auch bildgebende Verfahren ihren festen Platz in der Marketingforschung einnehmen. Viele Erkenntnisse, die in naher Zukunft mit Hilfe dieser Verfahren gewonnen werden, sind wahrscheinlich nicht neu. Aber es ergibt sich die Möglichkeit, auch bestehende Erkenntnisse objektiv zu überprüfen. Dadurch können Wirkungsmechanismen zwischen Reizen und Reaktionen offen gelegt werden.

Einige Marken sind so stark im Kopf der Konsumenten verankert, dass bereits das Denken an sie zu messbaren Gehirnaktivitäten führt. Insbesondere die Aktivierungen des hippocampus lassen vermuten, dass im Vergleich zu unbekannten Marken messbare Gedächtnisprozesse stattfinden. Da es möglich ist, bereits solche Gehirnaktivitäten zu erfassen, können auf dieser Erkenntnis weitere Studien ansetzen. In einem so jungen Forschungsgebiet, wie es das Neuromarketing darstellt, scheinen die Anwendungsgebiete nahezu unbegrenzt. Exemplarisch soll nur auf einige vorstellbare Einsatzgebiete der bildgebenden Verfahren eingegangen werden.

Auch im Bereich der Markenemotionen tun sich weitere Forschungsfelder auf. Grundsätzlich wurden in dieser Arbeit Wirkungen von Markenemotionen untersucht. Sie liefert somit keine Erkenntnisse, wie Markenemotionen vermittelt und aufgebaut werden können. Zukünftige Arbeiten könnten z.B. den Aufbau von Markenemotionen genauer untersuchen (wie können z.B. Emotionen durch Kommunikationsmaßnahmen aufgebaut werden oder wie verändern sich Markenemotionen über einen längeren Zeitraum). In der vorliegenden Arbeit wurde das Involvement als moderierende Größe berücksichtigt. Zukünftige Studien könnten das Involvement gezielt als unabhängige Variable variieren. Dadurch könnten tiefergehende Erkenntnisse über den Zusammenhang zwischen Emotionen und Involvement gewonnen werden. Des Weiteren könnte z.B. die Interaktion zwischen verschiedenen affektiven Konstrukten untersucht werden. In der Arbeit wurde bereits dargelegt, dass insbesondere Emotionen und Stimmungen einer starken gegenseitigen Beeinflussung unterliegen. Gegenstand weiterer Forschung könnten z.B. Auswirkungen sein, die sich zeigen, wenn z.B. Marken mit positiven Markenemotionen in unterschiedlichen Stimmungen wahrgenommen werden. Dies könnte bereits wichtige Erkenntnisse auf Markenebene für das Umfeld von Kommunikationsmaßnahmen haben (sollte z.B. für eine Marke mit ausgeprägten positiven Markenemotionen während eines traurigen Films eine Werbung geschaltet werden). Natürlich könnte eine solche Analyse auch konkret auf eine Werbung bezogen werden. Forschungsgegenstand weiterer Studien ergäbe sich auch in den Wechselwirkungen zwischen Markenemotionen und Werbeanzeigen, wie sich also z.B. emotionskongruente und emotionsinkongruente Anzeigen auf die Rezipienten auswirken. Vorstellbar wären auch Studien, die die Emotionen einer Marke vor und nach einer Werbung vergleichen.

Richtet man den Fokus weiterhin auf die Marke, dann sind folgende Anwendungsgebiete des Neuromarketing vorstellbar: Untersuchungen von Markenallianzen, Markenarchitekturen, Markenerweiterungen, Markenlizenzierungen oder Markencontrolling, um nur einige zu nennen. Allerdings ist der vorliegenden Arbeit auch zu entnehmen, wie komplex Untersuchungen des lebenden Gehirns mit Hilfe bildgebender Verfahren sind. Dies muss bei der Planung eines Forschungsvorhabens berücksichtigt und ein für die fMRT geeignetes Forschungsdesign entwickelt werden. Nur dadurch kann man auch zu aussagekräftigen Ergebnissen gelangen.

Neben den Untersuchungen von Marken können die bildgebenden Verfahren auch in der Marketingforschung eingesetzt werden, um z.B. Kommunikationsmaßnahmen (z.B. Werbeanzeigen) zu analysieren. Auch das Vertrauenskonzept hat das Interesse der Marketingforschung auf sich gezogen. Da es sich dabei um mehr als eine rationale ökonomische Berechnung handelt, können auch neurowissenschaftliche Methoden helfen, weitere Einblicke in die Natur und das Entstehen von Vertrauen zu gewinnen. Im Hinblick auf Preisstrategien könnten bei Marken und Produkten Studien zu Preisinformationen durchgeführt werden. Eine erste Studie der life&brain GmbH, Bonn, hat gezeigt, dass z.B. bei Rabatten die Strukturen im Gehirn, die einen Kauf kritisch abwägen, weniger aktiv sind und die Aussicht auf ein ‚Schnäppchen' das Belohnungssystem aktiviert.

Folgerungen für die neurowissenschaftliche Forschung

Aus Sicht der neurowissenschaftlichen Forschung stellen Marken als konditionierte Stimuli ein interessantes Stimulusmaterial dar. Im Vergleich zu anderen Stimulusmaterialien basieren Markenemotionen zu einem Großteil auf den Markenkognitionen (unterschiedliches Markenwissen). Bei der Induktion von Emotionen durch die Präsentation von Bildern (z.B. über Bilder von Gesichtsausdrücken oder IAPS), entstehen Emotionen durch die direkte Wahrnehmung des Bildes. So kann z.B. ein unbekanntes Bild einer Schlange bei einem Probanden mit Schlangenphobie eine starke emotionale Reaktion auslösen. Er muss dieses Bild vorher nie gesehen haben. Es kann davon ausgegangen werden, dass auch bei der Betrachtung von Gesichtern oder Bildern kognitive Prozesse eine Rolle spielen. Allerdings basieren die Markenemotionen auf dem Markenwissen (insbesondere dem Markenimage) und somit wesentlich stärker auf kognitiven Prozessen. Durch eine zum Teil lebenslange Konditionierung wird Markenwissen zu einer Marke aufgebaut, das Bestandteil des semantischen Wissens von Menschen ist. Durch den Einsatz von Marken in bildgebenden Studien kann dieses Netzwerk des Markenwissens inklusive der Markenemotionen aktiviert und mit Hilfe der fMRT gemessen werden. Der enge Zusammenhang zwischen Kognition und Emotion macht Marken zu einem fast einzigartigen Stimulusmaterial.

Folgerungen für die Marketingpraxis

Die Folgerungen für die Marketingpraxis sind aufgrund der wenigen vorliegenden Studien zurzeit eher begrenzt. Zusätzlich haben die Studien meistens eher explorativen Charakter. Die verwendeten gehirndiagnostischen Verfahren sind noch zu grob und es ist auch zu früh, die Ergebnisse der Studien eins zu eins in die Praxis zu übertragen. Zunächst müssen die Studien von wissenschaftlicher Seite interpretiert und abgesichert werden. In einem nächsten Schritt könnten z.B. Kommunikationsmaßnahmen „klassisch" oder nach Kriterien des Neuromarketing gestaltet werden. Ein solcher Vergleich könnte zu wichtigen Erkenntnissen für die Marketingpraxis führen und die Eignung des Neuromarketing für die Marketingpraxis herausstellen.

Es hat sich in der vorliegenden Arbeit gezeigt, wie wichtig Markenemotionen sind. Dementsprechend stellen Emotionen einen wesentlichen Bestandteil für Markenstrategien von Unternehmen dar. Die Wirkungen, die sich bei positiven Markenemotionen gezeigt haben, lassen hinter diesen hoch emotionalen Marken starke Marken mit einem hohen Markenwert vermuten. Eine weitere wichtige Erkenntnis für die Marketingpraxis liegt darin, dass die Markenemotionen ihren starken Einfluss unabhängig vom Involvement ausüben. Die positiven Auswirkungen von Markenemotionen haben sich sowohl im High- als auch im Low-Involvement-Bereich gezeigt.

Für den Einsatz in der Marktforschung von Unternehmen hat sich der Self-Assessment-Manikin (SAM) als hilfreiches Verfahren herausgestellt. Mit diesem kann man schnell und einfach (und somit kostengünstig) Emotionen auf subjektiver Erlebnisebene messen. Dieses Verfahren kann das wesentlich aufwendigere Semantische Differential ersetzen. Mit dem SAM können emotionale Reaktionen auf eine Vielzahl von Stimuli erhoben werden.

Viele bereits oben erwähnte Konstrukte, wie z.B. das Vertrauen, könnten nicht nur von Endkunden gegenüber Produkten und Marken, sondern auch bezüglich interorganisationaler Zusammenarbeiten, intraorganisationaler Prozesse (Mitarbeiter/Unternehmen) und Käufer und Verkäufer usw. untersucht werden. Auch Verhandlungen könnten bezüglich inter- und intraorganisationaler Prozesse (z.B. Joint Ventures oder strategische Allianzen) untersucht werden. Auch die Untersuchungen sozialer Interaktionen könnten für die Unternehmenspraxis von großer Bedeutung sein.

Limitationen der Arbeit und des Neuromarketing

Bevor zum Abschluss dieser Arbeit die Limitationen der Arbeit und des Neuromarketing aufgezeigt werden, sollen zuerst noch einmal einige zentrale Vorteile der interdisziplinären Forschungsrichtung Neuromarketing zusammengefasst werden:

- Durch den Einsatz bildgebender Verfahren ist es möglich, explizite (also bewusst vorhandene) und implizite (also nicht bewusst vorhandene) Wissensinhalte zu erfassen.
- Durch bisherige Messmethoden konnte nicht ausgeschlossen werden, dass die Probanden ihre subjektiven Urteile – willentlich oder unwillentlich – manipulieren (z.B. aufgrund sozial erwünschter Antworten).
- Im Unterschied zu den bekannten Marktforschungsmethoden kann man mit Hilfe der funktionellen Magnetresonanztomographie direkt und ohne Umwege messen, welche Reaktionen Stimuli bei den Probanden auslösen.
- Die Erfassung rationaler Vorstellungen in der Marketingforschung ist leicht. Schätzungsweise 80 bis 90 Prozent aller empirischen Untersuchungen erfolgen mittels Befragungen und anderen verbalen Messmethoden. Dadurch kommt es zu einer Erfassung hauptsächlich kognitiv kontrollierter Verhaltensweisen. Gerade die Emotionen stellen aber in der Marketingforschung eine wichtige Größe dar.

Über einige Limitationen der experimentellen Untersuchungen sollte trotzdem nicht hinweggesehen werden. Zum Teil überschneiden sich diese mit Limitationen, die grundsätzlich mit dem Neuromarketing verbunden sind.

So wurden in Hauptstudie II bei der Untersuchung von Marken mit Hilfe der funktionellen Magnetresonanztomographie nur Männer in einem vergleichbaren Alter untersucht. Insbesondere die Untersuchungen von Geschlechtsunterschieden in Verbindung mit Markenemotionen könnten Gegenstand weiterer Studien sein. Ebenso sollte untersucht werden, ob sich ähnliche Reaktionen auch bei anderen Altersgruppen zeigen und ob die Ergebnisse dieser Arbeit auch auf andere Grundgesamtheiten übertragen werden können. Da es sich beim Neuromarketing um ein sehr junges Forschungsgebiet handelt, könnten zukünftige Forschungsvorhaben generell die Validierung erster Ergebnisse anvisieren. Dafür könnten bereits durchgeführte Studien eventuell mit einer größeren Stichprobe repliziert werden.

Die Vorstellung, dass es im Kopf einen speziellen Kaufknopf gibt, mag aus Marketingsicht zwar sehr verlockend sein (vgl. Wells, 2003, S. 62 ff.). Sie ist allerdings ebenso unzutreffend wie die These der Phrenologie, nach der man aus der Schädelform auf bestimmte geistigseelische Veranlagungen eines Menschen schließen kann. [204] Das direkte Lesen menschlicher Gedanken ist auch mit den neuen Gehirnforschungsmethoden nicht möglich. Derzeit ist lediglich eine erhöhte oder verminderte Aktivität von Gehirnregionen messbar, die mit speziellen Arten von Gedanken und Gefühlen assoziiert werden kann.

Die Erwartungen an das Neuromarketing dürfen insgesamt nicht überschätzt werden. Die teilweise Überschätzung liegt auch an der hohen Suggestivkraft der bildgebenden Verfahren und in der Darstellung der Ergebnisse als eingefärbte Punkte in einem Gehirn. Man darf dabei nicht vergessen, dass die Gehirnbilder vorsichtig zu interpretieren sind. Sie spiegeln nicht das tatsächliche Geschehen im Gehirn wider, sondern es handelt sich vielmehr um aufwendige statistische Aufbereitungen. Auch die relativ hohen Kosten, die mit der Forschung im Neuromarketing (noch) verbunden sind, begrenzen die Anwendungen der bildgebenden Verfahren in der Marketingforschung.

Natürlich kann mit den bildgebenden Verfahren (noch) kein quasinatürliches Rezeptionssetting erreicht werden. Untersuchungen mit fMRT sind Laborforschungen par excellence. Die Probanden müssen während der Untersuchung möglichst regungslos in einer engen Röhre liegen. Die schichtenweise Abtastung der Probanden geht mit einer erheblichen Geräuschentwicklung einher. Diese Begleiterscheinungen der Untersuchungssituation können die Ergebnisse verzerren. Dies kann insbesondere dann der Fall sein, wenn sich Probanden das erste Mal in einen fMRT legen (was z.B. im Extremfall auch zum Abbruch aufgrund von Klaustrophobie führen kann). Hat man die Möglichkeit, auf eine Datenbank von Freiwilligen zurückzugreifen, die sich wiederholt für solche Untersuchungen zur Verfügung stellen (wie in der vorliegenden Studie), sind die Probanden mit dem technischen Gerät und der Untersuchungssituation relativ vertraut und können sich auf die eigentliche Aufgabe konzentrieren.

Ein weiterer Kritikpunkt stellt das Involvement der Probanden dar. Unter den genannten Umständen ist es kaum möglich, Konsumenten unter für die Realität oft relevanten Low-Involvement-Bedingungen zu untersuchen. Dieser Punkt wäre insbesondere bei der Untersuchung von Werbeanzeigen zu beachten, da diese im täglichen Leben mit eher geringem Involvement betrachtet werden.

---

[204] Die Phrenologie ist eine zu Beginn des 19. Jahrhunderts von dem Arzt Franz Josef Gall (1758 - 1828) begründete pseudowissenschaftliche Lehre, die versucht, geistige Eigenschaften und Zustände bestimmten, klar abgegrenzten Hirnarealen zuzuordnen. Dabei wurde ein Zusammenhang zwischen Schädel- und Gehirnform einerseits und Charakter und Geistesgaben andererseits unterstellt.

Berücksichtigt man diese Limitationen, dann ist durch das Neuromarketing (noch) keine Revolution der Marketingforschung zu erwarten, es kann aber trotzdem wichtige Erkenntnisse liefern. Beim Neuromarketing geht es aber auch gar nicht darum, etwas völlig Neues an die Stelle von etwas Altem zu setzen. Die Forschungsmethoden mit Hilfe von Fragebogen, Interviews oder anderen experimentellen Verfahren sollen nicht ersetzt werden. Es gilt lediglich, das Wissen über das menschliche Gehirn, das im Rahmen der Neurowissenschaften gewonnen wird, zu nutzen und somit das Blickfeld der Marketingforschung oder generell der Wirtschaftswissenschaften zu erweitern.

Mit dem zunehmenden Wachstum der Neurowissenschaften stellen sich auch ethische Fragen. Dieser Bereich wird auch mit dem Begriff Neuroethik umschrieben (vgl. Farah, 2005, S. 34 ff.; Lee et al., 2006a). In kaum einem anderen Wissenschaftsbereich sind die Forscher in einer so starken Verantwortung wie bei der Untersuchung des menschlichen Gehirns. Konkret wird sich im Rahmen des Neuromarketing z.B. mit der Fragen befasst, wie sich Forscher zu verhalten haben, wenn sie auf den Gehirnbildern von vermeintlich gesunden Versuchspersonen eine Auffälligkeit entdecken, deren Bedeutung zunächst schwer zu beurteilen ist. Sollen die Forscher den Probanden darüber informieren und ihn damit (vielleicht unnötig) in die Mühlen der Diagnostik bringen, auf jeden Fall aber beunruhigen? Andererseits beinhaltet auch das Verschweigen das Risiko einer Gesundheitsbeeinträchtigung des Probanden. Aus ethischen Erwägungen heraus wurde auch im Rahmen der vorliegenden Arbeit beschlossen, keinen solchen Befund zu verschweigen. Insbesondere über diese Vorgehensweise bei der Entdeckung von Auffälligkeiten im Gehirn mussten die Probanden eine Einverständniserklärung unterschreiben. Probanden dürfen an Studien nur teilnehmen, wenn sie sich schriftlich damit einverstanden erklären, dass ihnen klinisch bedeutsame Zufallsbefunde einschließlich der möglichen medizinischen Konsequenzen mitgeteilt werden.

Mit dem Neuromarketing sind viele Ängste und Bedenken verbunden. Dabei verbirgt sich hinter ihm weder eine orwellsche Forschung (Big Brother is watching you) noch öffnet es der Manipulation des Konsumentengehirns Tür und Tor. Auch ethischen Bedenken bezüglich der Kombination von Marketing und Neurowissenschaften kann begegnet werden, denn Studien im Neuromarketing bleiben auch immer Studien am Menschen. Trotz der modernen Messverfahren kann heute erst ein kleiner Teil der Funktionsweise des menschlichen Gehirns erklärt werden. Erkenntnisse aus dem Neuromarketing können also auch dazu beitragen, die Prozesse im menschlichen Gehirn und somit seine Funktionsweise besser zu verstehen. Diese wissenschaftlichen Erkenntnisse stellen für die Menschen keine Bereicherung dar und können dementsprechend auch nicht missbräuchlich eingesetzt werden. Nur weil die Wissenschaft mittlerweile genau erklären kann, wie das Verdauungssystem funktioniert, schmeckt uns auch ein Essen nicht besser oder schlechter.

Abschließend bleibt festzuhalten, dass es sich bei „Neuroökonomie" und „Neuromarketing" um moderne und zukunftsträchtige Forschungsgebiete handelt. Vernon L. Smith hat in seiner Nobelpreisrede in Stockholm das Forschungsgebiet kurz und treffend umschrieben: "New brain imaging technologies have motivated neuroeconomic studies of the internal order of the mind (...). We are only at the beginning of this enterprise, but its promise suggests a fundamental change in how we think, observe and model decision in all its contexts." (Smith, 2003b, S. 554). Beide Forschungsgebiete stecken noch in den Kinderschuhen, aber für die Zukunft eröffnen sie interessante Einblicke in die Black Box Mensch. Sowohl für das Marketing als auch für die Neurowissenschaften können wichtige und aufschlussreiche Erkenntnisse erwartet werden. Selbst wenn die vorliegende Arbeit zu neuen Einblicken in das Forschungsgebiet Neuromarketing beigetragen haben sollte, stehen wir auch an deren Ende eigentlich erst an einem viel versprechenden Anfang.

Anhang

Anhang 1: Studien zur Wirkung von Emotionen

Untersuchungsobjekt	Autoren/Studie
Bedeutung von Emotionen	Bagozzi et al., 1999; Erevelles, 1998; Hirschman/Stern, 1999; Huang, 2001
Emotionen und Marken	Adaval, 2003; Bashe, 2001; Chaudhuri/Holbrook, 2001; Mehrabian/de Wetter, 1987; Ruth, 2001; Thomson et al., 2005; Woods, 2004; Yeung/Wyer, 2005a; Yeung/Wyer, 2005b
Emotionen und Werbung	Aaker et al., 1986; Allen et al., 1988; Ambler/Burne, 1999; Batra/Ray, 1986; Bolls et al., 2001; Burke/Edell, 1989; Derbraix, 1995; du Plessis, 2005b; Edell/Burke, 1987; Englis, 1990; Friestad/Thorson, 1985; Haley/Baldinger, 1991; Hall, 2002; Hazlett/Hazlett, 1999; Hill/Mazis, 1986; Holbrook/Batra, 1987a; Holbrook/Batra, 1987b; Holbrook/O'Shaughnessy, 1984; Lutz et al., 1983; Machleit et al., 1993; Machleit/Dale Wilson, 1988; Mano, 1996; Miniard et al., 1991; Morris et al., 2002; Olney et al., 1991; Petty et al., 1988; Pieters/de Klerk-Warmerdam, 1996; Pieters et al., 1999; Rossiter/Percy, 1991; Stout/Leckenby, 1986; Stout/Leckenby, 1988; Stout/Rust, 1993; Strong, 1925; Vakratsas/Ambler, 1999; Wiles/Cornwell, 1990; Youn et al., 2001; Zajonc, 1980; Zeitlin/Westwood, 1986
Emotionen und Konsum	Boden/Williams, 2002; Chaudhuri, 1998; Chaudhuri, 2002; Havlena/Holbrook, 1986; Hirschman/Holbrook, 1982; Holbrook/Gardner, 1993; Holbrook/Hirschman, 1982; Holbrook et al., 1986; Mano, 2004; Mano/Oliver, 1993; Richins, 1997; Rucker/Petty, 2004; Westbrook, 1987; Westbrook/Oliver, 1991
Emotionen und Verhalten	Aaker et al., 1986; Allen et al., 1992; Batra/Ray, 1986; Donovan/Rossiter, 1982; Donovan et al., 1994; Erevelles, 1998; Foxall/Yani-de-Soriano, 2005; Machleit/Eroglu, 2000; Mellers et al., 1999; Williamson, 2002
Emotionen und Einstellung	Agarwal/Malhotra, 2005; Allen et al., 2005; Batra/Ray, 1986; Batra/Stayman, 1990; Burke/Edell, 1989; Cho/Stout, 1993; Derbraix, 1995; Edell/Burke, 1983; Edell/Burke, 1987; Erevelles, 1998; Gresham/Shimp, 1985; Malhotra, 2005; Mitchell/Olson, 1981; Ruth, 2001; Spears/Singh, 2004; Zeitlin/Westwood, 1986
Emotionen und Entscheidung	Bechara, 2004; Bechara/Damasio, 2005; Bechara et al., 1997; Gutnik et al., 2006; Hsu et al., 2005; Kroeber-Riel/Weinberg, 2003; Loewenstein/Lerner, 2003; Morse, 2006; Pham, 1998; Rustichini, 2005a; Schwarz, 2000; Weinberg, 1981; Wright, 1975
Emotion und Kognition	Ambler/Burne, 1999; Ambler et al., 2000; Burke/Edell, 1989; Cohen/Andrade, 2004; Dolan, 2002; Dolcos/Cabeza, 2002; Dolcos et al., 2003; Dolcos et al., 2004b; Edell/Burke, 1987; Englis, 1990; Garbarino/Edell, 1997; Gorn et al., 1993; Izard, 1993; Kahn/Isen, 1993; Keller et al., 2003; Lee/Sternthal, 1999; Page et al., 1990; Pham, 1998; Phelps, 2006; Schwarz, 2000; Shiv/Fedorikhin, 1999; Shiv/Fedorikhin, 2002; Stayman/Batra, 1991; Yeung/Wyer, 2004
Positive und negative Emotionen	Babin et al., 1998; Dillard/Anderson, 2004; Herr/Page, 2004; Mowen et al., 2004; Rossiter/Thornton, 2004; Shimp/Stuart, 2004; Walther/Grigoriadis, 2004; Williams/Aaker, 2002

Anhang 2: 66 Marken und ihre Markenlogos aus der Vorstudie

1.	Afri-Cola		2.	Mercedes	
3.	Allianz		4.	Michelin	
5.	Alpia		6.	Miele	
7.	Apple		8.	Milka	
9.	Bacardi		10.	Mini	
11.	Becks		12.	Montblanc	
13.	BMW		14.	Motorola	
15.	Breitling		16.	Mr. Proper	
17.	Charmin		18.	Nivea	
19.	Coca-Cola		20.	Nokia	
21.	Deutsche Bank		22.	Oettinger	
23.	E.on		24.	Onko	
25.	ebay		26.	Opel	
27.	Ferrari		28.	Pall Mall	
29.	Ferrero Rocher		30.	Pattex	
31.	Fisherman's Friend		32.	Pelikan	
33.	Google		34.	Pepsi	
35.	Hakle		36.	Porsche	
37.	Harley Davidson		38.	privileg	
39.	HB		40.	Red Bull	
41.	IKEA		42.	Rolex	
43.	Ja!		44.	Saturn	
45.	Jägermeister		46.	Skoda	
47.	KIA		48.	Swatch	
49.	Kinderschokolade		50.	SWG	
51.	Lamborghini		52.	Tempo	
53.	Landliebe		54.	Timex	
55.	Langnese		56.	TUI	
57.	Lufthansa		58.	UHU	
59.	Maggi		60.	Vespa	
61.	Marlboro		62.	VW	
63.	McDonald's		64.	Württembergische	
65.	Media Markt		66.	Yahoo	

Anhang 3: Screeplot der Faktorenanalyse über 22 Items

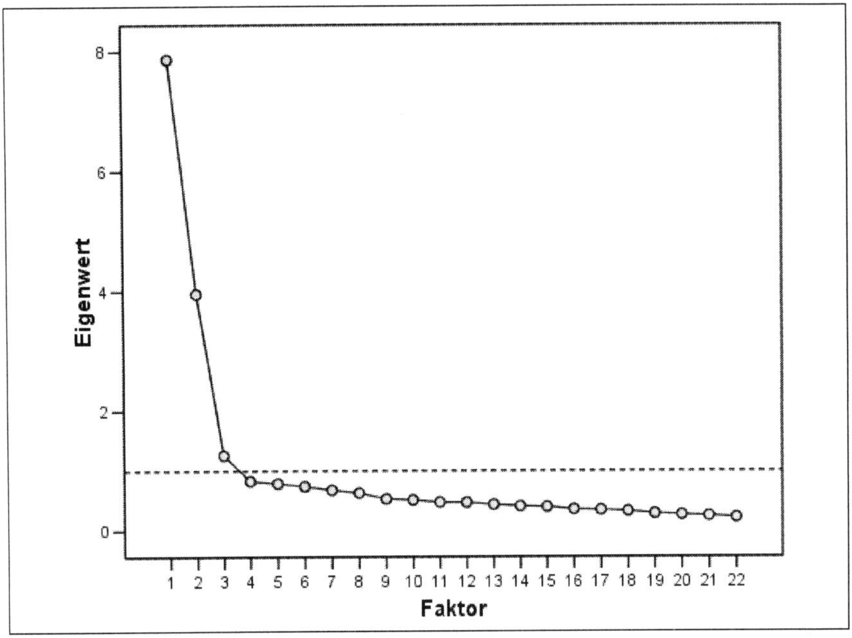

Anmerkung: Ein Screetest kann im Rahmen einer Faktorenanalyse neben einer Hauptkomponentenanalyse zusätzlich zur Bestimmung der Faktorenanzahl herangezogen werden. Dafür ist das so genannte „Elbow-Kriterium" im Screeplot von Bedeutung. Der Screeplot ist eine grafische Darstellung des Eigenwerteverlaufs und stellt eine Hilfe zur Bestimmung der Faktorenzahl dar. Beim „Knick" („elbow") des Eigenwerteverlaufs, ab dem sich die Eigenwerte langsam fallend der Abszisse nähern, wird die Extraktion abgebrochen. Der Screetest ist ein rein „optisches" Analyseverfahren, objektive Kriterien dafür, wo der „elbow" im Einzelfall liegt, existieren nicht. Der Screeplot wies im vorliegenden Fall zwischen dem 3. und dem 4. Faktor den stärksten „Knick" auf, d.h. der Anteil der aufgeklärten Varianz vom 4. Faktor war nicht viel größer als die des 5. Faktors, des 6. Faktors oder des 22. Faktors. Sowohl das Kaiser-Kriterium (Eigenwert > 1; oberhalb der gestrichelten Linie) als auch der Verlauf der Eigenwerte im Screetest sprachen für eine dreifaktorielle Lösung. Der Abbildung ist aber auch zu entnehmen, dass es sich bei dem dritten Faktor um den schwächsten handelt – sein Eigenwert liegt knapp über 1 (Kaiser-Kriterium); der Eigenwertverlauf zeigt, dass Faktor 1 und Faktor 2 sehr viel Varianz erklären, Faktor 3 jedoch nur relativ wenig.

Anhang 4: 66 Marken im semantischen Raum (Semantisches Differential – Männer und Frauen)

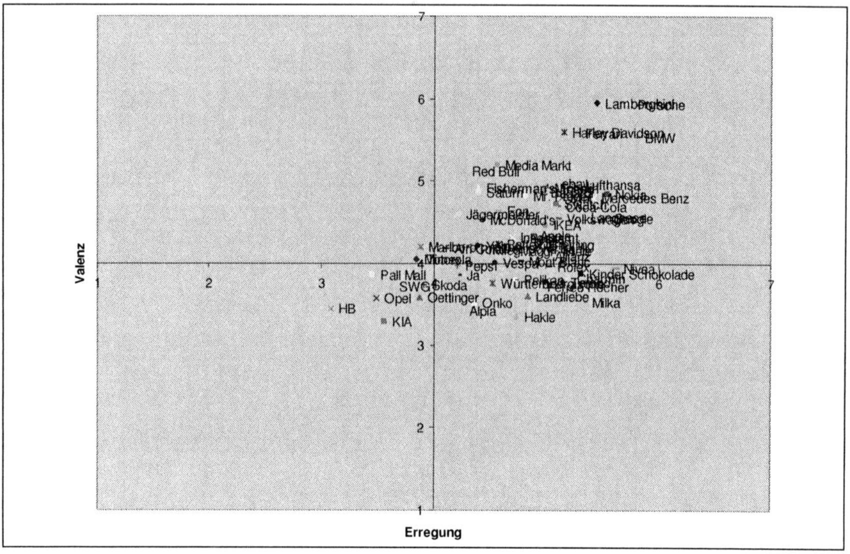

Anhang 5: 66 Marken im semantischen Raum (Semantisches Differential – Männer)

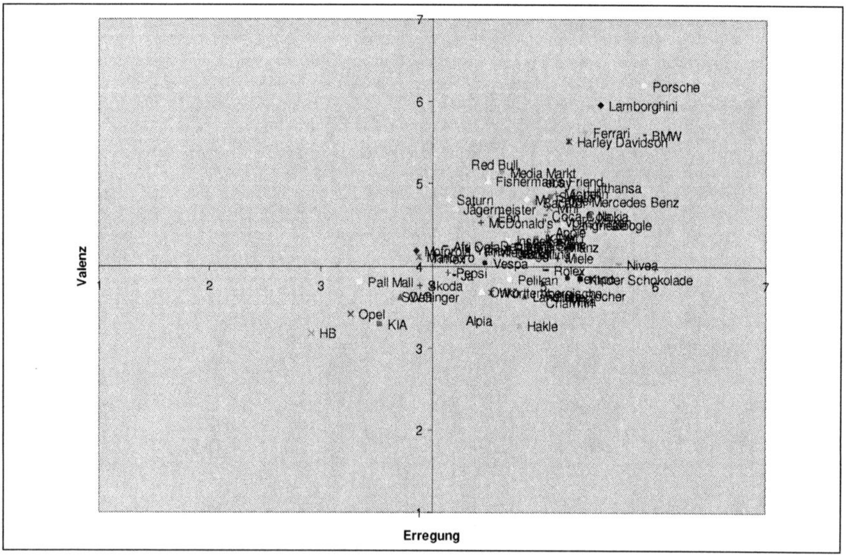

Anhang 6: 66 Marken im Semantischen Raum (Self-Assessment-Manikin – Männer und Frauen)

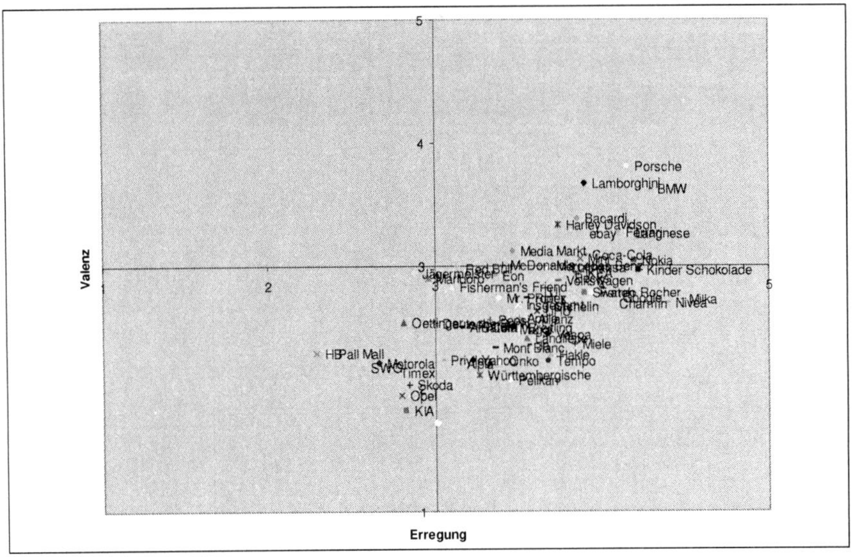

Anhang 7: 66 Marken im semantischen Raum (Self-Assessment-Manikin – Männer)

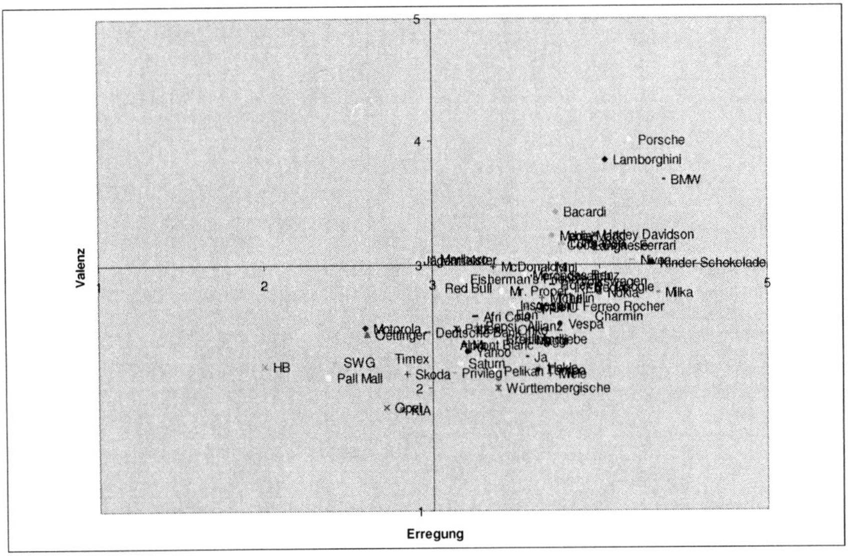

Anhang 8: 16 Marken im semantischen Raum (Semantisches Differential – Männer und Frauen)

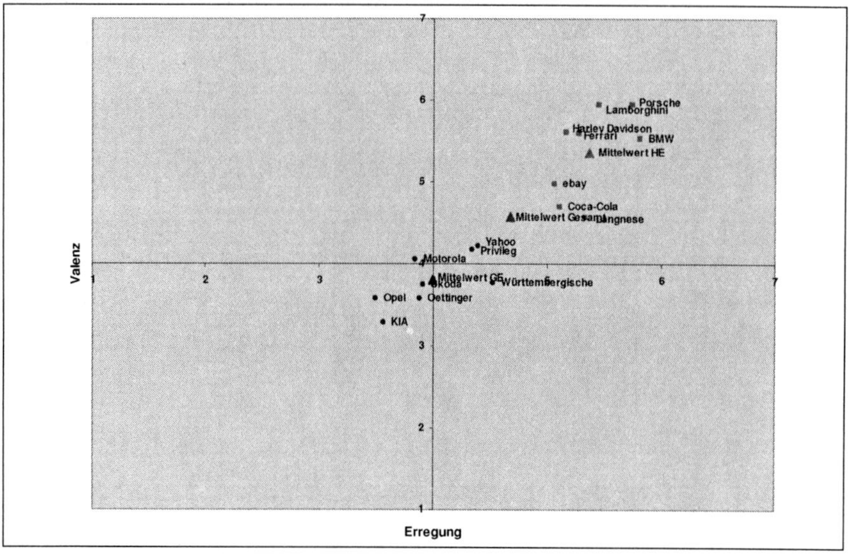

Anhang 9: 16 Marken im semantischen Raum (Semantisches Differential – Männer)

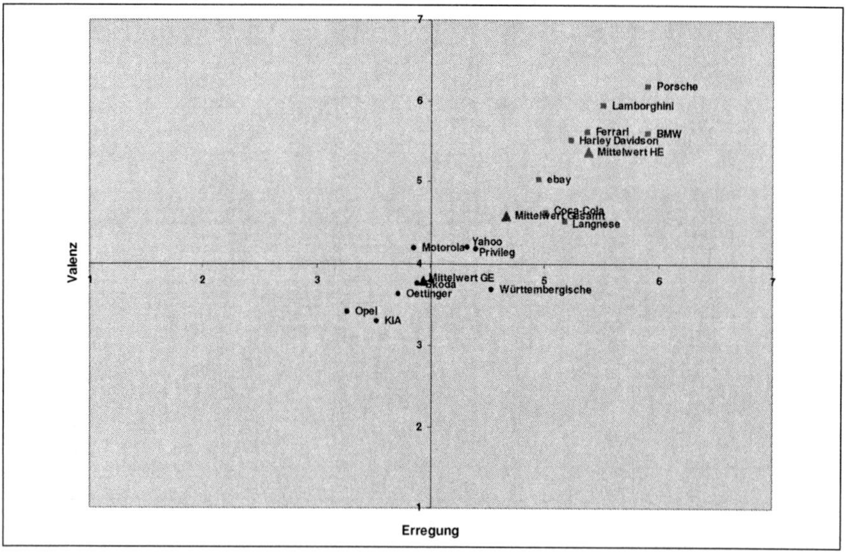

Anhang 10: 16 Marken im semantischen Raum (Self-Assessment-Manikin – Männer und Frauen)

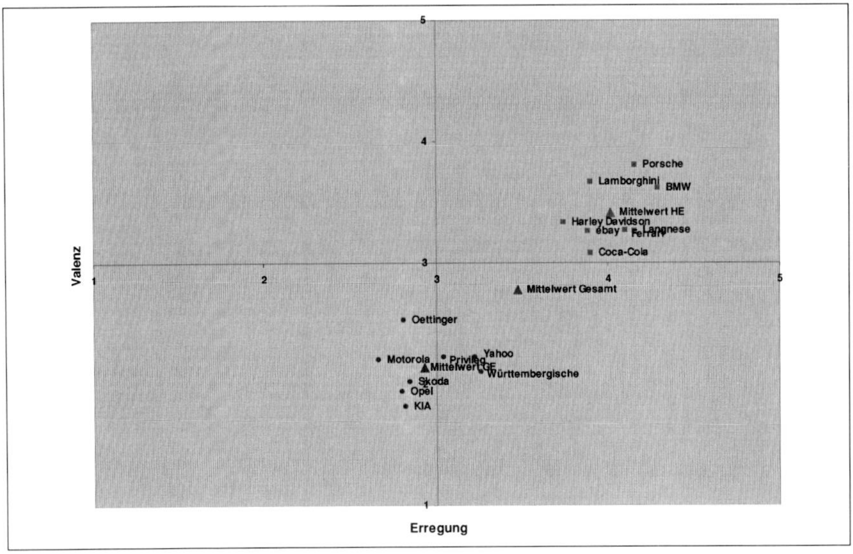

Anhang 11: 16 Marken im semantischen Raum (Self-Assessment-Manikin – Männer)

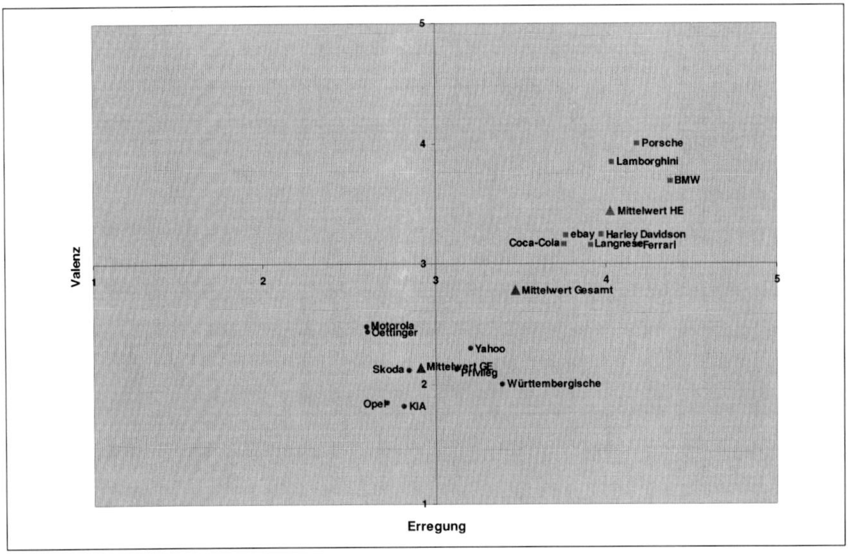

Anhang 12: 30 Marken und ihre Markenlogos aus der Hauptstudie I und II

	Hoch emotionale Marken		Gering emotionale Marken		Unbekannte Marken	
1.	Lamborghini		KIA		Xenpak	
2.	Ferrari		Skoda		Tatasolusi	
3.	ebay		Motorola		Oriel	
4.	Harley-Davidson		privileg		Hidell	
5.	Porsche		Württem-bergische		Ovid	
6.	Coca-Cola		Yahoo		Enersul	
7.	Langnese		Oettinger		Ville de Rouyn-Noranda	
8.	BMW		Opel		Kayser-Threde	
9.	Bacardi		Timex		Tasaus	
10.	Lufthansa		Alpia		Marcos	

Anmerkung: Abgebildet sind die 30 Marken, die in der Hauptstudie I und Hauptstudie II untersucht wurden. Die grau hinterlegten Marken wurden im Rahmen des fMRT-Experiments von der Auswertung ausgeschlossen. Aus diesem Grund bezieht sich die Ergebnisdarstellung im Text auf die jeweils ersten acht hoch emotionalen, acht gering emotionalen und acht unbekannten Marken.

Anhang 13: Überblick über allgemeine Moderatorvariablen und die Maßnahmen zu deren Kontrolle

Moderatorvariable	Maßnahmen zur Kontrolle
Involvement der Versuchspersonen	
Einfluss des Situationsinvolvement	Aufgrund der Befragungssituation: einheitlich hohes Involvement bei allen Probanden
Personeninduzierte Variablen	
Interpersonelle Unterschiede	Verwendung einer möglichst homogenen Stichprobe von Studenten (gleicher Ausbildungsstand; gleiche Alterskategorie)
Geschlechtsspezifische Unterschiede	Geschlechterparitätische Besetzung der Stichprobe
Lerneffekte und Ermüdungseffekte	Systematische Rotation der Stimuli
Stimmungsunterschiede	Erfassung und somit Kontrolle der Stimmung
Stimulusinduzierte Variablen	
Wahrnehmbarkeit der Stimuli	Abbildung des Markenlogos in Farbe; Konstanthaltung der Logogröße und des Kontrasts (weißer Hintergrund bei allen Markenlogos)
Einfluss des Produktinvolvement	Erfassung und somit Kontrolle des Produktinvolvement
Situationsinduzierte Variablen	
Einfluss der Befragungsbedingung	Gleichbleibende Befragungssituation in Räumlichkeiten der Justus-Liebig-Universität Gießen
Einfluss von Instruktionen	Instruktionen sind im Fragebogen schriftlich fixiert und für alle Probanden gleich (kein Einfluss durch Interviewer)

Anhang 14: Ausschnitt aus dem semantischen Netzwerk zu den Marken Langnese (hoch emotional) und KIA (gering emotional)

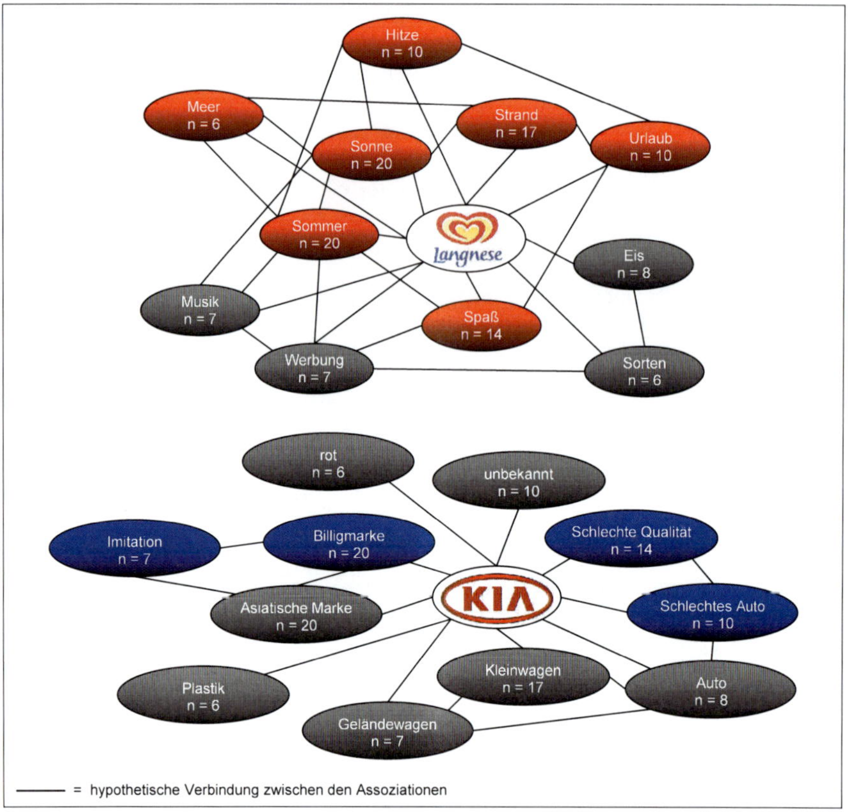

Anmerkung: Die Abbildung zeigt die am häufigsten genannten Assoziationen zu einer hoch emotionalen Marke (Langnese) und einer gering emotionalen Marke (KIA) in einem semantischen Netzwerk. Die rot hinterlegten Assoziationen sind eher positive, die blau hinterlegten eher negative und die grau hinterlegten eher kognitiv geprägte Assoziationen.

Anhang 15: 30 Marken im semantischen Raum (fMRT-Begleituntersuchung – 15 Männer)

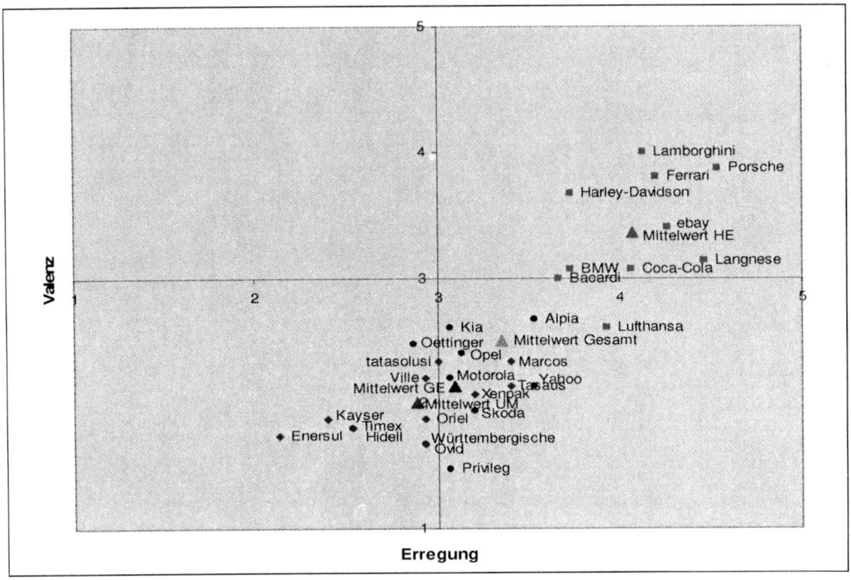

Anhang 16: 24 Marken im semantischen Raum (fMRT-Begleituntersuchung – 10 Männer)

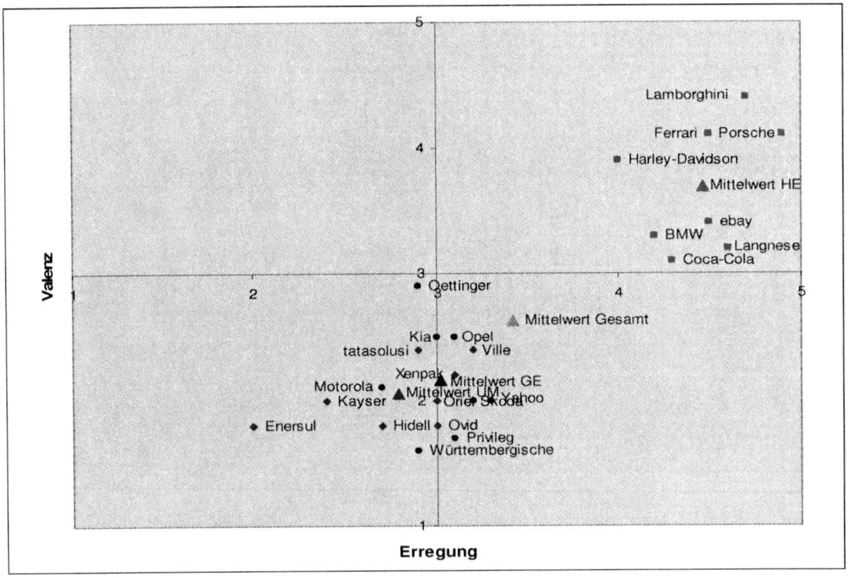

Anhang 17: Kriterien zur Eignung als Proband in einer fMRT-Studie

Zur Sicherheit der Probanden müssen sämtliche im folgenden genannten Kriterien zutreffen	
1.	Alter zwischen 18 und 65 Jahren
2.	Unbeeinträchtigte geistige Leistungsfähigkeit
3.	Körpergewicht > 50 kg
4.	Muttersprache Deutsch <u>oder</u> vergleichbare, sehr gute Deutschkenntnisse
5.	Keine besondere Angst in engen Räumen (Klaustrophobie)
6.	Bisher weder neurologisch noch psychiatrisch erkrankt
7.	Aktuell keine Psychotherapie
8.	Aktuell keine Einnahme von Medikamenten mit möglicher zentralnervöser Wirkung
9.	Frauen: Sicherheit, dass aktuell keine Schwangerschaft vorliegt
10.	Keine starke Sehschwäche (>5.0 Dioptrien) <u>oder</u> Ausgleich mangelnder Sehschärfe mit eigenen Kontaktlinsen
11.	Kein magnetisierbares Metall am Körper, das nicht mühelos entfernt werden kann
12.	Kein magnetisierbares Metall im Körper
13.	Frauen: keine Verhütung mit Spirale aus Metall
14.	Bereitschaft, vor der Untersuchung kein Haargel zu verwenden
15.	Bereitschaft, zur Untersuchung Kleidung aus Baumwolle zu tragen (nicht Synthethik/Mikrofaser)
16.	Bereitschaft, auf metallhaltige Kleidungsstücke zu verzichten (z.B. Bügel-BHs)
17.	Einverständnis zur Information über Zufallsbefunde (hirnstrukturelle Auffälligkeiten)
18.	Einverständnis zur Speicherung der Daten im Rahmen des Studienprotokolls

Quelle: in Anlehnung an http://www.epileptologie-bonn.de

Anhang 18: Instruktion der Probanden für die fMRT-Untersuchung

Sehr geehrter Proband,

im folgenden Experiment wird die Emotionalität verschiedener Marken untersucht.

Aufgabenstellung:

Sie werden eine Reihe verschiedener Markenlogos sehen. Bitte denken Sie beim Betrachten jedes Logos darüber nach, was Ihnen zu der jeweiligen Marke einfällt.

Bsp: Wenn Sie das Logo von Marlboro sehen, fallen Ihnen wahrscheinlich sprachliche Assoziationen ein wie Abenteuer, Freiheit, Männerwelt etc. Sie können aber auch bildliche Assoziationen haben wie Cowboy, harte Gesichtszüge, Pferde, Sporen, Prärie etc. Vielleicht verbinden Sie mit Marlboro auch Gefühle wie Ärger über Zigarettenrauch etc.

Im Anschluss an jedes Logo sehen Sie für 3,5 Sekunden eine Skala mit fünf Abbildungen. Bitte geben Sie auf dieser Skala an, welches Gefühl Sie beim Betrachten der zuvor gesehenen Marke hatten. Dazu nutzen Sie die Griffe mit den Antworttasten. In jeder Hand halten Sie einen Griff mit jeweils zwei Tasten, eine Taste für den Zeigefinger und eine Taste für den Daumen:

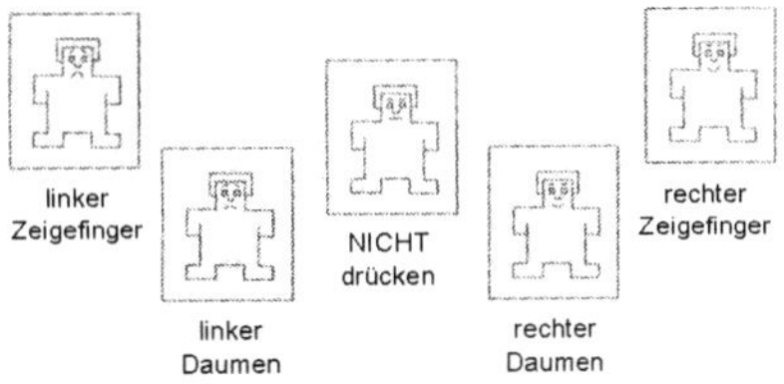

Die Abbildungen der Skala sind von links (negativ) nach rechts (positiv) angeordnet:

Abbildung ganz links:	Taste linker Zeigefinger
Zweite Abbildung von links:	Taste linker Daumen

Genauso verhält es sich auf der anderen Seite der Skala:

Abbildung ganz rechts:	Taste rechter Zeigefinger
Zweite Taste von rechts:	Taste rechter Daumen
Neutrale Abbildung, Mitte:	KEINE Taste. Es geht nach 3,5 Sekunden automatisch weiter.

Viele der Marken werden Sie kennen, einige vielleicht auch nicht. Es ist sehr wichtig, dass Sie auch bei den Ihnen unbekannten Marken eine Bewertung auf der Skala abgeben.

Jedes Logo werden Sie fünf Mal in zufälliger Reihenfolge sehen. Da Ihnen im Anschluss an die MRT-Untersuchung Fragen zu den Marken gestellt werden, ist es sehr wichtig, dass Sie sich bis zum Ende auf die jeweils gezeigte Marke konzentrieren.

Übung: Zu Beginn der MRT-Untersuchung wird Ihnen der Ablauf noch einmal anhand eines Beispiels vorgestellt, hier brauchen Sie noch keine Bewertung abgeben.

Dauer: Die Untersuchung im MRT dauert 29 Minuten. Im Anschluss daran bitten wir Sie, einen Fragebogen auszufüllen.

Haben Sie noch Fragen? Dann zögern Sie bitte nicht, diese zu stellen!

Vielen Dank für Ihre Mitarbeit!

Anhang 19: Übungssequenz im fMRT und grundsätzlicher Ablauf der fMRT-Untersuchung

Dauer der Präsentation	Präsentation im MRT
	Guten Tag! Im Folgenden sehen Sie verschiedene Marken. Bitte überlegen Sie bei jedem Logo, was Ihnen zu der jeweiligen Marke einfällt. Nach jeder Marke sehen Sie eine Skala mit fünf Abbildungen. Bitte geben Sie an, welche Abbildung am besten zu Ihrem Gefühl beim Betrachten der Marke passt.
3 Sekunden	Marlboro
0,5 Sekunden	
3,5 Sekunden	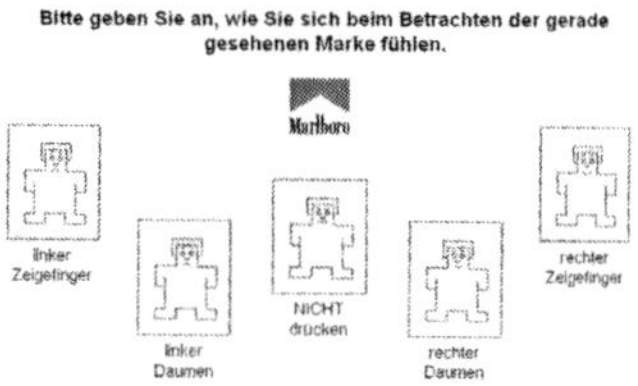

4 Sekunden / 4,5 Sekunden / 5 Sekunden (unregelmäßig – jittered)	
3 Sekunden	
0,5 Sekunden	
3,5 Sekunden	

Anhang 20: Schematische Darstellung des experimentellen Paradigmas

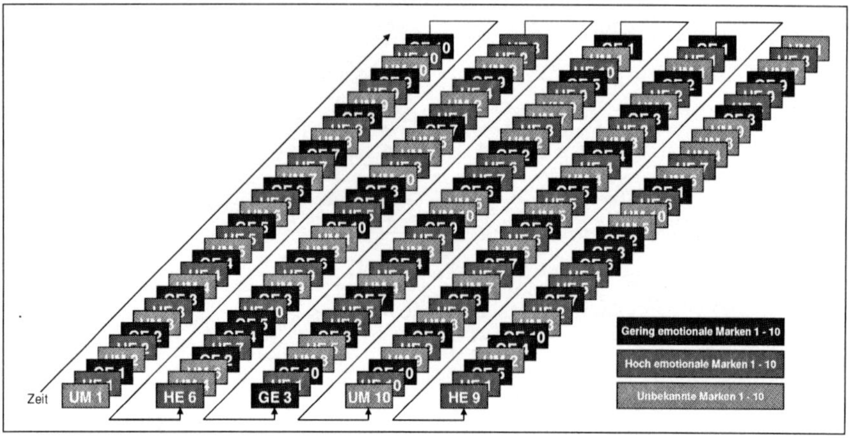

Anhang 21: Glasgehirn Kontrast hoch emotionale Marken > gering emotionale Marken

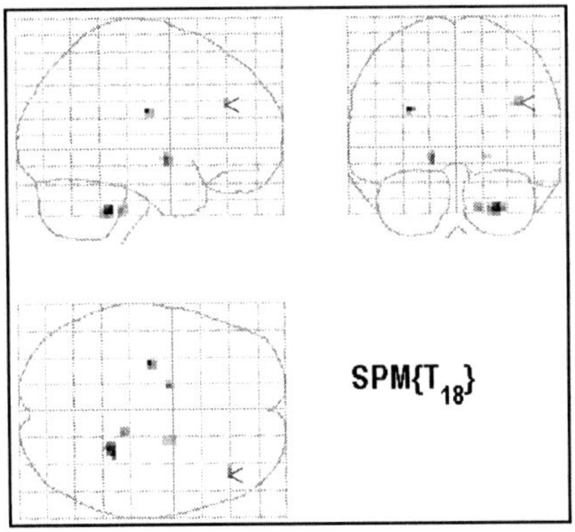

Anhang 22: Glasgehirn Kontrast gering emotionale Marken > hoch emotionale Marken

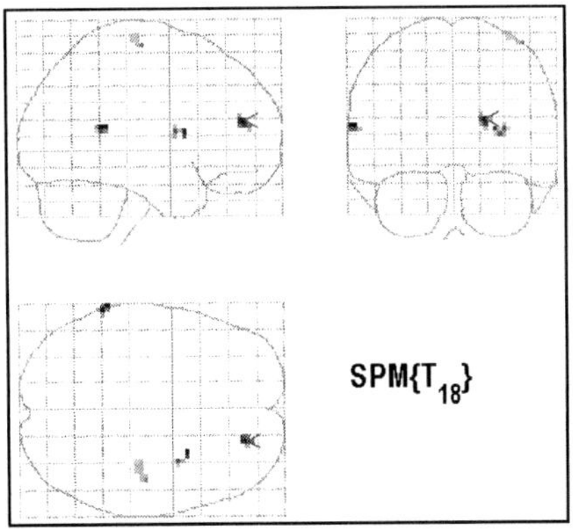

Anhang 23: Glasgehirn Kontrast hoch emotionale Marken > unbekannte Marken

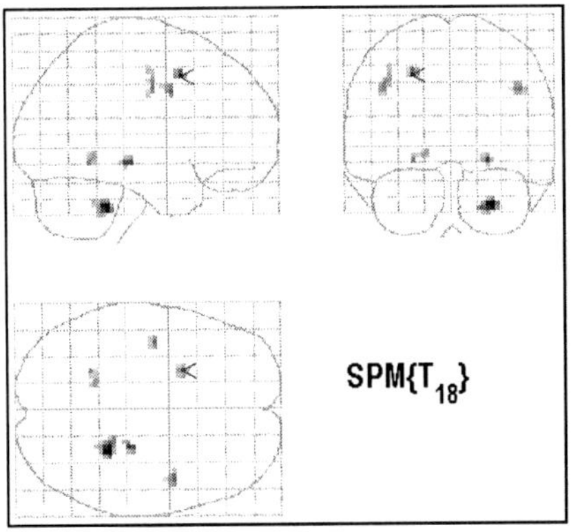

Anhang 24: Glasgehirn Kontrast unbekannte Marken > hoch emotionale Marken

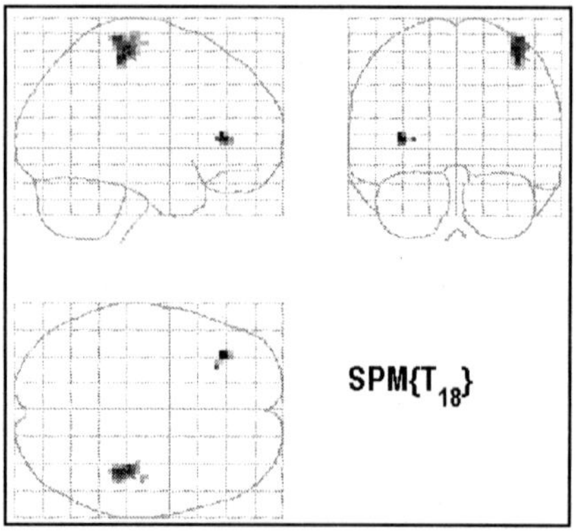

Anhang 25: Glasgehirn Kontrast gering emotionale Marken > unbekannte Marken

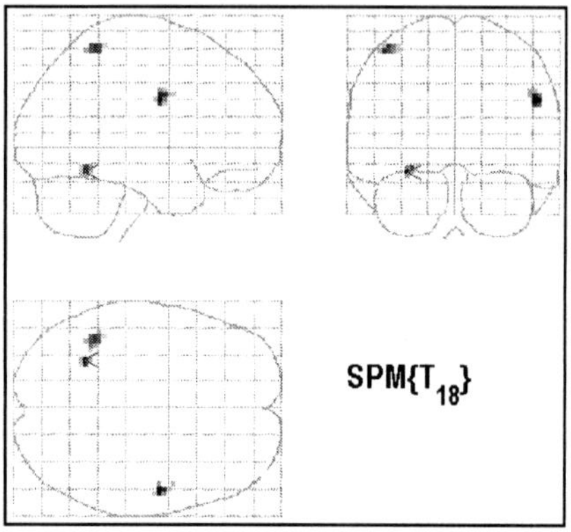

Anhang 26: Glasgehirn Kontrast bekannte Marken > unbekannte Marken

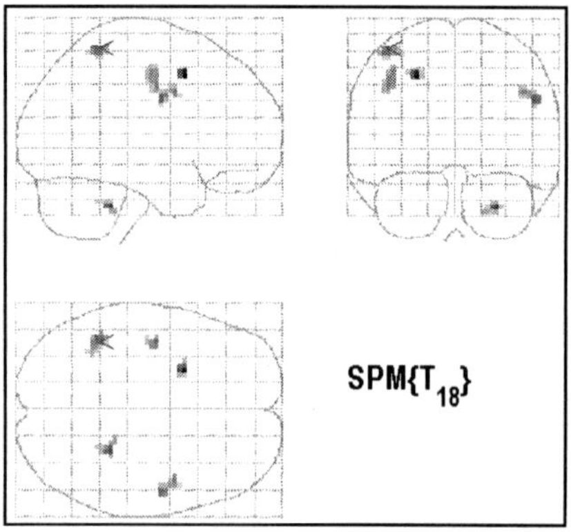

Anhang 27: Kontrast hoch emotionale Marken > gering emotionale Marken I

left pallidum	right pallidum
P = 0,005 T = 2,88 Threshold: 5 voxels Statistic value: 4,28	P = 0,005 T = 2,88 Threshold: 5 voxels Statistic value: 3,28
MNI: -15, -3, -6	MNI: 18, 0, -6
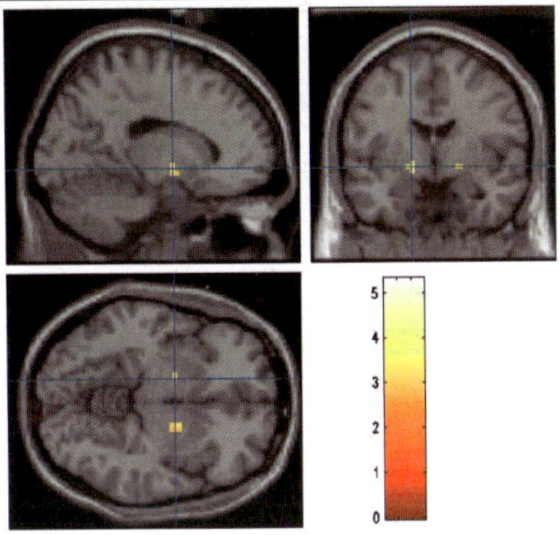	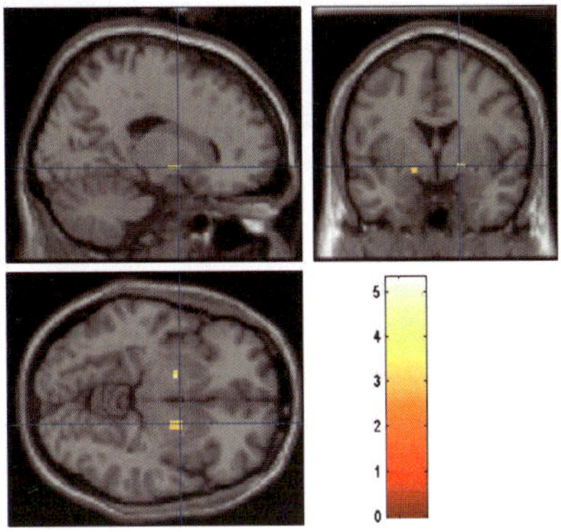

Anhang 28: Kontrast hoch emotionale Marken > gering emotionale Marken II

right middle frontal gyrus	right cerebellum
P = 0,005 T = 2,88 Threshold: 5 voxels Statistic value: 3,57	P = 0,005 T = 2,88 Threshold: 10 voxels Statistic value: 5,31
MNI: 42, 36, 27	MNI: 27, -39, -39
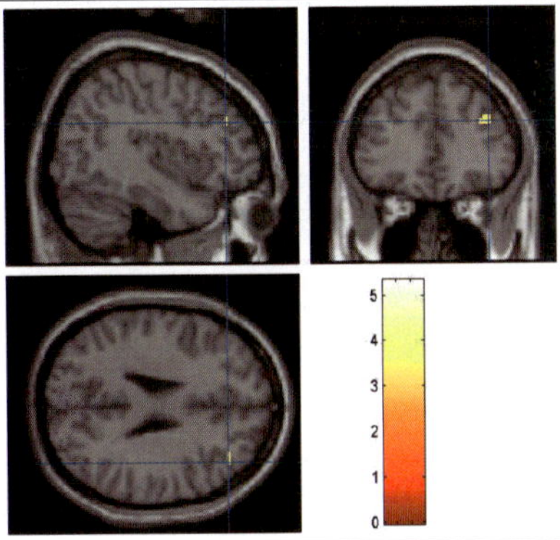	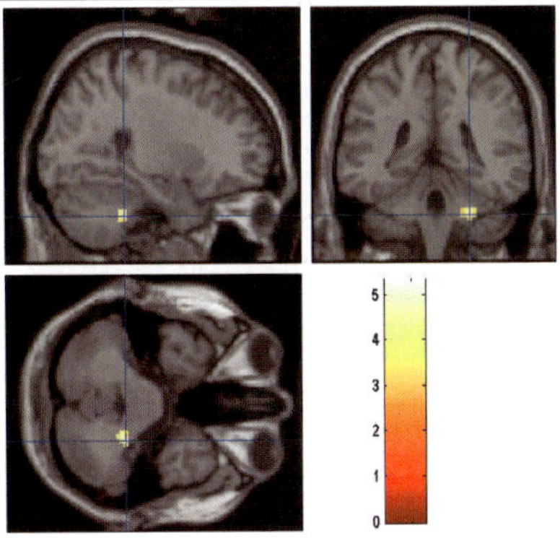

Anhang 29: Kontrast hoch emotionale Marken > unbekannte Marken I

right hippocampus	left lingual gyrus (BA 19)
P = 0,005 T = 2,88 Threshold: 10 voxels Statistic value: 5,01	P = 0,005 T = 2,88 Threshold: 10 voxels Statistic value: 3,68
MNI: 24, -27, -9	MNI: -18, -48, -6
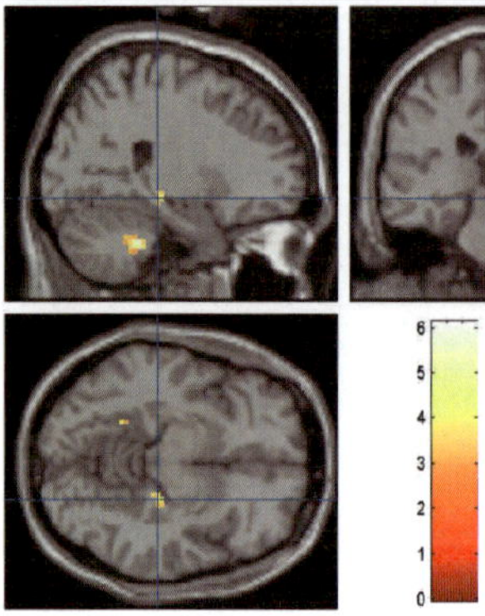	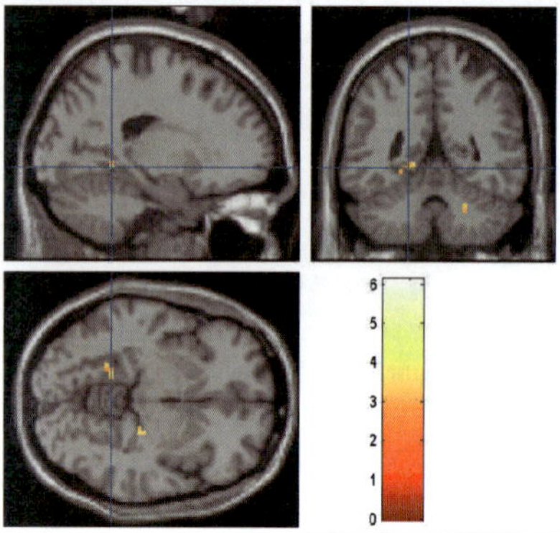

Anhang 30: Kontrast hoch emotionale Marken > unbekannte Marken II

left middle frontal gyrus	right cerebellum
P = 0,005 T = 2,88 Threshold: 10 voxels Statistic value: 5,61	P = 0,005 T = 2,88 Threshold: 10 voxels Statistic value: 6,11
MNI: -24, 9, 45	MNI: 27, -39, -36
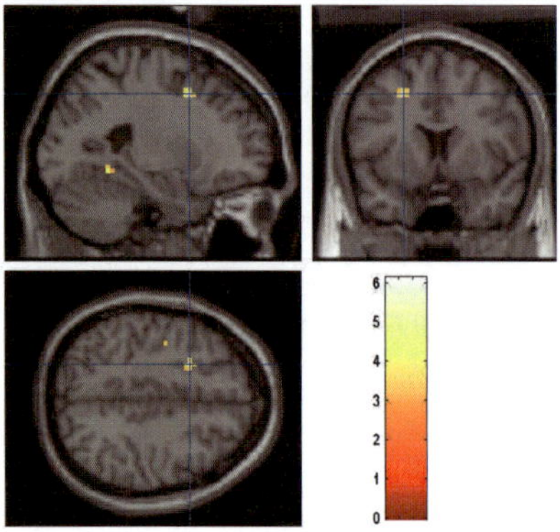	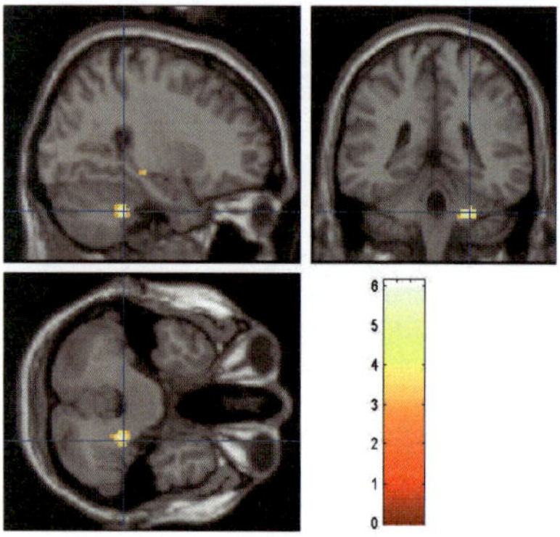

Anhang 31: Kontrast gering emotionale Marken > hoch emotionale Marken

right superior frontal gyrus	**right insula**
P = 0,005 T = 2,88 Threshold: 10 voxels Statistic value: 4,13	P = 0,005 T = 2,88 Threshold: 10 voxels Statistic value: 3,80
MNI: 21, 48, 18	MNI: 33, 3, 12
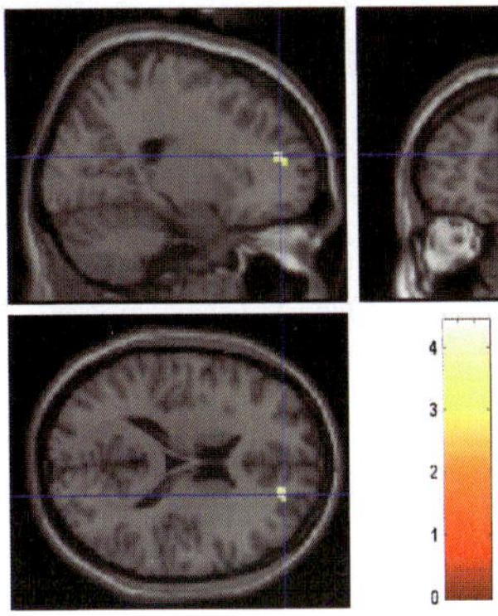	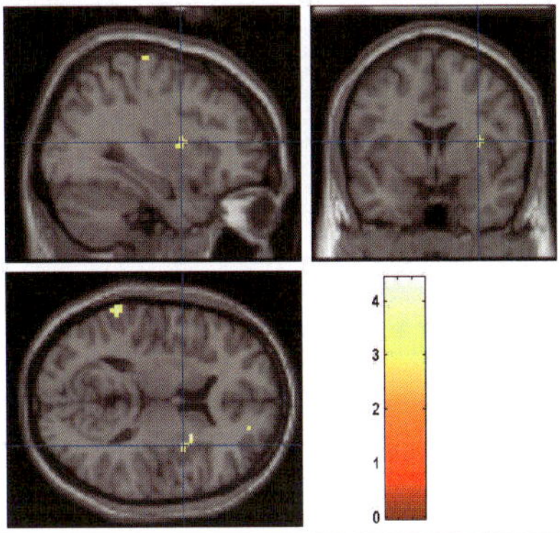

Anhang 32: Kontrast gering emotionale Marken > unbekannte Marken

left inferior parietal but supramarginal and angular gyri (BA 40)	**left fusiform gyrus**
P = 0,005 T = 2,88 Threshold: 10 voxels Statistic value: 3,85	P = 0,005 T = 2,88 Threshold: 10 voxels Statistic value: 4,14
MNI: -45, -48, 60	MNI: -30, -54, -15
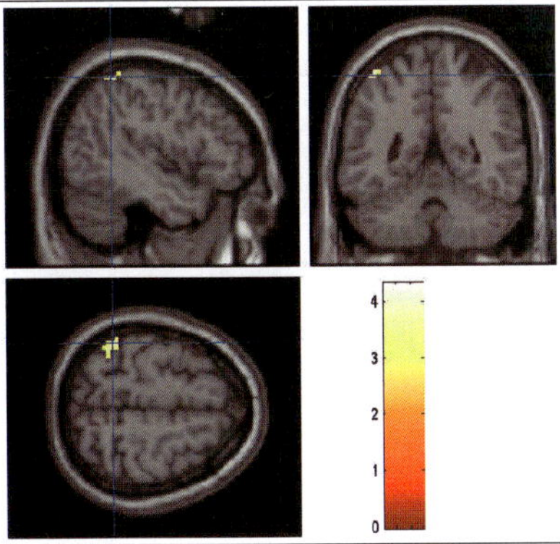	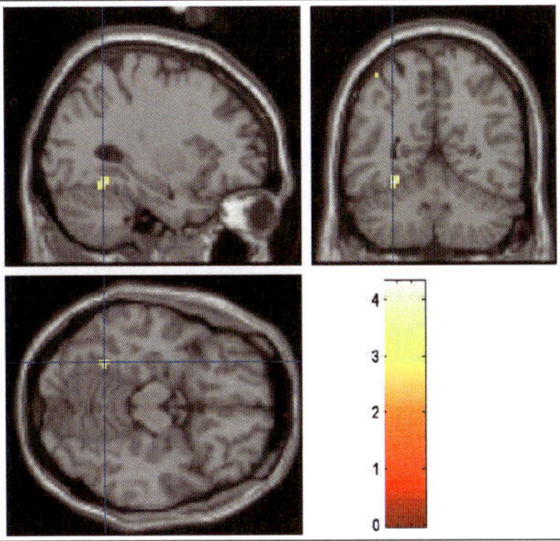

Anhang 33: Kontrast unbekannte Marken > hoch emotionale Marken I

left inferior frontal gyrus triangular part	right postcentral gyrus (BA 3)
P = 0,005 T = 2,88 Threshold: 10 voxels Statistic value: 3,89	P = 0,005 T = 2,88 Threshold: 10 voxels Statistic value: 4,11
MNI: -36, 33, 9	MNI: 39, -30, 60
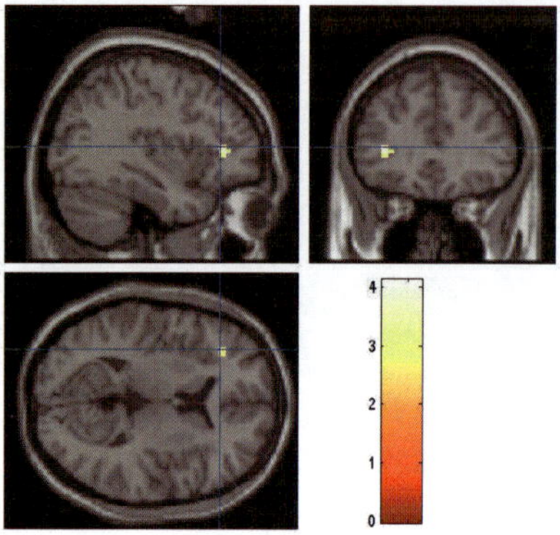	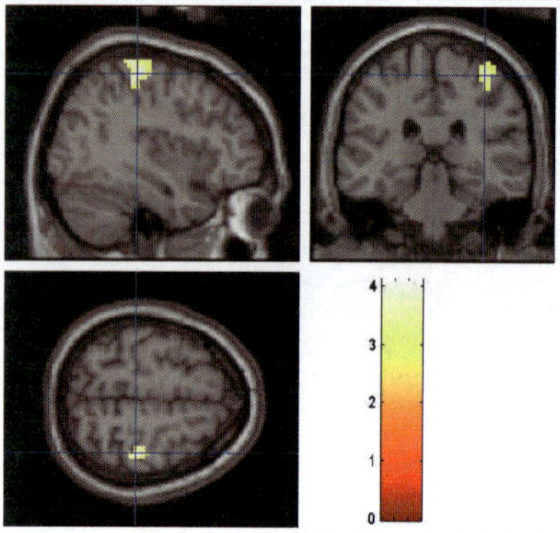

Anhang 34: Kontrast unbekannte Marken > hoch emotionale Marken II

left insula
P = 0,005 T = 2,88 Threshold: 10 voxels Statistic value: 3,64
MNI: -27, 30, 6
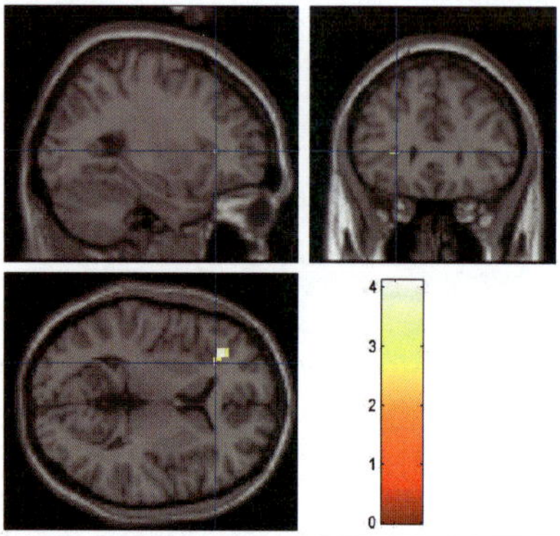

Anhang 35: Kontrast unbekannte Marken > bekannte Marken

left hippocampus
P = 0,005 T = 2,88 Threshold: 10 voxels Statistic value: 4,12
MNI: -18, -21, -18
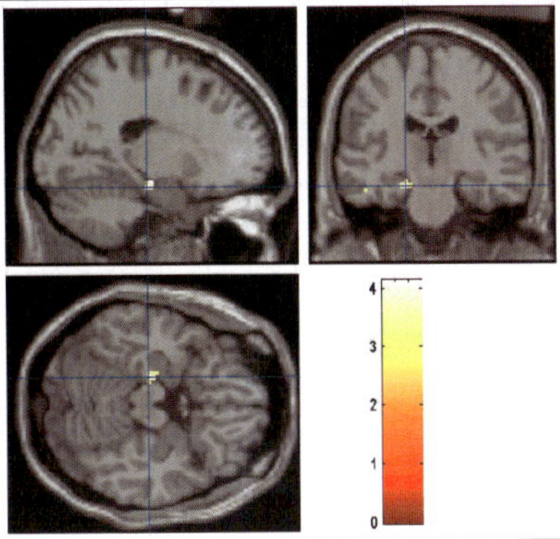

Anhang 36: Kontrast bekannte Marken > unbekannte Marken I

left middle frontal gyrus	right cerebellum
P = 0,005 T = 2,88 Threshold: 10 voxels Statistic value: 5,61	P = 0,005 T = 2,88 Threshold: 10 voxels Statistic value: 3,37
MNI: -24, 9, 45	MNI: 21, -36, -39
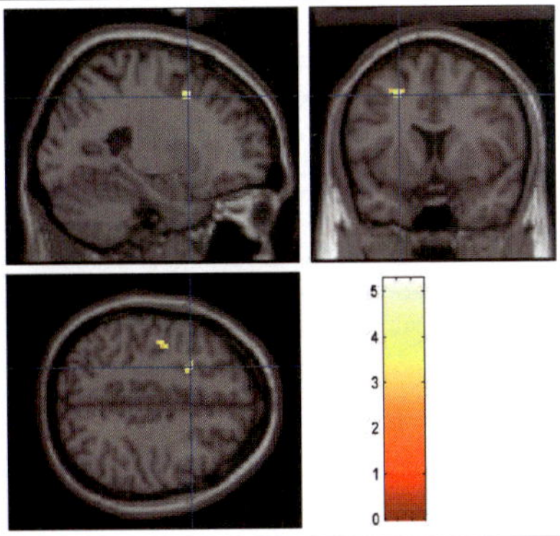	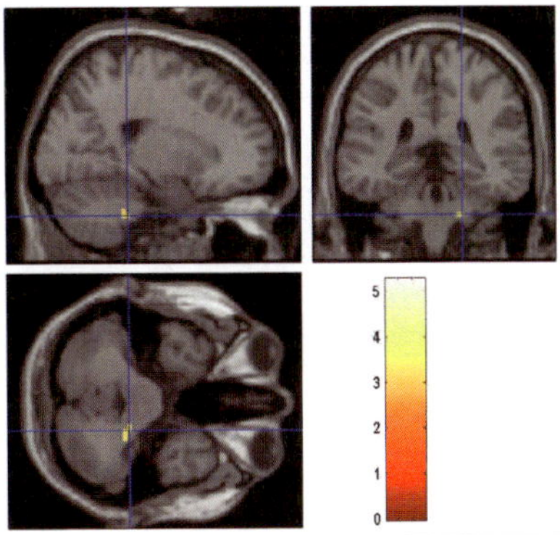

Anhang 37: Kontrast bekannte Marken > unbekannte Marken II

left postcentral gyrus	right postcentral gyrus
P = 0,005 T = 2,88 Threshold: 10 voxels Statistic value: 4,03	P = 0,005 T = 2,88 Threshold: 10 voxels Statistic value: 3,96
MNI: -42, -45, 63	MNI: 51, -6, 30
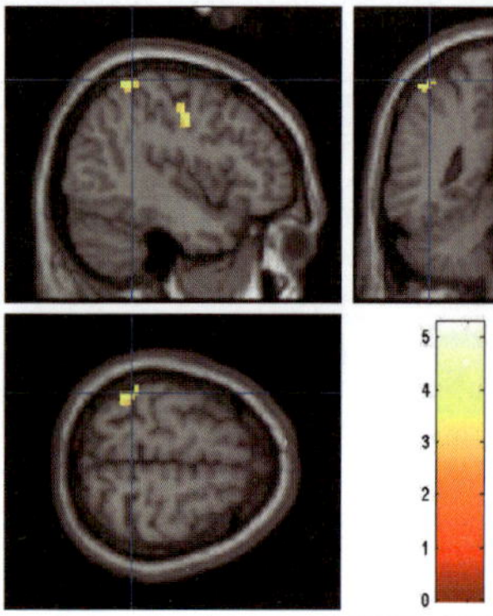	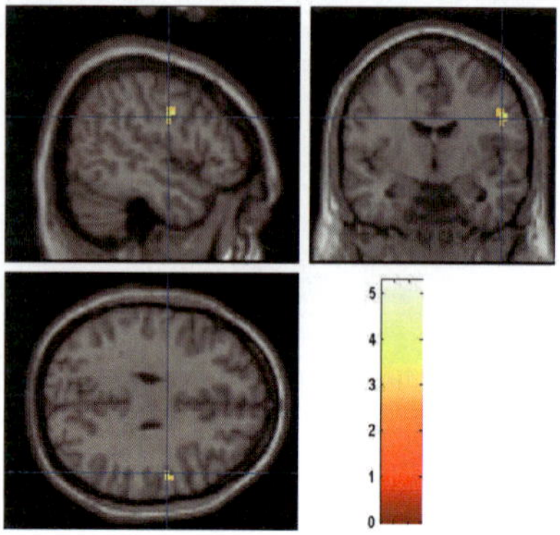

Anhang 38: Kontrast bekannte Marken > unbekannte Marken III

left precentral gyrus (BA 6)	right precentral gyrus (BA 9)
P = 0,005 T = 2,88 Threshold: 10 voxels Statistic value: 3,51	P = 0,005 T = 2,88 Threshold: 10 voxels Statistic value: 3,76
MNI: -39, -12, 48	MNI: 45, 3, 36
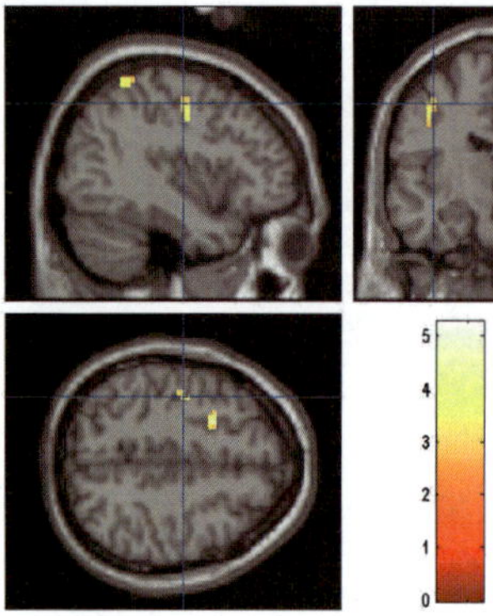	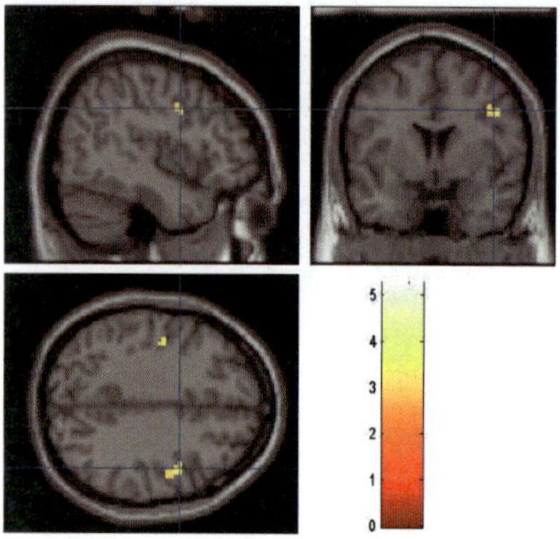

Literaturverzeichnis

Aaker, D. A.; Stayman, D. M.; Hagerty, M. R. (1986): "Warmth in advertising: measurement, impact, and sequence effects", in: Journal of Consumer Research, Vol. 12, No. 4, S. 365-381.

Aaker, D. A.; Keller, K. L. (1990): "Consumer evaluations of brand extensions", in: Journal of Marketing, Vol. 54, No. 1, S. 27-41.

Aaker, D. A. (1991): Managing brand equity: capitalizing on the value of a brand name, New York: The Free Press.

Aaker, D. A. (1992): Management des Markenwerts, Frankfurt/Main: Campus Verlag.

Aaker, D. A. (1996): Building strong brands, New York: Free Press.

Aaker, D. A.; Kumar, V.; Day, G. S. (2001): Marketing research, 7. Auflage, New York: John Wiley & Sons.

Aalto, S.; Näätänen, P.; Wallius, E.; Metsähonkala, L.; Stenman, H.; Niemi, P. M.; Karlsson, H. (2002): "Neuroanatomical substrata of amusement and sadness: a PET activation study using film stimuli", in: Neuroreport, Vol. 13, No. 1, S. 67-73.

Abelson, R. P.; Sermat, V. (1962): "Multidimensional scaling of facial expressions", in: Journal of Experimental Psychology, Vol. 63, No. 6, S. 546-554.

Abelson, R. P. (1976): "Script processing in attitude formation and decision making", in: Carroll, J. S.; Payne, J. W. (Hrsg.): Cognition and social behaviour, Hillsdale: Erlbaum, S. 33-45.

Abelson, R. P. (1981): "Psychological status of the script concept", in: American Psychologist, Vol. 36, No. 7, S. 715-729.

Aboitiz, F.; Garcia, R. (1997): "The anatomy of language revisited", in: Biological Research, Vol. 30, No. 4, S. 171-183.

Adaval, R. (2003): "How good gets better and bad gets worse: understanding the impact of affect on evaluations of known brands", in: Journal of Consumer Research, Vol. 30, No. 3, S. 352-367.

Adelmann, P. K.; Zajonc, R. B. (1989): "Facial efference and the experience of emotion", in: Annual Review of Psychology, Vol. 40, S. 249-280.

Afifi, A. K. (2003): "The basal ganglia: a neural network with more than motor function", in: Seminars in Pediatric Neurology, Vol. 10, No. 1, S. 3-10.

Agarwal, J.; Malhotra, N. K. (2005): "An integrated model of attitude and affect: theoretical foundation and an empirical investigation", in: Journal of Business Research, Vol. 58, No. 4, S. 483-493.

Ahtola, O. T. (1985): "Hedonic and utilitarian aspects of consumer behavior: an attitudinal perspective", in: Advances in Consumer Research, Vol. 12, No. 1, S. 7-10.

Ajzen, I.; Fishbein, M. (1980): Understanding attitudes and predicting social behavior, Englewood Cliffs: Prentice Hall.

Ajzen, I.; Fishbein, M. (2005): "The influence of attitudes on behavior", in: Albarracin, D.; Johnson, B. T.; Zanna, M. P. (Hrsg.): The handbook of attitudes, Mahwah: Erlbaum, S. 173-221.

Alba, J. W.; Hasher, L. (1983): "Is memory schematic?" in: Psychological Bulletin, Vol. 93, No. 2, S. 203-231.

Alba, J. W.; Chattopadhyay, A. (1985): "Effects of context and part-category cues on recall of competing brands", in: Journal of Marketing Research, Vol. 22, No. 3, S. 340-349.

Alba, J. W.; Mamorstein, H. (1987): "The effects of frequency knowledge on consumer decision making", in: Journal of Consumer Research, Vol. 14, No. 1, S. 14-25.

Alba, J. W.; Hutchinson, J. W. (1987): "Dimensions of consumer expertise", in: Journal of Consumer Research, Vol. 13, No. 4, S. 411-454.

Alba, J. W.; Hutchinson, J. W. (2000): "Knowledge calibration: what consumers know and what they think they know", in: Journal of Consumer Research, Vol. 27, No. 2, S. 123-156.

Alesandrini, K. L. (1982): "Imagery eliciting strategies and meaningful learning", in: Journal of Mental Imagery, Vol. 6, No. 1, S. 125-140.

Alexander, G. E.; Chen, K.; Merkley, T. L.; Reiman, E. M.; Caselli, R. J.; Aschenbrenner, M.; Santerre-Lemmon, L.; Lewis, D. J.; Pietrini, P.; Teipel, S. J.; Hampel, H.; Rapoport, S. I.; Moeller, J. R. (2006): "Regional network of magnetic resonance imaging gray matter volume in healthy aging", in: Neuroreport, Vol. 17, No. 10, S. 951-956.

Alkire, M. T.; Haier, R. J.; Fallon, J. H.; Cahill, L. (1998): "Hippocampal, but not amygdala, activity at encoding correlates with long-term, free recall of nonemotional information", in: Proceedings of the National Academy of Sciences of the United States of America, Vol. 95, No. 24, S. 14506-14510.

Allen, C. T.; Machleit, K. A.; Marine, S. S. (1988): "On assessing the emotionality of advertising via Izard's differential emotions scale", in: Advances in Consumer Research, Vol. 15, No. 1, S. 226-231.

Allen, C. T.; Machleit, K. A.; Schultz Kleine, S. (1992): "A comparison of attitudes and emotions as predictors of behavior at diverse levels of behavioral at diverse levels of behavioral experience", in: Journal of Consumer Research, Vol. 18, No. 4, S. 493-504.

Allen, C. T.; Machleit, K. A.; Schultz Kleine, S.; Notani, A. S. (2005): "A place for emotion in attitude models", in: Journal of Business Research, Vol. 58, No. 4, S. 494-499.

Ambler, T. (1997): "How much of brand equity is explained by trust", in: Management Decision, Vol. 35, No. 4, S. 283-292.

Ambler, T.; Burne, T. (1999): "The impact of affect on memory of advertising", in: Journal of Advertising Research, Vol. 39, No. 2, S. 25-34.

Ambler, T.; Ioannides, A.; Rose, S. (2000): "Brands on the brain: neuro-images of advertising", in: Business Strategy Review, Vol. 11, No. 3, S. 17-30.

Ambler, T.; Braeutigam, S.; Stins, J.; Rose, S.; Swithenby, S. (2004): "Salience and choice: neural correlates of shopping decisions", in: Psychology & Marketing, Vol. 21, No. 4, S. 247-261.

Anderson, J. R.; Bower, G. H. (1973): Human associative memory, Washington: Winston.

Anderson, J. R. (1976): Language, memory, and thought, Hillsdale: Lawrence Erlbaum Associates.

Anderson, J. R. (1983): The architecture of cognition, Cambridge: Harvard University Press.

Anderson, J. R. (2000): Cognitive psychology and its implications, 5. Auflage, New York: Worth Publishers.

Andreasen, N. (2002): Brave new brain: Geist, Gehirn, Genom, Berlin, Heidelberg: Springer Verlag.

Andreasen, N. C.; O'Leary, D. S.; Cizadlo, T.; Arndt, S.; Rezai, K.; Watkins, G. L.; Ponto, L. L.; Hichwa, R. D. (1995): "II. PET studies of memory: novel versus practiced free recall of word lists", in: NeuroImage, Vol. 2, No. 4, S. 296-305.

Andreasen, N. C.; Arndt, S.; Cizadlo, T.; O'Leary, D. S.; Watkins, G. L.; Ponto, L. L.; Hichwa, R. D. (1996): "Sample size and statistical power in [15O]H2O studies of human cognition", in: Journal of Cerebral Blood Flow and Metabolism, Vol. 16, No. 5, S. 804-816.

Andresen, T. (1991): "Innere Markenbilder: MAX - wie er wurde, was er ist", in: planung & analyse, Vol. 18, No. 1, S. 28-34.

Andresen, T.; Esch, F.-R. (2001): "Messung der Markenstärke durch den Markeneisberg", in: Esch, F.-R. (Hrsg.): Moderne Markenführung, 3. Auflage, Wiesbaden: Gabler Verlag, S. 1081-1103.

Antil, J. H. (1984): "Conceptualization and operationalization of involvement", in: Advances in Consumer Research, Vol. 11, No. 1, S. 203-209.

Appel, V.; Weinstein, S.; Weinstein, C. (1979): "Brain activity and recall of TV advertising", in: Journal of Advertising Research, Vol. 19, No. 4, S. 7-15.

Arnold, A. P.; Rissman, E. F.; De Vries, G. J. (2003): "Two perspectives on the origin of sex differences in the brain", in: Annals of the New York Academy of Sciences, Vol. 1007, S. 176-188.

Arun L. W, B.; Tagamets, M.-A.; Friedman, R. B.; Horwitz, B. (2001): "Functional interactions of the inferior frontal cortex during the processing of words and word-like stimuli", in: Neuron, Vol. 30, No. 2, S. 609-617.

Atkinson, R. C.; Shiffrin, R. M. (1968): "Human memory: a proposed system and its control processes", in: Spence, K. W.; Spence, J. T. (Hrsg.): The psychology of learning and motivation - advances in research and theory, 2. Auflage, New York: Academic Press, S. 89-195.

Atwood, A. (1989): "Extending imagery research to sounds: is a sound also worth a thousand words?" in: Advances in Consumer Research, Vol. 16, No. 1, S. 587-594.

Averill, J. R. (1975): "A semantic atlas of emotional concepts", in: JSAS Catalog of Selected Documents in Psychology, Vol. 5, No. Manuscript No. 421, S. 330.

Axelrod, J. N. (1968): "Advertising measures that predict purchase", in: Journal of Advertising Research, Vol. 8, No. 1, S. 3-17.

Azim, E.; Mobbs, D.; Jo, B.; Menon, V.; Reiss, A. L. (2005): "Sex differences in brain activation elicited by humor", in: Proceedings of the National Academy of Sciences of the United States of America, Vol. 102, No. 45, S. 16496-16501.

Babiloni, C.; Carducci, F.; Cincotti, F.; Rossini, P. M.; Neuper, C.; Pfurtscheller, G.; Babiloni, F. (1999): "Human movement-related potentials vs desynchronization of EEG alpha rhythm: a high-resolution EEG study", in: NeuroImage, Vol. 10, No. 6, S. 658-665.

Babiloni, C.; Vecchio, F.; Cappa, S.; Pasqualetti, P.; Rossi, S.; Miniussi, C.; Rossini, P. M. (2006): "Functional frontoparietal connectivity during encoding and retrieval processes follows HERA model. A high-resolution study", in: Brain Research Bulletin, Vol. 68, No. 4, S. 203-212.

Babin, B. J.; Darden, W. R.; Babin, L. A. (1998): "Negative emotions in marketing research: affect or artifact?" in: Journal of Business Research, Vol. 42, No. 3, S. 271-285.

Babin, L. A.; Burns, A. C. (1997): "Effects of print ad pictures and copy containing instructions to imagine on mental imagery that mediates attitudes", in: Journal of Advertising, Vol. 26, No. 3, S. 33-44.

Badgaiyan, R. D.; Posner, M. I. (1997): "Time course of cortical activations in implicit and explicit recall", in: Journal of Neuroscience, Vol. 17, No. 12, S. 4904-4913.

Bagozzi, R. P. (1991): "The role of psychophysiology in consumer research", in: Robertson, T. S.; Kassarjian, H. H. (Hrsg.): Handbook of consumer behavior, New Jersey: Prentice-Hall, S. 124-161.

Bagozzi, R. P.; Gopinath, M.; Nyer, P. U. (1999): "The role of emotions in marketing", in: Journal of the Academy of Marketing Science, Vol. 27, No. 2, S. 184-206.

Bakamitsos, G. A.; Siomkos, G. J. (2004): "Context effects in marketing practice: the case of mood", in: Journal of Consumer Behaviour, Vol. 3, No. 4, S. 304-314.

Baker, W.; Hutchinson, J. W.; More, D.; Nedungadi, P. (1986): "Brand familiarity and advertising: effects on the evoked set and brand preference", in: Advances in Consumer Research, Vol. 13, No. 1, S. 637-642.

Bargh, J. A.; Chartrand, T. L. (1999): "The unbearable automaticity of being", in: American Psychologist, Vol. 54, No. 7, S. 462-479.

Bargh, J. A. (2002): "Losing consciousness: automatic influences on consumer judgment, behavior, and motivation", in: Journal of Consumer Research, Vol. 29, No. 2, S. 280-285.

Baron-Cohen, S. (2003): The essential difference: the truth about the male and female brain, New York: Basic Books.

Barone, M. J.; Miniard, P. W.; Romeo, J. B. (2000): "The influence of positive mood on brand extension evaluations", in: Journal of Consumer Research, Vol. 26, No. 4, S. 386-400.

Bartlett, F. C. (1932): Remembering: a study in experimental and social psychology, Cambridge, London, New York, Melbourne: Cambridge University Press.

Bashe, G. (2001): "Emotion. The new brand integrator", in: Pharmaceutical Executive, Vol. 2001, No. June 1, S. 100-108.

Batra, R.; Ray, M. L. (1983): "Operationalizing involvement as depth and quality of cognitive response", in: Advances in Consumer Research, Vol. 10, No. 1, S. 309-313.

Batra, R.; Ray, M. L. (1986): "Affective responses mediating acceptance of advertising", in: Journal of Consumer Research, Vol. 13, No. 2, S. 234-249.

Batra, R.; Stayman, D. M. (1990): "The role of mood in advertising effectiveness", in: Journal of Consumer Research, Vol. 17, No. 2, S. 203-214.

Baumann, B.; Danos, P.; Krell, D.; Diekmann, S.; Leschinger, A.; Stauch, R.; Wurthmann, C.; Bernstein, H.-G.; Bogerts, B. (1999): "Reduced volume of limbic system-affiliated basal ganglia in mood disorders: preliminary data from a postmortem study", in: The Journal of Neuropsychiatry and clinical neurosciences, Vol. 11, No. 1, S. 71-78.

Baumgartner, H.; Sujan, M.; Padgett, D. (1997): "Patterns of affective reactions to advertisements: the integration of moment-to-moment responses into overall judgments", in: Journal of Marketing Research, Vol. 34, No. 2, S. 219-232.

Baxter, L. C.; Saykin, A. J.; Flashman, L. A.; Johnson, S. C.; Guerin, S. J.; Babcock, D. R.; Wishart, H. A. (2003): "Sex differences in semantic language processing: a functional MRI study", in: Brain and Language, Vol. 84, No. 2, S. 264-272.

Bayton, J. A. (1958): "Motivation, cognition, learning-basic factors in consumer marketing", in: Journal of Marketing, Vol. 22, No. 1 S. 282-289.

BBDO Consulting (2005): Brand Parity Studie, Düsseldorf.

Beauregard, M.; Lévesque, J.; Bourgouin, P. (2001): "Neural correlates of conscious self-regulation of emotion", in: Journal of Neuroscience, Vol. 21, No. 18, S. RC165.

Bechara, A.; Damasio, H.; Tranel, D.; Damasio, A. (1997): "Deciding advantageously before knowing the advantageous strategy", in: Science, Vol. 275, No. 5304, S. 1293-1294.

Bechara, A. (2004): "The role of emotion in decision-making: evidence from neurological patients with orbitofrontal damage", in: Brain and Cognition, Vol. 55, No. 1, S. 30-40.

Bechara, A.; Damasio, A. R. (2005): "The somatic marker hypothesis: A neural theory of economic decision", in: Games and Economic Behavior, Vol. 52, No. 2, S. 336-372.

Behrens, G. (1993): "Wissenschaftstheorie und Betriebswirtschaftslehre", in: Wittmann, W.; Kern, W.; Köhler, R.; Küpper, H.-U.; von Wysocki, K. (Hrsg.): Enzyklopädie der Betriebswirtschaftslehre, Band 1, Handwörterbuch der Betriebswirtschaft, Teilband 3, 5. Auflage, Stuttgart: Schäffer-Poeschel Verlag, S. 4763-4772.

Bekmeier-Feuerhahn, S. (1998): Marktorientierte Markenbewertung. Eine konsumenten- und unternehmensorientierte Betrachtung, Wiesbaden: Deutscher Universitäts-Verlag.

Belliveau, J.; Rosen, B.; Kantor, H.; Rzedzian, R.; Kennedy, D.; McKinstry, R.; Vevea, J.; Cohen, M.; Pykett, I.; Brady, T. (1990): "Functional cerebral imaging by susceptibility-contrast NMR", in: Magnetic Resonance in Medicine, Vol. 14, No. 3, S. 538-546.

Belliveau, J.; Kennedy, D.; McKinstry, R.; Buchbinder, B.; Weisskoff, R.; Cohen, M.; Vevea, J.; Brady, T.; Rosen, B. (1991): "Functional mapping of the human visual cortex by magnetic resonance imaging", in: Science, Vol. 254, No. 5032, S. 716-719.

Benhabib, J.; Bisin, A. (2005): "Modeling internal commitment mechanisms and self-control: A neuroeconomics approach to consumption-saving decisions", in: Games and Economic Behavior, Vol. 52, No. 2, S. 460-492.

Bense, S.; Stephan, T.; Yousry, T. A.; Brandt, T.; Dieterich, M. (2001): "Multisensory cortical signal increases and decreases during vestibular galvanic stimulation (fMRI)", in: Journal of Neurophysiology, Vol. 85, No. 2, S. 886-899.

Berekoven, L. (1978): "Zum Verständnis und Selbstverständnis des Markenwesens", in: Andreae, C.-A. (Hrsg.): Markenartikel heute : Marke, Markt und Marketing, Wiesbaden Gabler Verlag, S. 35-48.

Bermpohl, F.; Pascual-Leone, A.; Amedi, A.; Merabet, L. B.; Fregni, F.; Gaab, N.; Alsop, D.; Schlaug, G.; Northoff, G. (2006): "Dissociable networks for the expectancy and perception of emotional stimuli in the human brain", in: NeuroImage, Vol. 30, No. 2, S. 588-600.

Bernard, F. A.; Bullmore, E. T.; Graham, K. S.; Thompson, S. A.; Hodges, J. R.; Fletcher, P. C. (2004): "The hippocampal region is involved in successful recognition of both remote and recent famous faces", in: NeuroImage, Vol. 22, No. 4, S. 1704-1714.

Bernhard, H.; Fischbacher, U.; Fehr, E. (2006): "Parochial altruism in humans", in: Nature, Vol. 442, No. 7105, S. 912-915.

Berridge, K. C. (2003): "Pleasures of the brain", in: Brain and Cognition, Vol. 52, No. 1, S. 106-128.

Bhatt, M.; Camerer, C. F. (2005): "Self-referential thinking and equilibrium as states of mind in games: fMRI evidence", in: Games and Economic Behavior, Vol. 52, No. 2, S. 424-459.

Biel, A. L. (1992): "How brand images drives brand equity", in: Journal of Advertising Research, Vol. 32, No. 6, S. RC6-RC12.

Bischof, N. (1989): "Emotionale Verwirrung. Oder: Von den Schwierigkeiten im Umgang mit der Biologie", in: Psychologische Rundschau, Vol. 40, No. 4, S. 188-205.

Bishop, K. M.; Wahlsten, D. (1997): "Sex differences in the human corpus callosum: myth or reality?" in: Neuroscience and Biobehavioural Reviews, Vol. 21, No. 5, S. 581-601.

Bloch, F. (1946): "Nuclear induction ", in: Physical Review, Vol. 70, No. 7-8, S. 460-474.

Block, J. (1957): "Studies in the phenomenology of emotions", in: Journal of Abnormal and Social Psychology, Vol. 54, No. 3, S. 358-363.

Blondin, F.; Lepage, M. (2005): "Decrease and increase in brain activity during visual perceptual priming: an fMRI study on similar but perceptually different complex visual scenes", in: Neuropsychologia, Vol. 43, No. 13, S. 1887-1900.

Boden, S.; Williams, S. J. (2002): "Consumption and emotion: the romantic ethic revisited", in: Sociology, Vol. 36, No. 3, S. 493-512.

Bohannon, J. N. (1988): "Flashbulb memories of the space shuttle disaster: a tale of two theories", in: Cognition, Vol. 29, No. 2, S. 179-196.

Bolls, P. D.; Lang, A.; Potter, R. F. (2001): "The effects of message valence and listener arousal on attention, memory, and facial muscular responses to radio advertisements", in: Communication Research, Vol. 28, No. 5, S. 627-651.

Bolton, G. E.; Ockenfels, A. (2000): "ERC: a theory of equity, reciprocity and competition", in: American Economic Review, Vol. 90, No. 1, S. 166-193.

Bone, P. F.; Ellen, P. S. (1990): "The effect of imagery processing and imagery content on behavior intentions", in: Advances in Consumer Research, Vol. 17, No. 1, S. 449-454.

Bone, P. F.; Ellen, P. S. (1992): "The generation and consequences of communication-evoked imagery", in: Journal of Consumer Research, Vol. 19, No. 1, S. 93-104.

Bortz, J. (2005): Statistik für Sozialwissenschaftler, 6. Auflage, Berlin: Springer Verlag.

Bortz, J.; Döring, N. (2005): Forschungsmethoden und Evaluation für Human- und Sozialwissenschaftler, 3. Auflage (Nachdruck), Berlin: Springer Verlag.

Boucsein, W. (1988): Elektrodermale Aktivität. Grundlagen, Methoden und Anwendungen, Berlin: Springer.

Boucsein, W. (1992): Electrodermal activity, New York: Plenum Press.

Boucsein, W. (1995): "Die elektrodermale Aktivität als Emotionsindikator", in: Debus, G.; Erdmann, G.; Kallus, K. W. (Hrsg.): Biopsychologie von Stress und emotionalen Reaktionen. Ansätze interdisziplinärer Forschung, Göttingen: Hogrefe-Verlag, S. 143-161.

Boucsein, W. (2001): "Physiologische Grundlagen und Messmethoden der dermalen Aktivität", in: Rosler, F. (Hrsg.): Enzyklopadie der Psychologie, Bereich Psychophysiologie, Band 1: Grundlagen and Methoden der Psychophysiologie, Gottingen: Hogrefe, S. 551-623.

Bower, G. H. (1981): "Mood and Memory", in: American Psychologist, Vol. 36, No. 2, S. 129-148.

Bower, G. H. (1991): "Mood congruity of social judgments", in: Forgas, J. (Hrsg.): Emotion and social judgments, Oxford: Pergamon, S. 31-53.

Bradley, M. M.; Greenwald, M. K.; Petry, M. C.; Lang, P. J. (1992): "Remembering pictures: pleasure and arousal in memory", in: Journal of Experimental Psychology, Vol. 18, No. 2, S. 379-390.

Bradley, M. M.; Lang, P. J. (1994): "Measuring emotion: the self-assessment manikin and the semantic differential", in: Journal of Behavioral Therapy and Experimental Psychiatry, Vol. 25, No. 1, S. 49-59.

Bradley, M. M.; Lang, P. J. (2000): "Measuring emotion: behavior, feeling, and physiology", in: Lane, R. D.; Nadel, L. (Hrsg.): Cognitive neuroscience of emotion, New York: Oxford University Press, S. 242-276.

Bradley, M. M.; Codispoti, M.; Cuthbert, B. N.; Lang, P. J. (2001a): "Emotion and motivation I: defensive and appetitive reactions in picture processing", in: Emotion, Vol. 1, No. 3, S. 276-299.

Bradley, M. M.; Codispoti, M.; Sabatinelli, D.; Lang, P. J. (2001b): "Emotion and motivation II: sex differences in picture processing", in: Emotion, Vol. 1, No. 3, S. 300-319.

Braeutigam, S.; Stins, J. F.; Rose, S. P.; Swithenby, S. J.; Ambler, T. (2001): "Magnetoencephalographic signals identify stages in real-life decision processes", in: Neural Plasticity, Vol. 8, No. 4, S. 241-254.

Braeutigam, S.; Rose, S. P. R.; Swithenby, S. J.; Ambler, T. (2004): "The distributed neuronal systems supporting choice-making in real-life situations: differences between men and women when choosing groceries detected using magnetoencephalography ", in: European Journal of Neuroscience, Vol. 20, No. 1, S. 293-302.

Braeutigam, S. (2005): "Neuroeconomics - from neural systems to economic behaviour", in: Brain Research Bulletin, Vol. 67, No. 5, S. 355-360.

Braun-LaTour, K. A.; LaTour, M. S. (2004): "Assessing the long-term impact of a consistent advertising campaign on consumer memory", in: Journal of Advertising, Vol. 33, No. 2, S. 49-61.

Braun-LaTour, K. A.; LaTour, M. S. (2005): "Transforming consumer experience. When timing matters", in: Journal of Advertising, Vol. 34, No. 3, S. 19-30.

Braun, K. A. (1997): Reconstructive memory in consumer decision making, Dissertation Graduate College of the University of Iowa, Iowa City.

Braun, K. A. (1999): "Postexperience advertising effects on consumer memory", in: Journal of Consumer Research, Vol. 25, No. 4, S. 319-334.

Braun, K. A.; Ellis, R.; Loftus, E. F. (2002): "Make my memory: how advertising can change our memories of the past", in: Psychology & Marketing, Vol. 19, No. 1, S. 1 23.

Bredenkamp, J. (1998): Lernen - Erinnern - Vergessen, München: Verlag C. H. Beck.

Breiter, H. C.; Aharon, I.; Kahneman, D.; Dale, A.; Shizgal, P. (2001): "Functional imaging of neural responses to expectancy and experience of monetary gains and losses", in: Neuron, Vol. 30, No. 2, S. 619-639.

Bremner, J. D.; Staib, L. H.; Kaloupek, D.; Southwick, S. M.; Soufer, R.; Charney, D. S. (1999): "Neural correlates of exposure to traumatic pictures and sound in vietnam combat veterans with and without posttraumatic stress disorder: a positron emission tomography study", in: Biological Psychiatry, Vol. 45, No. 7, S. 806-816.

Brewer, W. F.; Tryens, J. C. (1981): "Role of schemata in memory for places", in: Cognitive Psychology, Vol. 13, No. 2, S. 207-230.

Brodmann, K. (1909): Vergleichende Lokalisationslehre der Grosshirnrinde in ihren Prinzipien dargestellt auf Grund des Zellenbaues, Leipzig: Johann Ambrosius Barth Verlag.

Brown, R.; Kulik, J. (1977): "Flashbulb memories", in: Cognition, Vol. 5, No. 1, S. 73-99.

Brown, S. (2004): "O customer, where art thou?" in: Business Horizons, Vol. 47, No. 4, S. 61-70.

Brunel, F. F.; Tietje, B. C.; Greenwald, A. G. (2004): "Is the implicit association test a valid and valuable measure of implicit consumer social cognition?" in: Journal of Consumer Psychology, Vol. 14, No. 4, S. 385-403.

Buck, R. (1997): "Consumer emotion space: an investigation of semantic space and context effects in self-reported emotion elicitation", in: Advances in Consumer Research, Vol. 24, No. 1, S. 431-437.

Bühl, A.; Zöfel, P. (2002): SPSS 11 - Einführung in die moderne Datenanalyse unter Windows, 8. Auflage, München: Pearson Studium.

Burke, A.; Heuer, F.; Reisberg, D. (1992): "Remebering emotional events", in: Memory & Cognition, Vol. 20, No. 3, S. 277-290.

Burke, M. C.; Edell, J. A. (1989): "The impact of feelings on ad-based affect and cognition", in: Journal of Marketing Research, Vol. 26, No. 1, S. 69-83.

Burns, A. C.; Biswas, A.; Babin, L. A. (1993): "The operation of visual imagery as a mediator of advertising effects", in: Journal of Advertising, Vol. 22, No. 2, S. 71-85.

Bush, L. E. (1973): "Individual differences in multidimensional scaling of adjectives denoting feelings", in: Journal of Personality and Social Psychology, Vol. 25, No. 1, S. 50-57.

Business Week/Interbrand (2006): "The 100 top brands", in: Business Week, Vol. 7. August 2006, No. 3996, S. 60-66.

Butler, L. T.; Berry, D. C. (2001): "Transfer effects in implicit memory and consumer choice", in: Applied Cognitive Psychology, Vol. 15, No. 6, S. 587-601.

Cabeza, R.; Nyberg, L. (1997): "Imaging cognition: an empirical review of PET studies with normal subjects", in: Journal of Cognitive Neuroscience, Vol. 9, No. 1, S. 1-26.

Cabeza, R.; Nyberg, L. (2000): "Imaging cognition II: an empirical review of 275 PET and fMRI studies", in: Journal of Cognitive Neuroscience, Vol. 12, No. 1, S. 1-47.

Cabeza, R.; Kingstone, A. (2001): Handbook of functional neuroimaging of cognition, Massachusetts: The MIT Press.

Cabeza, R.; Dolcos, F.; Graham, R.; Nyberg, L. (2002): "Similarities and differences in the neural correlates of episodic memory retrieval and working memory", in: NeuroImage, Vol. 16, No. 2, S. 317-330.

Cabeza, R.; Nyberg, L. (2003): "Special issue on functional neuroimaging of memory", in: Neuropsychologia, Vol. 41, No. 3, S. 241-244.

Cacioppo, J.; Hager, J.; Ekman, P. (1992a): "The psychology and neuroanatomy of facial expression", in: Ekman, P.; Huang, T. S.; Sejnowski, T. J.; Hager, J. C. (Hrsg.): Final report to NSF of the planning workshop on facial expression understanding, San Francisco: University of California, S. 9-13.

Cacioppo, J. T.; Petty, R. E.; Losch, M. E.; Kim, H. S. (1986): "Electromyographic activity over facial muscle regions can differentiate the valence and intensity of affective reactions", in: Journal of Personality and Social Psychology, Vol. 50, No. 2, S. 260-268.

Cacioppo, J. T.; Bush, L. K.; Tassinary, L. G. (1992b): "Microexpressive facial actions as a function of affective stimuli: replication and extension", in: Personality and Social Psychology Bulletin, Vol. 18, No. 5, S. 515-526.

Cahill, L.; Haier, R. J.; Fallon, J.; Alkire, M. T.; Tang, C.; Keator, D.; Wu, J.; McGaugh, J. L. (1996): "Amygdala activity at encoding correlated with long-term, free recall of emotional information", in: Proceedings of the National Academy of Sciences of the United States of America, Vol. 93, No. 15, S. 8016-8021.

Cahill, L.; McGaugh, J. L. (1998): "Mechanisms of emotional arousal and lasting declarative memory", in: Trends in Neurosciences, Vol. 21, No. 7, S. 294-299.

Cahill, L. (2000): "Modulation of long-term memory storage in humans by emotional arousal: adrenergic activation and the amygdala", in: Aggleton, J. P. (Hrsg.): The amygdala: a functional analysis, 2. Auflage, Oxford: Oxford University Press, S. 425-445.

Cahill, L.; Haier, R. J.; White, N. S.; Fallon, J.; Kilpatrick, L.; Lawrence, C.; Potkin, S. G.; Alkire, M. T. (2001): "Sex-related difference in amygdala activity during emotionally influenced memory storage", in: Neurobiology of Learning and Memory, Vol. 75, No. 1, S. 1-9.

Calder, B. J.; Ross, M. (1973): Attitudes and behavior, Morristown: General Learning Press.

Callan, A. M.; Callan, D. E.; Masaki, S. (2005): "When meaningless symbols become letters: neural activity change in learning new phonograms", in: NeuroImage, Vol. 28, No. 3, S. 553-562.

Camerer, C. F. (2003): "Strategizing the brain", in: Science, Vol. 300, No. 5626, S. 1673-1675.

Camerer, C. F.; Loewenstein, G.; Rabin, M. (2004a): Advances in behavioral economics, Princton: Princton University Press.

Camerer, C. F.; Loewenstein, G.; Prelec, D. (2004b): "Neuroeconomics: why economics needs brains", in: Scandinavian Journal of Economics, Vol. 106, No. 3, S. 555-579.

Camerer, C. F.; Loewenstein, G.; Prelec, D. (2005): "Neuroeconomics: how neuroscience can inform economics", in: Journal of Economic Literature, Vol. 43, No. 1, S. 9-64.

Camerer, C. F.; Fehr, E. (2006): "When does "economic man" dominate social behavior?" in: Science, Vol. 311, No. 5757, S. 47-52.

Campbell, D. T.; Fiske, D. W. (1959): "Convergent and discriminant validation by the multitrait-multimethod matrix", in: Psychological Bulletin, Vol. 56, No. 2, S. 81-105.

Campbell, M. C.; Keller, K. L. (2003): "Brand familiarity and advertising repetition effects", in: Journal of Consumer Research, Vol. 30, No. 2, S. 292-304.

Canli, T.; Gabrieli, J. D. E. (2004): "Imaging gender differences in sexual arousal", in: nature neuroscience, Vol. 7, No. 4, S. 325-326.

Canli, T.; Sivers, H.; Thomason, M. E.; Whitfield-Gabrieli, S.; Gabrieli, J. D. E.; Gotlib, I. H. (2004): "Brain activation to emotional words in depressed vs healthy subjects", in: Neuroreport, Vol. 15, No. 17, S. 2585-2588.

Cannon, W. B. (1927): "The James-Lange theory of emotion: A critical examination and an alternative theory", in: American Journal of Psychology, Vol. 39, S. 106-124.

Cannon, W. B. (1929): Bodily changes in pain, hunger, fear, and rage, 2. Auflage, New York: D. Appleton & Co.

Cantor, N.; Mischel, W. (1979): "Prototypes in person perception", in: Advances in Experimental Social Psychology, Vol. 12, No. 1, S. 3-52.

Carne, R. P.; Vogrin, S.; Litewka, L.; Cook, M. J. (2006): "Cerebral cortex: an MRI-based study of volume and variance with age and sex", in: Journal of Clinical Neuroscience, Vol. 13, No. 1, S. 60-72.

Chamberlin, E. H. (1948): "An experimental imperfect market", in: Journal of Political Economy, Vol. 56, No. 2, S. 95-108.

Chartrand, T. L. (2005): "The role of conscious awareness in consumer behavior", in: Journal of Consumer Psychology, Vol. 15, No. 3, S. 203-210.

Chattopadhyay, A.; Alba, J. W. (1988): "The situational importance of recall and inference in consumer decision making", in: Journal of Consumer Research, Vol. 15, No. 1, S. 1-12.

Chaudhuri, A. (1998): "Product class effects on perceived risk: the role of emotion", in: International Journal of Research in Marketing, Vol. 15, No. 2, S. 157-168.

Chaudhuri, A.; Holbrook, M. B. (2001): "The chain of effects from brand trust and brand affect to brand performance: the role of brand loyalty", in: Journal of Marketing, Vol. 65, No. 4, S. 81-93.

Chaudhuri, A. (2002): "A study of emotion and reason in products and services", in: Journal of Consumer Behaviour, Vol. 1, No. 3, S. 267-279.

Chee, M. W. L.; Westphal, C.; Goh, J.; Graham, S.; Song, A. W. (2003): "Word frequency and subsequent memory effects studied using event-related fMRI", in: NeuroImage, Vol. 20, No. 2, S. 1042-1051.

Chee, M. W. L.; Soon, C. S.; Lee, H. L.; Pallier, C. (2004): "Left insula activation: a marker for language attainment in bilinguals", in: Proceedings of the National Academy of Sciences of the United States of America, Vol. 101, No. 42, S. 15265-15270.

Chen, A. C. H. (2001): "Using free associations to examine the relationship between characteristics of brand associations and brand equity", in: Journal of Product & Brand Management, Vol. 10, No. 7, S. 439-451.

Chen, S. H. A.; Desmond, J. E. (2005): "Temporal dynamics of cerebro-cerebellar network recruitment during a cognitive task", in: Neuropsychologia, Vol. 43, No. 9, S. 1227-1237.

Cho, H.; Stout, P. A. (1993): "An extended perspective on the role of emotion in advertising processing", in: Advances in Consumer Research, Vol. 20, No. 1, S. 692-697.

Chorvat, T.; McCabe, K.; Smith, V. (2004): Law and neuroeconomics, Law and economics working paper series 04-07, George Mason University School of Law, Institute for Empirical Research in Economics.

Chou, T.-L.; Booth, J. R.; Burman, D. D.; Bitan, T.; Bigio, J. D.; Lu, D.; Cone, N. E. (2006): "Developmental changes in the neural correlates of semantic processing", in: NeuroImage, Vol. 29, No. 4, S. 1141-1149.

Christianson, S.-A.; Loftus, E. (1990): "Some characteristics of people's traumatic memories", in: Bulletin of the Psychonomic Society, Vol. 28, No. 3, S. 195-198.

Cliff, N.; Young, F. W. (1968): "On the relation between unidimensional judgments and multidimensional scaling", in: Organizational Behavior and Human Performance, Vol. 3, No. 3, S. 269-285.

Coan, J. A.; Allen, J. J. B.; Harmon-Jones, E. (2001): "Voluntary facial expression and hemispheric asymmetry over the frontal cortex", in: Psychophysiology, Vol. 38, No. 6, S. 912-925.

Cobb, C. J.; Hoyer, W. B. (1986): "Planned versus impulse purchase behavior", in: Journal of Retailing, Vol. 62, No. 4, S. 384-409.

Cohen, J. B.; Andrade, E. B. (2004): "Affective intuition and task-contingent affect regulation", in: Journal of Consumer Research, Vol. 31, No. 2, S. 358-368.

Cohn, J.; Katz, G. S. (1998): Bimodal expression of emotion by face and voice, The sixth ACM international multimedia conference. Workshop on face/gesture recognition and their applications, Bristol.

Cohn, J. F.; Zlochower, A. J.; Lien, J. J. J.; Kanade, T. (1999): "Automated face analysis by feature point tracking has high concurrent validity with manual FACS coding", in: Psychophysiology, Vol. 36, No. 1, S. 35-43.

Collaer, M. L.; Hines, M. (1995): "Human behavioral sex differences: a role for gonadal hormones during early development?" in: Psychological Bulletin, Vol. 118, No. 1, S. 55-107.

Collins, A. M.; Quillian, M. R. (1969): "Retrieval time from semantic memory", in: Journal of Verbal Learning and Verbal Behavior, Vol. 8, No., S. 240-224.

Collins, A. M.; Quillian, M. R. (1972): "How to make a language user", in: Tulving, E.; Donaldson, W. (Hrsg.): Organization of memory, New York, London: Academic Press, S. 309-351.

Collins, A. M.; Loftus, E. F. (1975a): "A spreading-activation theory of semantic processing", in: Psychological Review, Vol. 82, No. 6, S. 407-428.

Collins, A. M.; Loftus, E. F. (1975b): "Theory of semantic processing", in: Psychological Review, Vol. 82, No. 6, S. 407-428.

Conover, K. L.; Shizgal, P. (2005): "Employing labor-supply theory to measure the reward value of electrical brain stimulation", in: Games and Economic Behavior, Vol. 52, No. 2, S. 283-304.

Cowley, E.; Mitchell, A. A. (2003): "The moderating effect of product knowledge on the learning and organization of product information", in: Journal of Consumer Research, Vol. 30, No. 3, S. 443-454.

Crimmins, J. C. (2000): "Better measurement and management of brand value", in: Journal of Advertising Research, Vol. 40, No. 6, S. 136-144.

Crites, S. L., jr.; Aikman-Eckenrode, S. N. (2001): "Making inference concerning physiological response: a reply to Rossiter, Silberstein, Harris, and Nield", in: Journal of Advertising Research, Vol. 41, No. 2, S. 23-25.

Cunningham, W. A.; Raye, C. L.; Johnson, M. K. (2004): "Implicit and explicit evaluation: FMRI correlates of valence, emotional intensity, and control in the processing of attitudes", in: Journal of Cognitive Neuroscience, Vol. 16, No. 10, S. 1717-1729.

D'Esposito, M.; Detre, J. A.; Aguirre, G. K.; Stallcup, M.; Alsop, D. C.; Tippet, L. J.; Farah, M. J. (1997): "A functional MRI study of mental image generation", in: Neuropsychologia, Vol. 35, No. 5, S. 725-730.

Dalla Barba, G.; Parlato, V.; Jobert, A.; Samson, Y.; Pappata, S. (1998): "Cortical networks implicated in semantic and episodic memory: common or unique?" in: Cortex, Vol. 34, No. 4, S. 547-561.

Damasio, A. (2001): "Fundamental feelings", in: Nature, Vol. 413, No. 6858, S. 781.

Damasio, A. R. (1994): Descartes' error: emotion, reason and the human brain, New York: G. P. Putnam's Son.

Damasio, A. R. (1999): The feeling of what happens: body and emotion in the making of consciousness, New York: Harcourt Brace.

Damasio, A. R. (2003): Looking for Spinoza: joy, sorrow, and the feeling brain, New York: Harcourt Brace.

Damasio, A. R. (2004): Descartes' Irrtum: Fühlen, Denken und das menschliche Gehirn, München: List Verlag.

Dane, S.; Ersoz, M.; Gumustekin, K.; Polat, P.; Dastan, A. (2004): "Handedness differences in widths of right and left craniofacial regions in healthy young adults", in: Perceptual and Motor Skills, Vol. 98, No. 3, S. 1261-1264.

Daniels, C.; Witt, K.; Wolff, S.; Jansen, O.; Deuschl, G. (2003): "Rate dependency of the human cortical network subserving executive functions during generation of random number series - a functional magnetic resonance imaging study", in: Neuroscience Letters, Vol. 345, No. 1, S. 25-28.

Darwin, C. (1872): The Expression of the Emotions in Men and Animals, London: John Murray.

Dassonville, P.; Zhu, X. H.; Uurbil, K.; Kim, S. G.; Ashe, J. (1997): "Functional activation in motor cortex reflects the direction and the degree of handedness", in: Proceedings of the National Academy of Sciences of the United States of America, Vol. 94, No. 25, S. 14015-14018.

Davidson, R. J. (1993): "Parsing affective space: perspectives from neuropsychology and psychophysiology", in: Neuropsychology, Vol. 7, No. 4, S. 464-475.

Dawson, M. E.; Schell, A. M.; Filion, D. L. (2000): "The electrodermal system", in: Cacioppo, J. T.; Tassinary, L. G.; Berntson, G. G. (Hrsg.): Handbook of psychophysiology, 2. Auflage, Cambridge: Cambridge University Press, S. 200-223.

Day, E.; Stafford, M. R.; Camacho, A. (1995): "Opportunities for involvement research: a scale-development approach", in: Journal of Advertising, Vol. 24, No. 3, S. 69-75.

de Quervain, D. J.-F.; Fischbacher, U.; Treyer, V.; Schellhammer, M.; Schnyder, U.; Buck, A.; Fehr, E. (2004): "The neural basis of altruistic punishment", in: Science, Vol. 305, No. 5688, S. 1254-1258.

de Zubicaray, G. I.; McMahon, K.; Wilson, S. J.; Muthiah, S. (2001): "Brain activity during the encoding, retention, and retrieval of stimulus representations", in: Learning & Memory, Vol. 8, No. 5, S. 243-251.

Dehaene, S.; Le Clec'H, G.; Poline, J.-B.; Le Bihan, D.; Cohen, L. (2002): "The visual word form area: a prelexical representation of visual words in the fusiform gyrus", in: Neuroreport, Vol. 13, No. 3, S. 321-325.

Deimel, K. (1989): "Grundlagen des Involvement und Anwendung im Marketing", in: Marketing ZFP, Vol. 11, No. 3, S. 153-161.

del Rio, A. B.; Vazquez, R.; Iglesias, V. (2001): "The effects of brand associations on consumer response", in: Journal of Consumer Marketing, Vol. 18, No. 5, S. 410-425.

Delgado-Ballester, E.; Munuera-Alemán, J. L. (2001): "Brand trust in the context of consumer loyalty", in: European Journal of Marketing, Vol. 35, No. 11-12, S. 1238-1258.

Delgado-Ballester, E. (2004): "Applicability of a brand trust scale across product categories: a multigroup invariance analysis", in: European Journal of Marketing, Vol. 38, No. 5-6, S. 573-592.

Deppe, M.; Schwindt, W.; Kugel, H.; Plassmann, H.; Kenning, P. (2005a): "Nonlinear responses within the medial prefrontal cortex reveal when specific implicit information influences economic decision making", in: Journal of Neuroimaging, Vol. 15, No. 2, S. 171-182.

Deppe, M.; Schwindt, W.; Krämer, J.; Kugel, H.; Plassmann, H.; Kenning, P.; Ringelstein, E. B. (2005b): "Evidence for a neural correlate of a framing effect: bias-specific activity in the ventromedial prefrontal cortex during credibility judgments", in: Brain Research Bulletin, Vol. 67, No. 5, S. 413-421.

Derbraix, C.; Pecheux, C. (1999): "Mood and children: proposition of a measurement scale", in: Journal of Economic Psychology, Vol. 20, No. 5, S. 571-591.

Derbraix, C. M. (1995): "The impact of affective reactions on attitudes toward the advertisement and the brand: a step toward ecological validity", in: Journal of Marketing Research, Vol. 32, No. 4, S. 470-479.

Des-Cartes, R. (1644): Principia philosophiae, Amstelodami: Apud Ludovicum Elzevirium.

Descartes, R. (1637): Discours de la méthode pour bien conduire sa raison et chercher la verité dans les sciences, Leyde: Ian Maire.

Desmet, P. M. A.; Hekkert, P.; Jacobs, J. J. (2000): "When a car makes you smile: development and application of an instrument to measure product emotions", in: Advances in Consumer Research, Vol. 27, No. 1, S. 111-117.

Desmet, P. M. A. (2002): Designing emotions, Delft: Delft University of Technology.

Desmet, P. M. A. (2004): "Measuring emotion: development and application of an instrument to measure emotional responses to products", in: Blythe, M. A.; Overbeeke, K.; Monk, A. F.; Wright, P. C. (Hrsg.): Funology: from usability to enjoyment, Dordrecht: Kluwer Academic Publishers, S. 111-123.

Desmond, J. E.; Gabrieli, J. D. E.; Glover, G. H. (1998): "Dissociation of frontal and cerebellar activity in a cognitive task: evidence for a distinction between selection and search", in: NeuroImage, Vol. 7, No. 4, S. 368-376.

Desmond, J. E.; Glover, G. H. (2002): "Estimating sample size in functional MRI (fMRI) neuroimaging studies: statistical power analyses", in: Journal of Neuroscience Methods, Vol. 118, No. 2, S. 115-128.

Dickhaut, J.; McCabe, K.; Nagode, J. C.; Rustichini, A.; Smith, K.; Pardo, J. V. (2003): "The impact of the certainty context on the process of choice", in: Proceedings of the National Academy of Sciences of the United States of America, Vol. 100, No. 6, S. 3536-3541.

Dien, J.; Frishkoff, G. A.; Cerbone, A.; Tucker, D. M. (2003): "Parametric analysis of event-related potentials in semantic comprehension: evidence for parallel brain mechanisms", in: Cognitive Brain Research, Vol. 15, No. 2, S. 137-153.

Diener, E. (1999): "Introduction to the special section on the structure of emotion", in: Journal of Personality and Social Psychology, Vol. 76, No. 5, S. 803-804.

Dietz, N. A. E.; Jones, K. M.; Gareau, L.; Zeffiro, T. A.; Eden, G. F. (2005): "Phonological decoding involves left posterior fusiform gyrus", in: Human Brain Mapping, Vol. 26, No. 2, S. 81-93.

Dijksterhuis, A.; Bos, M. W.; Nordgren, L. F.; van Baaren, R. B. (2006): "On making the right choice: the deliberation-without-attention effect", in: Science, Vol. 311, No. 5763, S. 1005-1007.

Dillard, J. P.; Anderson, J. W. (2004): "The role of fear in persuasion", in: Psychology & Marketing, Vol. 21, No. 11, S. 909-926.

Dimberg, U.; Thunberg, M.; Grunedal, S. (2002): "Facial reactions to emotional stimuli: automatically controlled emotional response", in: Cognition and Emotion, Vol. 16, No. 4, S. 449-471.

Dittman, A. T. (1972): Interpersonal messages of emotion, New York: Springer.

Dobni, D.; Zinkhan, G. M. (1990): "In search of brand image: a foundation analysis", in: Advances in Consumer Research, Vol. 17, No. 1, S. 110-119.

Dodds, W. B.; Monroe, K. B.; Grewal, D. (1991): "Effects of price, brand, and store information on buyers' product evaluations", in: Journal of Marketing Research, Vol. 28, No. 3, S. 307-320.

Dolan, R. J.; Fletcher, P. C. (1997): "Dissociating prefrontal and hippocampal function in episodic memory encoding", in: Nature, Vol. 388, No. 6642, S. 582-585.

Dolan, R. J. (2002): "Emotion, cognition, and behavior", in: Science, Vol. 298, No. 5596, S. 1191-1194.

Dolcos, F.; Cabeza, R. (2002): "Event-related potentials of emotional memory: encoding pleasant, unpleasant, and neutral pictures", in: Cognitive, Affective, & Behavioral Neuroscience, Vol. 2, No. 3, S. 252-263.

Dolcos, F.; Graham, R.; LaBar, K. S.; Cabeza, R. (2003): "Coactivation of the amygdala and hippocampus predicts better recall for emotional than for neutral pictures", in: Brain and Cognition, Vol. 51, No. 2, S. 221-223.

Dolcos, F.; LaBar, K. S.; Cabeza, R. (2004a): "Dissociable effects of arousal and valence on prefrontal activity indexing emotional evaluation and subsequent memory: an event-related fMRI study", in: NeuroImage, Vol. 23, No. 1, S. 64-74.

Dolcos, F.; LaBar, K. S.; Cabeza, R. (2004b): "Interaction between the amygdala and the medial temporal lobe memory system predicts better memory for emotional events", in: Neuron, Vol. 42, No. 5, S. 855-863.

Domizlaff, H. (1939): Die Gewinnung des öffentlichen Vertrauens: ein Lehrbuch der Markentechnik, 1. Auflage, Hamburg: Hanseatische Verlagsanstalt.

Donovan, R. J.; Rossiter, J. R. (1982): "Store atmosphere: an environmental psychology approach", in: Journal of Retailing, Vol. 58, No. 1, S. 34-57.

Donovan, R. J.; Rossiter, J. R.; Marcoolyn, G.; Nesdale, A. (1994): "Store atmosphere and purchasing behavior", in: Journal of Retailing, Vol. 70, No. 3, S. 283-294.

Dörner, D. (1989): "Emotion, Kognition und Begriffsverwirrungen: Zwei Anmerkungen zur Köhler-Vorlesung von Norbert Bischof", in: Psychologische Rundschau, Vol. 40, No. 4, S. 206-209.

Dornes, M. (1993): Der kompetente Säugling, Frankfurt am Main Fischer Taschenbuch Verlag.

Doyle, P. (2001): "Shareholder-value-based branding strategies", in: Brand Management, Vol. 9, No. 1, S. 20-30.

du Plessis, E. (1994): "Recognition versus recall", in: Journal of Advertising Research, Vol. 34, No. 3, S. 75-91.

du Plessis, E. (2005a): "Advertisers' new insight into the brain", in: Admap, Vol. 461, S. 20-23.

du Plessis, E. (2005b): The advertised mind, London: MillwardBrown.

Duffau, H.; Bauchet, L.; Lehéricy, S.; Capelle, L. (2001): "Functional compensation of the left dominant insula for language", in: Neuroreport, Vol. 12, No. 10, S. 2159-2163.

Duffy, E. (1957): "The psychological significance of the concept of arousal or activation", in: Psychological Review, Vol. 64, No. 5, S. 265-275.

Dziuban, C. D.; Shirkey, E. C. (1974): "When is a correlation matrix appropriate for factor analysis? Some decision rules", in: Psychological Bulletin, Vol. 81, No. 6, S. 358-361.

Eagleman, D. M.; Montague, R. P. (2002): "Models of learning and memory", in: Nadel, L. (Hrsg.): Encyclopedia of Cognitive Science, London: MacMillan Press, S. 806-812.

Eckel, C. C. (2004): "Vernon Smith: economics as a laboratory science", in: Journal of Socio-Economics, Vol. 33, No. 1, S. 15-28.

Edell, J. A.; Burke, M. C. (1983): "The moderating effect of attitude toward an ad on ad effectiveness under different processing conditions", in: Advances in Consumer Research, Vol. 11, S. 644-649.

Edell, J. A.; Burke, M. C. (1987): "The power of feelings in understanding advertising effects", in: Journal of Consumer Research, Vol. 14, No. 3, S. 421-433.

Edelmann, W. (1996): Lernpsychologie, 5. Auflage, Weinheim: Beltz.

Eibl-Eibesfeldt, I. (1973): "The Expressive Behaviour of the Deaf-and-Blind-Born", in: von Cranach, M.; Vine, I. (Hrsg.): Social Communication and Movement, London - New York Academic Press, S. 163-193.

Ekman, G. (1955): "Dimensions of emotion", in: Acta Psychologica, Vol. 11, S. 279-288.

Ekman, P.; Friesen, W. V. (1969): "The repertoire of nonverbal behavior: categories, origins, usage, and coding", in: Semiotica, Vol. 1, No. 1, S. 49–98.

Ekman, P.; Friesen, W. V. (1971): "Constants across cultures in the face and emotion", in: Journal of Personality and Social Psychology, Vol. 17, No. 2, S. 124-129.

Ekman, P.; Friesen, W. V.; Tomkins, S. S. (1971): "Facial affect scoring technique: a first validity study", in: Semiotica, Vol. 3, No. 1, S. 37-58.

Ekman, P. (1972): "Universals and cultural differences in facial expressions of emotion", in: Nebraska Symposium on Motivation, Vol. 19, S. 207-283.

Ekman, P.; Friesen, W. V. (1975): Unmasking the face. A guide to recognizing emotions from facial clues, Englewood Cliffs: Prentice-Hall.

Ekman, P.; Friesen, W. V. (1978a): Facial action coding system: A technique for the measurement of facial movement (manual), Palo Alto: Consulting Psychologists Press.

Ekman, P.; Friesen, W. V. (1978b): Facial action coding system: A technique for the measurement of facial movement (investigator's guide), Palo Alto: Consulting Psychologists Press.

Ekman, P.; Oster, H. (1979): "Facial expressions of emotion", in: Annual Review of Psychology, Vol. 30, S. 527-554.

Ekman, P.; Levenson, R. W.; Friesen, W. V. (1983): "Autonomic nervous system activity distinguishes among emotions", in: Science, Vol. 221, No. 4616, S. 1208-1210.

Ekman, P. (1992a): "An argument for basic emotions", in: Cognition and Emotion, Vol. 6, No. 3/4, S. 169-200.

Ekman, P. (1992b): "Facial expressions of emotion: new findings, new questions", in: Psychological Science, Vol. 3, No. 1, S. 34-38.

Ekman, P. (1993): "Facial expressions and emotions", in: American Psychologist, Vol. 48, No. 4, S. 384-392.

Ekman, P. (1994): "Moods, emotions and traits", in: Ekman, P.; Davidson, R. J. (Hrsg.): The nature of emotion, New York: Oxford University Press, S. 56-58.

Ekman, P. (1997): "Conclusion: what we have learned by measuring facial behavior", in: Ekman, P.; Rosenberg, E. L. (Hrsg.): What the face reveals: Basic and applied studies of spontaneous expression using the facial acting coding system, New York: Oxforf University Press, S. 469-486.

Eldridge, L. L.; Knowlton, B. J.; Furmanski, C. S.; Bookheimer, S. Y.; Engel, S. A. (2000): "Remembering episodes: a selective role for the hippocampus during retrieval", in: nature neuroscience, Vol. 3, No. 11, S. 1149-1152.

Ellen, P. S.; Bone, P. F. (1991): "Measuring communication-evoked imagery processing", in: Advances in Consumer Research, Vol. 18, No. 1, S. 806-812.

Ellis, A. (1985): "Cognition and affect in emotional disturbance", in: American Psychologist, Vol. 40, No. 4, S. 471-472.

Engel, J. F.; Blackwell, R. D. (1982): Consumer behavior, Chicago: The Dryden Press.

Englis, B. G. (1990): "Consumer emotional reactions to television advertising and their effects on message recall", in: Agres, S.; Edell, J. A.; Dubitsky, T. M. (Hrsg.): Emotion in advertising: theoretical and practical explorations, Westport: Quorum Books, S. 231-253.

Erdogan, A. R.; Dane, S.; Aydin, M. D.; Ozdikici, M.; Diyarbakirli, S. (2004): "Sex and handedness differences in size of cerebral ventricles of normal subjects", in: International Journal of Neuroscience, Vol. 114, No. 1, S. 67-73.

Erevelles, S. (1998): "The role of affect in marketing", in: Journal of Business Research, Vol. 42, No. 3, S. 199-215.

Erk, S.; Spitzer, M.; Wunderlich, A. P.; Galley, L.; Walter, H. (2002): "Cultural objects modulate reward circuitry", in: Neuroreport, Vol. 13, No. 18, S. 2499-2503.

Ersche, K. D.; Fletcher, P. C.; Lewis, S. J. G.; Clark, L.; Stocks-Gee, G.; London, M.; Deakin, J. B.; Robbins, T. W.; Sahakian, B. J. (2005): "Abnormal frontal activations related to decision-making in current and former amphetamine and opiate dependent individuals", in: Psychopharmacology, Vol. 180, No. 4, S. 612-623.

Ertel, S. (1964): "Die emotionale Natur des "semantischen Raumes"", in: Psychologische Forschung, Vol. 28, No. 1, S. 1-32.

Esch, F.-R. (1993): "Markenwert und Markensteuerung - eine verhaltenswissenschaftliche Perspektive", in: Thexis, Vol. 10, No. 5./6., S. 56-64.

Esch, F.-R.; Andresen, T. (1994): "Messung des Markenwertes", in: Tomczak, T.; Reinecke, S. (Hrsg.): Marktforschung, St. Gallen: Thexis Verlag, S. 212-230.

Esch, F.-R.; Andresen, T. (1997): "Messung des Markenwertes", in: MTP e. V. Alumni; Hauser, U. (Hrsg.): Erfolgreiches Markenmanagement - vom Wert einer Marke, ihrer Stärkung und Erhaltung, Wiesbaden: Gabler Verlag, S. 1-37.

Esch, F.-R.; Geus, P.; Langner, T. (2002): "Brand Performance Measurement zur wirksamen Markennavigation", in: Controlling, Vol. 14, No. 8/9, S. 473-481.

Esch, F.-R.; Möll, T. (2004): "Mensch und Marke - Neuromarketing als Zugang zur Erfassung der Wirkung von Marken", in: Gröppel-Klein, A. (Hrsg.): Konsumentenverhaltensforschung im 21. Jahrhundert, Wiesbaden: Deutscher Universitäts-Verlag, S. 67-98.

Esch, F.-R. (Hrsg.) (2005a): Moderne Markenführung. Grundlagen. Innovative Ansätze. Praktische Umsetzungen, 4. Auflage, Wiesbaden: Gabler Verlag.

Esch, F.-R. (2005b): "Aufbau starker Marken durch integrierte Kommunikation", in: Esch, F.-R. (Hrsg.): Moderne Markenführung. Grundlagen. Innovative Ansätze. Praktische Umsetzungen, 4. Auflage, Wiesbaden: Gabler Verlag, S. 707-745.

Esch, F.-R. (2005c): Strategie und Technik der Markenführung, 3. Auflage, München: Verlag Franz Vahlen.

Esch, F.-R.; Langner, T. (2005): "Gestaltung von Markenlogos", in: Esch, F.-R. (Hrsg.): Moderne Markenführung. Grundlagen. Innovative Ansätze. Praktische Umsetzungen, 4. Auflage, Wiesbaden: Gabler Verlag, S. 603-628.

Esch, F.-R.; Möll, T. (2005): "Kognitionspsychologische und neuroökonomische Zugänge zum Phänomen Marke", in: Esch, F.-R. (Hrsg.): Moderne Markenführung. Grundlagen. Innovative Ansätze. Praktische Umsetzungen, 4. Auflage, Wiesbaden: Gabler Verlag, S. 61-82.

Esch, F.-R.; Geus, P. (2005): "Ansätze zur Messung des Markenwerts", in: Esch, F.-R. (Hrsg.): Moderne Markenführung, 4. Auflage, Wiesbaden: Gabler Verlag, S. 1264-1305.

Esch, F.-R.; Wicke, A.; Rempel, J. E. (2005): "Herausforderungen und Aufgaben des Markenmanagements", in: Esch, F.-R. (Hrsg.): Moderne Markenführung. Grundlagen. Innovative Ansätze. Praktische Umsetzungen, 4. Auflage, Wiesbaden: Gabler Verlag, S. 3-55.

Esch, F.-R. (2006): Wirkung integrierter Kommunikation: ein verhaltenswissenschaftlicher Ansatz, 4. Auflage, Wiesbaden: Deutscher Universitäts-Verlag.

Evans, A. C.; Collins, D. L.; Mills, S. R.; Brown, E. D.; Kelly, R. L.; Peters, T. M., 1993. . ; 1817. (1993): "3D statistical neuroanatomical models from 305 MRI volumes", in: Proceedings of the IEEE Nuclear Science Symposium and Medical Imaging Conference, Vol., No., S. 1813-1817.

Eviatar, Z.; Hellige, J. B.; Zaidel, E. (1997): "Individual differences in lateralization: effects of gender and handedness", in: Neuropsychology, Vol. 11, No. 4, S. 562-576.

Eysenck, M. W. (1984): A handbook of cognitive psychology, Hillsdale: Lawrence Erlbaum.

Farah, M. J. (2005): "Neuroethics: the practical and the philosophical", in: Trends in Cognitive Sciences, Vol. 9, No. 1, S. 34-40.

Farquhar, P. H.; Han, J. Y.; Iriji, Y. (1991): Recognizing and measuring brand assets, Report 91-119, Cambridge, Marketing Science Institute.

Fehr, B.; Russell, J. A. (1984): "Concept of emotion viewed from a prototype perspective", in: Journal of Experimental Psychology: General, Vol. 113, No. 3, S. 464-486.

Fehr, E.; Fischbacher, U.; Kosfeld, M. (2005): Neuroeconomic foundations of trust and social preferences, Working Paper No. 221, University of Zurich, Institute for Empirical Research in Economics.

Fiebach, C. J.; Friederici, A. D.; Muller, K.; von Cramon, D. Y. (2002): "fMRI evidence for dual routes to the mental lexicon in visual word recognition", in: Journal of Cognitive Neuroscience, Vol. 14, No. 1, S. 11-23.

Fiebach, C. J.; Friederici, A. D. (2003): "Processing concrete words: fMRI evidence against a specific right-hemisphere involvement", in: Neuropsychologia, Vol. 42, No. 1, S. 62-70.

Fink, G. R.; Frackowiak, R. S.; Pietrzyk, U.; Passingham, R. E. (1997): "Multiple non-primary motor areas in the human cortex", in: Journal of Neurophysiology, Vol. 77, No. 4, S. 2164-2174.

Finkenauer, C.; Luminet, O.; Gisle, L.; el-Ahmadi, A.; van der Linden, M.; Philippot, P. (1998): "Flashbulb memories and the underlying mechanisms of their formation towards an emotional-integrative model", in: Memory & Cognition, Vol. 26, No. 3, S. 516-531.

Fischer, H.; Sandblom, J.; Gavazzeni, J.; Fransson, P.; Wright, C. I.; Backman, L. (2005): "Age-differential patterns of brain activation during perception of angry faces", in: Neuroscience Letters, Vol. 386, No. 2, S. 99-104.

Fischer, L.; Brauns, D.; Belschak, F. (2002): Zur Messung von Emotionen in der angewandten Forschung, Lengerich, Berlin, Riga, Rom, Wien, Zagreb: Pabst Science Publishers.

Fiske, S. T.; Linville, P. W. (1980): "What does the schema concept buy us?" in: Personality and Social Psychology Bulletin, Vol. 6, No. 4, S. 543-557.

Fitzsimons, G. J.; Hutchinson, J. W.; Williams, P.; Alba, J. W.; Chartrand, T. L.; Huber, J.; Kardes, F. R.; Menon, G.; Raghubir, P.; Russo, J. E.; Shiv, B.; Tavassoli, N. T. (2002): "Non-conscious influences on consumer choice", in: Marketing Letters, Vol. 13, No. 3, S. 269-280.

Fletcher, P. C.; Shallice, T.; Frith, C. D.; Frackowiak, R. S. J.; Dolan, R. J. (1998): "The functional roles of prefrontal cortex in episodic memory. II. Retrieval", in: Brain, Vol. 121, No. 7, S. 1249-1256.

Floel, A.; Poeppel, D.; Buffalo, E. A.; Braun, A.; Wu, C. W.; Seo, H. J.; Stefan, K.; Knecht, S.; Cohen, L. G. (2004): "Prefrontal cortex asymmetry for memory encoding of words and abstract shapes", in: Cerebral Cortex, Vol. 14, No. 4, S. 404-409.

Forgas, J. P. (1995): "Mood and judgment: The affect infusion model (AIM)", in: Psychological Bulletin, Vol. 117, No. 1, S. 39-56.

Fournier, S. (1998): "Consumers and their brands: developing relationship theory in consumer research", in: Journal of Consumer Research, Vol. 24, No. 4, S. 343-373.

Foxall, G. R.; Yani-de-Soriano, M. M. (2005): "Situational influences on consumers' attitudes and behavior", in: Journal of Business Research, Vol. 58, No. 4, S. 518-525.

Frahm, J.; Bruhn, H.; Merboldt, K. D.; Hänicke, W. (1992): "Dynamic MR imaging of human brain oxygenation during rest and photic stimulation", in: Journal of Magnetic Resonance Imaging, Vol. 2, No. 5, S. 501-505.

Franzen, G.; Goessens, C.; Hoogerbrugge, M.; Kappert, C.; Schuring, R. J.; Vogel, M. (1999): Brands & Advertising. How advertising effectiveness influences brand equity, Oxfordshire: Admap Publications.

Franzen, G.; Bouwman, M. (2001): The mental world of brands: mind, memory and brand success, London: World Advertising Research Centre.

Frederikse, M. E.; Lu, A.; Aylward, E.; Barta, P.; Pearlson, G. (1999): "Sex differences in the inferior parietal lobule", in: Cerebral Cortex, Vol. 9, No. 8, S. 896-901.

Freeman, R. E. (1984): Strategic management: a stakeholder approach, Boston: Pitman.

Friederici, A. D.; Opitz, B.; von Cramon, D. Y. (2000): "Segregating semantic and syntactic aspects of processing in the human brain: an fMRI investigation of different word types ", in: Cerebral Cortex, Vol. 10, No. 7, S. 698-705.

Friestad, M.; Thorson, E. (1985): "Emotion-eliciting advertising: effects on long term memory and judgment", in: Advances in Consumer Research, Vol. 13, No. 1, S. 111-116.

Frijda, N. H. (1994): "Varieties of affect: emotions and episodes, moods and sentiments", in: Ekman, P.; Davidson, R. J. (Hrsg.): The nature of emotion, New York: Oxford University Press, S. 59-67.

Friston, K. J. (2005): "Models of brain function in neuroimaging", in: Annual Review of Psychology, Vol. 56, S. 57-87.

Fujii, T.; Okuda, J.; Tsukiura, T.; Ohtake, H.; Miura, R.; Fukatsu, R.; Suzuki, K.; Kawashima, R.; Itoh, M.; Fukuda, H.; Yamadori, A. (2002): "The role of the basal forebrain in episodic memory retrieval: a positron emission tomography study", in: NeuroImage, Vol. 15, No. 3, S. 501-508.

Fulbright, R. K.; Troche, C. J.; Skudlarski, P.; Gore, J. C.; Wexler, B. E. (2001): "Functional MR imaging of regional brain activation associated with the affective experience of pain", in: American Journal of Roentgenology, Vol. 177, No. 5, S. 1205-1210.

Gallistel, C. R. (2005): "Deconstructing the law of effect", in: Games and Economic Behavior, Vol. 52, No. 2, S. 410-423.

Ganel, T.; Valyear, K. F.; Goshen-Gottstein, Y.; Goodale, M. A. (2005): "The involvement of the “fusiform face area” in processing facial expression", in: Neuropsychologia, Vol. 43, No. 11, S. 1645-1654.

Ganesan, S. (1994): "Determinants of long-term orientation in buyer-seller relationships", in: Journal of Marketing, Vol. 58, No. 2, S. 1-19.

Garbarino, E. C.; Edell, J. A. (1997): "Cognitive effort, affect, and choice", in: Journal of Consumer Research, Vol. 24, No. 2, S. 147-158.

Gardner, B. B.; Levy, S. J. (1955): "The product and the brand", in: Harvard Business Review, Vol. 33, No. 2, S. 33-39.

Gardner, M. P. (1985): "Mood states and consumer behavior: a critical review", in: Journal of Consumer Research, Vol. 12, No. 3, S. 281-300.

Gardner, M. P.; Wilhelm, F. O., Jr. (1987): "Consumer responses to ads with positive vs. negative appeals: some mediating effects of content- induced mood and congruency between context and ad", in: Current Issues and Research in Advertising, Vol. 10, No. 1, S. 81-98.

Garoff, R. J.; Slotnick, S. D.; Schacter, D. L. (2005): "The neural origins of specific and general memory: the role of the fusiform cortex", in: Neuropsychologia, Vol. 43, No. 6, S. 847-859.

Garroway, A. N.; Grannell, P. K.; Mansfield, P. J. (1974): "Image Formation in NMR by a Selective Irradiative Process", in: Journal of Physics C - Solid State Physics, Vol. 7, No. 24, S. L457-L462.

Gazzaniga, M. S.; Sperry, R. W. (1967): "Language after section of the cerebral commissures", in: Brain, Vol. 90, No. 1, S. 131-148.

Gazzaniga, M. S. (2000): "Cerebral specialization and interhemispheric communication. Does the corpus callosum enable the human condition?" in: Brain, Vol. 123, No. 7, S. 1293-1326.

Geary, D. C. (1998): Male, female: the evolution of human sex differences, Washington: American Psychological Association.

Geday, J.; Gjedde, A.; Boldsen, A.-S.; Kupers, R. (2003): "Emotional valence modulates activity in the posterior fusiform gyrus and inferior medial prefrontal cortex in social perception", in: NeuroImage, Vol. 18, No. 3, S. 675-684.

Gehm, T.; Scherer, K. R. (1988): "Factors determining the dimensions of subjective emotional space", in: Scherer, K. R. (Hrsg.): Facets of Emotion, Hillsdale: Lawrence Erlbaum, S. 99-113.

Gerlach, C.; Aaside, C. T.; Humphreys, G. W.; Gade, A.; Paulson, O. B.; Law, I. (2002): "Brain activity related to integrative processes in visual object recognition: bottom-up integration and the modulatory influence of stored knowledge", in: Neuropsychologia, Vol. 40, No. 8, S. 1254-1267.

Gerloff, C.; Bushara, K.; Sailer, A.; Wassermann, E. M.; Chen, R.; Matsuoka, T.; Waldvogel, D.; Wittenberg, G. F.; Ishii, K.; Cohen, L. G.; Hallett, M. (2006): "Multimodal imaging of brain reorganization in motor areas of the contralesional hemisphere of well recovered patients after capsular stroke", in: Brain, Vol. 129, No. 3, S. 791-808.

Glimcher, P. W.; Rustichini, A. (2004): "Neuroeconomics: the consilience of brain and decision", in: Science, Vol. 306, No. 5695, S. 447-452.

Glimcher, P. W.; Dorris, M. C.; Bayer, H. M. (2005): "Physiological utility theory and the neuroeconomics of choice", in: Games and Economic Behavior, Vol. 52, No. 2, S. 213-256.

Gobbini, M. I.; Leibenluft, E.; Santiago, N.; Haxby, J. V. (2004): "Social and emotional attachment in the neural representation of faces", in: NeuroImage, Vol. 22, No. 4, S. 1628-1635.

Goldin, P. R.; Hutcherson, C. A. C.; Ochsner, K. N.; Glover, G. H.; Gabrieli, J. D. E.; Gross, J. J. (2005): "The neural bases of amusement and sadness: a comparison of block contrast and subject-specific emotion intensity regression approaches", in: NeuroImage, Vol. 27, No. 1, S. 26-36.

Gomez, P.; Danuser, B. (2002): "Breathing responses to music and noises", in: International Journal of Psychophysiology, Vol. 45, No. 1-2, S. 72-73.

Gonzales, C.; Dana, J.; Koshino, H.; Just, M. (2005): "The framing effect and risky decisions: examining cognitive functions with fMRI", in: Journal of Economic Psychology, Vol. 26, No. 1, S. 1-20.

Gordon, W. (2002): "The darkroom of the mind - what does neuropsychology now tell us about brands", in: Journal of Consumer Behaviour, Vol. 1, No. 3, S. 280-292.

Gorn, G.; Goldberg, M. E.; Basu, K. (1993): "Mood, awareness, and product evaluation", in: Journal of Consumer Psychology, Vol. 2, No. 3, S. 237-256.

Gorn, G.; Pham, M. T.; Sin, L. Y. (2001): "When arousal influences ad evaluation and valence does not (and vice versa)", in: Journal of Consumer Psychology, Vol. 11, No. 1, S. 43-55.

Grady, C. L.; McIntosh, A. R.; Craik, F. I. M. (2005): "Task-related activity in prefrontal cortex and its relation to recognition memory performance in young and old adults", in: Neuropsychologia, Vol. 43, No. 10, S. 1466-1481.

Grafton, S. T.; Mazziotta, J. C.; Presty, S.; Friston, K. J.; Frackowiak, R. S.; Phelps, M. E. (1992): "Functional anatomy of human procedural learning determined with regional cerebral blood flow and PET", in: Journal of Neuroscience, Vol. 12, No. 7, S. 2542-2548.

Grannell, P. K.; Mansfield, P. (1975): "Microscopy in vivo by nuclear magnetic resonance", in: Physics in Medicine and Biology, Vol. 20, No. 3, S. 477-482.

Green, D. P.; Salovey, P. (1999): "In what sense are positive and negative affect independent? A reply to Tellegen, Watson, and Clark", in: Psychological Science, Vol. 10, No. 4, S. 304-306.

Green, D. P.; Salovey, P.; Traux, K. M. (1999): "Static, dynamic, and causative bipolarity of affect", in: Journal of Personality and Social Psychology, Vol. 76, No. 5, S. 856-867.

Green, R. S.; Cliff, N. (1975): "Multidimensional comparisons of structures of vocally and facially expressed emotions", in: Perception & Psychophysics, Vol. 17, No. 5, S. 429-438.

Gresham, L. G.; Shimp, T. A. (1985): "Attitude toward the advertisement and brand attitudes: a classical conditioning prospective", in: Journal of Advertising, Vol. 14, No. 1, S. 10-17.

Grether, D. M.; Plott, C. R. (1979): "Economic theory of choice and the preference reversal phenomenon", in: American Economic Review, Vol. 69, No. 4, S. 623-638.

Groeger, J. A. (1997): Memory & remembering, New York: Addison-Wesley.

Groeppel-Klein, A.; Baun, D. (2001): "The role of customers' arousal for retail stores - results from an experimental pilot study using electrodermal activity as indicator", in: Advances in Consumer Research, Vol. 28, S. 412-419.

Groeppel-Klein, A. (2005): "Arousal and consumer in-store behavior", in: Brain Research Bulletin, Vol. 67, No. 5, S. 428-437.

Gronhaug, K.; Hem, L.; Lines, R. (2002): "Exploring the impact of product category risk and consumer knowledge in brand extensions", in: Journal of Brand Management, Vol. 9, No. 6, S. 463-476.

Gruber, O. (2001): "Effects of domain-specific interference on brain activation associated with verbal working memory task performance ", in: Cerebral Cortex, Vol. 11, No. 11, S. 1047-1055.

Grunert, K. G. (1990): Kognitive Strukturen in der Konsumentenforschung. Entwicklung und Erprobung eines Verfahrens zur offenen Erhebung assoziativer Netzwerke, Heidelberg: Physica Verlag.

Gunning-Dixon, F. M.; Gur, R. C.; Perkins, A. C.; Schroeder, L.; Turner, T.; Turetsky, B. I.; Chan, R. M.; Loughead, J. W.; Alsop, D. C.; Maldjian, J.; Gur, R. E. (2003): "Age-related differences in brain activation during emotional face processing", in: Neurobiology of Aging, Vol. 24, No. 2, S. 285-295.

Gur, R. C.; Turetsky, B. I.; Matsui, M.; Yan, M.; Bilker, W.; Hughett, P.; Gur, R. E. (1999): "Sex differences in brain gray and white matter in healthy young adults: correlations with cognitive performance", in: Journal of Neuroscience, Vol. 19, No. 10, S. 4065-4072.

Gutnik, L. A.; Hakimzada, A. F.; Yoskowitz, N. A.; Patel, V. L. (2006): "The role of emotion in decision-making: A cognitive neuroeconomic approach towards understanding sexual risk behavior", in: Journal of Biomedical Informatics, in press.

Habel, U.; Klein, M.; Kellermann, T.; Shah, N. J.; Schneider, F. (2005): "Same or different? Neural correlates of happy and sad mood in healthy males", in: NeuroImage, Vol. 26, No. 1, S. 206-214.

Habib, R.; Nyberg, L.; Tulving, E. (2003): "Hemispheric asymmetries of memory: the HERA model revisited", in: Trends in Cognitive Sciences, Vol. 7, No. 6, S. 241-245.

Hadjikhani, N.; de Gelder, B. (2003): "Seeing fearful body expressions activates the fusiform cortex and amygdala", in: Current Biology, Vol. 13, No. 24, S. 2201-2205.

Haggard, P.; Eimer, M. (1999): "On the relation between brain potentials and the awareness of voluntary movements", in: Experimental Brain Research, Vol. 126, No. 1, S. 128-133.

Hagoort, P.; Indefrey, P.; Brown, C.; Herzog, H.; Steinmetz, H.; Seitz, R. J. (1999): "The neural circuitry involved in the reading of german words and pseudowords: a PET study", in: Journal of Cognitive Neuroscience, Vol. 11, No. 4, S. 383-398.

Hagoort, P. (2005): "On Broca, brain, and binding: a new framework", in: Trends in Cognitive Sciences, Vol. 9, No. 9, S. 416-423.

Haley, R. I.; Case, P. B. (1979): "Testing thirteen attitude scales for agreement and brand discrimination", in: Journal of Marketing, Vol. 43, No. 4, S. 20-32.

Haley, R. I.; Baldinger, A. L. (1991): "The ARF copy research validity project", in: Journal of Advertising Research, Vol. 31, No. 2, S. 11-32.

Hall, B. F. (2002): "A New Model for Measuring Advertising Effectiveness", in: Journal of Advertising Research, Vol. 42, No. 2, S. 23-32.

Hall, B. F. (2004): "On measuring the power of communications", in: Journal of Advertising Research, Vol. 44, No. 2, S. 181-187.

Hamann, S.; Mao, H. (2002): "Positive and negative emotional verbal stimuli elicit activity in the left amygdala", in: Neuroreport, Vol. 13, No. 1, S. 15-19.

Hamann, S.; Herman, R. A.; Nolan, C. L.; Wallen, K. (2004): "Men and women differ in amygdala response to visual sexual stimuli", in: nature neuroscience, Vol. 7, No. 4, S. 411-416.

Hamdy, S.; Rothwell, J. C.; Brooks, D. J.; Bailey, D.; Aziz, Q.; Thompson, D. G. (1999): "Identification of the cerebral loci processing human swallowing with H2(15)O PET activation", in: Journal of Neurophysiology, Vol. 81, No. 4, S. 1917-1926.

Hamm, A. O.; Vaitl, D. (1989): "Multidimensionale Analyse affektiver visueller Stimuli - eine transkulturelle Analyse", in: Psychologische Beiträge, Vol. 31, No. 1-2, S. 125-143.

Hamm, A. O.; Vaitl, D. (1993): "Emotionsinduktion durch visuelle Reize: Validierung einer Stimulationsmethode auf drei Reaktionsebenen", in: Psychologische Rundschau, Vol. 44, No. 3, S. 143-161.

Hanakawa, T.; Immisch, I.; Toma, K.; Dimyan, M. A.; Van Gelderen, P.; Hallett, M. (2003): "Functional properties of brain areas associated with motor execution and imagery", in: Journal of Neurophysiology, Vol. 89, No. 2, S. 989-1002.

Harasty, J.; Double, K. L.; Halliday, G. M.; Kril, J. J.; McRitchie, D. A. (1997): "Language-associated cortical regions are proportionally larger in the female brain", in: Archives of Neurology, Vol. 54, No. 2, S. 171-176.

Hariri, A. R.; Bookheimer, S. Y.; Mazziotta, J. C. (2000): "Modulating emotional responses: effects of a neocortical network on the limbic system", in: Neuroreport, Vol. 11, No. 1, S. 43-48.

Harris, G. J.; Chabris, C. F.; Clark, J.; Urban, T.; Aharon, I.; Steele, S.; McGrath, L.; Condouris, K.; Tager-Flusberg, H. (2006): "Brain activation during semantic processing in autism spectrum disorders via functional magnetic resonance imaging", in: Brain and Cognition, Vol. 61, No. 1, S. 54-68.

Hartje, W. (2001): "Emotion und Hemisphärendominanz", in: Zeitschrift für Neuropsychologie, Vol. 12, No. 4, S. 276-290.

Häusler, T.; Rütschi, M. (2003): "Der durchleuchtete Konsument", in: FACTS, Vol. 50, No., S. 78-83.

Havlena, W. J.; Holbrook, M. B. (1986): "The varieties of consumption experience: comparing two typologies of emotion in consumer behavior", in: Journal of Consumer Research, Vol. 13, No. 3, S. 394-404.

Hazlett, R. L.; Hazlett, S. Y. (1999): "Emotional Response to television commercials: facial EMG vs. self-report", in: Journal of Advertising Research, Vol. 39, No. 2, S. 7-23.

He, Y.; Zang, Y.; Jiang, T.; Gong, G.; Xie, S.; Xiao, J. (2006): "Handedness-related functional connectivity using low-frequency blood oxygenation level-dependent fluctuations", in: Neuroreport, Vol. 17, No. 1, S. 5-8.

Heckers, S.; Weiss, A. P.; Alpert, N. M.; Schacter, D. L. (2002): "Hippocampal and brain stem activation during word retrieval after repeated and semantic encoding", in: Cerebral Cortex, Vol. 12, No. 9, S. 900-907.

Henderson, A. (2004): "Süß und sauer", in: Gillman, P. (Hrsg.): Everest. 80 Jahre Triumph und Tragödien mit allen Ereignissen rund um das Jubiläum, München: Bruckmann Verlag, S. 144-151.

Henderson, G. R.; Iacobucci, D.; Calder, B. J. (1998): "Brand diagnostics: mapping branding effects using consumer associative networks", in: European Journal of Operational Research, Vol. 111, No. 2, S. 306-327.

Henson, R. N. A.; Burgess, N.; Frith, C. D. (2000): "Recoding, storage, rehearsal and grouping in verbal short-term memory: an fMRI study", in: Neuropsychologia, Vol. 38, No. 4, S. 426-440.

Herholz, K.; Heindel, W. (1996): "Bildgebende Verfahren", in: Markowitsch, H. J. (Hrsg.): Grundlagen der Neuropsychologie (Enzyklopädie der Psychologie, Themenbereich C, Serie 1, Band 1), Göttingen: Hogrefe, S. 635-723.

Herr, P. M.; Farquhar, P. H.; Fazio, R. H. (1996): "Impact of dominance and relatedness on brand extensions", in: Journal of Consumer Psychology, Vol. 5, No. 2, S. 135-159.

Herr, P. M.; Page, C. M. (2004): "Asymmetric association of liking and disliking judgments: so what's not to like?" in: Journal of Consumer Research, Vol. 30, No. 4, S. 588-602.

Heun, R.; Klose, U.; Jessen, F.; Erb, M.; Papassotiropoulos, A.; Lotze, M.; Grodd, W. (1999): "Functional MRI of cerebral activation during encoding and retrieval of words", in: Human Brain Mapping, Vol. 8, No. 4, S. 157-169.

Heun, R.; Meyer-Lindenberg, A. (2001): "Statistische Verfahren in der Analyse von funktionellen MRT-Paradigmen", in: Klinische Radiologie, Vol. 11, No. 2, S. 67-82.

Hill, R. P.; Mazis, M. B. (1986): "Measuring emotional responses to advertising", in: Advances in Consumer Research, Vol. 13, No. 1, S. 164-169.

Hill, R. P. (1987): "The effects of advertisements on consumers' mood states: an interactive perspective", in: Advances in Consumer Research, Vol. 15, No. 1, S. 131-134.

Hirschman, E. C.; Holbrook, M. B. (1982): "Hedonic consumption: emerging concepts, methods and propositions", in: Journal of Marketing, Vol. 46, No. 3, S. 92-101.

Hirschman, E. C.; Stern, B. B. (1999): "The roles of emotion in consumer research", in: Advances in Consumer Research, Vol. 26, No. 1, S. 4-11.

Hoeffler, S.; Keller, K. L. (2003): "The marketing advantages of strong brands", in: Brand Management, Vol. 10, No. 6, S. 421-445.

Hofstätter, P. R. (1957): Psychologie, Frankfurt am Main: Fischer.

Holbrook, M. B.; Hirschman, E. C. (1982): "The experiential aspects of consumption: consumer fantasies, feelings, and fun", in: Journal of Consumer Research, Vol. 9, No. 2, S. 132-140.

Holbrook, M. B.; O'Shaughnessy, J. (1984): "The role of emotion in advertising", in: Psychology & Marketing, Vol. 1, No. 2, S. 45-64.

Holbrook, M. B.; Lehmann, D.; O'Shaughnessy, J. (1986): "Using versus choosing: the relationship of the consumption experience to reasons for purchasing", in: European Journal of Marketing, Vol. 20, No. 8, S. 49-62.

Holbrook, M. B.; Batra, R. (1987a): "Assessing the role of emotions as mediators of consumer responses to advertising", in: Journal of Consumer Research, Vol. 14, No. 3, S. 404-420.

Holbrook, M. B.; Batra, R. (1987b): "Toward a standardized emotional profile (SEP) useful in measuring responses to the nonverbal components of advertising", in: Hecker, S.; Stewart, D. W. (Hrsg.): Nonverbal Communications in Advertising, Lexington: D. C. Heath, S.

Holbrook, M. B.; Gardner, M. P. (1993): "An approach to investigating the emotional determinants of consumption durations: why do people consume what they consume for as long as they consume it?" in: Journal of Consumer Psychology, Vol. 2, No. 2, S. 123-142.

Homburg, C.; Koschate, N.; Becker, A. (2005): "Messung von Markenzufriedenheit und Markenloyalität", in: Esch, F.-R. (Hrsg.): Moderne Markenführung. Grundlagen. Innovative Ansätze. Praktische Umsetzungen, 4. Auflage, Wiesbaden: Gabler Verlag, S. 1393-1408.

Hopkins, R.; Fletcher, J. E. (1994): "Electrodermal measurement: particularly effective for forecasting message influence on sales appeal", in: Lang, A. (Hrsg.): Measuring psychological responses to media messages, Hillsdale: Lawrence Erlbaum Associates, S. 113-132.

Houser, D.; Bechara, A.; Keane, M.; McCabe, K.; Smith, V. (2005): "Identifying individual differences: an algorithm with application to Phineas Gage", in: Games and Economic Behavior, Vol. 52, No. 2, S. 373–385.

Howard, J. A.; Sheth, J. N. (1969): The theory of buyer behavior, New York: John Wiley & Sons.

Howard, J. A. (1977): Consumer behavior. Application of theory, New York: McGraw-Hill Book Company.

Hoyer, W. D.; Brown, S. P. (1990): "Effects of brand awareness on choice for a common, repeat-purchase product", in: Journal of Consumer Research, Vol. 17, No. 2, S. 141-148.

Hsu, M.; Bhatt, M.; Adolphs, R.; Tranel, D.; Camerer, C. F. (2005): "Neural systems responding to degrees of uncertainty in human decision-making", in: Science, Vol. 310, No. 5754, S. 1680-1683.

Huang, M.-H. (2001): "The theory of emotions in marketing", in: Journal of Business and Psychology, Vol. 16, No. 2, S. 239-247.

Huang, M. X.; Harrington, D. L.; Paulson, K. M.; Weisend, M. P.; Lee, R. R. (2004): "Temporal dynamics of ipsilateral and contralateral motor activity during voluntary finger movement", in: Human Brain Mapping, Vol. 23, No. 1, S. 26-39.

Huelsman, T. J.; Furr, R. M.; Nemanick, R. C. (2003): "Measurement of dispositional affect: construct validity and convergence with a circumplex model of affect ", in: Educational and Psychological Measurement, Vol. 63, No. 4, S. 655-673.

Huettel, S. A.; Song, A. W.; McCarthy, G. (2005): "Decisions under uncertainty: probabilistic context influences activation of prefrontal and parietal cortices", in: The Journal of Neuroscience, Vol. 25, No. 13, S. 3304-3311.

Huettel, S. A. (2006): "Behavioral, but not reward, risk modulates activation of prefrontal, parietal, and insular cortices", in: Cognitive, Affective, & Behavioral Neuroscience, Vol. 6, No. 2, S. 141-151.

Hugdahl, K.; Lundervold, A.; Ersland, L.; Smievoll, A. I.; Sundberg, H.; Barndon, R.; Roscher, B. E. (1999): "Left frontal activation during a semantic categorization task: an fMRI-study", in: International Journal of Neuroscience, Vol. 99, No. 1-4, S. 49-58.

Hughes, G. D. (1992): "Realtime response measures redefine advertising wearout", in: Journal of Advertising Research, Vol. 32, No. 3, S. 61-77.

Hutchinson, J. W.; Raman, K.; Mantrala, M. K. (1994): "Finding choice alternatives in memory: probability models of brand name recall", in: Journal of Marketing Research, Vol. 31, No. 4, S. 441-461.

Iidaka, T.; Sadato, N.; Yamada, H.; Yonekura, Y. (2000): "Functional asymmetry of human prefrontal cortex in verbal and non-verbal episodic memory as revealed by fMRI", in: Cognitive Brain Research, Vol. 9, No. 1, S. 73-83.

Iidaka, T.; Okada, T.; Murata, T.; Omori, M.; Kosaka, H.; Sadato, N.; Yonekura, Y. (2002): "Age-related differences in the medial temporal lobe responses to emotional faces as revealed by fMRI", in: Hippocampus, Vol. 12, No. 3, S. 352-362.

Inukai, K.; Takahashi, T. (2006): "Distinct neuropsychological processes may mediate decision-making under uncertainty with known and unknown probability in gain and loss frames", in: Medical Hypotheses, Vol. 67, No. 2, S. 283-286.

Ioannides, A. A.; Liu, L.; Theofilou, D.; Dammers, J.; Burne, T.; Ambler, T.; Rose, S. (2000): "Real time processing of affective and cognitive stimuli in the human brain extracted from MEG signals", in: Brain Topography, Vol. 13, No. 1, S. 11-19.

Isen, A. M. (1984): "Toward understanding the role of affect in cognition", in: Wyer, R. S.; Srull, T. K. (Hrsg.): Handbook of social cognition (Vol. 3), Hillsdale: Lawrence Erlbaum, S. 179-236.

Ito, T. A.; Cacioppo, J. T.; Lang, P. J. (1998): "Elicting affect using the international affective picture system: trajectories through evaluative space", in: Personality and Social Psychology Bulletin, Vol. 24, No. 8, S. 855-879.

Iyer, E. S. (1989): "Unplanned purchasing - knowledge of shopping environment and time pressure", in: Journal of Retailing, Vol. 65, No. 1, S. 40-57.

Izard, C. E. (1977): Human Emotions, New York: Plenum Press.

Izard, C. E. (1981): Die Emotionen des Menschen. Eine Einführung in die Grundlagen der Emotionspsychologie, Weinheim - Basel: Beltz.

Izard, C. E. (1990): "Facial expressions and the regulation of emotions", in: Journal of Personality and Social Psychology, Vol. 58, No. 3, S. 487-498.

Izard, C. E. (1991): The psychology of emotions, New York: Plenum Press.

Izard, C. E. (1993): "Four systems for emotion activation: cognitive and noncognitive processe", in: Psychological Review, Vol. 100, No. 1, S. 68-90.

Izard, C. E. (1994): "Intersystem connections", in: Ekman, P.; Davidson, R. J. (Hrsg.): The nature of emotion, New York: Oxford University Press, S. 356-361.

Izard, C. E. (1999): Die Emotionen des Menschen: eine Einführung in die Grundlagen der Emotionspsychologie, 4. Auflage, Weinheim: Beltz.

Jacoby, J.; Olson, J. C.; Haddock, R. A. (1971): "Price, brand name, and product composition characteristics as determinants of perceived quality", in: Journal of Applied Physiology, Vol. 55, No. 1, S. 570-579.

Jacoby, J.; Szybillo, G. J.; Busato-Schach, J. (1977): "Information acquisition behavior in brand choice situations", in: Journal of Consumer Research, Vol. 3, No. 4, S. 209-216.

Jacoby, J. (2002): "Stimlus-organism-response reconsidered: an evolutionary step in modeling (consumer) behavior", in: Journal of Consumer Psychology, Vol. 12, No. 1, S. 51-57.

James, D. (2005): "Guilty through association: brand association transfer to brand alliances", in: Journal of Consumer Marketing, Vol. 22, No. 1, S. 14-24.

James, T. W.; Servos, P.; Kilgour, A. R.; Huh, E.; Lederman, S. (2006): "The influence of familiarity on brain activation during haptic exploration of 3-D facemasks", in: Neuroscience Letters, Vol. 397, No. 3, S. 269-273.

James, W. (1884): "What is an emotion?" in: Mind, Vol. 9, S. 188-205.

James, W. (1894): "The physical basis of emotion", in: Psychological Review, Vol. 1, No. 5, S. 516-529.

James, W. (1920): Psychologie, 2. Auflage, Leipzig: Quelle & Meyer.

Janiszewski, C.; Van Osselaer, S. M. J. (2000): "A connectionist model of brand-quality associations", in: Journal of Marketing Research, Vol. 37, No. 3, S. 331-350.

Jeck-Schlottmann, G. (1988): "Anzeigenbetrachtung bei geringem Involvement", in: Marketing ZFP, Vol. 10, No. 1, S. 33-43.

Jessen, F.; Erb, M.; Klose, U.; Lotze, M.; Grodd, W.; Heun, R. (1999): "Activation of human language processing brain regions after the presentation of random letter strings demonstrated with event-related functional magnetic resonance imaging", in: Neuroscience Letters, Vol. 270, No. 1, S. 13-16.

Jessen, F.; Heun, R.; Erb, M.; Granath, D.-O.; Klose, U.; Papassotiropoulos, A.; Grodd, W. (2000): "The concreteness effect: evidence for dual coding and context availability", in: Brain and Language, Vol. 74, No. 1, S. 103-112.

Jeun, S. S.; Kim, J. S.; Kim, B. S.; Park, S. D.; Lim, E. C.; Choi, G. S.; Choe, B. Y. (2005): "Acupuncture stimulation for motor cortex activities: a 3T fMRI study", in: American Journal of Chinese Medicine, Vol. 33, No. 4, S. 573-578.

Jordan, K.; Wüstenberg, T.; Heinze, H.-J.; Peters, M.; Jäncke, L. (2002): "Women and men exhibit different cortical activation patterns during mental rotation tasks", in: Neuropsychologia, Vol. 40 No. 13, S. 2397-2408.

Joseph, J. E.; Gathers, A. D.; Piper, G. A. (2003): "Shared and dissociated cortical regions for object and letter processing", in: Cognitive Brain Research, Vol. 17, No. 1, S. 56-67.

Junghöfer, M.; Bradley, M. M.; Elbert, T. R.; Lang, P. J. (2001): "Fleeting images: a new look at early emotion discrimination", in: Psychophysiology, Vol. 38, No. 2, S. 175-178.

Kaas, K. P.; Runow, H. (1984): "Wie befriedigend sind die Ergebnisse der Forschung zur Verbraucherzufriedenheit?" in: Die Betriebswirtschaft (DBW), Vol. 44, No. 3, S. 451-460.

Kaas, K. P. (1990): "Langfristige Werbewirkung und Brand Equity", in: Werbeforschung & Praxis, Vol. 35, No. 3, S. 48-52.

Kagel, J. H.; Roth, A. E. (1995): The handbook of experimental economics, Princeton: Princeton University Press.

Kahn, B. E.; Isen, A. M. (1993): "The influence of positive affect on variety seeking among safe, enjoyable products", in: Journal of Consumer Research, Vol. 20, No. 2, S. 257-271.

Kahneman, D.; Tversky, A. (1979): "Prospect theory - an analysis of decisions under risk", in: Econometrica, Vol. 47, No. 2, S. 263-291.

Kahneman, D.; Tversky, A. (2000): Choices, values and frames, New York: Cambridge University Press.

Kahneman, D. (2004): "Maps of bounded rationality: a perspective on intuitiv judgment and choice", in: Ecowest Journal, Vol. 4, No. 4, S. 449-489.

Kaiser, H. F. (1970): "A second generation Little Jiffy", in: Psychometrika, Vol. 35, No. 4, S. 401-415.

Kaiser, H. F. (1974): "An index of factorial simplicity", in: Psychometrika, Vol. 39, No. 1, S. 31-36.

Kaiser, H. F.; Rice, J. (1974): "Little Jiffy, Mark IV", in: Educational and Psychological Measurement, Vol. 34, No., S. 111-117.

Kalaska, J. F. (1996): "Parietal cortex area 5 and visuomotor behavior", in: Canadian Journal of Physiology and Pharmacology, Vol. 74, No. 4, S. 483-498.

Kamburow, S. (2006): "Das Traumauto der Deutschen", in: Marketingjournal - Sonderausgabe Automotive 2006, Vol. 39, S. 29-31.

Kanb, R. B. (1971): "Minimizing order effects in the semantic differential ", in: Educational and Psychological Measurement, Vol. 31, No. 1, S. 137-144.

Kant, I.; Schmidt, R. (1976): Kritik der reinen Vernunft, Hamburg: Felix Meiner Verlag.

Kanwisher, N.; McDermott, J.; Chun, M. M. (1997): "The fusiform face area: a module in human extrastriate cortex specialized for face perception", in: Journal of Neuroscience, Vol. 17, No. 11, S. 4302-4311.

Kapferer, J.-N.; Laurent, G. (1985): "Consumers' involvement profile: new empirical results", in: Advances in Consumer Research, Vol. 12, No. 1, S. 290-295.

Kapferer, J.-N.; Laurent, G. (1986): "Consumer involvement profiles: a new practical approach to consumer involvement", in: Journal of Advertising Research, Vol. 25, No. 6, S. 48-56.

Kapferer, J.-N. (1992): Die Marke - Kapital des Unternehmens, Landsberg/Lech: Moderne Industrie.

Kapferer, J.-N. (1997): Strategic brand management, Great Britain: Kogan Page.

Kapferer, J.-N. (2004): The new strategic brand management; creating and sustaining brand equity long term, 3. Auflage, London - Sterling: Kogan Page.

Kaplan, S.; Kaplan, R.; Sampson, J. R. (1968): "Encoding and arousal factors in free recall of verbal and visual material", in: Psychonomic Science, Vol. 12, No. 2, S. 73-74.

Katona, G. (1951): Psychological analysis of economic behavior, New York: McGraw-Hill.

Kawasaki, H.; Adolphs, R.; Kaufman, O.; Damasio, H.; Damasio, A. R.; Granner, M.; Bakken, H.; Hori, T.; Matthew III, A. H. (2001): "Single-neuron responses to emotional visual stimuli recorded in human ventral prefrontal cortex", in: nature neuroscience, Vol. 4, No. 1, S.

Keil, A.; Bradley, M. M.; Hauk, O.; Rockstroh, B.; Elbert, T.; Lang, P. J. (2002): "Large-scale neural correlates of affective picture processing", in: Psychophysiology, Vol. 39, No. 5, S. 641-649.

Keller, I.; Heckhausen, H. (1990): "Readiness potentials preceding spontaneous motor acts: voluntary vs. involuntary control", in: Electroencephalography and Clinical Neurophysiology, Vol. 76, No. 4, S. 351-361.

Keller, K. L. (1993): "Conceptualizing, measuring, and managing customer-based brand equity", in: Journal of Marketing, Vol. 57, No. 1, S. 1-22.

Keller, K. L. (1998): Strategic brand management: building, measuring, and managing brand equity, Upper Saddle River: Prentice-Hall.

Keller, K. L. (1999): "Managing brands for the long run: brand reinforcement and revitalization strategies", in: California Management Review, Vol. 41, No. 3, S. 102-124.

Keller, K. L. (2001): "Building customer-based brand equity", in: Marketing Management, Vol. 10, No. 2, S. 14-19.

Keller, K. L. (2003a): "Brand synthesis: the multidimensionality of brand knowledge", in: Journal of Consumer Research, Vol. 29, No. 4, S. 595-600.

Keller, K. L. (2003b): Strategic brand management: building, measuring, and managing brand equity, 2. Auflage, Upper Saddle River: Prentice-Hall.

Keller, K. L. (2005): "Kundenorientierte Messung des Markenwerts", in: Esch, F.-R. (Hrsg.): Moderne Markenführung. Grundlagen. Innovative Ansätze. Praktische Umsetzungen, 4. Auflage, Wiesbaden: Gabler Verlag, S. 1307-1327.

Keller, P. A.; Lipkus, I. M.; Rimer, B. (2003): "Affect, framing, and persuasion", in: Journal of Marketing Research, Vol. 40, No. 1, S. 54-66.

Kelley, W. M.; Miezin, F. M.; McDermott, K. B.; Buckner, R. L.; Raichle, M. E.; Cohen, N. J.; Ollinger, J. M.; Akbudak, E.; Conturo, T. E.; Snyder, A. Z.; Petersen, S. E. (1998): "Hemispheric specialization in human dorsal frontal cortex and medial temporal lobe for verbal and nonverbal memory encoding", in: Neuron, Vol. 20, No. 5, S. 927-936.

Kelly, S. J.; Ostrowski, N. L.; Wilson, M. A. (1999): "Gender differences in Brain and Behavior: Hormonal and Neural Bases", in: Pharmacology Biochemistry and Behavior, Vol. 64, No. 4, S. 655-664.

Kenning, P.; Plassmann, H.; Deppe, M.; Kugel, H.; Schwindt, W. (2002): Die Entdeckung der kortikalen Entlastung, Neuroökonomische Forschungsberichte - Teilgebiet Neuromarketing Nr. 1, Münster.

Kenning, P.; Plassmann, H. (2005): "NeuroEconomics: an overview from an economic perspective", in: Brain Research Bulletin, Vol. 67, No. 5, S. 343-354.

Kensinger, E. A.; Corkin, S. (2004): "Two routes to emotional memory: distinct neural processes for valence and arousal", in: Proceedings of the National Academy of Sciences of the United States of America, Vol. 101, No. 9, S. 3310-3315.

Khalfa, S.; Schon, D.; Anton, J.-L.; Liégeois-Chauvel, C. (2005): "Brain regions involved in the recognition of happiness and sadness in music", in: Neuroreport, Vol. 16, No. 18, S. 1981-1984.

Kieras, D. (1978): "Beyond pictures and words: alternative information-processing models for imagery effect in verbal memory", in: Psychological Bulletin, Vol. 85, No. 3, S. 532-554.

Kilian, K. (2004): Qualität von Markenbeziehungen. Gender-übergreifende oder Gender-spezifische Markenbeziehungsqualität, Arbeitspapier 401.

Killgore, W. D. S.; Casasanto, D. J.; Yurgelun-Todd, D. A.; Maldjian, J. A.; Detre, J. A. (2000): "Functional activation of the left amygdala and hippocampus during associative encoding", in: Neuroreport, Vol. 11, No. 10, S. 2259-2263.

Kim, S.-G.; Ugurbil, K. (1997): "Functional magnetic resonance imaging of the human brain", in: Journal of Neuroscience Methods, Vol. 74, No. 2, S. 229-243.

King, M. F.; Bruner, G. C. (2000): "Social desirability bias: a neglected aspect of validity testing", in: Psychology & Marketing, Vol. 17, No. 2, S. 79-103.

Kircher, T. T. J.; Senior, C.; Phillips, M. L.; Benson, P. J.; Bullmore, E. T.; Brammer, M.; Simmons, A.; Williams, S. C. R.; Bartels, M.; David, A. S. (2000): "Towards a functional neuroanatomy of self processing: effects of faces and words", in: Cognitive Brain Research, Vol. 10, No. 1-2, S. 133-144.

Kisielius, J.; Sternthal, B. (1984): "Detecting and explaining vividness effects in attitudinal judgements", in: Journal of Marketing Research, Vol. 21, No. 1, S. 54-64.

Kjaer, T. W.; Nowak, M.; Kjaer, K. W.; Lou, A. R.; Lou, H. C. (2001): "Precuneus-prefrontal activity during awareness of visual verbal stimuli", in: Consciousness and Cognition, Vol. 10, No. 3, S. 356-365.

Klaver, P.; Fell, J.; Dietl, T.; Schür, S.; Schaller, C.; Elger, C. E.; Fernández, G. (2005): "Word imageability affects the hippocampus in recognition memory", in: Hippocampus, Vol. 15, No. 6, S. 704-712

Kleinginna, P. R.; Kleinginna, A. M. (1985): "Cognition and affect: a reply to Lazarus and Zajonc", in: American Psychologist, Vol. 40, No. 4, S. 470-471.

Klingberg, T.; Roland, P. E. (1998): "Right prefrontal activation during encoding, but not during retrieval, in a non-verbal paired-associates task", in: Cerebral Cortex, Vol. 8, No. 1, S. 73-79.

Klose, U.; Erb, M.; Raddi, A.; Grodd, W. (1999): "Funktionelle Bildgebung mit der Magnetresonanztomographie", in: electromedica, Vol. 67, No. 1, S. 27-36.

Klucharev, V.; Fernandez, G.; Smidts, A. (2005): Why are celebrities effective? An fMRI study into presenter context effects, Proceedings of the 3rd Annual Meeting of the Society For Neuroeconomics Kiawah Island.

Knutson, B.; Peterson, R. (2005): "Neurally reconstructing expected utility", in: Games and Economic Behavior, Vol. 52, No. 2, S. 305-315.

Kondo, Y.; Suzuki, M.; Mugikura, S.; Abe, N.; Takahashi, S.; Iijima, T.; Fujii, T. (2005): "Changes in brain activation associated with use of a memory strategy: a functional MRI study", in: NeuroImage, Vol. 24, No. 4, S. 1154-1163.

Kopelman, M. D.; Stevens, T. G.; Foli, S.; Grasby, P. (1998): "PET activation of the medial temporal lobe in learning", in: Brain, Vol. 121, No. 5, S. 875-887.

Kovalev, V. A.; Kruggel, F.; von Cramon, D. Y. (2003): "Gender and age effects in structural brain asymmetry as measured by MRI texture analysis", in: NeuroImage, Vol. 19, No. 3, S. 895-905.

Kozmar, D.; Catipovic-Veselica, K.; Galic, A.; Habek, J. (2003): "Depression in acute coronary syndrome", in: Psychological Reports, Vol. 93, No. 3, S. 1105-1108.

Krause, W. (2000): Denken und Gedächtnis aus naturwissenschaftlicher Sicht, Göttingen: Hogrefe.

Krishnan, H. S.; Olshavsky, R. W. (1995): "The dual role of emotions in consumer satisfaction/dissatisfaction", in: Advances in Consumer Research, Vol. 22, No. 1, S. 454-460.

Krishnan, H. S. (1996): "Characteristics of memory associations: a consumer-based brand equity perspective", in: International Journal of Research in Marketing, Vol. 13, No. 4, S. 389-405.

Krishnan, H. S.; Shapiro, S. (1996): "Comparing implicit and explicit memory for brand names from advertisements", in: Journal of Experimental Psychology: Applied, Vol. 2, No. 2, S. 147-163.

Kroeber-Riel, W. (1986a): "Innere Bilder: Signale für das Kaufverhalten", in: Absatzwirtschaft, Vol. 29, No. 1, S. 50-57.

Kroeber-Riel, W. (1986b): "Die inneren Bilder der Konsumenten. Messung, Verhaltenswirkung, Konsequenzen für das Marketing", in: Marketing ZFP, Vol. 8, No. 6, S. 81-96.

Kroeber-Riel, W. (1993): Bildkommunikation - Imagerystrategien für die Werbung, München: Vahlen Verlag.

Kroeber-Riel, W.; Weinberg, P. (2003): Konsumentenverhalten, 8. Auflage, München: Verlag Franz Vahlen.

Kroeber-Riel, W.; Esch, F.-R. (2004): Strategie und Technik der Werbung, 6. Auflage, Stuttgart: Kohlhammer Verlag.

Krugman, H. E. (1965): "The impact of television advertising: learning without involvement", in: Public Opinion Quarterly, Vol. 29, No. 3, S. 349-356.

Krugman, H. E. (1966): "The measurement of advertising involvement", in: Public Opinion Quarterly, Vol. 30, No. 4, S. 583-596.

Krugman, H. E.; Hartley, E. L. (1970): "Passive learning from television", in: Public Opinion Quarterly, Vol. 34, No. 2, S. 184-190.

Krugman, H. E. (1971): "Brain wave measures of media involvement", in: Journal of Advertising Research, Vol. 11, No. 1, S. 3-9.

Krugman, H. E. (1986): "Low recall and high recognition of advertising", in: Journal of Advertising Research, Vol. 26, No. 1, S. 79-86.

Kuchinke, L.; Jacobs, A. M.; Grubich, C.; Võ, M. L.-H.; Conrad, M.; Herrmann, M. (2005): "Incidental effects of emotional valence in single word processing: An fMRI study", in: NeuroImage, Vol. 28, No. 4, S. 1022-1032.

Kumar, N. (1996): "The power of trust in manufacturer-retailer relationships", in: Harvard Business Review, Vol. 74, No. 6, S. 92-106.

Kuniecki, M.; Urbanik, A.; Sobiecka, B.; Kozub, J.; Binder, M. (2003): "Central control of heart rate changes during visual affective processing as revealed by fMRI", in: Acta Neurobiologiae Experimentalis, Vol. 63, No. 1, S. 39-48.

Kwong, K.; Belliveau, J. W.; Chesler, D. A.; Goldberg, I. E.; Weisskoff, R. M.; Poncelet, B. P.; Kennedy, D. N.; Hoppel, B. E.; Cohen, M. S.; Turner, R.; Cheng, H.-M.; Brady, T. J.; Rosen, B. R. (1992): "Dynamic magnetic resonance imaging of human brain activity during primary sensory stimulation", in: Proceedings of the National Academy of Sciences of the United States of America, Vol. 89, No. 12, S. 5675-5679.

La Barbera, P. A.; Tucciarone, J. D. (1995): "GSR reconsidered: a behavior-based approach to evaluating and improving the sales potency of advertising", in: Journal of Advertising Research, Vol. 35, No. 5, S. 33-53.

Lai, C.-M.; Lauterbur, P. C. (1981): "True three-dimensional image reconstruction by nuclear magnetic resonance zeugmatography", in: Physics in Medicine and Biology, Vol. 26, No. 5, S. 851-856.

Lane, R. D.; Nadel, L. (Hrsg.) (2000): Cognitive neuroscience of emotion, New York: Oxford University Press.

Lane, R. D.; Chua, P. M.-L.; Fletcher, P. C.; Dolan, R. J. (2000): Differential neural substrates of pleasant and unpleasant episodic memory retrieval, Conference Cognitive Neuroscience Society, San Francisco.

Lang, A. (1990): "Involuntary attention and psychophysiological arousal evoked by structural features and mild emotion in TV commercials", in: Communication Research, Vol. 17, No. 3, S. 275-299.

Lang, A. (1994): "What can the heart tell us about thinking?" in: Lang, A. (Hrsg.): Measuring psychological responses to media, New Jersey: Lawrence Erlbaum, S. 99-111.

Lang, P. J. (1979): "A bio-informational theory of emotional imagery", in: Psychophysiology, Vol. 16, No. 6, S. 495-512.

Lang, P. J. (1980): "Behavioral treatment and bio-behavioral assessment: computer applications", in: Sidowski, J. B.; Johnson, J. H.; Williams, T. A. (Hrsg.): Technology in mental health care delivery systems, Norwood Ablex Publishing, S. 119-137.

Lang, P. J.; Bradley, M. M.; Cuthbert, B. N. (1990): "Emotion, attention, and the startle reflex", in: Psychological Review, Vol. 97, No. 3, S. 377-395.

Lang, P. J.; Bradley, M. M.; Cuthbert, B. N. (1992): "A motivational analysis of emotion: reflex-cortex connections", in: Psychological Science, Vol. 3, No. 1, S. 44-49.

Lang, P. J.; Greenwald, M. K.; Bradley, M. M.; Hamm, A. O. (1993): "Looking at pictures: affective, facial, visceral, and behavioral reactions", in: Psychophysiology, Vol. 30, No. 3, S. 261-273.

Lang, P. J.; Bradley, M. M.; Cuthbert, B. N. (1997): "Motivated attention: affect, activation, and action", in: Lang, P. J.; Simons, R. F.; Balaban, M. T. (Hrsg.): Attention and orienting: sensory and motivational processes, New Jersey, London: Mahwah, S. 97-135.

Lang, P. J.; Bradley, M. M.; Fitzsimmons, J. R.; Cuthbert, B. N.; Scott, J. D.; Moulder, B.; Nangia, V. (1998): "Emotional arousal and activation of the visual cortex: an fmri analysis", in: Psychophysiology, Vol. 35, No. 2, S. 199-210.

Lange, C. G. (1887): Ueber Gemüthsbewegungen, Leipzig: Verlag von Theodor Thomas.

Langner, T. (2003): Integriertes Branding - Baupläne zur Gestaltung erfolgreicher Marken, Wiesbaden: Deutscher Universitäts-Verlag.

Larsen, J. T.; Norris, C. J.; Cacioppo, J. T. (2003): "Effects of positive and negative affect on electromyographic activity over zygomaticus major and corrugator supercilii", in: Psychophysiology, Vol. 40, No. 5, S. 776-785.

Lassar, W.; Mittal, B.; Sharma, A. (1995): "Measuring customer-based brand equity", in: Journal of Consumer Marketing, Vol. 12, No. 4, S. 11-19.

Laurent, G.; Kapferer, J.-N. (1985): "Measuring consumer involvement profiles", in: Journal of Marketing Research, Vol. 22, No. 1, S. 41-53.

Lauterbur, P. C. (1973): "Image formation by induced local interactions: examples employing nuclear magnetic resonance", in: Nature, Vol. 242, No. 5394, S. 190-191.

Lauterbur, P. C.; Kramer, D. M.; House Jr., W. V.; C-N, C. (1975): "Zeugmatographic high resolution NMR spectroscopy: images of chemical inhomogeneities within macroscopic objects", in: J. Am. Chem. Soc., Vol. 97, No. 23, S. 6866-6868.

Lawson, R. (2002): "Consumer knowledge structures: background issues and introduction", in: Psychology & Marketing, Vol. 19, No. 6, S. 447-456.

Lazarus, R. (1982): "Thoughts on the relations between emotion and cognition", in: American Psychologist, Vol. 37, No. 9, S. 1019-1024.

Lazarus, R. S. (1984): "On the primacy of cognition", in: American Psychologist, Vol. 39, No. 2, S. 124-129.

Lazarus, R. S. (1991a): "Progress on a cognitive-motivational-relational theory of emotion", in: American Psychologist, Vol. 46, No. 8, S. 819-834.

Lazarus, R. S. (1991b): "Cognition and motivation in emotion", in: American Psychologist, Vol. 46, No. 4, S. 352-367.

LeDoux, J. (1996): The emotional brain: the mysterious underpinnings of emotional life, New York: Simon & Shuster.

LeDoux, J. E. (1992): "Emotion and the amygdala", in: Aggleton, J. P. (Hrsg.): The amygdala. Neurobiological aspects of emotion, memory, and mental dysfunction, New York: Wiley-Liss, S. 339-351.

LeDoux, J. E.; Armony, J. L. (1999): "Can neurobiology tell us anything about human feelings?" in: Kahneman, D.; Diener, E.; Schwarz, N. (Hrsg.): Well-being: the foundations of hedonic psychology, New York: Russell Sage, S. 489-499.

LeDoux, J. E. (2002): "Emotion, memory and the brain", in: Scientific American, Vol. 12, No. 1, S. 62-71.

Lee, A. C. H.; Robbins, T. W.; Pickard, J. D.; Owen, A. M. (2000): "Asymmetric frontal activation during episodic memory: the effects of stimulus type on encoding and retrieval", in: Neuropsychologia, Vol. 38, No. 5, S. 677-692.

Lee, A. Y.; Sternthal, B. (1999): "The effects of positive mood on memory", in: Journal of Consumer Research, Vol. 26, No. 2, S. 115-127.

Lee, D. (2005): "Neuroeconomics: making risky choices in the brain", in: nature neuroscience, Vol. 8, No. 9, S. 1129-1130.

Lee, D. (2006): "Neuroeconomics: best to go with what you know?" in: Nature, Vol. 441, No. 7095, S. 822-823.

Lee, N.; Broderick, A. J.; Chamberlain, L. (2006a): "What is 'neuromarketing'? A discussion and agenda for future research", in: International Journal of Psychophysiology, in press.

Lee, T. M.; Liu, H. L.; Chan, C. C.; Fang, S. Y.; Gao, J. H. (2005): "Neural activities associated with emotion recognition observed in men and women", in: Molecular Psychiatry, Vol. 10, No. 5, S. 450-455.

Lee, T. M.; Zhang, J. X.; Chan, C. C.; Yuen, K. S.; Chu, L. W.; Cheung, R. T.; Chan, Y. S.; Fox, P. T.; Gao, J. H. (2006b): "Age-related differences in response regulation as revealed by functional MRI", in: Brain Research, Vol. 1076, No. 1, S. 171-176.

Leitherer, E. (1955): "Die Entwicklung der modernen Markenformen", in: markenartikel, Vol. 17, No. 10, S. 539-566.

Leland, J. W.; Grafman, J. (2005): "Experimental tests of the Somatic Marker hypothesis", in: Games and Economic Behavior, Vol. 52, No. 2, S. 386-409.

Lenzen, W. (2004): "Damasios Theorie der Emotionen", in: Facta Philosophica, Vol. 6 No. 2, S. 269-309.

Lepage, M.; Habib, R.; Tulving, E. (1998): "Hippocampal PET activations of memory encoding and retrieval: the HIPER model", in: Hippocampus, Vol. 8, No. 4, S. 313-322.

Lepage, M. (2004): "Differential contribution of left and right prefrontal cortex to associative cued-recall memory: a parametric PET study", in: Neuroscience Research, Vol. 48, No. 3, S. 297-304.

Leube, D. T.; Erb, M.; Grodd, W.; Bartels, M.; Kircher, T. T. J. (2001): "Activation of right fronto-temporal cortex characterizes the 'living' category in semantic processing", in: Cognitive Brain Research, Vol. 12, No. 3, S. 425-430.

Lewis, P. A.; Critchley, H. D. (2003): "Mood-dependent memory", in: Trends in Cognitive Sciences, Vol. 7, No. 10, S. 431-433.

Li, G.; Liu, H.-L.; Cheung, R. T. F.; Hung, Y.-C.; Wong, K. K. K.; Shen, G. G. X.; Ma, Q.-Y.; Yang, E. S. (2003): "An fMRI study comparing brain activation between word generation and electrical stimulation of language-implicated acupoints", in: Human Brain Mapping, Vol. 18, No. 3, S. 233-238.

Li, Y.; Chiaravalloti, N. D.; Hillary, F. G.; DeLuca, J.; Liu, W.-C.; Kalnin, A. J.; Ricker, J. H. (2004): "Differential cerebellar activation on functional magnetic resonance imaging during working memory performance in persons with multiple sclerosis", in: Archives of Physical Medicine and Rehabilitation, Vol. 85, No. 4, S. 635-639.

Liberzon, I.; Taylor, S. F.; Fig, L. M.; Decker, L. R.; Koeppe, R. A.; Minoshima, S. (2000): "Limbic activation and psychophysiologic responses to aversive visual stimuli: interaction with cognitive task", in: Neuropsychopharmacology, Vol. 23, No. 5, S. 508-516.

Libet, B.; Gleason, C. A.; Wright, E. W.; Pearl, D. K. (1983): "Time of conscious intention to act in relation to onset of cerebral activities (readiness-potential): the unconscious initiation of a freely voluntary act", in: Brain, Vol. 106, No. 3, S. 623-642.

Libet, B. (1985): "Unconscious cerebral initiative and the role of conscious will in voluntary action", in: The Behavioral and Brain Sciences, Vol. 8, No. 4, S. 529-566.

Lieberman, L. R.; Culpepper, J. T. (1965): "Words versus objects: comparison of free verbal recall", in: Psychological Reports, Vol. 17, No. 3, S. 983-988.

Lien, J. J. J.; Kanade, T.; Cohn, J. F.; Li, C. C. (2000): "Detection, tracking, and classification of action units in facial expression", in: Journal of Robotics and Autonomous Systems, Vol. 31, No. 3, S. 131-146.

Lindsay, P. H.; Norman, D. A. (1977): Human Information Processing. An Introduction to Psychology, 2. Auflage, London: Academic Press.

Loewenstein, G.; Lerner, J. (2003): "The role of affect in decision making", in: Davidson, R. J.; Scherer, K. R.; Goldsmith, H. H. (Hrsg.): The handbook of affective science, Oxford: Oxford University Press, S. 619-642.

Low, G. S.; Lamb, C. W. (2000): "The measurement and dimensionality of brand associations", in: Journal of Product & Brand Management, Vol. 9, No. 6, S. 350-368.

Luczak, H. (2004): "Das Unbewusste. Die Kraft, die uns bremst und treibt", in: GEO, Vol. 12, No., S. 142-172.

Luke, K.-K.; Liu, H.-L.; Wai, Y.-Y.; Wan, Y.-L.; Tan, L. H. (2002): "Functional anatomy of syntactic and semantic processing in language comprehension", in: Human Brain Mapping, Vol. 16, No. 3, S. 133-145.

Luo, J.; Niki, K.; Ding, Z. G.; Luo, Y. J. (2004): "Precuneus contributes to attentive control of finger movement", in: Acta Pharmacologica Sinica, Vol. 25, No. 5, S. 637-643.

Lutz, K. A.; Lutz, R. J. (1977): "Effects of interactive imagery on learning: application to advertising", in: Journal of Applied Psychology, Vol. 64, No. 4, S. 493-498.

Lutz, K. A.; Lutz, R. J. (1978): "Imagery-eliciting strategies: review and implication of research", in: Advances in Consumer Research, Vol. 5, No. 1, S. 611-620.

Lutz, R. J.; MacKenzie, S. B.; Belch, G. E. (1983): "Attitude toward the ad as a mediator of advertising effectiveness: determinants and consequences", in: Advances in Consumer Research, Vol. 10, No. 1, S. 532-539.

Lynch, J. G.; Srull, T. K. (1982): "Memory and attentional factors in consumer choice: concepts and research methods", in: Journal of Consumer Research, Vol. 9, No. 1, S. 18-37.

Machleit, K. A.; Dale Wilson, R. (1988): "Emotional feelings and attitude toward the advertisement: the role of brand familiarity", in: Journal of Advertising, Vol. 17, No. 3, S. 27-35.

Machleit, K. A.; Allen, C. T.; Madden, T. J. (1993): "The mature brand and brand interest: an alternative consequence of ad-evoked affect", in: Journal of Marketing, Vol. 57, No. 4, S. 72-82.

Machleit, K. A.; Eroglu, S. A. (2000): "Describing and measuring emotional response to shopping experience", in: Journal of Business Research, Vol. 49, No. 2, S. 101-111.

MacInnis, D. J.; Price, L. L. (1987): "The role of imagery in information processing: review and extensions", in: Journal of Consumer Research, Vol. 13, No. 4, S. 473-491.

Madigan, S. (1983): "Picture memory", in: Yuille, J. C. (Hrsg.): Imagery, Memory and Cognition, Hillsdale: Lawrence Erlbaum Associates, S. 65-89.

Maguire, E. A.; Gadian, D. G.; Johnsrude, I. S.; Good, C. D.; Ashburner, J.; Frackowiak, R. S. J.; Frith, C. D. (2000): "Navigation-related structural change in the hippocampi of taxi drivers", in: Proceedings of the National Academy of Sciences of the United States of America, Vol. 97, No. 8, S. 4398-4403.

Maguire, E. A.; Frith, C. D. (2003): "Lateral asymmetry in the hippocampal response to the remoteness of autobiographical memories ", in: Journal of Neuroscience, Vol. 23, No. 12, S. 5302-5307.

Maheswaran, D.; Mackie, D. M.; Chaiken, S. (1992): "Brand name as a heuristic cue: the effects of task importance and expectancy confirmation on consumer judgments", in: Journal of Consumer Psychology, Vol. 1, No. 4, S. 317-336.

Malhotra, N. K. (2005): "Attitude and affect: new frontiers of research in the 21st century", in: Journal of Business Research, Vol. 58, No. 4, S. 477-482.

Mandl, H. (1983): "Kognitionstheoretische Ansätze", in: Euler, H. A.; Mandel, H. (Hrsg.): Emotionspsychologie. Ein Handbuch in Schlüsselbegriffen, München: Urban & Schwarzenberg, S. 72-80.

Mandl, H.; Friedrich, H. F.; Hron, A. (1988): "Theoretische Ansätze zum Wissenserwerb", in: Mandl, H.; Spada, H. (Hrsg.): Wissenspsychologie, München: Psychologie Verlags Union, S. 123-160.

Mandler, G. (1980): "The generation of emotion: a psychological theory", in: Plitchik, R.; Kellermann, H. (Hrsg.): Emotion. Theory, research and experience, Vol. 1: Theories of emotion, New York: Academic Press, S. 219-243.

Mandler, G. (1984): Mind and body. Psychology of emotion and stress, New York: W.W. Norton and Company.

Mandzia, J. L.; Black, S. E.; McAndrews, M. P.; Grady, C.; Graham, S. (2004): "fMRI differences in encoding and retrieval of pictures due to encoding strategy in the elderly", in: Human Brain Mapping, Vol. 21, No. 1, S. 1-14.

Manes, F.; Springer, J.; Jorge, R.; Robinson, R. G. (1999a): "Verbal memory impairment after left insular cortex infarction", in: Journal of Neurology, Neurosurgery, and Psychiatry, Vol. 67, No. 4, S. 532-534.

Manes, F.; Paradiso, S.; Springer, J. A.; Lamberty, G.; Robinson, R. G. (1999b): "Neglect after right insular cortex infarction", in: Stroke, Vol. 30, No. 5, S. 946-948.

Mangold, R. (1999): "Zum Einsatz hirndiagnostischer Verfahren bei der Untersuchung kognitiver und insbesondere emotionaler Medienwirkungen", in: Medienpsychologie, Vol. 11, No. 2, S. 121-142.

Mano, H. (1990): "Emotional states and decision making", in: Advances in Consumer Research, Vol. 17, No. 1, S. 577-584.

Mano, H.; Oliver, R. L. (1993): "Assessing the dimensionality and structure of the consumption experience: evaluation, feeling, and satisfaction", in: Journal of Consumer Research, Vol. 20, No. 3, S. 451-467.

Mano, H. (1996): "Assessing emotional reactions to TV ads: a replication and extension with a brief adjective checklist", in: Advances in Consumer Research, Vol. 23, No. 1, S. 63-69.

Mano, H. (2004): "Emotion and consumption: perspectives and issues", in: Motivation and Emotion, Vol. 28, No. 1, S. 107-120.

Mansfield, P.; Grannel, P. K. (1973): "NMR Diffraction in Solids?" in: Journal of Physics C - Solid State Physics, Vol. 6, No. 22, S. L422-L426.

Mansfield, P.; Maudsley, A. A. (1976): "Line scan proton spin imaging in biological structures by NMR", in: Physics in Medicine and Biology, Vol. 21, No. 5, S. 847-852.

Mansfield, P.; Maudsley, A. A.; Baines, T. J. (1976): "Fast scan proton density imaging by NMR", in: Journal of Physics E - Scientific Instruments, Vol. 9, No. 4, S. 271-278.

Mansfield, P. (1977): "Multi-planar image formation using NMR spin echoes", in: Journal of Physics C - Solid State Physics, Vol. 10, No. 3, S. L55-L58.

Mansfield, P.; Maudsley, A. A. (1977): "Medical imaging by NMR", in: British Journal of Radiology, Vol. 50, No. 591, S. 188-194.

Mansfield, P.; Guilfoyle, D. N.; Ordidge, R. J.; Coupland, R. E. (1986): "Measurement of T1 by echo-planar imaging and the construction of computer-generated images", in: Physics in Medicine and Biology, Vol. 31, No. 2, S. 113-124.

Marañon, G. (1924): "Contribution à l'étude de l'action émotive de l'adrenaline", in: Revue Française d'Endocrinologie, Vol. 2, S. 301-325.

Maratos, E. J.; Dolan, R. J.; Morris, J. S.; Henson, R. N. A.; Rugg, M. D. (2001): "Neural activity associated with episodic memory for emotional context", in: Neuropsychologia, Vol. 39, No. 9, S. 910-920.

Marcus, H.; Zajonc, R. B. (1985): "The cognitive perspective in social psychology", in: Lindzey, G.; Aronson, E. (Hrsg.): Handbook of social psychology, 3. Auflage, New York: Random House, S. 137-230.

Marshall, A. (1920): Principles of Economics, 8. Auflage, London: Macmillan.

Marshall, G. D.; Zimbardo, P. G. (1979): "Affective consequences of inadequately explained physiological arousal", in: Journal of Personality and Social Psychology, Vol. 37, No. 6, S. 970-988.

Martin-Loeches, M.; Hinojosa, J. A.; Casado, P.; Munoz, F.; Carretie, L.; Fernandez-Frias, C.; Pozo, M. A. (2002): "The recognition potential and repetition effects", in: International Journal of Psychophysiology, Vol. 43, No. 2, S. 155-166.

Martin, A. (1999): "Automatic activation of the medial temporal lobe during encoding: lateralized influences of meaning and novelty", in: Hippocampus, Vol. 9, No. 1, S. 62-70.

Maslach, C. (1979): "Negative emotional biasing of unexplained arousal", in: Journal of Personality and Social Psychology, Vol. 37, No. 6, S. 953-969.

Mäßen, A. (1998): Werbemittelgestaltung im vorökonomischen Werbewirkungsprozeß. Metaanalytische Befunde., Wiesbaden: Deutscher Universitäts-Verlag.

Mast, F. W.; Zaltman, G. (2005): "A behavioral window on the mind of the market: an application of the response time paradigm", in: Brain Research Bulletin, Vol. 67, No. 5, S. 422-427.

Mather, M. (2004): "Aging and emotional memory", in: Reisberg, D.; Hertel, P. (Hrsg.): Memory and Emotion, New York: Oxford University Press, S. 272-307.

Mayerhofer, W. (1995): Imagetransfer. Die Nutzung von Erlebniswelten für die Positionierung von Ländern, Produktgruppen und Marken, Wien: Service Fachverlag.

McCabe, K. (2003): "Neuroeconomics", in: Nadel, L. (Hrsg.): Encyclopedia of Cognitive Science, New York: Macmillan Publishing, S. 294-298.

McClure, S. M.; Li, J.; Tomlin, D.; Cypert, K. S.; Montague, L. M.; Montague, P. R. (2004): "Neural correlates of behavioral preference for culturally familiar drinks", in: Neuron, Vol. 44, No. 2, S. 379-387.

McDermott, K. B.; Ojemann, J. G.; Petersen, S. E.; Ollinger, J. M.; Snyder, A. Z.; Akbudak, E.; Conturo, T. E.; Raichle, M. E. (1999): "Direct comparison of episodic encoding and retrieval of words: an event-related fMRI study", in: Memory, Vol. 7, No. 5-6, S. 661-678.

McDermott, K. B.; Petersen, S. E.; Watson, J. M.; Ojemann, J. G. (2003): "A procedure for identifying regions preferentially activated by attention to semantic and phonological relations using functional magnetic resonance imaging", in: Neuropsychologia, Vol. 41, No. 3, S. 293-303.

McGaugh, J. L.; Introini-Collision, I. B.; Cahill, L. F.; Castellano, C.; Dalmaz, C.; Parent, M. B.; Williams, C. L. (1993): "Neuromodulatory systems and memory storage: role of the amygdala", in: Behavioural Brain Research, Vol. 58, No. 1-2, S. 81-90.

McGaugh, J. L. (2000): "Memory - a century of consolidation", in: Science, Vol. 287, No. 5451, S. 248-251.

McGaugh, J. L.; Ferry, B.; Vazdarjanova, A.; Roozendaal, B. (2000): "Amygdala: role in modulation of memory storage", in: Aggleton, J. P. (Hrsg.): The amygdala: a functional analysis, 2. Auflage, Oxford: Oxford University Press, S. 391-423.

McGill, A. L.; Anand, P. (1989): "The effect of imagery on information processing strategy in an multiattribute choice task", in: Marketing Letters, Vol. 1, No. 1, S. 7-16.

McGinn, C. (2003): "Damasio, Antonio: Looking for Spinoza: joy, sorrow, and the human brain", in: The New York Times Books Review, Vol. 23. Februar 2003, S. 11.

Mechelli, A.; Humphreys, G. W.; Mayall, K.; Olson, A.; Price, C. J. (2000): "Differential effects of word length and visual contrast in the fusiform and lingual gyri during reading", in: Proceedings of the Royal Society of London, Series B, Biological Sciences, Vol. 267, No. 1455, S. 1909-1913.

Meffert, H.; Bongartz, M. (2000): "Marktorientierte Unternehmensführung an der Jahrtausendwende aus Sicht der Wissenschaft und Unternehmenspraxis - eine empirische Untersuchung", in: Backhaus, K. (Hrsg.): Deutschsprachige Marketingforschung - Bestandsaufnahme und Perspektiven, Stuttgart: Schäffer-Poeschel Verlag, S. 381-405.

Meffert, H.; Burmann, C.; Koers, M. (2002): Markenmanagement, Wiesbaden: Gabler Verlag.

Mehrabian, A. (1970): "A semantic space for nonverbal behavior", in: Journal of Consulting and Clinical Psychology, Vol. 35, No. 2, S. 248-257.

Mehrabian, A.; Russell, J. A. (1974): An approach to environmental psychology, Cambridge: MIT Press.

Mehrabian, A.; de Wetter, R. (1987): "Experimental test of an emotion-based approach to fitting brand names to products", in: Journal of Applied Psychology, Vol. 72, No. 1, S. 125-130.

Mehrabian, A. (1996): "Pleasure-arousal-dominance: a general framework for describing and measuring individual differences in temperament", in: Current Psychology, Vol. 14, No. 4, S. 261-292.

Mellerowicz, K. (1963): Markenartikel - Die ökonomischen Gesetze ihrer Preisbildung und Preisbindung, München - Berlin: Beck.

Mellers, B.; Schwartz, A.; Ritov, I. (1999): "Emotion-based choice", in: Journal of Experimental Psychology: General, Vol. 128, No. 3, S. 332-345.

Mellet, E.; Tzourio, N.; Denis, M.; Mazoyer, B. (1998): "Cortical anatomy of mental imagery of concrete nouns based on their dictionary definition", in: Neuroreport, Vol. 9, No. 5, S. 803-808.

Meltzer, J. A.; Constable, R. T. (2005): "Activation of human hippocampal formation reflects success in both encoding and cued recall of paired associates", in: NeuroImage, Vol. 24, No. 2, S. 384-397.

Melzer-Lena, B. (1995): "Frühe Markenpositionierung", in: Brandmeyer, K.; Deichsel, A.; Otte, T. (Hrsg.): Jahrbuch Markentechnik, Frankfurt am Main: Deutscher Fachverlag, S. 13-20.

Melzer-Lena, B.; Barlovic, I. (1999): "Starke Jugendmarken leben ihre eigene Welt vor", in: markenartikel, Vol. 61, No. 5, S. 24-35.

Meyer, W. U. (1983): "Attributionstheoretische Ansätze", in: Euler, H. A.; Mandel, H. (Hrsg.): Emotionspsychologie. Ein Handbuch in Schlüsselbegriffen, München: Urban & Schwarzenberg, S. 80-85.

Meyer, W. U.; Schützwohl, A.; Reizensein, R. (1993): Einführung in die Emotionspsychologie (Band 1), Bern: Hans Huber.

Meyvis, T.; Janiszewski, C. (2004): "When are broader brands stronger brands? An accessibility perspective on the success of brand extensions", in: Journal of Consumer Research, Vol. 31, No. 2, S. 346-357.

Miller, G. A. (1956): "The magical number seven, plus or minus two: some limits on our capacity for processing information", in: Psychological Review, Vol. 63, No. 1, S. 81-97.

Miller, J.; Trevena, J. A. (2002): "Cortical movement preparation and conscious decisions: averaging artifacts and timing biases", in: Consciousness and Cognition, Vol. 11, No. 2, S. 308-313.

Miniard, P. W.; Bhatla, S.; Lord, K.; Dickson, P. R.; Unnava, H. R. (1991): "Picture-based persuasion processes and the moderating role of involvement", in: Journal of Consumer Research, Vol. 18, No. 1, S. 92-107.

Minsky, M. (1975): "A framework for representing knowledge", in: Winston, P. H. (Hrsg.): The psychology of computer vision, New York: McGraw-Hill, S. 211-280.

Misra, S.; Beatty, S. E. (1990): "Celebrity spokesperson and brand congruence", in: Journal of Business Research, Vol. 21, No. 2, S. 159-173.

Mitchell, A.; Olson, J. C. (1981): "Are product attribute beliefs the only mediator of advertising effects on brand attitude", in: Journal of Marketing Research, Vol. 18, No. 3, S. 318-332.

Mitchell, A. A. (1986): "The effect of verbal and visual components of advertisements on brand attitudes and attitude toward the advertisement", in: Journal of Consumer Research, Vol. 13, No. 2, S. 12-24.

Mittal, B. (1987): "A framework for relating consumer involvement to lateral brain functioning", in: Advances in Consumer Research, Vol. 14, No. 1, S. 41-45.

Montague, P. R.; Berns, G. S. (2002): "Neural economics and the biological substrates of valuation", in: Neuron, Vol. 36, No. 2, S. 265-284.

Moore, C. J.; Price, C. J. (1999): "Three distinct ventral occipitotemporal regions for reading and object naming", in: NeuroImage, Vol. 10, No. 2, S. 181-192.

Moorman, C.; Deshpande, R.; Zaltman, G. (1993): "Factors affecting trust in market research relationships", in: Journal of Marketing, Vol. 57, No. 1, S. 81-101.

Morgen, K.; Kadom, N.; Sawaki, L.; Tessitore, A.; Ohayon, J.; McFarland, H.; Frank, J.; Martin, R.; Cohen, L. G. (2004): "Training-dependent plasticity in patients with multiple sclerosis", in: Brain, Vol. 127, No. 11, S. 2506-2517.

Morris, J.; Dolan, R. (2004): "Functional neuroanatomy of human emotion", in: Frackowiak, R. S. J.; Friston, K. J.; Frith, C. D.; Dolan, R. J.; Price, C. J.; Zeki, S.; Ashburner, J.; Penny, W. D. (Hrsg.): Human Brain Function, 2. Auflage, Oxford: Academic Press, S. 365-396.

Morris, J. D.; McMullen, J. S. (1994): "Measuring multiple emotional responses to a single television commercial", in: Advances in Consumer Research, Vol. 21, No. 1, S. 175-180.

Morris, J. D. (1995): "Observations: SAM: the self-assessment manikin: an efficient cross-cultural measurement of emotional response", in: Journal of Advertising Research, Vol. 35, No. 6, S. 63-68.

Morris, J. D.; Strausbaugh, K. L.; Nthangeni, M. (1996): A design for measuring and interpreting emotional response to advertisements (or commercial) across cultures, Conference of the American Academy of Advertising, Vancouver.

Morris, J. D.; Pai, F. (1997): Where east meets west: a design for measuring and interpreting emotional response to standardized advertisement across cultures, ESOMAR - The Global Future, Lisbon.

Morris, J. D.; Boone, M. A. (1998): "The effects of music on emotional response, brand attitude, and purchase intent in an emotional advertising condition", in: Advances in Consumer Research, Vol. 25, No. 1, S. 518-526.

Morris, J. D.; Roberts, M. S.; Baker, G. F. (1999): "Emotional responses of african american voters to ad messages", in: Kaid, L. L.; Bystrom, D. G. (Hrsg.): The electronic election: Perspectives on the 1996 campaign communication, Mahwah: Lawrence Erlbaum, S. 257-274.

Morris, J. D.; Woo, C.; Geason, J. A.; Kim, J. (2002): "The power of affect: predicting intention", in: Journal of Advertising Research, Vol. 42, No. 3, S. 7-17.

Morris, J. D.; Woo, C.; Cho, C.-H. (2003): "Internet measures of advertising effects: a global issue", in: Journal of Current Issues and Research in Advertising, Vol. 25, No. 1, S. 25-43.

Morris, W.; Reilly, N. (1987): "Toward the self-regulation of mood: theory and research", in: Motivation and Emotion, Vol. 11, No. 3, S. 215 - 249.

Morse, G. (2006): "Decisions and desire", in: Harvard Business Review, Vol. 84, No. 1, S. 42-51.

Moss, H. E.; Abdallah, S.; Fletcher, P.; Bright, P.; Pilgrim, L.; Acres, K.; Tyler, L. K. (2005): "Selecting among competing alternatives: selection and retrieval in the left inferior frontal gyrus", in: Cerebral Cortex, Vol. 15, No. 11, S. 1723--1735.

Mourao-Miranda, J.; Volchan, E.; Moll, J.; de Oliveira-Souza, R.; Oliveira, L.; Bramati, I.; Gatass, R.; Pessoa, L. (2003): "Contributions of stimulus valence and arousal to visual activation during emotional perception", in: NeuroImage, Vol. 20, No. 4, S. 1955-1963.

Mowen, J. C.; Harris, E. G.; Bone, S. A. (2004): "Personality traits and fear response to print advertisements: theory and empirical study", in: Psychology & Marketing, Vol. 21, No. 11, S. 927-943.

Muehling, D. D.; Laczniak, R. N.; Andrews, J. C. (1993): "Defining, operationalizing, and using involvement in advertising research: a review", in: Journal of Current Issues and Research in Advertising, Vol. 15, No. 1, S. 21-57.

Murphy, D. G.; DeCarli, C.; Schapiro, M. B.; Rapoport, S. I.; Horwitz, B. (1992): "Age-related differences in volumes of subcortical nuclei, brain matter, and cerebrospinal fluid in healthy men as measured with magnetic resonance imaging", in: Archives of Neurology, Vol. 49, No. 8, S. 839-845.

Murphy, F. C.; Nimmo-Smith, I.; Lawrence, A. D. (2003): "Functional neuroanatomy of emotions: a meta-analysis", in: Cognitive, Affective, & Behavioral Neuroscience, Vol. 3, No. 3, S. 207-233.

Nedungadi, P. (1990): "Recall and consumer consideration sets: influencing choice without altering brand evaluations", in: Journal of Consumer Research, Vol. 17, No. 3, S. 263-276.

Nedungadi, P.; Chattopadhyay, A.; Muthukrishnan, A. V. (2001): "Category structure, brand recall, and choice", in: International Journal of Research in Marketing, Vol. 18, No. 3, S. 191-202.

Nelson, D. L.; Reed, V. S.; McEvoy, C. L. (1977): "Learning to order pictures and words: a model of sensory and semantic encoding", in: Journal of Experimental Psychology, Vol. 3, No. 5, S. 485-497.

Nelson, D. L. (1983): "Remembering pictures and words: appearance, significance and name", in: Harris, R. J. (Hrsg.): Information Processing Research in Advertising, Hillsdale: Erlbaum, S. 45-76.

Nickel, O. (1997): Werbemonitoring: computergestütztes Verfahren zur Konkurrenzanalyse, Wiesbaden: Gabler Verlag.

Nierlich, E. (1988): "Die deduktiv-nomologische Erklärung als Hauptmotiv empirisch-wissenschaftlicher Tätigkeit", in: Erkenntnis, Vol. 29, No. 1, S. 1-33.

Nitschke, J. B.; Dixon, G. E.; Sarinopoulos, I.; Short, S. J.; Cohen, J. D.; Smith, E. E.; Kosslyn, S. M.; Rose, R. M.; Davidson, R. J. (2006): "Altering expectancy dampens neural response to aversive taste in primary taste cortex", in: nature neuroscience, Vol. 9, No. 3, S. 435-442.

Noppeney, U.; Price, C. J. (2002): "A PET study of stimulus- and task-induced semantic processing", in: NeuroImage, Vol. 15, No. 4, S. 927-935.

Norman, D. A.; Rumelhart, D. E. (1975): Explorations in cognition, New York: Freeman.

Nunally, J. C. (1978): Psychometric Theory, 2. Auflage, New York: McGraw-Hill.

Nyberg, L.; Forkstam, C.; Petersson, K. M.; Cabeza, R.; Ingvar, M. (2002): "Brain imaging of human memory systems: between-systems similarities and within-system differences", in: Cognitive Brain Research, Vol. 13, No. 2, S. 281-292.

Nyberg, L.; Marklund, P.; Persson, J.; Cabeza, R.; Forkstam, C.; Petersson, K. M.; Ingvar, M. (2003): "Common prefrontal activations during working memory, episodic memory, and semantic memory", in: Neuropsychologia, Vol. 41, No. 3, S. 371-377.

O'Malley, M. (1981): "Feeling without thinking? Reply to Zajonc", in: The Journal of Psychology, Vol. 108, No. 1, S. 11-15.

O'Shaughnessy, J.; O'Shaughnessy, N. J. (2003): The marketing power of emotion, Oxford: Oxford Universitiy Press.

Ogawa, S.; Lee, T. M. (1990): "Magnetic resonance imaging of blood vessels at high fields: in vivo and in vitro measurments and image simulation", in: Magnetic Resonance in Medicine, Vol. 16, No. 1, S. 9-18.

Ogawa, S.; Lee, T.-M.; Nayak, A. S.; Glynn, P. (1990a): "Oxygenation-sensitive contrast in magnetic resonance image of rodent brain at high magnetic fields", in: Magnetic Resonance in Medicine, Vol. 14, No., S. 68-78.

Ogawa, S.; Lee, T. M.; Kay, A. R.; Tank, D. W. (1990b): "Brain magnetic resonance imaging with contrast dependent on blood oxygenation", in: Proceedings of the National Academy of Sciences of the United States of America, Vol. 87, No. 24, S. 9868-9872.

Ogawa, S.; Tank, D. W.; Menon, R.; Ellermann, J. M.; Kim, S.-G.; Merkle, H.; Ugurbil, K. (1992): "Intrinsic signal changes accompanying sensory stimulation: functional brain mapping with magnetic resonance imaging", in: Proceedings of the National Academy of Sciences of the United States of America, Vol. 89, No. 13, S. 5951-5955.

Ogawa, S.; Lee, T.-M.; Barrere, B. (1993a): "The sensitivity of magnetic resonance image signals of a rat brain to changes in the cerebral venous blood oxygenation", in: Magnetic Resonance in Medicine, Vol. 29, No. 2, S. 205-210.

Ogawa, S.; Menon, R. S.; Tank, D. W.; Kim, S.-G.; Merkle, H.; Ellermann, J. M.; Ugurbil, K. (1993b): "Functional brain mapping by blood oxygenation level-dependent contrast magnetic resonance imaging", in: Biophysical Journal, Vol. 64, No. 3, S. 803-812.

Ogilvy, D. (1951): Speech to American Marketing Association, Chicago: AMA Proceedings.

Okada, T.; Tanaka, S.; Nakai, T.; Nishizawa, S.; Inui, T.; Sadato, N.; Yonekura, Y.; Konishi, J. (2000): "Naming of animals and tools: a functional magnetic resonance imaging study of categorical differences in the human brain areas commonly used for naming visually presented objects", in: Neuroscience Letters, Vol. 296, No. 1, S. 33-36.

Okun, M. S.; Green, J.; Saben, R.; Gross, R.; Foote, K. D.; Vitek, J. L. (2003): "Mood changes with deep brain stimulation of STN and GPi: results of a pilot study", in: Journal of Neurology, Neurosurgery, and Psychiatry, Vol. 74, No. 11, S. 1584-1586.

Oldfield, R. C. (1971): "The assessment and analysis of handedness: the Edinburgh inventory", in: Neuropsychologia, Vol. 9, No. 1, S. 97-113.

Olney, T. J.; Holbrook, M. B.; Batra, R. (1991): "Consumer responses to advertising: the effects of ad content, emotions, and attitude toward the ad on viewing time", in: Journal of Consumer Research, Vol. 17, No. 4, S. 440-453.

Opitz, B.; Friederici, A. D. (2003): "Interactions of the hippocampal system and the prefrontal cortex in learning language-like rules", in: NeuroImage, Vol. 19, No. 4, S. 1730-1737.

Opwis, K. (1992): Kognitive Modellierung, Bern: Verlag Hans Huber.

Ortony, A.; Turner, T. J. (1990): "What's basic about basic emotions?" in: Psychological Review, Vol. 97, No. 3, S. 315-331.

Osgood, C. E. (1953): Method and theory in experimental psychology, New York: Oxford University Press.

Osgood, C. E.; Suci, G. J.; Tannenbaum, P. H. (1957): The measurement of meaning, Urbana: University of Illinois Press.

Osgood, C. E. (1966): "Dimensionality of the semantic space for communication via facial expressions", in: The Scandinavian Journal of Psychology, Vol. 7, No. 1, S. 1-30.

Ozawa, F.; Matsuo, K.; Kato, C.; Nakai, T.; Isoda, H.; Takehara, Y.; Moriya, T.; Sakahara, H. (2000): "The effects of listening comprehension of various genres of literature on response in the linguistic area: an fMRI study", in: Neuroreport, Vol. 11, No. 6, S. 1141-1143.

Page, T. J.; Thorson, E.; Heide, M. P. (1990): "The memory impact of commercials varying in emotional appeal and product involvement", in: Agres, S.; Edell, J. A.; Dubitsky, T. M. (Hrsg.): Emotion in advertising: theoretical and practical explorations, Westport: Quorum Books, S.

Paivio, A.; Roger, T. B.; Smythe, P. C. (1968): "Why are pictures easier to recall than words?" in: Psychonomic Science, Vol. 11, No. 4, S. 137-138.

Paivio, A. (1969): "Mental imagery in associative learning and memory", in: Psychological Review, Vol. 76, No. 3, S. 241-263.

Paivio, A. (1979): Imagery and verbal processes, Hillsdale: Lawrence Erlbaum.

Paller, K. A.; Ranganath, C.; Gonsalves, B.; LaBar, K. S.; Parrish, T. B.; Gitelman, D. R.; Mesulam, M.-M.; Reber, P. J. (2003): "Neural correlates of person recognition", in: Learning & Memory, Vol. 10, No. 4, S. 253-260.

Papanicolaou, A. C.; Simos, P. G.; Castillo, E. M.; Breier, J. I.; Katz, J. S.; Wright, A. A. (2002): "The hippocampus and memory of verbal and pictorial material", in: Learning & Memory, Vol. 9, No. 3, S. 99-104.

Pappu, R.; Quester, P. G.; Cooksey, R. W. (2005): "Consumer-based brand equity: improving the measurement - empirical evidence", in: Journal of Product & Brand Management, Vol. 14, No. 3, S. 143-154.

Park, C. W.; Milberg, S.; Lawson, R. (1989): "Memory structure of brand names", in: Advances in Consumer Research, Vol. 16, No. 1, S. 726-731.

Park, C. W.; Milberg, S.; Lawson, R. (1991): "Evaluation of brand extensions: the role of product feature similarity and brand concept consistency", in: Journal of Consumer Research, Vol. 18, No. 4, S. 185-193.

Parvizi, J.; Anderson, S. W.; Martin, C. O.; Damasio, H.; Damasio, A. R. (2001): "Pathological laughter and crying. A link to the cerebellum", in: Brain, Vol. 124, No. 9, S. 1708-1719.

Paulesu, E.; Frith, C. D.; Frackowiak, R. S. (1993): "The neural correlates of the verbal component of working memory", in: Nature, Vol. 362, No. 6418, S. 342-345.

Paulus, M. P.; Hozack, N.; Frank, L.; Brown, G. G. (2002): "Error rate and outcome predictability affect neural activation in prefrontal cortex and anterior cingulate during decision-making", in: NeuroImage, Vol. 15, No. 4, S. 836-846.

Paulus, M. P.; Rogalsky, C.; Simmons, A.; Feinstein, J. S.; Stein, M. B. (2003): "Increased activation in the right insula during risk-taking decision making is related to harm avoidance and neuroticism", in: NeuroImage, Vol. 19, No. 4, S. 1439-1448.

Pelzmann, L.; Hudnik, U.; Miklautz, M. (2005): "Reasoning or reacting to others? How consumers use the rationality of other consumers", in: Brain Research Bulletin, Vol. 67, No. 5, S. 438-442.

Pena, M.; Maki, A.; Kovacic, D.; Dehaene-Lambertz, G.; Koizumi, H.; Bouquet, F.; Mehler, J. (2003): "Sounds and silence: An optical topography study of language recognition at birth", in: Proceedings of the National Academy of Sciences of the United States of America, Vol. 100, No. 20, S. 11702-11705.

Penny, W.; Holmes, A. P. (2004): "Random-Effects Analysis", in: Frackowiak, R. S. J.; Friston, K. J.; Frith, C. D.; Dolan, R. J.; Price, C. J.; Zeki, S.; Ashburner, J.; Penny, W. D. (Hrsg.): Human Brain Function, 2. Auflage, Oxford: Academic Press, S. 843-850.

Perani, D.; Schnur, T.; Tettamanti, M.; Gorno-Tempini, M.; Cappa, S. F.; Fazio, F. (1999): "Word and picture matching a PET study of semantic category effects", in: Neuropsychologia, Vol. 37, No. 3, S. 293-306.

Pernet, C.; Celsis, P.; Démoneta, J.-F. (2005): "Selective response to letter categorization within the left fusiform gyrus", in: NeuroImage, Vol. 28, No. 3, S. 738-744.

Pessoa, L.; McKenna, M.; Gutierrez, E.; Ungerleider, L. G. (2002): "Neural processing of emotional faces requires attention", in: Proceedings of the National Academy of Sciences of the United States of America, Vol. 99, No. 17, S. 11458-11463.

Petersen, S. E.; Fox, P. T.; Posner, M. I.; Mintun, M.; Raichle, M. E. (1988): "Positron emission tomographic studies of the cortical anatomy of single-word processing", in: Nature, Vol. 331, No. 6157, S. 585-589.

Peterson, R. L. (2005): "The neuroscience of investing: fMRI of the reward system", in: Brain Research Bulletin, Vol. 67, No. 5, S. 391-397.

Petty, R. E.; Cacioppo, J. T.; Kasmer, J. A. (1988): "The role of affect in the elaboration likelihood model of persuasion", in: Donohew, L.; Sypher, H. E. (Hrsg.): Communication, social cognition, and affect, Hillsdale: Lawrence Erlbaum Associates, S. 117-146.

Pham, M. T. (1998): "Representativeness, relevance, and the use of feelings in decision making", in: Journal of Consumer Research, Vol. 25, No. 2, S. 144-159.

Phan, K. L.; Wager, T.; Taylor, S. F.; Liberzon, I. (2002): "Functional neuroanatomy of emotion: A meta analysis of emotion activation studies in PET and fMRI", in: NeuroImage, Vol. 16, No. 2, S. 331-348

Phelps, E. A. (2006): "Emotion and cognition: insights from studies of the human amygdala", in: Annual Review of Psychology, Vol. 57, S. 27-53.

Phillips, H. (2003): "The pleasure seekers", in: New Scientist, Vol. 2416, S. 36-40.

Piderit, T. (1858): Grundsätze der Mimik und Physiognomik, Braunschweig: Vieweg

Piefke, M.; Weiss, P. H.; Markowitsch, H. J.; Fink, G. R. (2005): "Gender differences in the functional neuroanatomy of emotional episodic autobiographical memory", in: Human Brain Mapping, Vol. 24, No. 4, S. 313-324.

Pieters, R. G. M.; de Klerk-Warmerdam, M. (1996): "Ad-evoked feelings: structure and impact on aad and recall", in: Journal of Business Research, Vol. 37, No. 2, S. 105-114.

Pieters, R. G. M.; Rosbergen, E.; Wedel, M. (1999): "Visual attention to repeated print advertising: a test of scanpath theory", in: Journal of Marketing Research, Vol. 36, No. 4, S. 424-438.

Pillemer, D. B. (1984): "Flashbulb memories of the assassination attempt on president Reagan", in: Cognition, Vol. 16, No. 1, S. 63-80.

Pinel, J. P. J. (2001): Biopsychologie, 2. Auflage, Heidelberg, Berlin: Spektrum Akademischer Verlag.

Plassmann, H.; Kenning, P.; Ahlert, D. (2006a): "Why companies should make their customers happy: the neural correlates of customer loyalty", in: Advances in Consumer Research, Vol. 34, No. 1.

Plassmann, H.; Kenning, P.; Ahlert, D. (2006b): Neural correlates of brand choice under uncertainty: the role of brand trust, Proceedings of the Society for Consumer Psychology Conference, Houston.

Plutchik, R. (1980): Emotion - a psychoevolutionary synthesis, New York: Harper & Row.

Plutchik, R. (1989): "Measuring emotions and their derivatives", in: Plutchik, R.; Kellermann, H. (Hrsg.): Emotion: theory, research, and experience, Vol. 4, The measurement of emotions, New York: Academic Press, S. 1-35.

Plutchik, R. (1991): The emotions, Lanham: University Press of America.

Plutchik, R. (1994): The psychology and biology of emotion, New York: HarperCollins College Publishers.

Plutchik, R. (2003): Emotions and life: perspectives from psychology, biology, and evolution, Washington: American Psychological Association.

Poldrack, R. A.; Wagner, A. D.; Prull, M. W.; Desmond, J. E.; Glover, G. H.; Gabrieli, J. D. E. (1999): "Functional specialization for semantic and phonological processing in the left inferior prefrontal cortex", in: NeuroImage, Vol. 10, No. 1, S. 15-35.

Poline, J. B.; Kherif, F.; Penny, W. (2004): "Contrasts and classical inference", in: Frackowiak, R. S. J.; Friston, K. J.; Frith, C. D.; Dolan, R. J.; Price, C. J.; Zeki, S.; Ashburner, J.; Penny, W. D. (Hrsg.): Human Brain Function, 2. Auflage, Oxford: Academic Press, S. 761-779.

Polsfuss, M.; Hess, M. (1991): ""Liking" Through Moment-to-Moment Evaluation;Identifying Key Selling Segments in Advertising", in: Advances in Consumer Research, Vol. 18, No. 1, S. 540-544.

Porro, C. A.; Francescato, M. P.; Cettolo, V.; Diamond, M. E.; Baraldi, P.; Zuiani, C.; Bazzocchi, M.; di Prampero, P. E. (1996): "Primary motor and sensory cortex activation during motor performance and motor imagery: a functional magnetic resonance imaging study", in: Journal of Neuroscience, Vol. 16, No. 23, S. 7688-7698.

Powell, H. W. R.; Koepp, M. J.; Symms, M. R.; Boulby, P. A.; Salek-Haddadi, A.; Thompson, P. J.; Duncan, J. S.; Richardson, M. P. (2005): "Material-specific lateralization of memory encoding in the medial temporal lobe: blocked versus event-related design", in: NeuroImage, Vol. 27, No. 1, S. 231-239.

Price, C. J.; Moore, C. J.; Humphreys, G. W.; Frackowiak, R. S.; Friston, K. J. (1996): "The neural regions sustaining object recognition and naming", in: Proceedings of the Royal Society of London, Series B, Biological Sciences, Vol. 263, No. 1376, S. 1501-1507.

PriceWaterhouseCoopers; Sattler, H.; GfK; Markenverband (2006): Praxis von Markenbewertung und Markenmanagement in deutschen Unternehmen: Neue Befragung 2005, Frankfurt am Main: PriceWaterhouseCoopers.

Prohovnik, I.; Skudlarski, P.; Fulbright, R. K.; Gore, J. C.; Wexler, B. E. (2004): "Functional MRI changes before and after onset of reported emotions", in: Psychiatry Research: Neuroimaging Section, Vol. 132, No. 3, S. 239-250.

Punj, G. N.; Hillyer, C. L. (2004): "A cognitive model of customer-based brand equity for frequently purchased products: conceptual framework and empirical results", in: Journal of Consumer Psychology, Vol. 14, No. 1&2, S. 124-131.

Purcell, E. M.; Torrey, H. C.; Pound, R. V. (1946): "Resonance absorption by nuclear magnetic moments in a solid", in: Physical Review, Vol. 69, No. 1-2, S. 37-38.

Quillian, M. R. (1968): "Semantic memory", in: Minsky, M. (Hrsg.): Semantic information processing, Cambridge: MIT-Press, S. 216-270.

Rabin, M. (1993): "Incorporating fairness into game theory and economics", in: American Economic Review, Vol. 83, No. 5, S. 1281-1302.

Rabinowicz, T.; Dean, D. E.; Petetot, J. M.; de Courten-Myers, G. M. (1999): "Gender differences in the human cerebral cortex: more neurons in males; more processes in females", in: Journal of Child Neurology, Vol. 14, No. 2, S. 98-107.

Ratchford, B. T. (1987): "New insights about the FCB grid", in: Journal of Advertising Research, Vol. 27, No. 4, S. 24-38.

Ratcliff, R.; McKoon, G. (1981): "Does activation really spread", in: Psychological Review, Vol. 88, No. 5, S. 454-462.

Rauch, S. L.; Shin, L. M.; Dougherty, D. D.; Alpert, N. M.; Orr, S. P.; Lasko, M.; Macklin, M. L.; Fischman, A. J.; Pitman, R. K. (1999): "Neural activation during sexual and competitive arousal in healthy men", in: Psychiatry Research: Neuroimaging Section, Vol. 91, No. 1, S. 1-10.

Ravaja, N. (2004): "Contributions of psychophysiology to media research: review and recommendations", in: Media Psychology, Vol. 6, No. 2, S. 193-235.

Ravizza, S. M.; Delgado, M. R.; Chein, J. M.; Becker, J. T.; Fiez, J. A. (2004): "Functional dissociations within the inferior parietal cortex in verbal working memory", in: NeuroImage, Vol. 22, No. 2, S. 562-573.

Raz, N.; Rodrigue, K. M. (2006): "Differential aging of the brain: Patterns, cognitive correlates and modifiers", in: Neuroscience and Biobehavioural Reviews, in press.

Redler, J. (2003): Management von Markenallianzen - Eine Analyse unter Berücksichtigung der Urteilsbildungsprozesse, Berlin: Logos Verlag.

Reeves, R. (1961): Reality in advertising, New York: Alfred A. Knopf.

Reisberg, D.; Heuer, F.; McLean, J.; O'Shaughnessy, M. (1988): "The quantity, not the quality, of affect predicts memory vividness", in: Bulletin of the Psychonomic Society, Vol. 26, No. 2, S. 100-103.

Rettie, R.; Brewer, C. (2000): "The verbal and visual components of package design", in: Journal of Product & Brand Management, Vol. 9, No. 1, S. 56-70.

Rey, G. (1983): "Concepts and stereotypes", in: Cognition, Vol. 15, No. 1-3, S. 237-262.

Reynaud, P.-L. (1954): La psychologie économique, Paris: Rivière.

Richardson, A. (1983): "Imagery: definition and types", in: Sheikh, A. A. (Hrsg.): Imagery: current theory research, and application, New York: John Wiley & Sons, S. 3-42.

Richardson, M. P.; Strange, B. A.; Duncan, J. S.; Dolan, R. J. (2003): "Preserved verbal memory function in left medial temporal pathology involves reorganisation of function to right medial temporal lobe", in: NeuroImage, Vol. 20, No. 1, S. S112-S119.

Richins, M. L. (1997): "Measuring emotions in the consumption experience", in: Journal of Consumer Research, Vol. 24, No. 2, S. 127-146.

Riedel, F. (1996): Die Markenwertmessung als Grundlage strategischer Markenführung, Heidelberg: Physica Verlag.

Rinck, M.; Glowalla, U.; Schneider, K. (1992): "Mood-congruent and mood-incongruent learning", in: Memory & Cognition, Vol. 20, No. 1, S. 29-39.

Robertson, K. R. (1987): "Recall and recognition effects of brand name imagery", in: Psychology & Marketing, Vol. 4, No. 1, S. 3-15.

Robinson, M. D.; Storbeck, J.; Meier, B. P.; Kirkeby, B. S. (2004): "Watch out! That could be dangerous: valence-arousal interactions in evaluative processing", in: Personality and Social Psychology Bulletin, Vol. 30, No. 11, S. 1472-1484.

Rodriguez-Torres, R.; Leyens, J. P.; Perez, A. R.; Rodriguez, V. B.; Quiles del Castillo, M. N.; Demoulin, S.; Cortes, B. (2005): "The lay distinction between primary and secundary emotions: a spontaneous categorization", in: International Journal of Psychology, Vol. 40, No. 2, S. 100-107.

Rombouts, S. A. R. B.; Scheltens, P.; Machielsen, W. C. M.; Barkhof, F.; Hoogenraad, F. G. C.; Veltman, D. J.; Valk, J.; Witter, M. P. (1999): "Parametric fMRI analysis of visual encoding in the human medial temporal lobe", in: Hippocampus, Vol. 9, No. 6, S. 637-643.

Rönnberg, J.; Rudner, M.; Ingvar, M. (2004): "Neural correlates of working memory for sign language", in: Cognitive Brain Research, Vol. 20, No. 2, S. 165-182.

Rosier, A.; Cornette, L.; Dupont, P.; Bormans, G.; Michiels, J.; Mortelmans, L.; Orban, G. A. (1997): "Positron-emission tomography imaging of long-term shape recognition challenges", in: Proceedings of the National Academy of Sciences of the United States of America, Vol. 94, No. 14, S. 7627-7632.

Roskies, A. L.; Fiez, J. A.; Balota, D. A.; Raichle, M. E.; Petersen, S. E. (2001): "Task-dependent modulation of regions in the left inferior frontal cortex during semantic processing", in: Journal of Cognitive Neuroscience, Vol. 13, No. 6, S. 829-843.

Rossi, S.; Cappa, S.; Babiloni, C.; Pasqualetti, P.; Miniussi, C.; Carducci, F.; Babiloni, F.; Rossini, P. M. (2001): "Prefrontal cortex in long-term memory: an 'interference' approach using magnetic stimulation", in: nature neuroscience, Vol. 4, No. 9, S. 948-952.

Rossiter, J. R.; Percy, L. (1980): "Attitude change through visual imagery in advertising", in: Journal of Advertising, Vol. 9, No. 2, S. 10-16.

Rossiter, J. R.; Percy, L. (1991): "Emotions and motivations in advertising", in: Advances in Consumer Research, Vol. 18, No. 1, S. 100-110.

Rossiter, J. R.; Percy, L.; Donovan, R. J. (1991): "A better advertising planning grid", in: Journal of Advertising Research, Vol. 31, No. 5, S. 11-21.

Rossiter, J. R.; Silberstein, R. B.; Harris, P. G.; Nield, G. (2001a): "So what? A rejoinder to the reply by Crites and Aikman-Eckenrode to Rossiter et al. (2001)", in: Journal of Advertising Research, Vol. 41, No. 3, S. 59-61.

Rossiter, J. R.; Silberstein, R. B.; Harris, P. G.; Nield, G. (2001b): "Brain-imaging detection of visual scene encoding in long-term memory for TV commercials", in: Journal of Advertising Research, Vol. 41, No. 2, S. 13-21.

Rossiter, J. R.; Thornton, J. (2004): "Fear-pattern analysis supports the fear-drive model for antispeeding road-safety TV ads", in: Psychology & Marketing, Vol. 21, No. 11, S. 945-960.

Rothschild, M. L.; Thorson, E.; Reeves, B.; Hirsch, J. E.; Goldstein, R. (1986): "EEG activity and the processing of television commercials", in: Communication Research, Vol. 13, No. 2, S. 182-220.

Rothschild, M. L.; Hyun, Y. J.; Reeves, B.; Thorson, E.; Goldstein, R. (1988): "Hemispherically lateralized EEG as a response to television commercials", in: Journal of Consumer Research, Vol. 15, No. 2, S. 185-198.

Rothschild, M. L.; Hyun, Y. J. (1990): "Predicting memory for components of TV commercials from EEG", in: Journal of Consumer Research, Vol. 16, No. 4, S. 472-478.

Royal, D. C.; Hays, W. L. (1959): "Empirical dimensions of emotional behavior", in: Acta Psychologica, Vol. 15, S. 419.

Rucker, D. D.; Petty, R. E. (2004): "Emotion specifity and consumer behavior: anger, sadness, and preference for activity", in: Motivation and Emotion, Vol. 28, No. 1, S. 3-21.

Ruge, H.-D. (1988): Die Messung bildhafter Konsumerlebnisse. Entwicklung und Test einer neuen Messmethode, Heidelberg: Physica-Verlag.

Rugg, M. D.; Henson, R. N. A.; Robb, W. G. K. (2003): "Neural correlates of retrieval processing in the prefrontal cortex during recognition and exclusion tasks", in: Neuropsychologia, Vol. 41, No. 1, S. 40-52.

Rumelhart, D. E.; Lindsay, P. H.; Norman, D. A. (1972): "A process model for longterm memory", in: Tulving, E.; Donaldson, W. (Hrsg.): Organization of memory, New York, S. 197-246.

Rumelhart, D. E.; Ortony, A. (1977): "The representation of knowledge in memory", in: Anderson, R. C.; Spiro, R. J.; Montague, W. E. (Hrsg.): Schooling and the acquisition of knowledge, Hillsdale: Lawrence Erlbaum Associates, S. 99-135.

Rumelhart, D. E. (1980): "Schemata: the building blocks of cognition", in: Spiro, R. J.; Bruce, B. C.; Brewer, W. F. (Hrsg.): Theoretical issues in reading comprehension, Hillsdale: Lawrence Erlbaum Associates, S. 34-58.

Rumelhart, D. E.; Hinton, G. E.; McClelland, J. L. (1986): "A general framework for parallel distributed processing", in: Rumelhart, D. E.; McClelland, J. L.; Group, P. R. (Hrsg.): Parallel distributed processing: Explorations in the Microstructure of Cognition, Volume 1, Cambridge: MIT Press, S. 45-76.

Rüschen, G. (1986): "Die Marke - unser wertvollstes Gut: Der Markenartikel als Instrument der Verkaufsförderung", in: Der Markenartikel, Vol. 48, S. 210-217.

Russ, M. O.; Mack, W.; Grama, C.-R.; Lanfermann, H.; Knopf, M. (2003): "Enactment effect in memory: evidence concerning the function of the supramarginal gyrus", in: Experimental Brain Research, Vol. 149, No. 4, S. 497-504.

Russell, J.; Mehrabian, A. (1974): "Distinguishing anger and anxiety in terms of emotional response factors", in: Journal of Consulting and Clinical Psychology, Vol. 42, No. 1, S. 79-83.

Russell, J. A.; Mehrabian, A. (1976): "Environmental variables in consumer research", in: Journal of Consumer Research, Vol. 3, No. 1, S. 62-63.

Russell, J. A.; Mehrabian, A. (1977): "Evidence for a three-factor theory of emotions", in: Journal of Research in Personality, Vol. 11, No. 3, S. 273-294.

Russell, J. A. (1978): "Evidence of convergent validity on the dimensions of affect", in: Journal of Personality and Social Psychology, Vol. 36, No. 10, S. 1152-1168.

Russell, J. A. (1979): "Affective space is bipolar", in: Journal of Personality and Social Psychology, Vol. 37, No. 3, S. 345-356.

Russell, J. A. (1980): "A circumplex model of affect", in: Journal of Personality and Social Psychology, Vol. 39, No. 6, S. 1161-1178.

Russell, J. A.; Pratt, G. (1980): "A description of the affective quality attributed to environments", in: Journal of Personality and Social Psychology, Vol. 38, No. 2, S. 311-322.

Russell, J. A. (1983): "Pancultural aspects of the human conceptual organization of emotions", in: Journal of Personality and Social Psychology, Vol. 45, No. 6, S. 1281-1288.

Russell, J. A.; Feldman Barrett, L. (1999): "Core affect, prototypical emotional episodes, and other things called emotion: dissecting the elephant", in: Journal of Personality and Social Psychology, Vol. 76, No. 5, S. 805-819.

Russell, J. A.; Carroll, J. M. (1999a): "The phoenix of bipolarity: reply to Watson & Tellegen", in: Psychological Bulletin, Vol. 125, No. 5, S. 611-617.

Russell, J. A.; Carroll, J. M. (1999b): "On the bipolarity of positive and negative affect", in: Psychological Bulletin, Vol. 125, No. 1, S. 3-30.

Russell, J. A.; Bachorowski, J.-A.; Fernandez-Dols, J.-M. (2003): "Facial and vocal expressions of emotion", in: Annual Review of Psychology, Vol. 54, S. 329-349.

Rustichini, A. (2005a): "Emotion and reason in making decisions", in: Science, Vol. 310, No. 5754, S. 1624-1625.

Rustichini, A. (2005b): "Neuroeconomics: present and future", in: Games and Economic Behavior, Vol. 52, No. 2, S. 201-212.

Rustichini, A.; Dickhaut, J.; Ghirardato, P.; Smith, K.; Pardo, J. V. (2005): "A brain imaging study of the choice procedure", in: Games and Economic Behavior, Vol. 52, No. 2, S. 257-282.

Ruth, J. A. (2001): "Promoting a brand's emotion benefits: the influence of emotion categorization processes on consumer evaluations", in: Journal of Consumer Psychology, Vol. 11, No. 2, S. 99-113.

Ruz, M.; Wolmetz, M. E.; Tudela, P.; McCandliss, B. D. (2005): "Two brain pathways for attended and ignored words", in: NeuroImage, Vol. 27, No. 4, S. 852-861.

Sampson, J. R. (1970): "Free recall of verbal and non-verbal stimuli", in: Quarterly Journal of Experimental Psychology, Vol. 22, No., S. 215-221.

Sander, K.; Scheich, H. (2005): "Left auditory cortex and amygdala, but right insula dominance for human laughing and crying", in: Journal of Cognitive Neuroscience, Vol. 17, No. 10, S. 1519-1531.

Sanfey, A. G.; Loewenstein, G.; McClure, S. M.; Cohen, J. D. (2006): "Neuroeconomics: cross-currents in research on decision-making", in: Trends in Cognitive Sciences, Vol. 10, No. 3, S. 108-116.

Sato, M.; Baciu, M.; LKvenbruck, H.; Schwartz, J.-L.; Cathiard, M.-A. s.; Segebarth, C.; Abry, C. (2004): "Multistable representation of speech forms: a functional MRI study of verbal transformations", in: NeuroImage, Vol. 23, No. 3, S. 1143-1151.

Sauermann, H.; Selten, R. (1959): "Ein Oligopolexperiment", in: Zeitschrift für die gesamte Staatswissenschaft, Vol. 115, No. 3, S. 427-471.

Sauermann, H. (1967): Beiträger zur experimentellen Wirtschaftsforschung, Tübingen: J. C. B. Mohr (Paul Siebeck).

Savoy, R. L. (2001): "History and future directions of human brain mapping and functional neuro-imaging", in: Acta Psychologica, Vol. 107, No. 1-3, S. 9-42.

Savoy, R. L. (2005): "Experimental design in brain activation MRI: cautionary tales", in: Brain Research Bulletin, Vol. 67, No. 5, S. 361-367.

Schachter, S.; Singer, J. E. (1962): "Cognitive, social and physiological determinants of emotional state", in: Psychological Review, Vol. 69, No. 5, S. 379-399.

Schachter, S. (1964): "The interaction of cognitive and physiological determinants of emotional state", in: Advances in Experimental Social Psychology, Vol. 1, No. 1, S. 49-80.

Schacter, D. L. (1987): "Implicit memory: history and current status", in: Journal of Experimental Psychology, Vol. 13, No. 3, S. 501-518.

Schacter, D. L.; Reiman, E.; Uecker, A.; Polster, M. R.; Yun, L. S.; Cooper, L. A. (1995): "Brain regions associated with retrieval of structurally coherent visual information", in: Nature, Vol. 376, No. 6541, S. 587-590.

Schacter, D. L. (1996): Searching for memory, New York: Basic Books.

Schacter, D. L.; Alpert, N. M.; Savage, C. R.; Rauch, S. L.; Albert, M. S. (1996): "Conscious recollection and the human hippocampal formation: evidence from positron emission tomography", in: Proceedings of the National Academy of Sciences of the United States of America, Vol. 93, No. 1, S. 321-325.

Schacter, D. L. (1997): "The cognitive neuroscience of memory: perspectives from neuroimaging research", in: Philosophical Transactions of the Royal Society London, Series B, Biological Sciences, Vol. 352, No. 1362, S. 1689-1695.

Schacter, D. L.; Wagner, A. D. (1999): "Medial temporal lobe activations in fMRI and PET studies of episodic encoding and retrieval", in: Hippocampus, Vol. 9, No. 1, S. 7-24.

Schaefer, M.; Berens, H.; Heinze, H. J.; Rotte, M. (2006): "Neural correlates of culturally familiar brands of car manufacturers", in: NeuroImage, Vol. 31, No. 2, S. 861-865.

Schandry, R. (1998): Lehrbuch Psychophysiologie, 4. Auflage, Weinheim: Beltz.

Schank, R. C.; Abelson, R. P. (1977): Scripts, plans, goals and understanding, Hillsdale: Lawrence Erlbaum.

Schechter, A. H. (1993): "Measuring the value of corporate and brand logos", in: Design Management Journal, Vol. 4, No. 1, S. 33-39.

Scheele, B. (1990): Emotion als bedürfnisrelvante Bewertungszustände, Tübingen: Francke.

Scheff, T. J. (1985): "The primacy of affect", in: American Psychologist, Vol. 40, No. 7, S. 849-850.

Scheperjans, F.; Grefkes, C.; Palomero-Gallagher, N.; Schleicher, A.; Zilles, K. (2005): "Subdivisions of human parietal area 5 revealed by quantitative receptor autoradiography: a parietal region between motor, somatosensory, and cingulate cortical areas", in: NeuroImage, Vol. 25, No. 3, S. 975-992.

Schienle, A.; Schäfer, A.; Stark, R.; Walter, B.; Vaitl, D. (2005a): "Gender differences in the processing of disgust- and fear-inducing pictures: an fMRI study", in: Neuroreport, Vol. 16, No. 3, S. 277-280.

Schienle, A.; Schäfer, A.; Stark, R.; Walter, B.; Vaitl, D. (2005b): "Neural responses of OCD patients towards disorder-relevant, generally disgust-inducing and fear-inducing pictures", in: International Journal of Psychophysiology, Vol. 57, No. 1, S. 69-77.

Schirmer, A.; Simpson, E. (in press): "Brain correlates of vocal emotion processing in men and women", in: Izdebski, K. (Hrsg.): Voice and Emotion, San Diego: Plural Publishing.

Schlaepfer, T. E.; Harris, G. J.; Tien, A. Y.; Peng, L.; Lee, S.; Pearlson, G. D. (1995): "Structural differences in the cerebral cortex of healthy female and male subjects: a magnetic resonance imaging study", in: Psychiatry Research: Neuroimaging Section, Vol. 61, No. 3, S. 129-135.

Schlosberg, H. (1952): "The description of facial expression in terms of two dimensions", in: Journal of Experimental Psychology, Vol. 44, No. 4, S. 229-237.

Schlosberg, H. (1954): "Three dimensions of emotion", in: The Psychological Review, Vol. 61, No. 2, S. 81-88.

Schmahmann, J. D. (1996): "From movement to thought: anatomic substrates of the cerebellar contribution to cognitive processing", in: Human Brain Mapping, Vol. 4, No. 3, S. 174-198.

Schmahmann, J. D.; Sherman, J. C. (1998): "The cerebellar cognitive affective syndrome", in: Brain, Vol. 121, No. 4, S. 561-579.

Schmidt-Atzert, L. (1981): Emotionspsychologie, Stuttgart - Berlin - Mainz: Kohlhammer.

Schnotz, W. (1994): Aufbau von Wissensstrukturen - Untersuchungen zur Kohärenzwirkung beim Wissenserwerb mit Texten, Weinheim: Beltz.

Schouten, J. W.; McAlexander, J. H. (1995): "Subcultures of consumption: an ethnography of the new bikers", in: Journal of Consumer Research, Vol. 22, No. 1, S. 43-61.

Schulze, G. (2000): Die Erlebnisgesellschaft: Kultursoziologie der Gegenwart, 8. Auflage, Frankfurt am Main, New York: Campus Verlag.

Schumacher, E. H.; Lauber, E.; Awh, E.; Jonides, J.; Smith, E. E.; Koeppe, R. A. (1996): "PET evidence for an amodal verbal working memory system", in: NeuroImage, Vol. 3, No. 2, S. 79-88.

Schupp, H. T.; Junghöfer, M.; Weike, A. I.; Hamm, A. O. (2003): "Emotional facilitation of sensory processing in the visual cortex", in: Psychological Science, Vol. 14, No. 1, S. 7-13.

Schupp, H. T.; Cuthbert, B. N.; Bradley, M. M.; Hillman, C. H.; Hamm, A. O.; Lang, P. J. (2004): "Brain processes in emotional perception: motivated attention", in: Cognition and Emotion, Vol. 18, No. 5, S. 593-611.

Schutter, D. J.; van Honk, J. (2005): "The cerebellum on the rise in human emotion", in: Cerebellum, Vol. 4, No. 4, S. 290-294.

Schwarz, N. (2000): "Emotion, cognition, and decision making", in: Cognition and Emotion, Vol. 14, No. 4, S. 433-440.

Scott, K. G. (1967): "Clustering with perceptual and symbolic stimuli in free recall", in: Journal of Verbal Learning and Verbal Behavior, Vol. 6, No., S. 864-866.

Shapira, N. A.; Liu, Y.; He, A. G.; Bradley, M. M.; Lessig, M. C.; James, G. A.; Stein, D. J.; Lang, P. J.; Goodman, W. K. (2003): "Brain activation by disgust-inducing pictures in obsessive-compulsive disorder", in: Biological Psychiatry, Vol. 54, No. 7, S. 751-756.

Shapira, N. A.; Okun, M. S.; Wint, D.; Foote, K. D.; Byars, J. A.; Bowers, D.; Springer, U. S.; Lang, P. J.; Greenberg, B. D.; Haber, S. N.; Goodman, W. K. (2006): "Panic and fear induced by deep brain stimulation", in: Journal of Neurology, Neurosurgery, and Psychiatry, Vol. 77, No. 3, S. 410-412.

Sharp, D. J.; Scott, S. K.; Cutler, A.; Wise, R. J. S. (2005): "Lexical retrieval constrained by sound structure: the role of the left inferior frontal gyrus", in: Brain and Language, Vol. 92, No. 3, S. 309-319.

Shaver, P.; Schwartz, J.; Kirson, D.; O'Connor, C. (1987): "Emotion knowledge: further exploration of a prototype approach", in: Journal of Personality and Social Psychology, Vol. 52, No. 6, S. 1061-1086.

Shaywitz, B. A.; Shaywitz, S. E.; Pugh, K. R.; Constable, R. T.; Skudlarski, P.; Fulbright, R. K.; Bronen, R. A.; Fletcher, J. M.; Shankweiler, D. P.; Katz, L.; Gores, J. C. (1995): "Sex differences in the functional organization of the brain for language", in: Nature, Vol. 373, No. 6515, S. 607-609.

Shergill, S. S.; Bullmore, E. T.; Brammer, M. J.; Williams, S. C. R.; Murray, R. M.; McGuire, P. K. (2001): "A functional study of auditory verbal imagery", in: Psychological Medicine, Vol. 31, No. 2, S. 241-253.

Sherif, M.; Cantril, H. (1947): The psychology of ego-involvement, New York: John Wiley

Sherrington, C. S. (1900): "Cutaneous sensations", in: Schäfer, E. A. (Hrsg.): The text-book of physiology, Edinburgh: Pentland, S. 920-1001.

Sheth, J. N.; Mittal, B.; Newman, B. I. (1999): Customer behavior - Consumer behavior and beyond, Fort Worth: Dryden Press.

Shiffrin, R. M.; Atkinson, R. C. (1969): "Storage and retrieval processes in long-term memory", in: Psychological Review, Vol. 76, No. 2, S. 179-193.

Shimp, T. A.; Stuart, E. W. (2004): "The role of disgust as an emotional mediator of advertising effects", in: Journal of Advertising, Vol. 33, No. 1, S. 43-53.

Shiv, B.; Fedorikhin, A. (1999): "Heart and mind in conflict: the interplay of affect and cognition in consumer decision making", in: Journal of Consumer Research, Vol. 26, No. 3, S. 278-292.

Shiv, B.; Fedorikhin, A. (2002): "Spontaneous versus controlled influences of stimulus-based affect on choice behavior", in: Organizational Behavior and Human Decision Processes, Vol. 87, No. 2, S. 342-370.

Shocker, A. D.; Srivastava, R. K.; Ruekert, R. W. (1994): "Challenges and opportunities facing brand management: an introduction to the special issue", in: Journal of Marketing Research, Vol. 31, No. 2, S. 149-158.

Shuster, L. I.; Lemieux, S. K. (2005): "An fMRI investigation of covertly and overtly produced mono- and multisyllabic words", in: Brain and Language, Vol. 93, No. 1, S. 20-31.

Silveri, M. C.; Di Betta, A. M.; Filippini, V.; Leggio, M. G.; Molinari, M. (1998): "Verbal short-term store-rehearsal system and the cerebellum. Evidence from a patient with a right cerebellar lesion", in: Brain, Vol. 121, No. 11, S. 2175-2187.

Simmons, A.; Matthews, S. C.; Stein, M. B.; Paulus, M. P. (2004): "Anticipation of emotionally aversive visual stimuli activates right insula", in: Neuroreport, Vol. 15, No. 14, S. 2261-2265.

Simon, C. J.; Sullivan, M. W. (1993): "The measurement and determinants of brand equity: a financial approach", in: Marketing Science, Vol. 12, No. 1, S. 28-52.

Simon, H. A. (1974): "How big is a chunk? By combining data from several experiments, a basic human memory unit can be identified and measured ", in: Science, Vol. 183, No. 4124, S. 482-488.

Singer, T.; Fehr, E. (2005): "The neuroeconomics of mind reading and empathy", in: American Economic Review, Vol. 95, No. 2, S. 340-345.

Six, B. (1992): "Neue Entwicklungen und Trends in der Einstellungs-Verhaltens-Forschung", in: Witte, E. H. (Hrsg.): Einstellung und Verhalten: Beiträge des 7. Hamburger Symposiums zur Methodologie der Sozialpsychologie, Braunschweig: Braunschweiger Studien zur Erziehungs- und Sozialarbeitswissenschaft, S. 13-33.

Skinner, B. F. (1953): Science and human behavior, New York: Macmillan.

Smidts, A. (2002): Kijken in het brein: Over de mogelijkheden van neuromarketing, Inaugural address Rotterdam School of Management, Erasmus University Rotterdam.

Smith, K.; Dickhaut, J.; McCabe, K.; Pardo, J. V. (2002): "Neuronal substrates for choice under ambiguity, risk, gains, and losses", in: Management Science, Vol. 48, No. 6, S. 711-718.

Smith, K.; Dickhaut, J. (2005): "Economics and emotion: institutions matter", in: Games and Economic Behavior, Vol. 52, No. 2, S. 316-335.

Smith, K. S.; Berridge, K. C. (2005): "The ventral pallidum and hedonic reward: neurochemical maps of sucrose “liking” and food intake", in: The Journal of Neuroscience, Vol. 25, No. 38, S. 8637- 8649.

Smith, V. L. (1981): "Experimental economics at purdue", in: Horwich, G.; Quirk, J. P. (Hrsg.): Essays in contemporary fields of economics (Essays in honor of E. T. Weiler), West Lafayette: Purdue University Press, S. 154-156.

Smith, V. L. (2003a): "Constructivist and ecological rationality in economics", in: American Economic Review, Vol. 93, No. 3, S. 465-508.

Smith, V. L. (2003b): "Constructivist and ecological rationality in economics, Prize Lecture, 8. Dezember 2002", in: Frängsmyr, T. (Hrsg.): Les Prix Nobel. The Nobel Prizes 2002, Stockholm: Nobel Foundation, S. 502-561.

Smolka, M. N.; Schumann, G.; Wrase, J.; Grüsser, S. M.; Flor, H.; Mann, K.; Braus, D. F.; Goldman, D.; Büchel, C.; Heinz, A. (2005): "Catechol-O-methyltransferase val158met genotype affects processing of emotional stimuli in the amygdala and prefrontal cortex", in: Journal of Neuroscience, Vol. 25, No. 4, S. 836-842.

Snider, J. G.; Osgood, C. E. (1969): Semantic differential technique: a sourcebook, Chicago: Aldine.

Snyder, P. J.; Bilder, R. M.; Wu, H.; Bogerts, B.; Lieberman, J. A. (1995): "Cerebellar volume asymmetries are related to handedness: a quantitative MRI study", in: Neuropsychologia, Vol. 33, No. 4, S. 407-419.

Solomon, M.; Bamossy, G.; Askegaard, S. (2001): Konsumentenverhalten - Der europäische Markt, München: Pearson Studium.

Spears, N.; Singh, S. N. (2004): "Measuring attitude toward the brand and purchase intentions", in: Journal of Current Issues and Research in Advertising, Vol. 26, No. 2, S. 53-66.

Sperling, R. A.; Bates, J. F.; Cocchiarella, A. J.; Schacter, D. L.; Rosen, B. R.; Albert, M. S. (2001): "Encoding novel face-name associations: a functional MRI study", in: Human Brain Mapping, Vol. 14, No. 3, S. 129-139.

Sperry, R. W. (1961): "Cerebral organization and behavior", in: Science, Vol. 133, No. 3466, S. 1749-1757.

Sperry, R. W.; Gazzaniga, M. S.; Bogen, J. E. (1969): "Interhemispheric relationships: the neocortical commissures; syndromes of hemisphere disconnection", in: Vinken, P. J.; Bruyn, G. W. (Hrsg.): Handbook of clinical neurology, Amsterdam: North-Holland Publishing, S. 273-290.

Sperry, R. W. (1974): "Lateral specialization in the surgically separated hemispheres", in: Schmitt, F.; Worden, F. (Hrsg.): Neurosciences Third Study Program, Cambridge: MIT Press, S. 5-19.

Spinella, M.; Lester, D.; Yang, B. (2005): "Predicting credit card behavior: a study in neuroeconomics", in: Perceptual and Motor Skills, Vol. 100, No. 3, S. 777-778.

Spinella, M.; Lester, D.; Yang, B. (2006): "Prefrontal cortex dysfunction and income: a study in neuroeconomics", in: Psychological Reports, Vol. 98, No. 1, S. 37-38.

Sprengelmeyer, R.; Rausch, M.; Eysel, U. T.; Przuntek, H. (1998): "Neural structures associated with recognition of facial expressions of basic emotions", in: Proceedings of the Royal Society of London, Series B, Biological Sciences, Vol. 265, No. 1409, S. 1927-1931.

Squire, L. R.; Ojemann, J. G.; Miezin, F. M.; Petersen, S. E.; Videen, T. O.; Raichle, M. E. (1992): "Activation of the hippocampus in normal humans: a functional anatomical study of memory", in: Proceedings of the National Academy of Sciences of the United States of America, Vol. 89, No. 5, S. 1837-1841.

Squire, L. R.; Zola, S. M. (1996): "Structure and function of declarative and nondeclarative memory systems", in: Proceedings of the National Academy of Sciences of the United States of America, Vol. 93, No. 24, S. 13515-13522.

Srull, T. K. (1986): "Memory, mood, and consumer judgment", in: Advances in Consumer Research, Vol. 14, S. 404-407.

Stark, R.; Schienle, A.; Walter, B.; Kirsch, P.; Sammer, G.; Ott, U.; Blecker, C.; Vaitl, D. (2003): "Hemodynamic responses to fear and disgust-inducing pictures: an fmri study", in: International Journal of Psychophysiology, Vol. 50, No. 3, S. 225-234.

Stauss, B. (1999): "Kundenzufriedenheit", in: Marketing ZFP, Vol. 21, No. 1, S. 5-24.

Stayman, D. M.; Batra, R. (1991): "Encoding and retrieval of ad affect in memory", in: Journal of Marketing Research, Vol. 28, No. 2, S. 232-239.

Stephan, K. M.; Fink, G. R.; Passingham, R. E.; Silbersweig, D.; Ceballos-Baumann, A. O.; Frith, C. D.; Frackowiak, R. S. (1995): "Functional anatomy of the mental representation of upper extremity movements in healthy subjects", in: Journal of Neurophysiology, Vol. 73, No. 1, S. 373-386.

Stewart, D. W. (1981): "The application and misapplication of factor analysis in marketing research", in: Journal of Marketing Research, Vol. 18, No. 1, S. 51-62.

Stewart, D. W. (1984): "Physiological measurement of advertising effects: an unfulfilled promise", in: Psychology & Marketing, Vol. 1, No. 1, S. 43-48.

Stewart, D. W. (1985): "Differences between basic research and the validation of specific measures: a reply to Weinstein et al." in: Psychology & Marketing, Vol. 2, No. 1, S. 41-50.

Stewart, D. W.; Punj, G. N. (1998): "Effects of using a nonverbal (musical) cue on recall and playback of television advertising: implications for advertising tracking", in: Journal of Business Research, Vol. 42, No. 1, S. 39-51.

Stoleru, S.; Gregoire, M. C.; Gerard, D.; Decety, J.; Lafarge, E.; Cinotti, L.; Lavenne, F.; Le Bars, D.; Vernet-Maury, E.; Rada, H.; Collet, C.; Mazoyer, B.; Forest, M. G.; Magnin, F.; Spira, A.; Comar, D. (1999): "Neuroanatomical correlates of visually evoked sexual arousal in human males", in: Archives of Sexual Behavior, Vol. 28, No. 1, S. 1-21.

Storm, C.; Storm, T. (1987): "A taxonomic study of the vocabulary of emotions", in: Journal of Personality and Social Psychology, Vol. 53, No. 4, S. 805-816.

Stout, P. A.; Leckenby, J. D. (1986): "Measuring emotional response to advertising", in: Journal of Advertising, Vol. 15, No. 4, S. 35-42.

Stout, P. A.; Leckenby, J. D. (1988): "The nature of emotional response to advertising: a further examination", in: Journal of Advertising, Vol. 17, No. 4, S. 53-57.

Stout, P. A.; Rust, R. T. (1993): "Emotional feelings and evaluative dimensions of advertising: are they related?" in: Journal of Advertising Research, Vol. 22, No. 1, S. 61-71.

Straube, T.; Mentzel, H.-J.; Miltner, W. H. R. (2006): "Neural mechanisms of automatic and direct processing of phobogenic stimuli in specific phobia", in: Biological Psychiatry, Vol. 59, No. 2, S. 162-170.

Strong, E. K. (1925): "Theories of selling", in: Journal of Applied Psychology, Vol. 9, No. 1, S. 75-86.

Strongman, K. T. (1973): The psychology of emotion, London: John Wiley.

Stumpf, C. (1899): "Über den Begriff der Gemüthsbewegung", in: Zeitschrift fur Psychologie und Physiologie der Sinnesorgane, Vol. 21, S. 47-99.

Sugiura, M.; Watanabe, J.; Maeda, Y.; Matsue, Y.; Fukuda, H.; Kawashima, R. (2005): "Cortical mechanisms of visual self-recognition", in: NeuroImage, Vol. 24, No. 1, S. 143-149.

Sujan, M. (1985): "Consumer knowledge: effects on evaluation strategies mediating consumer judgments", in: Journal of Consumer Research, Vol. 12, No. 1, S. 31-46.

Sujan, M.; Dekleva, C. (1987): "Product categorization and inference making: some implications for comparative advertising", in: Journal of Consumer Research, Vol. 14, No. 3, S. 372-378.

Susman, E. J.; Finkelstein, J. W.; Chinchilli, V. M.; Schwab, J.; Liben, L. S.; D'Arcangelo, M. R.; Meinke, M. S.; Demers, L. M.; Lookingbill, G.; Kulin, H. E. (1998): "The effect of sex hormone replacement therapy on behavior problems and moods in adolescents with delayed puberty", in: Journal of Pediatrics, Vol. 133, No. 4, S. 521-525.

Sylvester, C. Y.; Wager, T. D.; Lacey, S. C.; Hernandez, L.; Nichols, T. E.; Smith, E. E.; Jonides, J. (2003): "Switching attention and resolving interference: fMRI measures of executive functions", in: Neuropsychologia, Vol. 41, No. 3, S. 357-370.

Szabo, C. A.; Xiong, J.; Lancaster, J. L.; Rainey, L.; Fox, P. (2001): "Amygdalar and hippocampal volumetry in control participants: differences regarding handedness", in: American Journal of Neuroradiology, Vol. 22, No. 7, S. 1342-1345.

Takahashi, T. (2005): "Social memory, social stress, and economic behaviors", in: Brain Research Bulletin, Vol. 67, No. 5, S. 398-402.

Talairach, J.; Szikla, G. (1967): Atlas d'anatomie stereotaxique du telencephale: etudes anatomo-radiologiques, Paris: Masson and Cie.

Talairach, J.; Tournoux, P. (1988): Co-planar stereotaxic atlas of the human brain, New York, Stuttgart: Thieme Medical Publishers.

Tan, L. H.; Liu, H.-L.; Perfetti, C. A.; Spinks, J. A.; Fox, P. T.; Gao, J.-H. (2001): "The neural system underlying chinese logograph reading", in: NeuroImage, Vol. 13, No. 5, S. 836-846.

Tarde, G. (1902): La psychologie économique, Paris: Felix Alcan.

Taylor, S. E.; Crocker, J. (1981): "Schematic bases of social information processing", in: Higgins, E. T.; Herman, C. A.; Zanna, M. P. (Hrsg.): Social cognition: the Ontario symposium on personality and social psychology, S. 89-134.

Taylor, S. F.; Liberzon, I.; Fig, L. M.; Decker, L. R.; Minoshima, S.; Koeppe, R. A. (1998): "The effect of emotional content on visual recognition memory: a PET activation study", in: NeuroImage, Vol. 8, No. 2, S. 188-197.

Taylor, S. F.; Liberzon, I.; Decker, L. R.; Koeppe, R. A. (2002): "A functional anatomic study of emotion in schizophrenia", in: Schizophrenia Research, Vol. 58, No. 2-3, S. 159-172.

Taylor, S. F.; Phan, K. L.; Decker, L. R.; Liberzon, I. (2003): "Subjective rating of emotionally salient stimuli modulates neural activity", in: NeuroImage, Vol. 18, No. 3, S. 650-659.

Tellegen, A.; Watson, D.; Clark, L. A. (1999a): "On the dimensional and hierarchical structure of affect", in: Psychological Science, Vol. 10, No. 4, S. 297-303.

Tellegen, A.; Watson, D.; Clark, L. A. (1999b): "Further support for a hierarchical model of affect: reply to Green and Salovey", in: Psychological Science, Vol. 10, No. 4, S. 307-309.

Tessitore, A.; Hariri, A. R.; Fera, F.; Smith, W. G.; Das, S.; Weinberger, D. R.; Mattay, V. S. (2005): "Functional changes in the activity of brain regions underlying emotion processing in the elderly", in: Psychiatry Research: Neuroimaging Section, Vol. 139, No. 1, S. 9-18.

Thayer, R. E. (1967): "Measurement of activation through self-report", in: Psychological Reports, Vol. 20, No. 2, S. 663-678.

The Royal Swedish Academy of Sciences (2002): Foundations of behavioral and experimental economics: Daniel Kahneman and Vernon Smith, Advanced Information on the Prize in Economic Sciences, Stockholm.

Thiel, A.; Haupt, W. F.; Habedank, B.; Winhuisen, L.; Herholz, K.; Kessler, J.; Markowitsch, H.-J.; Heiss, W.-D. (2005): "Neuroimaging-guided rTMS of the left inferior frontal gyrus interferes with repetition priming", in: NeuroImage, Vol. 25, No. 3, S. 815- 823.

Thompson-Schill, S. L.; D'esposito, M.; Aguirre, G. K.; Farah, M. J. (1997): "Role of left inferior prefrontal cortex in retrieval of semantic knowledge: a reevaluation", in: Proceedings of the National Academy of Sciences of the United States of America, Vol. 94, No. 26, S. 14792-14797.

Thompson, R. F. (1994): Das Gehirn: von der Nervenzelle zur Verhaltenssteuerung, 2. Auflage, Heidelberg, Berlin: Spektrum Akademischer Verlag.

Thomson, M.; MacInnis, D. J.; Park, C. W. (2005): "The ties that bind: measuring the strength of consumers' emotional attachment to brands", in: Journal of Consumer Psychology, Vol. 15, No. 1, S. 77-91.

Thulborn, K. R.; Waterton, J. C.; Matthews, P. M.; Radda, G. K. (1982): "Oxygenation dependence of the transverse relaxation time of water protons in whole blood at high field", in: Biochimica et Biophysica acta, Vol. 714, No. 2, S. 265-270.

Tieleman, A.; Seurinck, T. R.; Deblaere, K.; Vandemaele, P.; Vingerhoets, G.; Achten, E. (2005): "Stimulus pacing affects the activation of the medial temporal lobe during a semantic classification task: An fMRI study", in: NeuroImage, Vol. 26, No. 2, S. 565-572.

Tomczak, T.; Schögel, M.; Feige, S. (2005): "Erfolgreiche Markenführung gegenüber dem Handel", in: Esch, F.-R. (Hrsg.): Moderne Markenführung. Grundlagen. Innovative Ansätze. Praktische Umsetzungen, 4. Auflage, Wiesbaden: Gabler Verlag, S. 1087-1111.

Tondo, T. R.; Cautela, J. R. (1974): "Assessment of imagery in covert reinforcement", in: Psychological Reports, Vol. 34, S. 1271-1280.

Traxel, W. (1983): "Emotionsdimensionen", in: Euler, H. A.; Mandel, H. (Hrsg.): Emotionspsychologie. Ein Handbuch in Schlüsselbegriffen, München: Urban & Schwarzenberg, S. 19-27.

Trevena, J. A.; Miller, J. (2002): "Cortical movement preparation before and after a conscious decision to move", in: Consciousness and Cognition, Vol. 11, No. 2, S. 162-190.

Trommsdorff, V. (2004): Konsumentenverhalten, 6. Auflage, Stuttgart: Kohlhammer Verlag.

Tulving, E. (1972): "Episodic and semantic memory", in: Tulving, E.; Donaldson, W. (Hrsg.): Organization of memory, New York, London: Academic Press, S. 381-403.

Tulving, E. (1985): "How many memory sytems are there?" in: American Psychologist, Vol. 40, No. 4, S. 385-398.

Tulving, E. (1989): "Memory: performance, knowledge, and experience", in: European Journal of Cognitive Psychology, Vol. 1, No. 1, S. 3-26.

Tulving, E.; Kapur, S.; Craik, F. I. M.; Moscovitch, M.; Houle, S. (1994a): "Hemispheric encoding/retrieval asymmetry in episodic memory: positron emission tomography findings", in: Proceedings of the National Academy of Sciences of the United States of America, Vol. 91, No. 6, S. 2016-2020.

Tulving, E.; Markowitsch, H. J.; Kapur, S.; Habib, R.; Houle, S. (1994b): "Novelty encoding networks in the human brain: positron emission tomography data", in: Neuroreport, Vol. 5, No. 18, S. 2525-2528.

Tulving, E.; Markowitsch, H. J.; Craik, F. I. M.; Habib, R.; Houle, S. (1996): "Novelty and familiarity activations in PET studies of memory encoding and retrieval", in: Cerebral Cortex, Vol. 6, No. 1, S. 71-79.

Tulving, E.; Markowitsch, H. J. (1998): "Episodic and declarative memory: role of the hippocampus", in: Hippocampus, Vol. 8, No. 3, S. 198-204.

Tulving, E. (1999): "Episodic vs. semantic memory", in: Keil, F.; Wilson, R. (Hrsg.): The MIT Encyclopedia of the Cognitive Sciences, Cambridge: MIT Press, S. 278-280.

Turkeltaub, P. E.; Eden, G. F.; Jones, K. M.; Zeffiro, T. A. (2002): "Meta-analysis of the functional neuroanatomy of single-word reading: method and validation", in: NeuroImage, Vol. 16, No. 3, S. 765-780.

Tversky, A.; Kahneman, D. (1974): "Judgment under uncertainty - heuristics and biases", in: Science, Vol. 185, No. 4157, S. 1124-1131.

Tyler, L. K.; Stamatakis, E. A.; Dick, E.; Bright, P.; Fletcher, P.; Moss, H. (2003): "Objects and their actions: evidence for a neurally distributed semantic system", in: NeuroImage, Vol. 18, No. 2, S. 542-557.

Tzourio-Mazoyer, N.; Landeau, B.; Papathanassiou, D.; Crivello, F.; Etard, O.; Delcroix, N.; B., M.; M., J. (2002): "Automated anatomical labeling of activations in SPM using a macroscopic anatomical parcellation of the MNI MRI single-subject brain", in: NeuroImage, Vol. 15, No. 1, S. 273-289.

Überla, K. (1977): Faktorenanalyse. Eine systematische Einführung für Psychologen, Mediziner, Wirtschafts- und Sozialwissenschaftler, Berlin, Heidelberg: Springer Verlag.

Ueda, K.; Okamoto, Y.; Okada, G.; Yamashita, H.; Hori, T.; ShigetoYamawaki (2003): "Brain activity during expectancy of emotional stimuli: an fMRI study", in: Neuroreport, Vol. 14, No. 1, S. 51-55.

Unterreitmeier, A. (2003): "Auswirkungen alternativer Skalierungsarten auf das Antwortverhalten von Befragten", in: planung & analyse, Vol. 3, No., S. 65-71.

Vakratsas, D.; Ambler, T. (1999): "How advertising works: what do we really know?" in: Journal of Marketing, Vol. 63, No. 1, S. 26-43.

van 't Wout, M.; Kahn, R. S.; Sanfey, A. G.; Aleman, A. (2005): "Repetitive transcranial magnetic stimulation over the right dorsolateral prefrontal cortex affects strategic decision-making", in: Neuroreport, Vol. 16, No. 16, S. 1849-1852.

van der Veen, F. M.; Nijhuis, F. A.; Tisserand, D. J.; Backes, W. H.; Jolles, J. (2006): "Effects of aging on recognition of intentionally and incidentally stored words: An fMRI study", in: Neuropsychologia, Vol. 44, No. 12, S. 2477-2486.

Van Osselaer, S. M. J.; Alba, J. W. (2000): "Consumer learning and brand equity", in: Journal of Consumer Research, Vol. 27, No. 1, S. 1-16.

Van Osselaer, S. M. J.; Janiszewski, C. (2001): "Two ways of learning brand associations", in: Journal of Consumer Research, Vol. 28, No. 2, S. 202-223.

Van Osselaer, S. M. J.; Alba, J. W. (2003): "Locus of equity and brand extension", in: Journal of Consumer Research, Vol. 29, No. 4, S. 539-550.

Vanden Abeele, P.; MacLachlan, D. L. (1994): "Process tracing of emotional responses to TV ads: revisiting the warmth monitor ", in: Journal of Consumer Research, Vol. 20, No. 4, S. 586-600.

Vandenberghe, R.; Price, C.; Wise, R.; Josephs, O.; Frackowiak, R. S. (1996): "Functional anatomy of a common semantic system for words and pictures", in: Nature, Vol. 383, No. 6597, S. 254-256.

Vaughn, R. (1980): "How advertising works: a planning model", in: Journal of Advertising Research, Vol. 20, No. 5, S. 27-33.

Vaughn, R. (1986): "How advertising works: a planning model revisited", in: Journal of Advertising Research, Vol. 26, No. 1, S. 57-66.

Veblen, T. (1899): The theory of the leisure class, New York: Macmillan.

Venkatraman, M.; Villarreal, A. (1984): "Schematic processing of information: an exploratory investigation", in: Advances in Consumer Research, Vol. 11, No. 1, S. 355-360.

Vingerhoets, G.; Berckmoes, C.; Stroobant, N. (2003): "Cerebral hemodynamics during discrimination of prosodic and semantic emotion in speech studied by transcranial doppler ultrasonography", in: Neuropsychology, Vol. 17, No. 1, S. 93-99.

Volpert, W. (1983): "Das Modell der hierarchisch-sequentiellen Handlungsorganisation", in: Hacker, W.; Volpert, W.; von Cranach, M. (Hrsg.): Kognitive und motivationale Aspekte der Handlung, Bern: Verlag Hans Huber, S. 38-58.

von Zerssen, G. C.; Mecklinger, A.; Opitz, B.; von Cramon, D. Y. (2001): "Conscious recollection and illusory recognition: an eventrelated fMRI study", in: European Journal of Neuroscience, Vol. 13, No. 11, S. 2148-2156.

Voss, K. E.; Spangenberg, E. R.; Grohmann, B. (2003): "Measuring the hedonic and utilitarian dimensions of consumer attitude", in: Journal of Marketing Research, Vol. 40, No. 3, S. 310-320.

Vuilleumier, P.; Armony, J. L.; Driver, J.; Dolan, R. J. (2001): "Effects of attention and emotion on face processing in the human brain: An event-related fMRI study", in: Neuron, Vol. 30, No. 3, S. 829-841.

Vuilleumier, P. (2005): "Cognitive science: staring fear in the face", in: Nature, Vol. 433, No. 7021, S. 22-23.

Wager, T. D.; Phan, K. L.; Liberzon, I.; Taylor, S. F. (2003): "Valence, gender, and lateralization of functional brain anatomy in emotion: a meta-analysis of findings from neuroimaging", in: NeuroImage, Vol. 19 No. 3, S. 513-531.

Wager, T. D.; Ochsner, K. N. (2005): "Sex differences in the emotional brain", in: Neuroreport, Vol. 16, No. 2, S. 85-87.

Walter, H.; Abler, B.; Ciaramidaro, A.; Erk, S. (2005): "Motivating forces of human actions Neuroimaging reward and social interaction", in: Brain Research Bulletin, Vol. 67, No. 5, S. 368-381.

Walther, E.; Grigoriadis, S. (2004): "Why sad people like shoes better: the influence of mood on the evaluative conditioning of consumer attitudes", in: Psychology & Marketing, Vol. 21, No. 10, S. 755-773.

Wang, J.; Rao, H.; Wetmore, G. S.; Furlan, P. M.; Korczykowski, M.; Dinges, D. F.; Detre, J. A. (2005): "Perfusion functional MRI reveals cerebral blood flow pattern under psychological stress", in: Proceedings of the National Academy of Sciences of the United States of America, Vol. 102, No. 49, S. 17804-17809.

Wärneryd, K.-E. (1959): Ekonomisk psykologi, Stockholm: Natur och Kultur.

Washburn, J. H.; Till, B. D.; Priluck, R. (2004): "Brand alliance and customer-based brand-equity effects", in: Psychology & Marketing, Vol. 21, No. 7, S. 487-508.

Watson, D.; Tellegen, A. (1999): "Issues in the dimensional structure of affect-effects of descriptors, measurement error, and response formats: comment on Russell and Carroll", in: Psychological Bulletin, Vol. 125, No. 5, S. 601-610.

Watson, D.; Wiese, D.; Vaidya, J.; Tellegen, A. (1999): "The two general activation systems of affect: Structural findings, evolutionary considerations, and psychobiological evidence", in: Journal of Personality and Social Psychology, Vol. 76, No. 5, S. 820-838.

Watson, J. B. (1913): "Psychology as the behaviourist views it", in: Psychological Review, Vol. 20, No. 2, S. 158-177.

Watson, J. B. (1919): "A schematic outline of the emotions", in: Psychological Review, Vol. 26, No. 3, S. 165-196.

Watson, J. B.; Rayner, R. (1920): "Conditioned emotional reactions", in: Journal of Experimental Psychology, Vol. 3, No. 1, S. 1-14.

Watson, J. B. (1968): Behaviorismus, Köln: Kiepenheuer & Witsch.

Weilbacher, W. M. (2003): "How advertising affects consumers", in: Journal of Advertising Research, Vol. 43, No. 2, S. 230-234.

Weimann, J. (2003): "Die Ökonomik als experimentelle Disziplin", in: Magdeburger Wissenschaftsjournal, Vol. 1-2, S. 9-15.

Weinberg, P. (1981): Das Entscheidungsverhalten der Konsumenten, Paderborn - München - Wien - Zürich: Schöningh.

Weinberg, P. (1986): Nonverbale Marktkommunikation, Heidelberg: Physica-Verlag.

Weinberg, P. (1992): Erlebnismarketing, München: Vahlen Verlag.

Weinberg, P.; Salzmann, R. (2004): "Neuere Ansätze der Emotionsforschung aus Marketingsicht", in: Wiedmann, K.-P. (Hrsg.): Fundierung des Marketing. Verhaltenswissenschaftliche Erkenntnisse als Grundlage einer angewandten Marketingforschung, Wiesbaden: Gabler Verlag, S. 45-61.

Weinberg, P.; Diehl, S. (2005): "Erlebniswelten für Marken", in: Esch, F.-R. (Hrsg.): Moderne Markenführung. Grundlagen. Innovative Ansätze. Praktische Umsetzungen, 4. Auflage, Wiesbaden: Gabler Verlag, S. 263-286.

Weinstein, S.; Appel, V.; Weinstein, C. (1980): "Brain-activity responses to magazine and television advertising", in: Journal of Advertising Research, Vol. 20, No. 3, S. 57-63.

Weinstein, S.; Drozdenko, R.; Weinstein, C. (1984): "Advertising evaluation using brainwave measures: a response to the question of validity", in: Journal of Advertising Research, Vol. 24, No. 2, S. 67-70.

Wells, M. (2003): "In search of the buy button", in: Forbes, Vol. 2003, No. 1. September 2003, S. 62-70.

Wender, K. F. (1988): "Semantische Netze als Bestandteil gedächtnispsychologischer Theorien", in: Mandl, H.; Spada, H. (Hrsg.): Wissenspsychologie, München: Psychologie Verlags Union, S. 55-73.

Westbrook, R. A. (1987): "Product/consumption-based affective responses and postpurchase processes", in: Journal of Marketing Research, Vol. 24, No. 3, S. 258-271.

Westbrook, R. A.; Oliver, R. L. (1991): "The dimensionality of consumption emotion patterns and consumer satisfaction", in: Journal of Consumer Research, Vol. 18, No. 1, S. 84-91.

Westermann, R. (2000): Wissenschaftstheorie und Experimentalmethodik - Ein Lehrbuch zur psychologischen Methodenlehre, Göttingen: Hogrefe.

Wildgruber, D.; Pihan, H.; Ackermann, H.; Erb, M.; Grodd, W. (2002): "Dynamic brain activation during processing of emotional intonation: influence of acoustic parameters, emotional valence, and sex", in: NeuroImage, Vol. 15, No. 4, S. 856-869.

Wiles, J. A.; Cornwell, T. B. (1990): "A review of methods utilized in measuring affect, feelings, and emotion in advertising", in: Current Issues and Research in Advertising, Vol. 13, No. 2, S. 241-275.

Williams, P.; Aaker, J. L. (2002): "Can mixed emotions peacefully coexist?" in: Journal of Consumer Research, Vol. 28, No. 4, S. 636-650.

Williamson, M. (2002): "Emotions, reason and behaviour: a search for the truth", in: Journal of Consumer Behaviour, Vol. 2, No. 2, S. 196-202.

Winkielman, P.; Berridge, K. C.; Wilbarger, J. L. (2005): "Unconscious affective reactions to masked happy versus angry faces influence consumption behavior and judgments of value", in: Personality and Social Psychology Bulletin, Vol. 31, No. 1, S. 121-135.

Wiswede, G. (1995): Einführung in die Wirtschaftspsychologie, 2. Auflage, München, Basel: Reinhardt.

Wittmann, B. (2006): Belohnung, Neuheitsdetektion und Gedächtnisbildung: Interaktion von dopaminergem Mittelhirn und medialem Temporallappen beim Menschen, Dissertation an der Fakultät für Naturwissenschaften der Otto-von-Guericke-Universität Magdeburg.

Wolbers, T.; Weiller, C.; Buchel, C. (2003): "Contralateral coding of imagined body parts in the superior parietal lobe", in: Cerebral Cortex, Vol. 13, No. 4, S. 392-399.

Woll, E. (1997): Erlebniswelten und Stimmungen in der Anzeigenwerbung: Analyse emotionaler Werbebotschaften, Wiesbaden: Deutscher Universitäts-Verlag.

Wood, J. N.; Romero, S. G.; Knutson, K. M.; Grafman, J. (2005): "Representation of attitudinal knowledge: role of prefrontal cortex, amygdala and parahippocampal gyrus", in: Neuropsychologia, Vol. 43, No. 2, S. 249-259.

Woods, R. (2004): "Exploring the emotional territory for brands", in: Journal of Consumer Behaviour, Vol. 3, No. 4, S. 388-403.

Woodside, A. G. (2004): "Advancing from subjective to confirmatory personal introspection in consumer research", in: Psychology & Marketing, Vol. 21, No. 12, S. 987-1010.

Worcester, W. L. (1893): "Observations on some points in James's Psychology", in: The Monist, Vol. 3, No. 2, S. 285-298.

Wright, C. I.; Martis, B.; McMullin, K.; Shin, L. M.; Rauch, S. L. (2003): "Amygdala and insular responses to emotionally valenced human faces in small animal specific phobia", in: Biological Psychiatry, Vol. 54, No. 10, S. 1067-1076.

Wright, P. (1975): "Consumer choice strategies: simplifying vs. optimizing", in: Journal of Marketing Research, Vol. 12, No. 1, S. 60-67.

Wundt, W. (1896): Grundriss der Psychologie, Leipzip: Engelman.

Xiao, Z.; Zhang, J. X.; Wang, X.; Wu, R.; Hu, X.; Weng, X.; Tan, L. H. (2005): "Differential activity in left inferior frontal gyrus for pseudowords and real words: an event-related fMRI study on auditory lexical decision", in: Human Brain Mapping, Vol. 25, No. 2, S. 212-221.

Yeung, C. W. M.; Wyer, R. S. (2004): "Affect, appraisal, and consumer judgment", in: Journal of Consumer Research, Vol. 31, No. 2, S. 412-424.

Yeung, C. W. M.; Wyer, R. S. (2005a): "Does loving a brand mean loving its products? The role of brand-elicited affect in brand extension evaluations", in: Journal of Marketing Research, Vol. 42, No. 4, S. 495-506.

Yeung, C. W. M.; Wyer, R. S. (2005b): "The role of brand-elicited affect in brand extension evaluations", in: Advances in Consumer Research, Vol. 32, No. 1, S. 134.

Yoon, C.; Gutchess, A. H.; Feinberg, F.; Polk, T. A. (2006): "A functional magnetic resonance imaging study of neural dissociations between brand and person judgments", in: Journal of Consumer Research, Vol. 33, No. 1, S. 31-40.

Youn, S.; Sun, T.; Wells, W. D.; Zhao, X. (2001): "Commercial liking and memory: moderating effects of product categories", in: Journal of Advertising Research, Vol. 41, No. 3, S. 7-13.

Young, C. (2002): "Brain waves, picture sorts, and branding moments", in: Journal of Advertising Research, Vol. 42, No. 4, S. 42-53.

Young, L. J.; Wang, Z. (2004): "The neurobiology of pair bonding", in: nature neuroscience, Vol. 7, No. 10, S. 1048-1054.

Zaichkowsky, J. L. (1985): "Measuring the involvement construct", in: Journal of Consumer Research, Vol. 12, No. 3, S. 341-352.

Zaichkowsky, J. L. (1986): "Conceptualizing involvement", in: Journal of Advertising, Vol. 15, No. 2, S. 4-34.

Zaichkowsky, J. L. (1987): "The Emotional Aspect of Product Involvement", in: Advances in Consumer Research, Vol. 14, No. 1, S. 32-35.

Zaidel, D. W. (2000): "Different organization of concepts and meaning systems in the two cerebral hemispheres", in: The Psychology of Learning and Motivation, Vol. 40, S. 1-21.

Zajonc, R. B. (1968): "Attitudinal effects of mere exposure", in: Journal of Personality and Social Psychology, Vol. 9, No. 2, S. 1-27.

Zajonc, R. B. (1980): "Feeling and thinking. Preferences need no inferences", in: American Psychologist, Vol. 35, No. 2, S. 151-175.

Zajonc, R. B. (1984): "On the primacy of affect", in: American Psychologist, Vol. 39, No. 2, S. 117-123.

Zajonc, R. B.; Murphy, S. T.; Inglehart, M. (1989): "Feeling and facial efference: implications of the vascular theory of emotions", in: Psychological Review, Vol. 96, No. 3, S. 395-416.

Zak, P. J. (2004): "Neuroeconomics", in: Philosophical Transactions of the Royal Society London, Series B, Biological Sciences, Vol. 359, No. 1451, S. 1737-1748.

Zaltman, G. (2000): "Consumer researchers: take a hike!" in: Journal of Consumer Research, Vol. 26, No. 4, S. 423-428.

Zaltman, G.; Mast, F. W.; Puccinelli, N.; Braun, K. A. (2001): "Implicit Predictors of Consumer Behavior", in: Harvard Business School Case 502-043, S. 1-9.

Zaltman, G. (2003): How customers think, Boston: Harvard Business School Press.

Zeitlin, D. M.; Westwood, R. A. (1986): "Measuring emotional response", in: Journal of Advertising Research, Vol. 26, No. 5, S. 34-44.

Ziems, D. (2004): "The morphological approach for unconscious consumer motivation research", in: Journal of Advertising Research, Vol. 44, No. 2, S. 210-215.

Zinkhan, G. M.; Locander, W. B.; Leigh, J. H. (1986): "Dimensional relationships of aided recall and recognition", in: Journal of Advertising, Vol. 15, No. 1, S. 38-46.

Zurowski, B.; Gostomzyk, J.; Grön, G.; Weller, R.; Schirrmeister, H.; Neumeier, B.; Spitzer, M.; Reske, S. N.; Walter, H. (2002): "Dissociating a common working memory network from different neural substrates of phonological and spatial stimulus processing", in: NeuroImage, Vol. 15, No. 1, S. 45-57.

Zysset, S.; Huber, O.; Ferstl, E.; von Cramon, D. Y. (2002): "The anterior frontomedian cortex and evaluative judgment: an fMRI study", in: NeuroImage, Vol. 15, No. 4, S. 983-991.